大气环境监测

（第二版）

刘　刚　徐　慧　谢学俭　周宏仓　徐建强　编著

江苏省高等学校品牌专业建设工程二期项目资助

科学出版社

北　京

内 容 简 介

本书根据大气污染最新监测技术进展,较全面地介绍了大气中无机污染物和有机污染物的监测方法。全书共十一章,分别为绪论、空气污染基本知识、空气污染监测方案的制定、采样方法与采样仪器、气态和蒸气态污染物的监测、颗粒物及其组分的监测、降水监测、空气污染源监测、空气中放射性污染监测、连续自动监测技术、实验部分。在"颗粒物及其组分的监测"一章中,除了介绍自然降尘、总悬浮颗粒物、可吸入颗粒物等颗粒物浓度,以及水溶性离子、无机元素的测定方法外,还叙述了有机碳、元素碳、烷烃、多环芳烃、酞酸酯、二噁英、多氯联苯等污染物的监测方法。本书在介绍大气常规监测技术的同时,注重反映大气环境监测领域的最新研究成果。

本书可作为高等学校环境类专业的教学用书,也可供相关教师和技术人员参考。

图书在版编目(CIP)数据

大气环境监测 / 刘刚等编著. — 2 版. —北京:科学出版社,2021.8
ISBN 978-7-03-069535-2

Ⅰ. ①大… Ⅱ. ①刘… Ⅲ. ①大气监测 Ⅳ. ①X831

中国版本图书馆 CIP 数据核字(2021)第 158506 号

责任编辑:赵晓霞 / 责任校对:杨 赛
责任印制:张 伟 / 封面设计:陈 敬

科 学 出 版 社 出版
北京东黄城根北街 16 号
邮政编码:100717
http://www.sciencep.com

北京九州迅驰传媒文化有限公司 印刷
科学出版社发行 各地新华书店经销

*

2012 年 4 月第 一 版 气象出版社
2021 年 8 月第 二 版 开本:787×1092 1/16
2021 年 8 月第一次印刷 印张:22 1/2
字数:560 000
定价:98.00 元
(如有印装质量问题,我社负责调换)

第二版前言

近年来我国加大了空气污染的治理力度。与环境空气污染相关的法律法规和监测技术等均发生了显著的变化。编者在 2012 年编写的《大气环境监测》在内容上已明显陈旧，不能反映当前的学科发展水平。为了满足教学的需要，编者对《大气环境监测》进行修订，以期为读者提供一部内容更新的教科书。

本书基本上保持了第一版的总体框架，对第一版中的陈旧内容进行了更新，并增加了一些新知识和新监测技术，力求全面反映大气环境监测的现状。

此次修订，第一章、第五章和第六章由刘刚执笔，第七章、第八章和第十章由徐慧执笔。其他章节主要内容保持不变，其中第二章由周宏仓执笔，第三章、第四章和第九章由谢学俭执笔，第十一章由徐建强执笔。全书由刘刚负责统稿。

由于编者水平有限，书中遗漏和不足之处难以避免，恳请读者批评指正。

编　者

2020 年 12 月

第一版前言

随着我国经济社会的迅速发展，大气污染呈现出日益严重的趋势。现有环境监测教材中有关空气和废气监测的内容较少，已不能满足实际教学工作的需要。为此，编者在参考大量文献的基础上，编写了本书。全书共分十章：绪论、空气污染基本知识、空气污染监测方案的制定、采样方法与采样仪器、气态和蒸气态污染物的监测、颗粒物及其组分的监测、降水监测、空气污染源监测、空气中放射性污染监测、自动监测技术，还附有配合教材内容的实验。

本书在内容上注重结合我国环境空气监测的现状，力求反映当前国内外的发展水平，并重点介绍了气态和蒸气态污染物，以及颗粒态污染物的监测技术。所述内容较详细，理论与实践并重，并附有较多插图。本书可供高等学校环境科学、环境工程、大气环境等专业教学使用，也可作为环境工作者的参考用书。

本书第七章、第八章、第十章由徐慧执笔；第三章、第四章、第九章由谢学俭执笔；第六章由汤莉莉执笔；第二章由周宏仓执笔；实验部分由徐建强执笔；第一章、第四章(部分)、第五章、第六章(部分)、第九章(部分)由刘刚执笔；全书由刘刚负责统稿。

本书在编写的过程中参阅了大量国内外文献，编者在此对所有文献作者一并表示感谢。

由于编者水平有限，编写时间仓促，疏漏和错误在所难免，敬请广大读者批评指正。

编　者

2011 年 2 月

目 录

第一章 绪 论

大气污染是人类面临的环境问题之一。要保持经济社会的可持续发展，就必须对大气污染进行控制和治理，使大气环境质量适合于人类的生存与发展。大气环境监测是指为了确定大气环境质量、大气污染现状及其变化趋势，对大气中各种污染因子的种类和浓度进行测定的过程。大气环境监测源于大气环境污染的出现，并随着大气环境的日益恶化而受到重视。

第一节 大气环境监测的产生与发展

一、大气环境和大气环境质量

在环境科学中大气和空气这两个概念没有本质的区别，本书将这两个概念视为同义词。大气环境是指某个人群或整个人类赖以生存和发展的周围大气。大气是人类赖以生存和发展的重要环境要素之一，它为人们提供了生存、生活不可缺少的氧气。人类在生产和生活活动中与大气进行着物质和能量的交换，对大气施加影响。

大气环境质量是指在一定范围的大气中，大气环境的总体或某些组成要素对人群的生存、繁衍以及社会经济发展的适宜程度。大气环境质量包括大气环境综合质量和各种大气环境要素的质量。影响大气环境质量的因素既有物质因素也有能量因素。

二、大气环境监测的产生

大气环境监测是环境科学的一门分支学科，是进行大气环境研究的重要技术手段。大气环境监测是间断或连续地对大气中污染物的种类、浓度进行观测，分析其变化趋势以及对大气环境的影响。

人类从产生之日起，就开始了对地球大气环境的利用和影响。人类在漫长的进化和发展过程中，参与了大气环境的能量交换和物质循环，不断改变着地球大气环境。由此产生了一系列的大气环境问题。

在人类社会发展的早期，由于生产力低下，人类向大气中排放的污染物种类和数量都比较少，因此大气环境污染问题并不突出。工业革命后，由于机器的广泛使用，工业生产得以迅速发展，人类随之排放的污染物大量增加，造成了大气污染。20 世纪 70 年代以前，"八大公害事件"中，有五件是大气污染事件，这些事件造成了成千上万的人发病或死亡。随着工业的高速发展，大气污染造成的灾害更加严重。光化学烟雾在美国、日本、德国、加拿大、澳大利亚、荷兰等许多国家屡有发生。面对大气环境质量的日趋下降，人类社会对大气环境质量关注程度逐步提高，大气环境监测科学就应运而生了。

三、大气环境监测的发展概况

在西方发达国家，大气环境监测工作开始于 20 世纪 50 年代。当时的监测方式是人工定时定点采样，然后把样品带回实验室进行化学分析，监测项目多为化学污染物。这一时期的大气环境监测处于被动监测阶段。从 20 世纪 70 年代开始，随着科学的发展，人们逐渐认识到影响大气环境质量的因素不仅是化学因素，还有噪声、光、热、电磁辐射、放射性等物理因素。因此，大气环境监测的手段除了化学的，还有物理的、生物的等。同时，监测范围也从点污染的监测发展到面污染以及区域性污染的监测，这一阶段称为主动监测阶段。从 20 世纪 70 年代初开始，一些发达国家相继建立了自动连续监测系统，并使用了遥感、遥测技术，监测仪器用电子计算机遥控，监测数据用有线和无线传输方式发送到监测中心控制室，进行集中处理。故可以在短时间内观察到空气中污染因子的浓度或强度的变化，预测预报未来的大气环境质量，这一阶段称为自动监测阶段。在这个阶段，有关国际组织建立了全球大气环境监测系统，开展了国际性大气污染监测。

中国于 20 世纪 50 年代开始了初步的大气环境监测工作。一方面卫生防疫部门和城市建设部门在一些城市开展了大气环境的卫生学调查及常规监测工作，另一方面针对工业企业的工作场所空气质量开展了职业卫生监测。这个阶段也属于人工采样和零散的被动监测。20 世纪 70 年代中期，我国各地的环境保护机构相继建立，正式开展了大气污染监测工作，从此进入主动监测阶段。我国从 20 世纪 90 年代开始，在经济发达地区和省会城市逐步建立了大气环境连续自动监测系统，监测技术也得到了长足发展。1979 年，中国开始参与国际性大气污染监测工作。

大气环境监测技术的发展主要表现在以下几方面。

(1) 监测项目趋于合理全面。大气环境监测技术不仅重视目前的大气环境污染，而且着眼于未来的大气环境质量；不仅限于监测直接危害人体的污染因素，如有害化学物质、噪声和放射性物质等，而且加强了对影响全球大气环境质量的污染因素，如臭氧、酸雨、挥发性烃类、氯氟烃等的监测。

(2) 监测范围不断扩大。实行了跨国界、跨区域及全球范围的联合监测，例如，全球大气环境监测系统是针对人口集中的城市进行国际性大气污染监测。目前世界上有 50 多个国家加入了这个监测系统。一方面在其中 35 个国家的主要城市进行 SO_2 和飘尘的监测，另一方面还通过参加国的大气环境白皮书和学术年会汇总 NO_x、CO 等污染物的有关信息，将数据输入设在美国的合作中心的计算机，经统计处理后公开发布。这为掌握世界范围内城市大气污染状况和促进信息交流创造了条件。该系统目前正向着增加监测项目、扩大监测网等目标努力。

(3) 监测方法向立体化方向发展。大气环境监测技术发展十分迅速，并不断趋于完善。为了适应连续自动化监测系统的迅速发展，在采样方法上有很多改进。例如，为了测定 CO_2、CH_4、O_3、NO_x、氯氟烃(CFCs)等的本底值，采样方法除了设置地面站外，还用飞机、船舶和气球立体移动采样，并且在移动采样过程中同时进行现场测定。用飞机采样可以测定污染物浓度随高度的变化。这些方法不但有可能连续地测得温室气体在一定空间的立体分布状况，还可以在样品未发生变化前就完成测定，因此具有其他方法难以替代的优点。另外，遥感探测技术得到了更多的应用和发展。1972 年美国发射的第一颗地球观测资源卫星搭载的扫描传感器，向世界各国提供了地表的多种分光图像。现在的地球观测卫星上搭载了多种传感器，如合成孔径雷达、微波辐射仪、激光雷达等，从而在提高分辨能力上有了很大的进步。当前，卫星观测数据不再局限于长期以来描述的表面二维图像信息，而是已经扩大到了对三维空间的大气成分和降水等的分析。未来的地球观测卫星，是要集中各国先进的传感器，进行全球观测，并且从地面平台向宇宙空间站发展。

另外，传统的大气环境监测在测定仪器方面也有了很大发展，主要表现为无须样品预处理的多污染物同步快速测定技术得到应用；多种仪器联机以适应连续自动化监测和遥测技术的需要；分析方法的灵敏度和选择性进一步提高等。总之，大气环境监测作为大气环境科学的一个重要组成部分，正以前所未有的速度蓬勃发展。

第二节 大气环境监测的目的与分类

一、大气环境监测的目的

对大气环境进行监测可以出于多种目的，总体而言主要有以下几方面。

(1) 根据大气环境质量标准，进行环境质量评价，判断大气环境质量是否符合相关大气质量标准。

(2) 收集大气环境本底数据，积累长期监测资料，为研究大气环境容量、实施污染物总量控制、达到环境质量目标管理、预测预报大气环境质量提供数据。

(3) 根据污染物种类及其浓度的时间空间变化，追踪污染源。

(4) 为制定大气环境法律法规、标准、大气环境污染综合防治对策提供科学依据。

二、大气环境监测的分类

大气环境监测可根据监测目的、监测对象等进行分类。按监测目的可分为以下四类。

(1) 监视性监测。监测大气中已知有害物质的浓度，确定大气环境污染状况及其发展趋势，评价污染控制措施的实施效果，判断污染物浓度是否超过大气环境质量标准的限值。这是大气环境监测的主要任务。

(2) 特定目的监测。包括事故性监测、仲裁监测、考核验证监测和咨询服务监测。

(3) 本底监测。本底值是指大气环境要素在未受污染的情况下，其中某种污染因子的浓度或强度。大气环境本底值的测定能为评价和预测区域性大气环境质量，研究污染物在大气中的迁移转化规律等提供依据。

(4) 研究性监测。以上几类大气环境监测工作的监测对象是国家或地方政府环境保护部门规定的常规污染物。由于人类认识的限制，以及工农业生产和日常生活活动中向大气排放的污染物种类和数量都有增加的趋势，对于非常规监测的污染物在大气中的转化迁移，以及其对大气环境本身和生物是否具有潜在的危害等问题，都需要进行研究，以便更有效地控制大气污染。与之相对应的大气污染物监测就是研究性监测。

另外，根据监测对象的不同可把大气环境监测划分为化学污染物监测、放射性监测等。

第三节 大气环境监测技术概述

一、大气污染与大气环境监测的特点

(一) 大气污染的特点

虽然大气污染物种类繁多，来源千差万别，但这些因子所引起的大气污染还是具有以下

几个共同的特点。

1. 时间分布性

大气污染的时间分布是指在同一个地点或同一区域范围的大气中，同一污染物的排放量或污染强度都是随着的时间变化而变化的。其首要原因是污染源排放污染物具有一定的周期性。例如，工厂向大气中排放污染物的总量和强度与生产过程有关，具有一定的周期性；城市中机动车流量在每天的早晨、中午、下午、夜晚是不同的，具有明显的周期性变化，从而造成机动车排放的大气污染物浓度表现出随时间变化的特点。此外，风力、风向、气温等气象条件也是随时间变化的，在污染物排放量不变的情况下，这些气象条件的改变直接影响了污染物在大气中扩散和稀释。污染物在大气中的化学稳定性也是影响因素之一。例如，大气中的硫酸盐粒子和硝酸盐粒子，主要是 SO_2、NO_2 的大气光化学反应产物，而气温等因素会影响光化学反应的速率，故大气中污染物的浓度具有季节性变化的特点。

2. 空间分布性

污染物的空间分布性是指进入大气环境的污染物浓度或污染因素强度，在某一固定时间随空间不同而变化的现象。这种现象的出现，首先与污染源种类及空间位置的分布不均匀性有关。一般来讲，大气中污染物的浓度随着与污染源的距离增大而降低，距离污染源越近浓度越高。此外，大气在水平方向和垂直方向上的对流，也可造成地面或空中不同位置大气中污染物浓度的显著变化，如污染源下风向的浓度要大于上风向。

3. 大气污染与污染因素强度的关系

大气中有害因子对人体和其他生物体引起毒害的浓度或强度，与大气环境本底值之间存在一个界限，称为阈值。当大气污染因子强度超过这一阈值后，才对大气环境造成污染。因此，对大气本底值进行测定，进而研究其阈值具有重要意义。

4. 污染物的综合效应

大气中存在着多种污染物。当多种污染物进入人体或其他生物体后，对机体的毒害作用表现为以下几种情况。

(1) 单独作用。混合污染物中仅是一种组分对机体中某一器官产生危害，而其他污染物不对其产生危害的，称为污染物的单独作用。

(2) 相加作用。混合污染物中两种组分对机体同一器官的毒害作用彼此相似，且偏向同一方向，污染物对机体的毒害相当于各种污染物毒害的总和，称为污染物的相加作用。例如，大气中二氧化硫和硫酸气溶胶、氯和氯化氢，当它们浓度较低时，其联合作用为相加作用。

(3) 相乘作用。混合污染物对机体的毒害作用超过各个组分毒害作用的总和，称为相乘作用。例如，二氧化硫和颗粒物、氮氧化物和一氧化碳就存在相乘作用。

(4) 拮抗作用。混合污染物中有两种或两种以上对机体的毒害作用彼此抵消大部分或一部分时，称为拮抗作用。

5. 大气环境污染的社会评价

有些具有潜在危害的污染因素，因其表现为慢性危害，往往不会引起人们的注意，而某些现实的、直接感受得到的污染因素容易受到社会的关注。例如，相对于灰霾，人体对恶臭气体的不良感受更为强烈，所以要求对后者的控制更为严格。因此，对大气环境污染的社会评价具有一定的主观色彩。

6. 污染物的形态、迁移和转化

污染物的形态是指大气污染物的化学组成和结构的表现形式。污染物的形态可以分为有机物与无机物、化合态与单质等。同种污染物的不同形态具有不同的毒性，如有机汞毒性大于无机汞。污染物的形态随大气环境条件的变化而转化。污染物的迁移是指污染物在大气环境中所发生的空间位置的变化及其引起的富集、分散和消失的过程。污染物的转化则是指污染物在大气环境中通过物理、化学、生物等作用，改变形态或转变成另一种物质的过程。大多数情况下大气污染物以化学转化为主，尤其以光化学氧化作用最为常见。由于污染物的形态、迁移和转化对大气环境质量以及对人体和生物毒害作用的影响很大，因此在大气环境监测中，不仅要监测污染物的化学成分，同时还要分析其存在形态；不仅要监测污染源附近的污染情况，还要监测不同空间位置的污染状况，以用多种方法研究污染物在大气环境中的迁移。

(二) 大气环境监测的特点

1. 监测的综合性

大气环境监测的综合性主要表现在几个方面。首先是监测手段的综合性。由于造成大气污染的因素包括化学、物理、生物等多种因素，因此对不同的污染因素需要用化学方法、物理方法、生物方法等多种方法进行监测。其次是监测数据处理的综合性。在对大气监测数据进行处理分析时，由于涉及该地区的自然条件和社会各方面的情况，因此必须对这些因素综合考虑，才能正确理解和解释监测数据所代表的实际意义。

2. 监测的连续性

由于大气污染因素的浓度或强度具有随时间变化的特点，因此只有坚持长期连续的监测，才能从大量的测试数据中总结出污染因素的变化规律，预测未来的变化趋势。

3. 监测的追踪性

为了使监测结果具有一定的准确性，并能使不同时期、不同地点、不同人员测定得到的数据具有代表性、完整性和可比性，就必须对大气环境监测工作有关的采样点布置、样品的采集与保存方法、测定方法、实验所用试剂、分析仪器与设备、数据处理方法等每个可能影响监测结果的环节进行控制，即对监测全过程进行质量控制，建立质量保证体系，以对监测数据的可靠性进行追踪和监督。

总而言之，由于影响大气环境质量的污染因素繁多，且相互之间以及与大气环境条件之间作用复杂，因此大气环境监测工作的难度较大，技术要求较高。

二、监测技术概述

大气环境监测技术包括采样技术、测试技术和数据处理技术。这里仅就污染因素的测试技术进行概述。目前已经建立的大气环境监测分析方法有上百种。根据监测项目的性质和监测要求，可选用化学分析法、仪器分析法、生物监测法、遥测法等不同方法。总体来讲，前两种方法应用得更加广泛。

(一) 化学分析法

化学分析法根据化学反应对污染组分进行测定。这类方法的主要特点是准确度高、所需仪器设备简单，适用于常量组分的测定，但对微量组分则不适用。其中滴定分析法主要用于大气样品制备和水溶液中酸度、碱度、氨氮等的测定。重量分析法主要用于大气中降尘、总悬浮颗粒物、可吸入颗粒物、烟尘、粉尘等的测定。

(二) 仪器分析法

仪器分析法的发展非常迅速，各种新型仪器不断研制成功，使环境监测技术更趋于快速、灵敏。在仪器分析中使用较多的是光谱分析法、色谱分析法和电化学分析法。仪器分析法的主要特点是灵敏度高，适用于微量或痕量组分的分析，但分析误差要比化学分析法大。

光谱分析法包括可见光分光光度法、紫外分光光度法、红外光谱法、原子吸收分光光度法、原子发射光谱法、原子荧光分光光度法、分子荧光光谱法、X 射线荧光法等。用光谱分析法可测定大气中的砷、锡、铜、铅、汞、锌、酚、硒、氟化物、硫化物、二氧化硫、二氧化氮等多种污染物。近年来，电感耦合等离子体原子发射光谱法(ICP-AES)、电感耦合等离子体质谱法(ICP-MS)在大气环境监测中得到了广泛的应用，这两种仪器可同时测定样品中的 20 多种元素。

色谱分析法是一种物理分离分析方法。它将混合物在互不相溶的两相(固定相和流动相)中吸收能力、分配系数或其他亲和作用的差异性作为分离的依据，当待测混合物随流动相移动时，各组分的移动速度产生差别而得到分离，再在此基础上进行定性、定量分析。常用的色谱分析法有气相色谱法、高效液相色谱法(HPLC)、离子色谱法(IC)、薄层色谱法等。利用气相色谱法可分析大气中苯、二甲苯、多氯联苯、多环芳烃(PAHs)、有机氯和有机磷等多种有机污染物。用高效液相色谱法可分析如多环芳烃等热稳定性差的有机物。离子色谱法广泛用于水中水溶性离子的分析，目前在大气环境监测中主要用于降水中水溶性离子的测定，此外在测定大气颗粒态污染物中水溶性盐分和有机酸方面也得到一定的应用。该方法可测定氟、氯、溴、亚硝酸根、硝酸根、硫酸根、磷酸根等阴离子，钾、钠、锂、钙、镁、铵等阳离子，甲酸、乙酸、丙酸、草酸、甲烷磺酸等有机酸。

电化学分析法是利用物质的电化学性质测定其含量的方法。这类方法在大气环境监测中应用非常广泛。常用的电化学分析法有电导分析法、电位分析法、库仑分析法、伏安法、极谱法等。利用这些方法可以测定降水的电导率(EC)、pH、氟化物、氰化物、氨氮，也可以测定空气中的二氧化硫、氮氧化物、铜、锌、铅等。

除了上述仪器分析法之外，同位素稀释法、中子活化法、流动注射分析法等在大气环境监测中也有一定的应用。

(三) 生物监测法

生物监测法是利用生物个体、种群或群落对大气环境污染或变化所产生的反应，揭示大气环境污染状况的方法，是一种既直接又综合的方法。生物监测包括生物体内污染物含量的测定，观察生物在环境中的受害症状，生物的生理生化反应，生物群落结构和种类变化等手段来判断环境质量。例如，可利用指示植物的受害症状，对大气污染作出定性和定量的判断；通过测定植物体内污染物含量，估测大气污染程度；观察植物的生理生化反应，对大气污染效应作出判断；利用一些敏感植物如地衣、苔藓等，对大气污染监进行定点监测。

(四) 遥测技术

遥测技术是利用监测仪器定性或半定量地对远距离研究对象传感有关物理参数的特殊技术。遥测技术按所利用电磁波辐射源的不同可分为主动监测和被动监测两类。遥测技术的主要优点是可以对污染源或污染流进行无干扰监测，而且可以监测三维空间的环境质量参数，其监测范围可遍及广大地区的大气空间，这是其他监测技术无法比拟的。目前该技术的主要缺陷是能监测的污染因素少，很多技术还不成熟。

第四节 大气环境标准

大气环境问题既是区域性问题，又是全球性问题。为了使不同部门、不同人员的测定结果具有可比性，就必须制定统一的工作规范。大气环境标准是一个国家为了保护人群健康，防治环境污染，保护生态环境，促进经济发展，依据环境保护法和有关政策，在综合分析自然环境特点，控制污染物的现有技术水平、经济条件和社会要求的基础上，对有关大气环境的各项工作所做的规定。

根据《中华人民共和国环境保护标准管理办法》的规定，我国的环境标准由两级六类组成。两级是指我国环境标准分为国家级和地方级(省级)。六类是指环境质量标准、污染物控制标准(或污染物排放标准)、环境基础标准、环境方法标准、环境标准物质标准和环保仪器与设备标准，其中环境基础标准和环境标准物质标准只有国家标准。

一、环境质量标准

大气环境质量标准规定了大气中各种污染物在一定时间和空间范围内的最高允许浓度。这类标准既反映了人群和生态系统对大气环境质量的综合要求，也反映了社会为控制污染危害在技术上实现的可能性和经济上可承担的能力。大气环境质量标准是大气环境保护的目标，也是制定污染物排放标准的基础。我国已颁布的大气环境质量标准主要有《环境空气质量标准》(GB 3095—2012)、《室内空气质量标准》(GB/T 18883—2002)、《乘用车内空气质量评价指南》(GB/T 27630—2011)。

(一)《环境空气质量标准》(GB 3095—2012)

本标准规定了环境空气功能区分类、标准分级、污染物项目、平均时间及浓度限值、监测方法等。本标准把空气环境质量分为两级：一级标准是为了保护自然生态和人群健康，在长期接触情况下不发生任何危害影响的空气质量要求；二级标准是为了保护人群健康和城市、乡村的动植物，在长期和短期的情况下，不发生伤害的空气质量要求。

本标准根据地理、气候、生态、政治、经济和大气污染程度，将环境空气功能区分为两类：一类区包括国家划定的自然保护区、风景名胜区和其他需要特殊保护的区域；二类区包括城市规划中确定的居住区、商业交通居民混合区、文化区、一般工业区和农村地区。

标准规定一类区执行一级标准；二类区执行二级标准。一类、二类环境空气功能区污染物的浓度限值见表 1-1。

表 1-1 一类、二类环境空气功能区污染物的浓度限值

污染物名称	平均时间	浓度限值		浓度单位
		一级	二级	
二氧化硫 SO_2	年平均	20	60	$\mu g/m^3$
	日平均	50	150	
	1 小时平均	150	500	

续表

污染物名称	平均时间	浓度限值		浓度单位
		一级	二级	
二氧化氮 NO$_2$	年平均	40	40	μg/m^3
	日平均	80	80	
	1小时平均	200	200	
一氧化碳 CO	日平均	4	4	mg/m^3
	1小时平均	10	10	
臭氧 O$_3$	日最大8小时平均	100	160	μg/m^3
	1小时平均	160	200	
可吸入颗粒物 PM$_{10}$	年平均	40	70	μg/m^3
	日平均	50	150	
细颗粒物 PM$_{2.5}$	年平均	15	35	μg/m^3
	日平均	35	75	
总悬浮颗粒物 TSP	年平均	80	200	μg/m^3
	日平均	120	300	
氮氧化物 NO$_x$	年平均	50	50	μg/m^3
	日平均	100	100	
铅 Pb	年平均	0.5	0.5	μg/m^3
	季平均	1	1	
苯并[a]芘 BaP	年平均	0.001	0.001	μg/m^3
	日平均	0.0025	0.0025	

　　表1-1中"日平均"为任何一日的算数平均浓度不允许超过的限值。不同污染物"年平均"为任何一年的日平均浓度算数平均值不允许超过的限值。总悬浮颗粒物(TSP)指空气动力学当量直径小于等于100μm的颗粒物。可吸入颗粒物(PM$_{10}$)指空气动力学当量直径小于等于10μm的颗粒。细颗粒物(PM$_{2.5}$)指空气动力学当量直径小于等于2.5μm的颗粒。

　　(二)《室内空气质量标准》(GB/T 18883—2002)

　　本标准规定了室内空气质量参数及检验方法。适用于住宅和办公建筑物,其他室内环境可参照本标准执行。各项室内空气质量参数的标准值见表1-2。

表1-2　室内空气质量标准

参数	取值时间	标准值	单位
温度	夏季空调	22~28	℃
	冬季采暖	16~24	
相对湿度	夏季空调	40~80	%
	冬季采暖	30~60	
空气流速	夏季空调	0.3	m/s
	冬季采暖	0.2	

续表

参数	取值时间	标准值	单位
新风量		30ᵃ	m³/(h·人)
二氧化硫 SO_2	1 小时平均	0.50	mg/m³
二氧化氮 NO_2	1 小时平均	0.24	mg/m³
一氧化碳 CO	1 小时平均	10	mg/m³
二氧化碳 CO_2	日平均	0.10	%
氨 NH_3	1 小时平均	0.20	mg/m³
臭氧 O_3	1 小时平均	0.16	mg/m³
甲醛 HCHO	1 小时平均	0.10	mg/m³
苯 C_6H_6	1 小时平均	0.11	mg/m³
甲苯 C_7H_8	1 小时平均	0.20	mg/m³
二甲苯 C_8H_{10}	1 小时平均	0.20	mg/m³
苯并[a]芘 BaP	日平均	1.0	ng/m³
可吸入颗粒物 PM_{10}	日平均	0.15	mg/m³
总发挥性有机物 TVOC	8 小时平均	0.60	mg/m³
菌落总数	依据仪器定	2500	cfu/m³
氡 ^{222}Rn	年平均 (行动水平ᵇ)	400	Bq/m³

a 新风量要求≥标准值,除温度、相对湿度外的其他参数要求≤标准值;
b 达到此水平建议采取干预行动以降低室内氡浓度。

(三)《乘用车内空气质量评价指南》(GB/T 27630—2011)

本标准规定了车内空气中苯、甲苯、二甲苯、乙苯、苯乙烯、甲醛、乙醛、丙烯醛的浓度要求。其适用于评价乘用车内(座位总数≤9)的空气质量。主要适用于销售的新生产汽车,使用中的车辆也可参照使用。各项车内空气中有机物污染物浓度限值见表1-3。

表 1-3　车内空气中有机污染物浓度限值

有机污染物	浓度限值	浓度单位
苯	0.11	
甲苯	1.10	
二甲苯	1.50	
乙苯	1.50	
苯乙烯	0.26	mg/m³
甲醛	0.10	
乙醛	0.05	
丙烯醛	0.05	

二、污染物排放标准

大气污染物排放标准是国家(地方或部门)对污染源的允许排放量或排放浓度所做的具体规定。建立这种标准的目的在于控制污染源,从而达到减轻或防止大气污染的目的。制定污染物排放标准涉及生产工艺、污染控制技术、经济条件、技术水平、污染物在环境中的迁移转化以及环境质量标准等因素。因此,世界各国所制定的污染物排放标准中所包括的监测项目和限值也各不相同。我国已颁布的大气固定源污染物排放标准由《大气污染物综合排放标准》(GB 16297—1996)、《挥发性有机物无组织排放控制标准》(GB 37822—2019)、《煤层气(煤矿瓦斯)排放标准(暂行)》(GB 21522—2008)、《电镀污染物排放标准》(GB 21900—2008)、《储油库大气污染物排放标准》(GB 20950—2007)、《工业炉窑大气污染物排放标准》(GB 9078—1996)、《火电厂大气污染物排放标准》(GB 13223—2011)、《锅炉大气污染物排放标准》(GB 13271—2014)、《恶臭污染物排放标准》(GB 14554—1993)、《饮食业油烟排放标准》(GB 18483—2001)等 33 个标准组成。我国已颁布的大气移动源污染物排放标准由《轻型汽车污染物排放限值及测量方法》(GB 18352.6—2016)、《汽油车污染物排放限值及测量方法》(GB 18285—2018)、《柴油车污染物排放限值及测量方法》(GB 3847—2018)、《非道路柴油移动机械排气烟度限值及测量方法》(GB 36886—2018)、《重型柴油车污染物排放限值及测量方法》(GB 17691—2018)、《轻便摩托车污染物排放限值及测量方法》(GB 18176—2016)、《轻型混合动力电动汽车污染物排放控制要求及测量方法》(GB 19755—2016)等 34 个标准组成。

(一)《电镀污染物排放标准》(GB 21900—2008)

本标准包括电镀企业和拥有电镀设施企业的电镀水污染物和大气污染物的排放限值等内容。本标准适用于现有电镀企业的水污染物排放管理、大气污染物排放管理,也适用于对电镀企业建设项目的环境影响评价、环境保护设施设计、竣工环境保护验收及其投产后的水、大气污染物排放管理,还适用于阳极氧化表面处理工艺设施。标准规定,现有企业自 2009 年 1 月 1 日至 2010 年 6 月 30 日,执行表 1-4 规定的大气污染物排放限值;现有企业自 2010 年 7 月 1 日起执行表 1-5 规定的大气污染物排放限值;新建设施自 2008 年 8 月 1 日起执行表 1-5 规定的大气污染物排放限值;现有和新建企业单位产品基准排气量按表 1-6 的规定执行。

表 1-4　现有企业大气污染物排放限值

污染物	排放限值/(mg/m³)	污染物排放监控位置
氯化氢	50	车间或生产设施排气筒
铬酸雾	0.07	车间或生产设施排气筒
硫酸雾	40	车间或生产设施排气筒
氮氧化物	240	车间或生产设施排气筒
氰化氢	1.0	车间或生产设施排气筒
氟化物	9	车间或生产设施排气筒

表 1-5　新建企业大气污染物排放限值

污染物	排放限值/(mg/m³)	污染物排放监控位置
氯化氢	30	车间或生产设施排气筒
铬酸雾	0.05	车间或生产设施排气筒
硫酸雾	30	车间或生产设施排气筒

续表

污染物	排放限值/(mg/m³)	污染物排放监控位置
氮氧化物	200	车间或生产设施排气筒
氰化氢	0.5	车间或生产设施排气筒
氟化物	7	车间或生产设施排气筒

表 1-6　单位产品基准排气量

工艺种类	基准排气量/[m³/m²(镀件镀层)]	排气量计量位置
镀锌	18.6	车间或生产设施排气筒
镀铬	74.4	车间或生产设施排气筒
其他镀种(镀铜、镍等)	37.3	车间或生产设施排气筒
阳极氧化	18.6	车间或生产设施排气筒
发蓝	55.8	车间或生产设施排气筒

　　大气污染物排放浓度限值适用于单位产品实际排气量不高于单位产品基准排气量的情况。若单位产品实际排气量超过单位产品基准排气量，须将实测大气污染物浓度换算为大气污染物基准气量排放浓度，并以大气污染物基准气量排放浓度作为判定排放是否达标的依据。

(二)《工业炉窑大气污染物排放标准》(GB 9078—1996)

　　本标准按年限规定了工业炉窑烟尘、生产性粉尘、有害污染物的最高允许排放浓度以及烟尘黑度的排放限值。适用于除炼焦炉、焚烧炉、水泥厂以外使用固体、液体、气体燃料和电加热的工业炉窑的管理，以及工业炉窑建设项目环境影响评价、设计、竣工验收及其建成后的排放管理。本标准分为一级标准、二级标准、三级标准。1997 年 1 月 1 日前安装包括尚未安装，但环境影响报告书(表)已经批准的各种工业炉窑，烟尘及生产性粉尘最高允许排放浓度、烟气黑度限值按表 1-7 的规定执行。1997 年 1 月 1 日起通过环境影响报告书(表)批准的新建、改建、扩建的各种工业炉窑，其烟尘及生产性粉尘最高允许排放浓度、烟气黑度限值按表 1-8 的规定执行。各种工业炉窑(不分其安装时间)无组织排放烟(粉)尘最高允许浓度按表 1-9 的规定执行。各种工业炉窑的有害污染物最高允许排放浓度按表 1-10 的规定执行。

表 1-7　工业炉窑大气污染物排放限值(Ⅰ)

炉窑类别		标准级别	排放限值	
			烟(粉)尘浓度/(mg/m³)	烟气黑度(林格曼级)
熔炼炉	高炉及高炉出铁场	一	100	—
		二	150	—
		三	200	—
	炼钢炉及混铁炉(车)	一	100	—
		二	150	—
		三	200	—

续表

炉窑类别		标准级别	排放限值	
			烟(粉)尘浓度/(mg/m³)	烟气黑度(林格曼级)
熔炼炉	铁合金熔炼炉	一	100	—
		二	150	—
		三	250	—
	有色金属熔炼炉	一	100	—
		二	200	—
		三	300	—
熔化炉	冲天炉、化铁炉	一	100	1
		二	200	1
		三	300	1
	金属熔化炉	一	100	1
		二	200	1
		三	300	1
	非金属熔化、冶炼炉	一	100	1
		二	250	1
		三	400	1
铁矿烧结炉	烧结机 (机头、机尾)	一	100	—
		二	150	—
		三	200	—
	球团竖炉 带式球团	一	100	—
		二	150	—
		三	250	—
加热炉	金属压延、锻造加热炉	一	100	1
		二	300	1
		三	350	1
	非金属加热炉	一	100	1
		二	300	1
		三	350	1
热处理炉	金属热处理炉	一	100	1
		二	300	1
		三	350	1
	非金属热处理炉	一	100	1
		二	300	1
		三	350	1

续表

炉窑类别	标准级别	排放限值	
		烟(粉)尘浓度/(mg/m³)	烟气黑度(林格曼级)
干燥炉、窑	一	100	1
	二	250	1
	三	350	1
非金属焙(煅)烧炉窑 (耐火材料窑)	一	100	1
	二	300	1
	三	400	2
石灰窑	一	100	1
	二	250	1
	三	400	1
陶瓷搪瓷砖瓦窑	隧道窑 一	100	1
	二	250	1
	三	400	1
	其他窑 一	100	1
	二	300	1
	三	500	2
其他炉窑	一	150	1
	二	300	1
	三	400	1

注:"—"指不监测项目,下同。

表 1-8 工业炉窑大气污染物排放限值(Ⅱ)

炉窑类别	标准级别	排放限值	
		烟(粉)尘浓度/(mg/m³)	烟气黑度(林格曼级)
熔炼炉	高炉及高炉出铁场 一	禁排	—
	二	100	—
	三	150	—
	炼钢炉及混铁炉(车) 一	禁排	—
	二	100	—
	三	150	—
	铁合金熔炼炉 一	禁排	—
	二	100	—
	三	200	—
	有色金属熔炼炉 一	禁排	—
	二	100	—
	三	200	—

续表

炉窑类别		标准级别	排放限值	
			烟(粉)尘浓度/(mg/m³)	烟气黑度(林格曼级)
熔化炉	冲天炉、化铁炉	一	禁排	—
		二	150	1
		三	200	1
	金属熔化炉	一	禁排	—
		二	150	1
		三	200	1
	非金属熔化、冶炼炉	一	禁排	—
		二	200	1
		三	300	1
铁矿烧结炉	烧结机 (机头、机尾)	一	禁排	—
		二	100	—
		三	150	—
	球团竖炉 带式球团	一	禁排	—
		二	100	—
		三	150	—
加热炉	金属压延、锻造加热炉	一	禁排	—
		二	200	1
		三	300	1
	非金属加热炉	一	50*	1
		二	200	1
		三	300	1
热处理炉	金属热处理炉	一	禁排	—
		二	200	1
		三	300	1
	非金属热处理炉	一	禁排	—
		二	200	1
		三	300	1
干燥炉、窑		一	禁排	—
		二	200	1
		三	300	1
非金属熔(煅)烧炉窑 (耐火材料窑)		一	禁排	—
		二	200	1
		三	300	2

炉窑类别		标准级别	排放限值	
			烟(粉)尘浓度/(mg/m³)	烟气黑度(林格曼级)
石灰窑		一	禁排	—
		二	200	1
		三	350	1
陶瓷搪瓷砖瓦窑	隧道窑	一	禁排	—
		二	200	1
		三	300	1
	其他窑	一	禁排	—
		二	200	1
		三	400	2
其他炉窑		一	禁排	—
		二	200	1
		三	300	1

*仅限于市政、建筑施工临时用沥青加热炉。

表 1-9　工业炉窑大气污染物无组织排放限值

设置方式	炉窑类别	无组织排放烟(粉)尘最高允许浓度/(mg/m³)
有车间厂房	熔炼炉、铁矿烧结炉	25
	其他炉窑	5
露天或有顶无围墙	各种工业炉窑	5

表 1-10　工业炉窑有害污染物最高允许排放浓度

有害污染物名称		标准级别	1997年1月1日前安装的工业炉窑排放浓度/(mg/m³)	1997年1月1日起新建、改建、扩建的工业炉窑排放浓度/(mg/m³)
二氧化硫	有色金属冶炼	一	850	禁排
		二	1430	850
		三	4300	1430
	钢铁烧结冶炼	一	1430	禁排
		二	2860	2000
		三	4300	2860
	燃煤(油)炉窑	一	1200	禁排
		二	1430	850
		三	1800	1200
氟及其化合物(以F计)		一	6	禁排
		二	15	6
		三	50	15

续表

有害污染物名称		标准级别	1997 年 1 月 1 日前安装的工业炉窑排放浓度/(mg/m³)	1997 年 1 月 1 日起新建、改建、扩建的工业炉窑排放浓度/(mg/m³)
铅	金属熔炼	一	5	禁排
		二	30	10
		三	45	35
	其他	一	0.5	禁排
		二	0.10	0.10
		三	0.20	0.10
汞	金属熔炼	一	0.05	禁排
		二	3.0	1.0
		三	5.0	3.0
	其他	一	0.008	禁排
		二	0.010	0.010
		三	0.020	0.010
铍及其化合物(以 Be 计)		一	0.010	禁排
		二	0.015	0.010
		三	0.015	0.015
沥青油烟		一	10	5*
		二	80	50
		三	150	100

*仅限于市政、建筑施工临时用沥青加热炉。

(三)《火电厂大气污染物排放标准》(GB 13223—2011)

本标准规定了火电厂大气污染物最高允许排放浓度限值。适用于现有火电厂的大气污染物排放管理，以及火电厂建设项目的环境影响评价、环境保护工程设计、竣工环境保护验收及其投产后的大气污染物排放管理。适用于使用单台出力 65t/h 以上除层燃炉、抛煤机炉外的燃煤发电锅炉；各种容量的煤粉发电锅炉；单台出力 65t/h 以上燃油、燃气发电锅炉；各种容量的燃气轮机组的火电厂；单台出力 65t/h 以上采用煤矸石、生物质、油页岩、石油焦等燃料的发电锅炉，参照本标准中循环流化床火力发电锅炉的污染物排放控制要求执行。整体煤气化联合循环发电的燃气轮机组执行本标准中燃用天然气的燃气轮机组排放限值。本标准不适用于各种容量的以生活垃圾、危险废物为燃料的火电厂。

本标准分为三个时段，对不同时期的火电厂建设项目分别规定了排放控制要求：自 2014 年 7 月 1 日起，现有火力发电锅炉及燃气轮机组执行表 1-11 规定的烟尘、二氧化硫、氮氧化物和烟气黑度的排放限值；自 2012 年 1 月 1 日起，新建火力发电锅炉及燃气轮机组执行表 1-11 规定的烟尘、二氧化硫、氮氧化物和烟气黑度的排放限值；自 2015 年 1 月 1 日起，燃煤锅炉执行表 1-11 规定的汞及其化合物污染物排放限值。

表 1-11　火力发电锅炉及燃气轮机组大气污染物排放浓度限值(mg/m³, 烟气黑度除外)

设施类型	污染物项目	适用条件	限值
燃煤锅炉	烟尘	全部	30
	二氧化硫	新建锅炉	100 200(1)
		现有锅炉	200 400(1)
	氮氧化物(以 NO₂ 计)	全部	100 200(2)
	汞及其化合物	全部	0.03
燃油锅炉或燃气轮机组	烟尘	全部	30
	二氧化硫	新建锅炉及燃气轮机组	100
		现有锅炉及燃气轮机组	200
	氮氧化物(以 NO₂ 计)	新建锅炉	100
		现有锅炉	200
		燃气轮机组	120
燃气锅炉或燃气轮机组	烟尘	天然气锅炉及燃气轮机组	5
		其他气体锅炉及燃气轮机组	10
	二氧化硫	天然气锅炉及燃气轮机组	35
		其他气体锅炉及燃气轮机组	100
	氮氧化物(以 NO₂ 计)	天然气锅炉	100
		其他气体锅炉	200
		天然气燃气轮机组	50
		其他气体燃气轮机组	120
燃煤(油、气)锅炉或燃气轮机组	烟气黑度(林格曼黑度)/级	全部	1

(1) 位于广西壮族自治区、重庆市、四川省和贵州省的火力发电锅炉执行该限值;

(2) 采用 W 型火焰炉膛的火力发电锅炉,现有循环流化床火力发电锅炉,以及 2003 年 12 月 31 日前建成投产或通过建设项目环境影响报告书审批的火力发电锅炉执行该限值。

　　重点地区的火力发电锅炉及燃气轮机组执行表 1-12 规定的大气污染物特别排放限值。其执行的具体地域范围、实施时间,由国务院环境保护行政主管部门规定。

表 1-12　重点地区的火力发电锅炉及燃气轮机组的大气污染物特别排放限值(mg/m³, 烟气黑度除外)

设施类型	污染物项目	适用条件	限值
燃煤锅炉	烟尘	全部	20
	二氧化硫	全部	50
	氮氧化物(以 NO₂ 计)	全部	100
	汞及其化合物	全部	0.03

续表

设施类型	污染物项目	适用条件	限值
燃油锅炉或燃气轮机组	烟尘	全部	20
	二氧化硫	全部	50
	氮氧化物(以 NO_2 计)	燃油锅炉	100
		燃气轮机组	120
燃气锅炉或燃气轮机组	烟尘	全部	5
	二氧化硫	全部	35
	氮氧化物(以 NO_2 计)	燃气锅炉	100
		燃气轮机组	50
燃煤(油、气)锅炉或燃气轮机组	烟气黑度(林格曼黑度)/级	全部	1

(四)《锅炉大气污染物排放标准》(GB 13271—2014)

本标准规定了锅炉烟气中颗粒物、二氧化硫、氮氧化物、汞及其化合物的最高允许排放浓度限值和烟气黑度限值。适用于燃煤、燃油和燃气为燃料的单台出力 65t/h 及以下蒸气锅炉、各种容量的热水锅炉及有机热载体锅炉;各种容量的层燃炉、抛煤机炉。使用型煤、水煤浆、煤矸石、石油焦、油页岩、生物质成型燃料等的锅炉,参照本标准中燃煤锅炉排放控制要求执行。本标准不适用于以生活垃圾、危险废物为燃料的锅炉。适用于在用锅炉的大气污染物排放管理,以及锅炉建设项目环境影响评价、环境保护设施设计、竣工环境保护验收及其投产后的大气污染物排放管理。

10t/h 以上在用蒸气锅炉和 7MW 以上在用热水锅炉自 2015 年 10 月 1 日起执行表 1-13 规定的大气污染物排放限值,10t/h 及以下在用蒸气锅炉和 7MW 及以下在用热水锅炉自 2016 年 7 月 1 日起执行表 1-13 规定的大气污染物排放限值。自 2014 年 7 月 1 日起,新建锅炉执行表 1-14 规定的大气污染物排放限值。重点地区锅炉执行表 1-15 规定的大气污染物特别排放限值。其执行的地域范围和时间,由国务院环境保护行政主管部门或省级人民政府规定。

表 1-13　在用锅炉大气污染物排放限值(mg/m³,烟气黑度除外)

污染物	限值		
	燃煤锅炉	燃油锅炉	燃气锅炉
颗粒物	80	60	30
二氧化硫	400	300	100
	550[(1)]	300	100
氮氧化物	400	400	400
汞及其化合物	0.05	—	—
烟气黑度(林格曼黑度,级)	≤1	≤1	≤1

(1) 位于广西壮族自治区、重庆市、四川省和贵州省的燃煤锅炉执行该限值。

表 1-14 新建锅炉大气污染物排放限值(mg/m³，烟气黑度除外)

污染物	限值		
	燃煤锅炉	燃油锅炉	燃气锅炉
颗粒物	50	30	20
二氧化硫	300	200	50
氮氧化物	300	250	200
汞及其化合物	0.05	—	—
烟气黑度(林格曼黑度，级)	≤1	≤1	≤1

表 1-15 重点地区的锅炉大气污染物特别排放限值(mg/m³，烟气黑度除外)

污染物	限值		
	燃煤锅炉	燃油锅炉	燃气锅炉
颗粒物	30	30	20
二氧化硫	200	100	50
氮氧化物	200	200	150
汞及其化合物	0.05	—	—
烟气黑度(林格曼黑度，级)	≤1	≤1	≤1

(五)《挥发性有机物无组织排放控制标准》(GB 37822—2019)

本标准规定了挥发性有机物(VOCs)物料储存无组织排放控制要求、VOCs 物料转移和运输无组织排放控制要求、工艺过程 VOCs 无组织排放控制要求、设备与管线组件 VOCs 泄漏控制要求、敞开液面 VOCs 无组织排放控制要求，以及 VOCs 无组织排放废气收集处理系统要求、企业厂区内及周边污染监控要求。

本标准适用于涉及 VOCs 无组织排放的现有企业或生产设施的 VOCs 无组织排放管理，以及涉及 VOCs 无组织排放的建设项目的环境影响评价、环境保护设施设计、竣工环境保护验收、排污许可证核发及其投产后的 VOCs 无组织排放管理。

企业厂区内 VOCs 无组织排放监控点浓度应符合表 1-16 规定的限值。

表 1-16 厂区内 VOCs 无组织排放限值(mg/m³)

污染物	排放限值	特别排放限值	限值含义
非甲烷总烃	10	6	监控点处 1h 平均浓度值
	30	20	监控点处任意一次浓度值

(六)《恶臭污染物排放标准》(GB 14554—1993)

本标准分年限规定了八种恶臭污染物的一次最大排放限值、复合恶臭物质的臭气浓度限值及无组织排放源的厂界浓度限值。本标准适用于所有向大气排放恶臭气体单位及垃圾堆放场的排放管理，以及建设项目的环境影响评价、设计、竣工验收及其建成后的排放管理。恶臭污染物是指一切刺激嗅觉器官引起人们不愉快及损坏生活环境的气体物质。臭气浓度是指恶臭气体(包括异味)用无臭空气进行稀释,稀释到刚好无臭时所需的稀释倍数。恶臭污染物厂界标准值是对无组织排放源的限值,见表 1-17。恶臭污染物的排放标准值见表 1-18。

表 1-17　恶臭污染物厂界标准值

控制项目	一级	二级		三级		单位
		新扩改建	现有	新扩改建	现有	
氨	1.0	1.5	2.0	4.0	5.0	mg/m³
三甲胺	0.05	0.08	0.15	0.45	0.80	mg/m³
硫化氢	0.03	0.06	0.10	0.32	0.60	mg/m³
甲硫醇	0.004	0.007	0.010	0.020	0.035	mg/m³
甲硫醚	0.03	0.07	0.15	0.55	1.10	mg/m³
二甲二硫醚	0.03	0.06	0.13	0.42	0.71	mg/m³
二硫化碳	2.0	3.0	5.0	8.0	10	mg/m³
苯乙烯	3.0	5.0	7.0	14	19	mg/m³
臭气浓度	10	20	30	60	70	无量纲

表 1-18　恶臭污染物排放标准值

控制项目	排气筒高度/m	排放量/(kg/h)	控制项目	排气筒高度/m	排放量/(kg/h)
硫化氢	15	0.33	甲硫醚	20	0.58
	20	0.58		25	0.90
	25	0.90		30	1.3
	30	1.3		35	1.8
	35	1.8		40	2.3
	40	2.3		60	5.2
	60	5.2	二甲二硫醚	15	0.43
	80	9.3		20	0.77
	100	14		25	1.2
	120	21		30	1.7
甲硫醇	15	0.04		35	2.4
	20	0.08		40	3.1
	25	0.12		60	7.0
	30	0.17	氨	15	4.9
	35	0.24		20	8.7
	40	0.31		25	14
	60	0.69		30	20
甲硫醚	15	0.33		35	27

续表

控制项目	排气筒高度/m	排放量/(kg/h)	控制项目	排气筒高度/m	排放量/(kg/h)
氨	40	35	三甲胺	60	8.7
	60	75		80	15
二硫化碳	15	1.5		100	24
	20	2.7		120	35
	25	4.2	苯乙烯	15	6.5
	30	6.1		20	12
	35	8.3		25	18
	40	11		30	26
	60	24		35	35
	80	43		40	46
	100	68		60	104
	120	97		排气筒高度/m	标准值(无量纲)
三甲胺	15	0.54	臭气浓度	15	2000
	20	0.97		25	6000
	25	1.5		35	15000
	30	2.2		40	20000
	35	3.0		50	40000
	40	3.9		≥60	60000

(七)《轻型汽车污染物排放限值及测量方法》(GB 18352.6—2016)

本标准规定了装用点燃式发动机的轻型汽车,在常温和低温下排气污染物、实际行驶排放(RDE)排气污染物、曲轴箱污染物、蒸发污染物、加油过程污染物的排放限值,也规定了装用压燃式发动机的轻型汽车,在常温和低压下排气污染物、实际行驶排放排气污染物、曲轴箱污染物的排放限值。

本标准适用于以点燃式发动机或压燃式发动机为动力、最大设计车速≥50km/h 的轻型汽车(包括混合动力电动汽车)。轻型汽车是指最大设计总质量不超过 3500kg 的 M_1 类、M_2 类和 N_1 类汽车。M_1 类车是指包括驾驶员座位在内,座位数不超过九座的载客汽车。M_2 类车指包括驾驶员座位在内座位数超过九座,且最大设计总质量不超过 5000kg 的载客汽车。N_1 类车指最大设计总质量不超过 3500kg 的载货汽车。第一类车指包括驾驶员座位在内座位数不超过六座,且最大设计总质量不超过 2500kg 的 M_1 类汽车。第二类车指本标准适用范围内除第一类车以外的其他所有轻型汽车。混合动力电动汽车是指能够至少从两类车载储存能量装置(可消耗燃料、可再充电能/能量储存装置)中获得动力的汽车。

轻型汽车 I 型试验(常温下冷起动后排气污染物排放试验)的排放限值见表 1-19 和表 1-20。轻型汽车 VI 型试验(低温下冷起动后排气中 CO、THC 和 NO_x 排放试验)的排放限值见表 1-21。

表 1-19　Ⅰ型试验排放限值(6a 阶段)

车辆类别	测试质量 (TM)/kg	限值						
		CO/ (mg/km)	THC/ (mg/km)	NMHC/ (mg/km)	NO_x/ (mg/km)	N_2O/ (mg/km)	PM/ (mg/km)	PN[(1)]/ (个/km)
第一类车	全部	700	100	68	60	20	4.5	$6.0×10^{11}$
第二类车Ⅰ	TM≤1305	700	100	68	60	20	4.5	$6.0×10^{11}$
第二类车Ⅱ	1305<TM ≤1760	880	130	90	75	25	4.5	$6.0×10^{11}$
第二类车Ⅲ	1760<TM	1000	160	108	82	30	4.5	$6.0×10^{11}$

(1) 2020 年 7 月 1 日前汽油车过渡限值为 $6.0×10^{12}$ 个/km。

表 1-20　Ⅰ型试验排放限值(6b 阶段)

车辆类别	测试质量 (TM)/kg	限值						
		CO/ (mg/km)	THC/ (mg/km)	NMHC/ (mg/km)	NO_x/ (mg/km)	N_2O/ (mg/km)	PM/ (mg/km)	PN[(1)]/ (个/km)
第一类车	全部	500	50	35	35	20	3.0	$6.0×10^{11}$
第二类车Ⅰ	TM≤1305	500	50	35	35	20	3.0	$6.0×10^{11}$
第二类车Ⅱ	1305<TM ≤1760	630	65	45	45	25	3.0	$6.0×10^{11}$
第二类车Ⅲ	1760<TM	740	80	55	50	30	3.0	$6.0×10^{11}$

(1) 2020 年 7 月 1 日前汽油车过渡限值为 $6.0×10^{12}$ 个/km。

表 1-21　Ⅵ型试验排放限值

车辆类别	测试质量(TM)/kg	CO/(g/km)	THC/(g/km)	NO_x/(g/km)
第一类车	全部	10.0	1.20	0.25
第二类车Ⅰ	TM≤1305	10.0	1.20	0.25
第二类车Ⅱ	1305<TM≤1760	16.0	1.80	0.50
第二类车Ⅲ	1760<TM	20.0	2.10	0.80

三、环境基础标准和方法标准

环境基础标准是指为确定环境质量标准、污染物排放标准以及其他环境保护工作所制定的各种有指导意义的符号、指南、导则。环境方法标准是关于环境采样、分析、实验、监测的方法。大气环境质量标准和污染物排放标准必须依据这些符号、指南、导则、分析方法、实验办法等来制定，因此称它们为基础标准和方法标准。

上述三类环境标准都不是一成不变的。随着国家在社会、经济和技术等方面的进步，现有标准会不断地得到修订和完善，一些新标准也会不断涌现出来。

思考题和习题

1. 大气环境监测的目的是什么？
2. 大气环境监测有哪些类型？

3. 简要说明大气环境监测技术的发展趋势。

4. 大气污染的基本特点是什么?

5. 大气环境监测的特点是什么?

6. 试述大气环境标准的分类。

7. 我国现行的环境空气质量标准中对哪几种污染物设定了浓度限值?

8. 简要说明恶臭污染物的种类。

第二章　空气污染基本知识

第一节　空气组成和空气污染

一、大气、空气和大气污染

按照国际标准化组织(ISO)对大气和空气的定义，大气(atmosphere)是指环绕地球的全部空气的总和(the entire mass of air which surrounds the earth)；环境空气(ambient air)是指人类、植物、动物和建筑物暴露于其中的室外空气(outdoor air to which people, plants, animals and structures are exposed)。可见，"大气"与"空气"是作为同义词使用，区别仅在于"大气"所指的范围更大些，"空气"所指的范围相对较小些。

大气污染指由于人类活动或自然过程使得某些物质进入大气，呈现出足够的浓度，达到了足够的时间，影响了人们的健康，危害了生态环境。人类活动不仅包括生产活动，也包括生活活动，如烹饪、取暖、交通等。自然过程包括火山活动、山林火灾、海啸、土壤和岩石的风化及大气圈中空气运动等。一般来说，自然环境所具有的物理、化学和生物机能(即自然环境的自净作用)会使自然过程造成的大气污染经过一定时间后自动消除(即使生态平衡自动恢复)。大气污染主要是人类活动造成的，大气污染危害人体的健康，影响人体的正常生活环境和生理机能，引起急性病、慢性病以致死亡等。

按照大气污染的范围来分，大致可分为四类：①局部地区污染，局限于小范围的大气污染，如受到某些烟囱排气的直接影响；②地区性污染，涉及一个地区的大气污染，如工业区及其附近地区或整个城市大气受到污染；③广域污染，涉及比一个地区或城市更广泛地区的大气污染；④全球性污染，涉及全球范围(或国际性)的大气污染。

全球性大气污染问题主要包括温室效应、臭氧层破坏和酸雨三大问题。

(一) 温室效应

大气中的二氧化碳和其他微量气体如甲烷、一氧化二氮、臭氧、CFCs、水蒸气等，可以使太阳短波辐射几乎无衰减地通过，但却可以吸收地表的长波辐射，由此引起全球气温升高的现象称为"温室效应"。上述微量气体称为"温室气体"。二氧化碳是最重要的温室气体。据监测，1850 年以来，人类活动使大气中二氧化碳浓度由 280×10^{-6}(体积比，下同)增加到 2009 年的 387×10^{-6}(体积比，下同)。100 多年中，全球地面温度平均上升了 0.3~0.6℃，地球上的冰川大部分后退，海平面上升了 14~25cm。

(二) 臭氧层破坏

大气中臭氧含量仅占一亿分之一，主要集中在离地面 20~25km 的平流层中，称为臭氧层。臭氧层具有强烈吸收紫外线的功能，从而保护地球上生命的存在、繁衍和发展。向大气排放的氟氯碳、NO_x 等物质逐渐增多，是导致臭氧层破坏的主要原因。据估计，南极上空臭氧层"空洞"面积已达 2400km²，约占南极上空总面积的 60%；北半球上空臭氧层比以往任何时候都薄，欧洲和北美上空臭氧层平均减少了 10%～15%；西伯利亚上空甚至减少了 35%。臭氧层的破坏将导致皮肤癌和角膜炎患者人数增加，也会破坏地球上的生态系统。

(三) 酸雨

pH 小于 5.6 的雨、雪或其他形式的大气降水(雾、露、霜)称为酸雨。酸雨的形成主要是因为化石燃料燃烧和汽车尾气排放的 SO_x 和 NO_x，在大气中形成的硫酸和硝酸，又以雨、雪、雾等形式返回地面，形成"酸沉降"。酸雨的危害是：破坏森林系统和水生系统，改变土壤性质和结构，腐蚀建筑物，损害人体呼吸道系统和皮肤等。欧洲、北美及东亚地区的酸雨危害较严重。中国的西南、华南和东南地区的酸雨危害也相当严重。

二、空气的组成

空气是由多种气体混合而成的，其组成可以分为三部分：干燥清洁的空气(以下称干洁空气)、水蒸气和各种杂质。干洁空气的主要成分是氮、氧、氩和二氧化碳，其含量占全部干洁空气的 99.996%(体积分数)；氖、氦、氪、甲烷等次要成分只占 0.004%左右。表 2-1 列出了乡村或远离大陆的海洋上空典型的干洁空气的物质组成。

表 2-1　干洁空气的组成

主要成分	分子量	体积分数/%	次要成分	分子量	体积分数/ppm
氮(N_2)	28.01	78.084±0.004	氖(Ne)	20.18	1.8
氧(O_2)	32.00	20.946±0.002	氦(He)	4.003	5.2
氩(Ar)	39.94	0.934±0.001	甲烷(CH_4)	16.04	1.2
二氧化碳(CO_2)	44.01	0.033±0.001	氪(Kr)	83.80	0.5
			氢(H_2)	2.016	0.5
			氙(Xe)	131.30	0.08
			二氧化氮(NO_2)	46.05	0.02
			臭氧(O_3)	48.00	0.01～0.04

注：1ppm=10^{-6}，余同。

由于大气的垂直运动、水平运动、湍流运动及分子扩散，不同高度、不同地区的大气得以交换混合，因而从地面到 90km 的高空，干洁空气的组成基本保持不变。也就是说，在人类经常活动的范围内，地球上任何地方干洁空气的物理性质是基本相同的。例如，干洁空气的平均分子量为 28.966，在标准状态下(273.15K，101325Pa)密度为 1.293kg/m³。在自然界大气的温度和压力条件下，干洁空气的所有成分都处于气态，不可能液化，因此可以看成是理想气体。

大气中的水蒸气含量平均不到 0.5%，而且随时间、地点和气象条件等的不同而有较大变化，其变化范围可达 0.01%～4%。大气中的水蒸气含量虽然很少，但却导致了各种复杂的天气现象，如云、雾、雨、雪、霜、露等。这些现象不仅引起大气中湿度的变化，而且影响大气中热能的输送和交换。此外，水蒸气吸收太阳辐射的能力较弱，但吸收地面长波辐射的能力却比较强，所以对地面的保温起着重要的作用。

大气中的各种杂质是由自然过程和人类活动排到大气中的各种悬浮微粒和气态、蒸气态物质。大气中的悬浮微粒，除了水蒸气凝结成的水滴和冰晶外，主要是各种有机的或无机的固体微粒。有机微粒数量较少，主要是植物花粉、微生物、细菌、病菌等。无机微粒数量较多，主要有岩石或土壤风化后的尘粒、火山喷发后留在空气中的火山灰、海洋中浪花溅起在空气中蒸发留下的盐粒、流星在大气中燃烧后产生的灰烬以及地面上燃料燃烧和人类活动产生的烟尘等。

大气中的各种气态和蒸气态杂质，也是由自然过程和人类活动产生的。主要有硫氧化物、氮氧化物、一氧化碳、二氧化碳、硫化氢、氨、甲烷、甲醛、烃蒸气等。在这些杂质中，有许多是引起大气污染的物质。它们的分布是随时间、地点和气象条件变化而变化的，通常是陆地多于海洋，城市多于农村，冬季多于夏季。它们的存在对太阳辐射的吸收和散射，对云、雾和降水的形成，对大气中的各种光学现象，皆有重要影响，因而对大气污染也具有重要影响。

第二节 大气污染的危害

大气污染物对人体健康、植物、器物和材料及大气能见度和气候皆有重要影响。

一、对人体健康的影响

大气污染物侵入人体主要有三条途径：表面接触、食入含污染物的食物和水、吸入被污染的空气，其中第三条途径最为重要。大气污染对人体健康的危害主要表现为引起呼吸道疾病。在突然的高浓度污染物作用下，可造成急性中毒，甚至在短时间内死亡。长时间接触低浓度污染物，会引起支气管炎、哮喘、肺气肿和肺癌等病症。此外，还发现一些尚未查明的可能与大气污染有关的疑难病症。下面即对几种主要大气污染物危害人体健康的毒理进行介绍。

(一) 颗粒物的影响

颗粒物对人体健康的影响取决于颗粒物的浓度和人体暴露时间的长短。研究表明，因上呼吸道感染、心脏病、支气管炎、哮喘、肺炎、肺气肿等疾病到医院就诊人数的增加，与大气中颗粒物浓度的增加是相关的。与呼吸道疾病和心脏病有关的老年人死亡率调查结果也表明，在颗粒物浓度一连几天异常高的时期内死亡率有所增加。暴露在含有其他污染物(如 SO_2)和颗粒物的空气中所造成的健康危害，要比分别暴露在单一污染物中严重得多。表 2-2 中列举了颗粒物浓度与其产生的影响之间的关系的有关数据。

表 2-2 颗粒物浓度与其产生的影响之间的关系

颗粒物浓度/(mg/m³)	测量时间及合并污染物	影响
0.15	相对湿度<70%	能见度缩短到 8km
0.06~0.18	年度几何平均，SO_2 和水分	加快钢和锌板的腐蚀
0.10~0.15		直射日光减少 1/3

续表

颗粒物浓度/(mg/m³)	测量时间及合并污染物	影响
0.08~0.10	盐酸盐水平 30mg/(cm²·月)	50 岁以上人的死亡率增加
0.10~0.13	$SO_2 > 0.12mg/m^3$	儿童呼吸道发病率增加
0.20	24h 平均值，$SO_2 > 0.25mg/m^3$	工人因病未上班人数增加
0.30	24h 最大值，$SO_2 > 0.63mg/m^3$	慢性支气管炎病人可能出现急性病恶化的症状
0.75	24h 平均值，$SO_2 > 0.715mg/m^3$	病人数量明显增加，可能发生大量死亡

颗粒的大小是危害人体健康的另一重要因素。它主要表现在两个方面。①粒径越小，越不易沉降，长时间漂浮在大气中容易被吸入体内，且容易深入肺部。一般而言，粒径在 100μm 以上的尘粒会很快在大气中沉降；10μm 以上的尘粒可以滞留在呼吸道中；5~10μm 的尘粒大部分会在呼吸道沉积，被分泌的黏液吸附，可以随痰排除；小于 5μm 的微粒能深入肺部；0.01~0.1μm 的尘粒，50%以上将沉积在肺部，引起各种尘肺病。②粒径越小，粉尘比表面积越大，物理、化学活性越高，生理效应的发生与发展越剧烈。此外，尘粒的表面可以吸附空气中的各种有害气体及其他污染物，而成为它们的载体，如可以承载强致癌物质苯并[a]芘和细菌等。

(二) 硫氧化物的影响

SO_2 在空气中的浓度达到 $(0.3~1.0) \times 10^{-6}$ 时，人们就会闻到一种气味。包括人类在内的各种动物，对 SO_2 的反应都会表现为支气管收缩，这可从气管阻力稍有增加判断出来。一般认为，空气中 SO_2 浓度在 0.5×10^{-6} 以上，对人体健康已有某种潜在性影响，浓度在 $(1~3) \times 10^{-6}$ 时多数人开始受到刺激，浓度达 10×10^{-6} 时刺激加剧，个别还会出现严重的支气管痉挛。与颗粒物和水分结合的硫氧化物，是对人类健康影响非常严重的物质(表 2-2)。

当大气中的 SO_2 氧化形成硫酸和硫酸雾时，即使其浓度只相当于 SO_2 的十分之一，其刺激和危害也将更加显著。据动物实验表明，硫酸雾引起的生理不良反应要比单一 SO_2 气体强 4~20 倍。

(三) 一氧化碳的影响

高浓度的 CO 能够引起人体生理上和病理上的变化，甚至死亡。CO 能夺去人体组织所需的氧。人暴露于高浓度(>750×10^{-6})的 CO 中就会导致死亡。CO 与血红蛋白结合产生碳氧血红蛋白(COHb)，氧和血红蛋白结合生成氧合血红蛋白(O₂Hb)。血红蛋白对 CO 的亲和力大约为氧的 210 倍。这就是说，要使血红蛋白饱和，所需 CO 的分压仅有氧饱和所需氧分压的 1/200~1/250。暴露于这两种气体混合物中所产生的 COHb 和 O₂Hb 的平衡浓度可用式(2-1)表示：

$$\frac{COHb}{O_2Hb} = M \frac{p_{CO}}{p_{O_2}} \tag{2-1}$$

式中，p_{CO}、p_{O_2} 分别为吸入气体中 CO 和 O₂ 的分压；M 为常数，在人的血液中为 200~250。

因此，血液中 COHb 的量是吸入空气中 CO 浓度的函数。COHb 在血液中的形成是一个可逆过程，暴露一旦中断，与血红蛋白结合的 CO 就会自动释放出来，健康人经过 3~4h，血液中的 CO 就会清除一半。

COHb 的主要作用是降低血液的载氧能力，次要作用是阻碍其余血红蛋白释放所载的氧，进一步降低血液的输氧能力。在 CO 浓度为$(10\sim15)\times10^{-6}$的环境中暴露 8h 或更长时间，有些人对时间间隔的辨别能力就会受到损害。这种浓度的 CO 在白天商业区街道的空气中普遍存在。这种暴露能在血液中产生大约 2.5%的 COHb。在30×10^{-6}浓度下暴露 8h 或更长时间，会出现呆滞现象，血液中能产生 5%的 COHb。一般认为，CO 浓度值达100×10^{-6}是一定年龄范围内健康人暴露 8h 的工业安全上限。CO 浓度达到100×10^{-6}时，大多数人都会感觉眩晕、头痛和倦怠。

【例 2-1】　受污染的空气中 CO 浓度为100×10^{-6}，如果吸入人体肺中的 CO 全被血液吸收，试估算人体血液中 COHb 的饱和度。

解　设人体肺部气体中氧的含量与环境空气中氧含量相同，即为 21%，取 M=210，代入式(2-1)得到

$$\frac{COHb}{O_2Hb}=M\frac{p_{CO}}{p_{O_2}}=\frac{210\times100\times10^{-6}}{21\times10^{-2}}=0.1$$

即血液中的 CO 与 O_2 之比为 1∶10，则血液中 CO 的饱和度为

$$\rho_{CO}=\frac{COHb}{COHb+O_2Hb}=\frac{COHb/O_2Hb}{1+COHb/O_2Hb}=\frac{0.1}{1+0.1}=0.091=9.1\%$$

这一值略为偏低，是因为吸入空气中的氧被停留在肺中的气体所稀释。

(四) 氮氧化物的影响

NO 对生物的影响尚不清楚，动物实验证明，其毒性仅为 NO_2 的五分之一。NO_2 是棕红色气体，对呼吸器官有强烈的刺激作用，当浓度与 NO 相同时，其毒性更大。实验结果表明，NO_2 会迅速破坏肺细胞，可能是哮喘、肺气肿和肺癌的一种病因。环境空气中 NO_2 浓度高于0.01×10^{-6}时，儿童(2~3 周岁)支气管炎的发病率有所增加；NO_2 浓度为$(1\sim3)\times10^{-6}$时，可闻到臭味；浓度为13×10^{-6}时，眼、鼻有急性刺激感；在浓度为17×10^{-6}的环境下，呼吸 10min，会使肺活量减少，肺部气流阻力增加。NO_x 与碳氢化合物混合时，在阳光照射下发生化学反应，产生光化学烟雾。光化学烟雾的成分就是光化学氧化剂，它的危害更严重。

(五) 光化学氧化剂的影响

臭氧(O_3)、过氧乙酰硝酸酯(PAN)、过氧苯酰硝酸酯(PBN)和其他能使碘化钾的碘离子氧化的痕量物质都称为光化学氧化剂。氧化剂(主要是 PAN 和 PBN)会严重地刺激眼睛，当和臭氧混合在一起时，它们还会刺激鼻腔、咽喉，引起胸腔收缩，在浓度高达 $3.90mg/m^3$ 时，就会引起剧烈的咳嗽和注意力不集中。臭氧是一种强氧化剂，在 0.1ppm 浓度时就具有特殊的气味，并可达到呼吸系统的深层，刺激下呼吸道黏膜，引起化学变化。其作用相当于放射线，会使染色体异常、红细胞老化。

(六) 有机化合物的影响

城市大气中有很多有机化合物是可疑的"三致"物质，包括卤代甲烷、卤代乙烷、卤代丙烷、氯烯烃、氯代芳烃、芳烃及其氧化产物和氮化产物等。特别是多环芳烃(PAH)类大气污染物，大多数有致癌作用，其中苯并[a]芘是强致癌物质。城市大气中的苯并[a]芘主要来自煤、油等燃料的未完全燃烧过程。苯并[a]芘主要通过呼吸道侵入肺部，并引起肺癌。实测数据表明，肺癌与大气污染、苯并[a]芘含量的相关性是显著的。从世界范围来看，城市肺癌死亡率

约比农村高 2 倍，有的城市高达 9 倍。

二、对植物的影响

因为叶子含有整棵植物的构造机理，大气污染对植物的伤害通常发生在叶片中。最常见的毒害植物的气体是二氧化硫、臭氧、PAN、氟化氢、乙烯、氯化氢、氯、硫化氢和氨。

大气中含 SO_2 过高，对叶片的危害首先发生在叶肉的海绵状软组织部分，其次是多栅栏细胞部分。侵蚀开始时叶片出现水浸透现象，干燥后受影响的叶面部分呈漂白色或乳白色。如果 SO_2 的浓度为 $(0.3\sim0.5)\times10^{-6}$，并持续几天，就会对敏感性植物产生慢性损害。$SO_2$ 直接进入气孔，叶肉中的植物细胞使其转化为亚硫酸盐，再转化成硫酸盐。当过量的 SO_2 存在时，植物细胞就不能快速地把亚硫酸盐转化为硫酸盐，从而开始破坏细胞结构。菠菜、莴苣和其他叶状蔬菜对 SO_2 最为敏感，棉花和苜蓿也都很敏感。松针也受其影响，无论叶尖还是整片针叶都会变成褐色，并且很脆弱。

20 世纪 50 年代后期，臭氧对植物的危害才引起人们的注意。臭氧影响植物细胞的渗透性，可导致高产作物高产性能消失，甚至使植物丧失遗传能力。植物受到臭氧损害，开始时表皮褪色，呈蜡质状，经过一段时间后色素发生变化。臭氧首先侵袭叶肉中的栅栏细胞区。叶片的细胞结构瓦解，叶子表面出现浅黄色或棕红色斑点。针叶树的叶尖变成棕色，并且坏死。菠菜、豌豆、西红柿和白松显得特别敏感。在某些森林中的很多松树，似乎由于长期暴露在光化学氧化剂中而濒于死亡。据估计，损害阈值约为 0.03×10^{-6}，暴露时间为 4h。上述植物在 0.1×10^{-6} 或更低的浓度中暴露 $1\sim8h$，也曾出现受害现象。苜蓿在浓度 0.06×10^{-6} 的臭氧中暴露 $3\sim4h$，会受到伤害。臭氧还阻碍柠檬的生长。

PAN 侵害叶片气孔周围的海绵状薄壁细胞，使叶子背面呈银灰色或古铜色，影响植物的生长，降低植物对病虫害的抵抗力。虽然牵牛花在 PAN 浓度为 0.005×10^{-6} 的空气中暴露 8h，就会受到影响，但是其危害阈值估计为 0.01×10^{-6}，暴露时间为 6h。从成熟状况看，幼叶是最敏感的。

氟化氢对植物是一种累积性毒物。即使暴露在极低的浓度条件下，植物也会最终把氟化物累积到足以损害其叶片组织的程度。最早出现的症状为叶尖和叶边呈烧焦状。氟化物通过气孔进入叶子，然后被水分带向叶尖和叶边，最后使内部细胞遭受破坏。当细胞被破坏变干时，受害部分就由深棕色变成棕褐色。桃树、葡萄藤和唐菖蒲等对氟化物十分敏感，超过 $4\sim5$ 周暴露期的损害阈值低至 0.1×10^{-9}。氟化氢的浓度接近 1×10^{-9} 时，就应该引起重视。

在普通碳氢化合物中，乙烯是唯一的在已知环境水平时就能使植物遭到损害的物质。浓度为 $(0.001\sim0.5)\times10^{-6}$ 的乙烯，曾使敏感植物受到伤害。乙烯对植物的影响包括：使花朵凋落，叶子不能很好地舒展；对兰花和棉花有害，其暴露 6h 的总阈值为 0.05×10^{-6}。

其他气体和蒸气，如氯化氢、氯、硫化氢和氨，比其他气体更能引起叶片组织严重破坏。

人们关于颗粒物对植物的影响了解很少。然而，已观察到几种特定物质所引起的损害作用。含氟化物的颗粒物能对某些植物产生危害。降落在农田上的氧化镁，能使农作物生长不良。同时这些有毒物质会被植物组织吸收。

三、对器物和材料的影响

大气污染对金属制品、油漆涂料、皮革制品、纺织品、橡胶制品和建筑物等的损害也是严重的。这种损害包括沾污性损害和化学损害两个方面。沾污性损害主要是粉尘、烟尘等颗粒物沉降在器物上面造成的，有的污染物可以清扫冲洗去除，有的很难去除，如煤油中的焦油等。化学损害是污染物的化学作用使器物和材料腐蚀或损坏。

颗粒物因其固有的腐蚀性，或惰性颗粒物进入大气后因吸收或吸附了腐蚀性化学物质，而产生直接的化学损坏。金属通常能在干空气中抗拒腐蚀，甚至在清洁的湿空气中也是如此。然而，大气中普遍存在吸湿性颗粒物时，即使在没有其他污染物的情况下，也能腐蚀金属表面。

大气中的 SO_2、NO_x 及其生成的酸雾、酸滴等，能使金属表面产生严重的腐蚀，使纺织品、纸品、皮革制品等腐蚀破坏，使金属涂料变质，降低其保护效果。金属器物最为有害的污染物一般是 SO_2，已观察到城市大气中金属的腐蚀率是农村环境中腐蚀率的 1.5～5 倍。温度尤其是相对湿度皆显著影响腐蚀速率。铝对 SO_2 的腐蚀作用具有很好的抗拒力，但是在相对湿度大于 70%时，腐蚀率就会明显上升。据研究，铝在农村地区暴露达 20 年以上，其抗张强度只减少 1%或者更少，而在同样长的时间内，在工业区大气中铝的张力强度却减少了14%～17%。含硫物质或硫酸会侵蚀多种建筑材料，如石灰石、大理石、花岗岩、水泥砂浆等。这些建筑材料先形成较易溶解的硫酸盐，然后被雨水冲刷掉。尼龙织物，尤其是尼龙管道等，对大气污染物也很敏感，其老化显然是由 SO_2 或硫酸气溶胶造成的。

光化学氧化剂中的臭氧，会使橡胶绝缘性能的寿命缩短，使橡胶制品迅速老化脆裂。臭氧还影响纺织品中的纤维素，使其强度减弱。所有氧化剂都能使纺织品发生不同程度的褪色。

四、对大气能见度和气候的影响

(一) 对大气能见度的影响

大气污染最常见的后果之一是大气能见度降低。一般说来，对大气能见度或清晰度有影响的污染物是气溶胶粒子、能通过大气反应生成气溶胶粒子的气体或有色气体。因此，对能见度有潜在影响的污染物有：①总悬浮物颗粒物(TSP)；②SO_2 和其他气态含硫化合物，这些气体在大气中以较大的反应速率形成硫酸盐和硫酸气溶胶粒子；③NO 和 NO_2，其在大气中反应生成硝酸盐和硝酸气溶胶粒子，在某些条件下，红棕色的 NO 会导致烟雨和城市霾出现可见色；④光化学烟雾，这类反应生成亚微米的气溶胶粒子。

能见度是指在指定方向上仅能用肉眼看见和辨认的最大距离：①在白天能看见地平线上直指天空的一个显著的深色物体；②在夜间能看见一个已知的、最好未经聚焦的中等强度的光源。观测能见度时观测者通过对指定方向上一个目标的反差度的估计而对光衰减进行主观评价。如果观测者视力完好，则这种反差度极限估计为 2%。通常认为，普通观测者需要接近5%的反差度才能辨别出以背景为衬托的物体。

反差度的降低及大气能见度的下降，主要是大气中微粒对光的散射和吸收作用造成的。还有一些散射是空气分子引起的，这就是瑞利散射过程。大气中由散射引起的光衰减主要是由大小与入射光波长相近的粒子造成的。可见光波长为 0.4～0.8μm，其最大强度为 0.52μm。因此，粒径处于 0.1～1.0μm 的亚微米范围内的固体和液体粒子对能见度的影响很大。城市大气中硫酸盐的粒径大多小于 2μm，粒径分布峰值为 0.2～0.9μm，因而这类气溶胶的存在会引起能见度明显下降。

大气能见度的降低，不仅会对人造成极大的心理影响，还会产生交通安全方面的危害。

假设光衰减只是由微粒散射造成的，微粒为尺寸相同的球体，且分布均匀，则能见度可按式(2-2)估算：

$$L_v = \frac{2.6\rho_p d_p}{K\rho}(m) \tag{2-2}$$

式中，ρ 为视线方向上的颗粒浓度，mg/m^3；ρ_p 为颗粒的密度，kg/m^3；d_p 为颗粒直径，μm；K 为散射率，即受颗粒作用的波阵面积与颗粒面积之比。

根据范德赫尔斯(Van de Hulst)提出的数据，不吸光的球体散射率 K 值一般为 1.7～2.5。

实测数据表明，在空气相对湿度超过 70%时，按式(2-2)计算会产生较大误差。因为天然的气溶胶微粒及很多大气污染物都是吸湿的，在相对湿度为 70%～80%的范围内开始潮解或发生吸湿反应，从而使颗粒物粒径增大。

【例 2-2】　大气中悬浮物的平均粒径为 1.0μm，密度为 2500kg/m³，如果散射率 $K=2$，能见度为 8000m 时颗粒物的浓度是多少？

解　将各数据代入式(2-2)得

$$\rho = \frac{2.6\rho_p d_p}{KL_v} = \frac{2.6 \times 2500 \times 1.0}{2 \times 8000} = 0.406 mg/m^3$$

这是城市大气中颗粒物浓度的典型值。当大气能见度低于 8000m 时，飞机的起降率必须减少。

(二) 对气候的影响

大气污染对能见度的影响主要是美学性质的。但是，如果大气污染对气候产生大规模影响，则其结果肯定是极为严重的。已被证实的全球性影响有 CO_2 等温室气体引起的温室效应，以及 SO_2、NO_x 排放产生的酸雨等。除此之外，在较低大气层中的悬浮颗粒物形成水蒸气的"凝结核"，当大气中水蒸气达到饱和时，就会发生凝结现象。在较低温度下，水蒸气会凝结成液态小水滴；当温度很低时，则会形成冰晶。这种"凝结核"作用有可能导致降水的增加或减少。一些研究结果证明，在颗粒物浓度高的城区和工业区，降水量明显大于其周围相对清洁区。人工降雨就是通过云催化造成冰核增加来实现的。另外有一些研究表明，悬浮颗粒物浓度增大能使降水量减少。

一些研究者认为，伴随大规模气团停滞的大范围霾层，也具有一定的气候学意义。由于太阳辐射的散射损失和吸收损失，大气气溶胶粒子能降低太阳辐射强度。计算表明，在受影响的气团区域，辐射-散射损失会致使气温降低 1℃。虽然这是一种区域性影响，但它在很大地域范围内起作用，以致具有全球性影响。

第三节　空气污染源

造成空气污染的污染物发生源称为空气污染源，分为自然污染源与人为污染源两大类。

一、自然污染源

自然污染源主要有以下几类：①扬尘，火山爆发产生的气体与尘粒；②闪电产生的气体，如臭氧和氮氧化物；③植物与动物腐烂产生的臭气；④森林火灾造成的烟气与飞灰；⑤自然放射性源和其他产生有害物质并向大气排放的源。

由这些自然界产生的污染物构成了大气环境背景污染物，以及一定的污染物浓度水平。在维持正常的生态平衡条件下，它们一般并不恶化空气质量。同时，人们也无法有效地控制它们。

二、人为污染源

人为污染源是产生空气污染问题，尤其是局部地域空气污染的主要原因。人为污染源是由人们的生产和生活过程产生的，对其分类的方法有很多种。

在日常工作和生活中一般可按污染源的功能进行划分，可分成工业污染源、交通污染源、生活污染源、农业污染源等。

(一) 工业污染源

这类污染物包括燃料燃烧排放的污染物，以及工业产生过程中排放的废气，如化工厂向大气排放的具有刺激性、腐蚀性、异味的有机和无机气体；炼焦厂排放的酚、苯、烃类化合物；化纤厂排放的氨、二氧化硫、甲醇、丙酮等有害物质；其他生产企业排放的各类金属和非金属粉尘等。

最严重的空气污染是由燃料燃烧产生的。例如，燃烧时一般会产生烟尘；燃烧含硫的煤与石油，会产生硫氧化物；空气在高温下参与反应，会产生氮氧化物；燃烧不完全时会产生碳氢化合物和一氧化碳；燃烧裂解汽油时，还会释放出铅；即便是最清洁的燃料燃烧，也会产生二氧化碳。

(二) 交通污染源

在一些发达国家，汽车排气已成为空气污染的主要污染源。2010 年全世界的汽车保有量已超过十亿辆，一年内排出的一氧化碳估计将达亿吨。

美国是世界上汽车最多的国家之一，2009 年的汽车保有量约为 4600 万辆，每年由汽车排出的一氧化碳约 20000 万 t，碳氢化合物约 3000 万 t；日本汽车保有量约 7500 万辆，每年由汽车排放的一氧化碳约 6000 万 t，碳氢化合物约 1000 万 t。如此多的污染物排入大气，造成的影响是可想而知的。

近年来，我国的公路交通也发展得很快，汽车排放的废气在一些大城市也已成为主要的污染源。2009 年，中国汽车保有量约 6300 万辆，每年由汽车排放的一氧化碳约 5000 万 t，碳氢化合物约 800 万 t。

(三) 生活污染源

在我国，家庭炉灶和北方的冬天取暖锅炉排气是一种排放量大、分布广、排放高度低、危害性不容忽视的空气污染源。

(四) 农业污染源

农村地域广阔，通常情况下排放的空气污染物不会产生明显的环境影响，但农业秸秆的集中焚烧会引起季节性的环境问题。近几年多次有报道称，在城市郊区大量焚烧秸秆，造成大范围烟雾弥漫，严重地影响公路交通、飞机的起降和城市空气质量。

第四节 空气污染物及其存在状态

一、污染物的成因分类

空气中污染物的种类多达几千种，已发现有危害作用的有 100 多种。我国《大气污染物综合排放标准》(GB 16297—1996)规定了 33 种大气污染物的排放限值。根据空气污染物的形成过程，可将其分为一次污染物和二次污染物。

一次污染物是直接从各种污染源排放到空气中的有害物质。常见的主要有二氧化硫、氮氧化物、一氧化碳、碳氢化合物、颗粒性物质等。颗粒性物质中包含了有毒重金属、多种有机和无机化合物等。

二次污染物是一次污染物在空气中相互作用，或者与空气中的正常组分发生化学反应所产生的新污染物。这些新生成的污染物与一次污染物的化学性质和物理性质完全不同，多以气溶胶的形式存在，具有粒度小、毒性一般比一次污染物大等特点。常见的二次污染物有硫酸盐、硝酸盐、臭氧、醛类、过氧乙酰硝酸酯等。

二、污染物的存在状态

空气中污染物的存在状态是由其自身的理化性质及形成过程决定的，气象条件也起一定作用。一般将它们分为气体状态污染物和粒子状态污染物两大类。

(一) 气体状态污染物

气体状态污染物是以分子状态存在的污染物，简称气态污染物。某些物质如二氧化硫、氮氧化物、一氧化碳、氯化氢、氯气、臭氧等沸点都很低，在常温常压条件下以气体分子形式分散在空气中。有些物质如二氯甲烷、甲醇、苯酚等，虽然在常温常压是液体或固体，但因其挥发性强，能以蒸气状态进入空气中。气态污染物的种类很多，总体上可以分为五大类：以二氧化硫为主的含硫化合物、以氧化氮和二氧化氮为主的含氮化合物、碳氧化物、有机化合物及卤素化合物等，如表 2-3 所示。

表 2-3 气体状态污染物的分类

污染物	一次污染物	二次污染物
含硫化合物	SO_2、H_2S	SO_3、H_2SO_4、MSO_4
含氮化合物	NO、NH_3	NO_2、HNO_3、MNO_3
碳氧化物	CO、CO_2	无
有机化合物	$C_1 \sim C_{10}$ 化合物	醛、酮、过氧乙酰硝酸酯、O_3
卤素化合物	HF、HCl	无

注：MSO_4、MNO_3 分别为硫酸盐和硝酸盐。

1. 硫氧化物

硫通常有 4 种氧化物，即二氧化硫(SO_2)、三氧化硫(SO_3)、三氧化二硫(S_2O_3)、一氧化硫(SO)。此外还有两种过氧化物：七氧化二硫(S_2O_7)和四氧化硫(SO_4)。在大气中比较重要的是 SO_2 和 SO_3，其混合物用 SO_x 表示。硫氧化物是全球硫循环中的重要化学物质，它与水滴、粉尘并存于大气中。由于颗粒物(包括液态与固态)中铁、锰等起催化氧化作用，SO_x形成硫酸雾，严重时会发生煤烟型烟雾事件，如伦敦烟雾事件，或造成酸性降雨。SO_x是大气污染、环境酸化的一类主要污染物。化石燃料的燃烧和工业排放废气物中均含有大量 SO_x。目前采用燃料脱硫、排烟脱硫等技术来降低或消除硫氧化物(主要是 SO_2)的排放。也有用高烟囱扩散的方法，使排放源附近的 SO_x 浓度降低，但这会使污染远离污染源地区，只是权宜之计。

2. 氮氧化物

氮和氧的化合物有 N_2O、NO、NO_2、N_2O_3、N_2O_4 和 N_2O_5，可以用 NO_x 表示。其中污染大气的主要是 NO、NO_2。氮氧化物是形成光化学烟雾和酸雨的一个重要原因。汽车尾气中的氮氧化物与碳氢化合物经紫外线照射后发生反应形成的有毒烟雾，称为光化学烟雾。光化学烟雾具有特殊气味，刺激眼睛，伤害植物，并能使大气能见度降低。另外，氮氧化物与空气中的水反应生成的硝酸和亚硝酸是酸雨的成分。大气中的氮氧化物主要源于化石燃料的燃烧和植物体的焚烧，以及农田土壤和动物排泄物中含氮化合物的转化。

工业中主要利用氨气与氮氧化物发生化学反应，以中和氮氧化物。氨气与氮氧化物发生反应后生成氮气与水，从而达到无污染排放的目的，现在主要应用于取暖和供电等行业。但在轮船等行业中，还没有比较好的解决办法，这主要是因为氨气制造比较困难，而且携带氨气罐又比较危险。

3. 碳氧化物

CO 和 CO_2 是各种大气污染物中产量最大的一类污染物，主要来自燃料燃烧和机动车排气。CO 进入大气后，由于大气的扩散稀释作用和氧化作用，一般不会造成危害。但在城市冬季采暖季节或在交通繁忙的十字路口，当气象条件不利于排气扩散稀释时，CO 浓度有可能达到危害人体健康的水平。

CO_2 是无毒气体，自工业革命以来，人类向地球大气环境中排放了大量的 CO_2，使 CO_2 浓度逐年升高。联合国政府间气候变化专门委员会(IPCC)报告显示，CO_2 浓度在 2009 年达到了历史最高值 387ppm。由此造成的温室效应致使全球海平面持续上涨的速度开始加快，达到每年 3.5mm。IPCC 原主席拉金德拉·帕乔里(Rajendra Pachauri)表示，"全球大部分的升温是温室气体浓度增加所导致的"，这个推断已经逐渐被证实。CO_2 问题以及由此衍生出的一系列环境问题已经成为 21 世纪最受关注的环境问题。低碳经济和有效的 CO_2 捕集和脱除方法已经成为研究热点。

4. 有机化合物

大气中的挥发性有机化合物(VOCs)一般是 C_1～C_{10} 化合物。它不完全等同于严格意义上的碳氢化合物，因为它们除了含有碳和氢原子外，还常含有氧、氮和硫等原子。甲烷被认为是一种非活性烃，所以人们总以非甲烷烃类(NMHC)的形式来表示大气环境中烃的浓度。VOCs是光化学氧化剂臭氧和过氧乙酰硝酸酯(PAN)的主要贡献者，也是温室效应的贡献者之一，所以必须加强控制。VOCs 主要来自机动车和燃料燃烧排气，以及石油炼制和有机化工生产等。

5. 光化学烟雾

汽车、工厂等污染源排入大气的碳氢化合物(CH)和氮氧化物(NO_x)等一次污染物，在阳光照射下发生化学反应，生成臭氧、醛、酮、酸、过氧乙酰硝酸酯(PAN)等二次污染物。参与光化学反应过程的一次污染物和二次污染物的混合物所形成的烟雾污染现象称为光化学烟雾。研究表明，在 60°N(北纬)～60°S(南纬)之间的一些大城市，都可能发生光化学烟雾。光化学烟雾主要发生在阳光强烈的夏、秋季节。随着光化学反应的不断进行，反应生成物不断蓄积，光化学烟雾的浓度不断升高，3～4h 后达到最大值。这种光化学烟雾可随气流飘移数百公里，使远离城市的农村作物也受到损害。20 世纪 40 年代之后，随着全球工业和汽车业的迅猛发展，光化学烟雾污染在世界各地不断出现，如美国的洛杉矶、日本的东京和大阪、英国的伦敦，以及中国的北京、南宁和兰州等城市，均发生过光化学烟雾现象。

光化学烟雾的成分非常复杂，但对人类、动植物和材料有害的主要是臭氧、PAN、丙烯醛、甲醛等二次污染物。人和动物受到的主要伤害是眼睛和黏膜受刺激、头痛、呼吸障碍、慢性呼吸道疾病恶化、儿童肺功能异常等。PAN、甲醛、丙烯醛等产物对人和动物的眼睛、咽喉、鼻子等有刺激作用，其刺激域约为 0.1ppm。此外，光化学烟雾能促使哮喘病患者哮喘发作，能引起慢性呼吸系统疾病恶化、呼吸障碍、肺部功能受损等。长期吸入氧化剂能降低人体细胞的新陈代谢，加速人的衰老。日本东京 1970 年发生光化学烟雾期间，有 2 万人患了红眼病。研究表明光化学烟雾中的 PAN 是一种极强的催泪剂，其催泪作用相当于甲醛的 200 倍。另一种眼睛强刺激剂是 PBN，它对眼的刺激作用比 PAN 强约 100 倍。

无论是气体分子还是蒸气分子，都具有运动速度较大、扩散快、在空气中分布比较均匀的特点。它们的扩散情况与自身的密度有关，密度大的向下沉降，如汞蒸气等；密度小的向上飘浮，并受气象条件的影响，可随气流扩散到很远的地方。

(二) 粒子状态污染物

粒子状态污染物(颗粒物)是分散在空气中的微小液体和固体颗粒，粒径多在 0.01～100μm，是一个复杂的非均匀体系。通常根据颗粒物在重力作用下的沉降特性将其分为降尘和可吸入颗粒物。粒径大于 10μm 的颗粒物能较快地沉降到地面上，称为降尘。粒径小于 10μm 的颗粒物(PM_{10})可长期飘浮在空气中，称为可吸入颗粒物或飘尘(IP)。总悬浮颗粒物是粒径小于 100μm 的颗粒物的总称。

可吸入颗粒物具有胶体性质，故又称气溶胶，它易随呼吸进入人体肺脏，在肺泡内积累，并可进入血液输往全身，对人体健康危害大。

从大气污染控制的角度，按照颗粒物的来源和物理性质，可将其分为以下几个类型。

(1) 粉尘(dust)。粉尘是指悬浮于气体介质中的小固体颗粒，受重力作用能发生沉降，但在一定时间段内能保持悬浮状态。它通常是在固体物质的破碎、研磨、分级、输送等机械过程，或土壤、岩石的风化等自然过程中形成的。粉尘颗粒的形状往往是不规则的。颗粒粒径一般为 1～200μm。属于粉尘类的大气污染物种类很多，如黏土粉尘、石英粉尘、煤粉、水泥粉尘和各种金属粉尘等。

(2) 烟(fume)。烟一般是指由冶金生产过程形成的固体颗粒气溶胶。它是由熔融物质挥发后生成的气态物质的冷凝物，在生成过程中总是伴有氧化之类的化学反应。烟颗粒的粒径一般为 0.01～1μm。产生烟是一种较为普遍的现象，如有色金属冶炼过程中产生的氧化铅烟、氧化锌烟和在核燃料处理厂中的氧化钙烟等。

(3) 飞灰(fly ash)。飞灰是指随燃料燃烧产生的随烟气排出的分散得较细的灰分。它的化学组成变化很大，与燃料类型、燃烧条件及集灰方式等有关。飞灰主要物相是玻璃体，占 50%～80%，所含晶体矿物有莫来石、α-石英、方解石、钙长石、硅酸钙、赤铁矿和磁铁矿等，以及少量未燃烧的碳。

(4) 黑烟(smoke)。黑烟一般是指由燃料燃烧产生的可见气溶胶。

(5) 雾(fog)。雾是气体中液滴悬浮体的总称。在气象学中指造成能见度小于 1km 的小水滴悬浮体。在工程中，雾一般泛指小液体粒子悬浮体，它可能是由于蒸气的凝结、液体的雾化及化学反应等过程形成的，如水雾、酸雾、碱雾和油雾等。

三、污染物的浓度表示方法

空气中污染物浓度有两种表示方法，即单位体积质量浓度和体积比浓度。根据污染物的存在状态可选择使用。

(一) 单位体积质量浓度

单位体积质量浓度是指单位体积空气中所含污染物的质量数，常用 mg/m^3 或 $\mu g/m^3$ 表示。这种表示方法对任何状态的污染物都适用。

(二) 体积比浓度

体积比浓度是指单位体积空气中含污染气体或蒸气的体积数，常用 mL/m^3 或 $\mu L/m^3$ 表示。显然，这种表示方法仅适用于气态或蒸气态物质，不受空气温度和压力变化的影响。

因为单位体积质量浓度受湿度和压力变化的影响，为使计算出的浓度具有可比性，我国空气质量标准采用标准状态(0℃，101.325kPa)下的体积。非标准状态下的气体体积可用气态方程式换算成标准状态下的体态，换算公式如下：

$$V_0 = V_t \times \frac{273}{273+t} \times \frac{p}{101.325}$$

式中，V_0 为标准状态下的采样体积，L 或 m^3；V_t 为现场采样体积，L 或 m^3；t 为采样时的温度，℃；p 为采样时的大气压，kPa。

世界卫生组织(WHO)采用的参比状态是 25℃ 和 101.325kPa，进行数据比较时应注意。

上述两种浓度单位可按式进行换算：

$$c_v = 22.4 \times \frac{c_m}{M}$$

式中，c_v 为以 mL/m^3 表示的气体浓度(标准状态下)；c_m 为以 mg/m^3 表示的气体浓度；M 为气态物质的摩尔质量，g/mol；22.4 为标准状态下气体的摩尔体积，L/mol。

思考题和习题

1. 什么是大气污染？其根据污染范围可分为哪些类型？
2. 简要说明大气颗粒物和 SO_2 污染对人体健康的影响。
3. 对大气能见度有潜在影响的污染物有哪些？
4. 我国城市空气污染的主要人为污染源是什么？
5. 什么是一次污染物和二次污染物？它们有哪几种存在状态？
6. 怎样区别烟、黑烟和飞灰？
7. 已知处于 100.30kPa、10℃ 状况下的空气中 SO_2 的浓度为 2×10^{-6}，试换算成标准状况下以 mg/m^3 为单位表示的浓度值。

第三章 空气污染监测方案的制定

制定空气污染监测方案时，首先要根据监测目的进行调查研究，收集相关资料，然后经过综合分析，确定监测项目，设计布点网络，选定采样频率、采样方法和监测技术，建立质量保证程序和措施，提出进度安排计划和对监测结果报告的要求等。

第一节 资料收集与监测项目确定

一、监测目的

(1) 通过对大气环境中主要污染物质进行定期或连续监测，判断大气质量是否符合国家制定的环境空气质量标准，并为编写大气环境质量状况评价报告提供依据。

(2) 为研究大气质量的变化规律和发展趋势，开展大气污染的预测预报工作提供依据。

(3) 为政府部门执行有关环境保护法规，开展环境质量管理、环境科学研究及修订大气环境质量标准提供基础资料和依据。

二、调研与资料收集

(一) 污染源分布及排放情况

通过调研，掌握监测区域内的污染源类型、数量、位置、排放的主要污染物及排放量，同时还应了解所用原料、燃料及消耗量。注意将由高烟囱排放的较大污染源与由低烟囱排放的小污染源区别开来。因为小污染源的排放高度低，对周围地区地面大气中污染物浓度的影响比大型工业污染源大。另外，对于交通运输污染较重和有石油化工企业的地区，应区别一次污染物和由于光化学反应产生的二次污染物。由于二次污染物是在大气中形成的，其高浓度可能在远离污染源的地方，在布设监测点时应加以考虑。

(二) 气象资料

污染物在大气中的扩散、输送和一系列的物理、化学变化，在很大程度上取决于当时当地的气象条件。因此，要收集监测区域的风向、风速、气温、气压、降水量、日照时间、相对湿度、温度的垂直梯度和逆温层底部高度等资料。

(三) 地形资料

地形对当地的风向、风速和大气稳定情况等都有影响，因此也是设置监测网点应当考虑的重要因素。例如，当工业区建在河谷地区时，出现逆温层的可能性大；位于丘陵地区的城市，市区内大气污染物的浓度梯度会相当大；海滨城市会受海陆风的影响；而位于山区的城市会受山谷风的影响等。为掌握污染物的实际分布状况，监测区域的地形越复杂，要求布设监测点越多。

(四) 土地利用和功能分区情况

监测区域内土地利用情况及功能区划分也是设置监测网点应考虑的重要因素之一。不同功能区的污染状况是不同的，如工业区、商业区、混合区、居民区等。还可以按照建筑物的密度、有无绿化带等进一步分类。

(五) 人口分布及人群健康情况

环境保护的目的是维护自然环境的生态平衡、保护人群健康，因此掌握监测区域的人口分布、居民和动植物受大气污染危害情况及流行性疾病等资料，对制定监测方案、分析判断监测结果是有益的。

此外，对于监测区域以往的大气监测资料等也应尽量收集，以供制定监测方案时参考。

三、监测项目的确定

存在于大气中的污染物质多种多样，应根据监测空间范围内的实际情况和优先监测的原则，选择那些危害大、涉及范围广、已建立成熟的测定方法，并有标准可比的项目进行监测。

美国划定了 43 种空气优先监测污染物；我国在《居住区大气中有害物质最高容许浓度》中规定了 34 种有害物质的限值。对于大气环境污染常规监测项目，各国的规定大同小异。表 3-1 列出了我国《环境监测技术规范》中规定的常规监测项目。

表 3-1　常规监测项目

类别	必测项目	按地方情况增加的必测项目	选测项目
空气污染物监测	TSP、SO_2、NO_2(或 NO_x)、硫酸盐化速率、灰尘自然沉降量	CO、总氧化剂、总烃、PM_{10}、F_2、HF、B[a]P、Pb、H_2S、光化学氧化剂	CS_2、Cl_2、氯化氢、硫酸雾、HCN、NH_3、Hg、Be、铬酸雾、非甲烷烃、芳香烃、酚、甲醛、甲基对硫磷、异氰酸甲酯等
降水监测	pH、电导率	K^+、Na^+、Ca^{2+}、Mg^{2+}、NH_4^+、SO_4^{2-}、NO_3^-、Cl^-	

第二节　采样点的布设

一、布设采样点的原则和要求

(1) 采样点应设在整个监测区域的高、中、低三种不同污染物浓度的地方。

(2) 在污染源比较集中，主导风向比较明显的情况下，应将污染源的下风向作为主要监测范围，布设较多的采样点；上风向布设少量点作为对照。

(3) 工业企业较密集的城区和工矿区、人口密度大及污染物超标地区，要适当增设采样点；城市郊区和农村、人口密度小及污染物浓度低的地区，可酌情少设采样点。

(4) 采样点的周围应开阔，采样口水平线与周围建筑物高度的夹角应不大于30°。测点周围无局地污染源，并应避开树木及吸附能力较强的建筑物。交通密集区的采样点应设在距人行道边缘至少 1.5m 处。

(5) 各采样点的设置条件要尽可能一致或标准化，使获得的监测数据具有可比性。

(6) 采样高度根据监测目的而定。研究大气污染对人体的危害，采样口应在离地面 1.5～

2m 处；研究大气污染对植物或器物的影响，采样口高度应与植物或器物高度相近；连续采样例行监测时，采样口高度应距地面 3～15m；若置于屋顶采样，采样口应与基础面应有 1.5m 以上的相对高度，以减小扬尘的影响。特殊地形地区可视实际情况选择采样高度。

二、采样点数目的确定

在一个监测区域内，采样点设置数目是与经济投资和精度要求相对应的，应根据监测范围大小、污染物的空间分布特征、人口分布及其密度、气象、地形及经济条件等因素综合考虑确定。

我国对大气环境污染例行监测采样点数目的设定，主要是根据城市人口的数量(表 3-2)。对有自动监测系统的城市要求以自动监测为主，人工连续采样点为辅；无自动监测系统的城市，以连续采样点为主，辅以单机自动监测，以便解决缺少瞬时值的问题。

表 3-2 我国大气环境污染例行监测采样点设置数目

市区人口/万人	SO_2、NO_2 或 NO_x、TSP	灰尘自然沉降量	硫酸盐化速率
<50	3	≥3	≥6
50～100	4	4～8	6～12
100～200	5	8～11	12～18
200～400	6	11～20	18～30
>400	7	20～30	30～40

三、采样点布设方法

监测区域内的采样点总数确定后，可采用经验法、统计法、模拟法等方法进行采样站(点)的布设。经验法是常采用的布点方法，特别是对尚未建立监测网或监测数据积累少的地区，需要凭借经验确定采样站(点)的位置，其具体方法叙述如下。

(一) 功能区布点法

按功能区划分布点的方法多用于区域性常规监测。先将监测区域划分为工业区、商业区、居住区、工业和居住混合区、交通稠密区、清洁区等，再根据具体污染情况和人力、物力条件，在各功能区设置一定数量的采样点。各功能区的采样点数不要求平均，一般在污染较集中的工业区和人口较密集的居住区多设采样点。

(二) 网格布点法

这种布点方法是将监测区域地面划分成若干均匀网状方格，采样点设在两条直线的交点处或方格中心(图 3-1)。网格大小视污染源强度、人口分布及人力、物力等条件确定。若主导风向明显，下风向设点应多一些，一般约占采样点总数的 60%。对于有多个污染源，且污染源分布较均匀的地区，常采用这种布点方法，能较好地反映污染物的空间分布。如

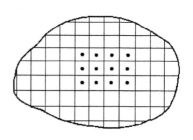

图 3-1 网格布点法

将网格划分得足够小，则将监测结果绘制成污染物浓度空间分布图，对指导城市环境规划和管理具有重要意义。

(三) 同心圆布点法

这种方法主要用于多个污染源构成污染群，且大污染源较集中的地区。先找出污染群的中心，以此为圆心在地面上画若干个同心圆，再从圆心作若干条放射线，将放射线与圆周的交点作为采样点(图 3-2)。不同圆周上的采样点数目不一定相等或均匀分布，在常年主导风向的下风向比上风向多设一些点。例如，同心圆半径分别取 4km、10km、20km、40km，从里向外在各圆周上分别设 4、8、8、4 个采样点。

(四) 扇形布点法

扇形布点法适用于孤立的高架点源，且主导风向明显的地区。以点源所在位置为顶点，主导风向为轴线，在下风向地面上划出一个扇形区域作为布点范围。扇形的角度一般为 45°，也可更大些，但不能超过 90°。采样点设在扇形平面内距点源不同距离的若干弧线上(图 3-3)。每条弧线上设 3～4 个采样点，相邻两点与顶点连线的夹角一般取 10°～20°。在上风向应设对照点。

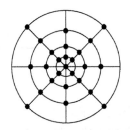

图 3-2　同心圆布点法

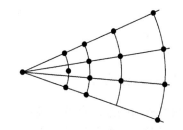

图 3-3　扇形布点法

采用同心圆布点法或扇形布点法时，应考虑高架点源排放污染物的扩散特点。在不计污染物本底浓度时，点源脚下的污染物浓度为零，随着距离增加，很快出现浓度最大值，然后按指数规律下降。因此，同心圆或弧线不宜等距离划分，而是靠近最大浓度值的地方密一些，以免漏测最大浓度的位置。污染物最大浓度出现的位置与源高、气象条件和地面状况等密切相关。例如，对平坦地面上 50m 高的烟囱，污染物最大地面浓度出现的位置与气象条件的关系列于表 3-3。随着烟囱高度的增加，最大地面浓度出现的位置变远。在大气稳定时，高度为 100m 的烟囱排放污染物的最大地面浓度出现位置约在烟囱高度的 100 倍处。

表 3-3　50m 高烟囱排放污染物最大地面浓度出现位置与气象条件的关系

大气稳定度	最大浓度出现位置(相当于烟囱高度的倍数)
不稳定	5～10
中性	20 左右
稳定	40 以上

在实际工作中，为了使采样网点布设得完善合理，往往采用以一种布点方法为主，兼用其他方法的综合布点法。

统计法适用于已积累了多年监测数据的地区。根据城市大气污染物浓度分布的时间与空间变化特点，通过对监测数据的统计分析，对现有站(点)进行优化调整，从中选择有代表性点站(点)。

模拟法是根据监测区域污染源的分布、排放特点和气象资料，以数学模型预测的污染物浓度时空分布状况为基础，布设采样站(点)。

第三节 采样时间、频率和方法

一、采样时间与频率的确定

采样时间指每次采样从开始到结束所经历的时间，也称采样时段。采样频率指在一定时间段内的采样次数。二者要根据监测目的、污染物分布特征、分析方法灵敏度以及人力物力等因素决定。

采样时间短，试样缺乏代表性，监测结果不能反映污染物浓度随时间的变化，仅适用于事故性污染、初步调查等情况的监测。为了增加采样时间，可采用两种方法，一种是增加采样频率，即每隔一定时间采样测定一次，取多个试样测定结果的平均值为代表值。例如，在一个季度内，每六天或每个月采样一天，而一天内又等间隔时间采样测定一次(如在 2∶00、8∶00、14∶00、20∶00 时采样分别测定)，求出日平均、月平均和季平均监测结果。这种方法适用于受人力物力限制而进行人工采样测定的情况，是目前进行大气污染常规监测、环境质量评价现状监测等广泛采用的方法。若采样频率安排合理、适当，积累足够多的数据，则具有较好的代表性。第二种增加采样时间的办法是使用自动采样仪器进行连续自动采样，再用污染组分连续或间歇自动监测仪器进行测定，则监测结果能很好地反应污染物浓度随时间的变化趋势，得到任意时段(如 1h、1 天、1 个月、1 个季度或 1 年)的代表值(平均值)。因此，这是最佳的采样和测定方式。显然，连续自动采样监测频率可以选得很高，累积采样时间很长。例如，一些发达国家为监测空气质量的长期变化趋势，要求计算年平均值的累积采样时间在6000h 以上。我国对城镇大气污染例行监测规定的采样时间和采样频率列于表 3-4。环境空气质量标准(GB 3095—2012)对污染物监测数据的统计有效性规定见表 3-5。

表 3-4 采样时间和采样频率

监测项目	采样时间和频率
二氧化硫	隔日采样，每天连续采样 24h±0.5h，每月 14~16d，每年 12 个月
二氧化氮(或氮氧化物)	同二氧化硫
总悬浮颗粒物	隔双日采样，每天连续采样 24h±0.5h，每月 5~6d，每年 12 个月
灰尘自然降尘量	每月采样 30d±2d，每年 12 个月
硫酸盐化速率	每月采样 30d±2d，每年 12 个月

表 3-5 污染物监测数据的统计有效性规定

污染物	取值时间	数据有效性规定
SO_2、NO_x、NO_2、PM_{10}、$PM_{2.5}$	年平均	每年至少有 324 个日均值, 每月至少有 27 个日均值(二月至少有 25 个日均值)
TSP、Pb、B[a]P	年平均	每年至少有分布均匀的 60 个日均值, 每月至少有分布均匀的 5 个日均值
SO_2、NO_x、NO_2、CO、PM_{10}、$PM_{2.5}$	24h 平均	每日至少有 20h 的采样时间
TSP、B[a]P、Pb	24h 平均	每日应有 24h 的采样时间
O_3	8h 平均	每 8h 至少有 6h 平均值
SO_2、NO_x、NO_2、CO、O_3	1h 平均	每小时至少有 45min 的采样时间
Pb	季平均	每季至少有分布均匀的 15 个日均值, 每月至少有分布均匀的 5 个日均值

二、采样方法、监测方法和质量保证

采集空气样品的方法和设备要根据空气中污染物的存在状态、浓度、物理化学性质以及所用监测方法选择。在各种污染物的监测方法中都规定了相应的采样方法,这将在下一章介绍。

为了获得准确可靠和具有可比性的监测结果,应采用规范化的监测方法。目前,监测大气污染物应用最广泛的方法属于分光光度法和气相色谱法,其次是荧光光度法、液相色谱法、原子吸收法等。但随着分析技术的发展,一些含量低、难分离、危害大的有机污染物,越来越多地采用仪器联用方法进行测定,如气相色谱-质谱(GC-MS)、液相色谱-质谱、气相色谱-傅里叶变换红外光谱等联用技术。

对监测过程的每个环节进行质量控制,是获得准确监测数据的必备条件。因此,应该建立相应的质量保证程序和方法。

思考题和习题

1. 简要说明制定空气污染监测方案的程序和主要内容。
2. 空气污染常规监测的必测项目包括哪几种?
3. 简要说明空气污染监测采样点的布设原则。
4. 进行空气质量常规监测时,怎样结合监测区域实际情况选择和优化布点?
5. 采样时间和采样频率对获得具有代表性的结果有何意义?

第四章 采样方法与采样仪器

采集大气样品的方法可划分为直接采样法和富集(浓缩)采样法两类。

第一节 直接采样法

当大气中的被测组分浓度较高，或者监测方法灵敏度高时，从大气中直接采集少量气样即可满足监测分析的要求。例如，用非色散红外吸收法测定空气中的一氧化碳，用紫外荧光法测定空气中的二氧化硫，都用直接采样法。这种方法测得的结果是瞬时浓度或短时间内的平均浓度，能较快地测知结果。常用的采样容器有注射器、采气袋、采气管、采气瓶等。

一、注射器采样

常用 100mL 注射器采集有机蒸气样品。采样时，先用现场气体抽洗注射器 2～3 次，然后抽取 100mL 空气样品，密封进气口，带回实验室测定。用注射器采集的样品不宜长时间存放，一般应在采样当天分析完毕。

二、采气袋采样

应选择与气样中污染组分既不发生化学反应，也不吸附、不渗漏污染组分的采气袋采样(图 4-1)。常用的有聚四氟乙烯袋、聚乙烯袋、聚酯袋等。为减少对被测组分的吸附，在袋的内表面涂以银、铝等金属膜。采样时，先用二联球打进现场气体冲洗 2～3 次，再充满气样，夹封进气口，也可把采气袋与小型抽气泵连接起来进行采样。

图 4-1 采气袋

三、采气管采样

采气管是两端具有旋塞的管式玻璃容器，容积为 100～500mL(图 4-2)。采样时，打开两端旋塞，将二联球或抽气泵连接在采气管的一端，迅速抽进比采气管容积大 6～10 倍的欲采气体，使采气管中原有气体被完全置换出。关上两端旋塞，采气体积即为采气管的容积。

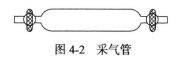

图 4-2 采气管

四、采气瓶采样

采气瓶是一种用耐压玻璃制成的固定容器，容积为 500～1000mL(图 4-3)。采样前，先用真空泵将采气瓶(瓶外套有安全保护套)抽真空，使内部压力达到 1.33kPa 左右，关闭旋塞。采样时，打开旋塞，被采空气即充入瓶内。关闭旋塞，则采样体积为真空采气瓶的容积。如果采气瓶内真空度达不到

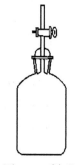

图 4-3 采气瓶

1.33kPa，则实际采样体积应根据剩余压力进行计算。

当用闭口压力计测量剩余压力时，现场状态下的采样体积按下式计算：

$$V = V_0 \cdot \frac{p - p_B}{p}$$

式中，V 为现场状态下的采样体积，L；V_0 为真空采气瓶容积，L；p 为大气压力，kPa；p_B 为闭管压力计读数，kPa。

当用开管压力计测量采气瓶内的剩余压力时，现场状态下的采样体积按下式计算：

$$V = V_0 \cdot \frac{p_K}{p}$$

式中，p_K 为开管压力计读数，kPa；其余符号意义和单位同前式。

此外，还可利用内表面经过钝化处理的不锈钢采样罐采集空气样品。采样前首先要对采样罐抽真空，然后用专用采样泵抽入空气，使之达到一定正压。与同样容积的玻璃质采样瓶相比，不锈钢采样罐一次可采集更多的样品。

第二节　富集(浓缩)采样法

大气中污染物质的浓度一般都比较低(ppm～ppb[①]数量级)，用直接采样法采集的样品往往不能满足分析方法检出限的要求，故需要用富集采样法对大气中的污染物进行浓缩。富集采样法所需时间一般比较长，测得结果代表采样时段的平均浓度，故更能反映大气污染的真实情况。这类采样方法有溶液吸收法、填充柱阻留法、滤料阻留法、低温冷凝法、扩散(渗透)法及自然沉降法等。

一、溶液吸收法

该方法是采集大气中气态、蒸气态及某些气溶胶态污染物质的常用方法。采样时，用抽气装置将欲测空气以一定流量抽入装有吸收液的吸收管(瓶)。采样结束后，倒出吸收液进行测定，根据测得结果及采样体积计算大气中污染物的浓度。

溶液吸收法的吸收效率主要取决于吸收速率和气样与吸收液的接触面积。欲提高吸收速率，必须根据被吸收污染物的性质选择效能好的吸收液。常用的吸收液有水、水溶液和有机溶剂等。按照它们的吸收原理可分为两种类型。一种是气体分子溶解于溶液中的物理作用，如用水吸收大气中的氯化氢、甲醛，用5%的甲醇吸收有机农药等。另一种是基于发生化学反应，如用氢氧化钠溶液吸收大气中的硫化氢是基于中和反应，用四氯汞钾溶液吸收 SO_2 是基于络合反应等。理论和实践证明，伴有化学反应的吸收溶液吸收速率比单纯靠溶解作用的吸收液吸收速率快得多。因此，除采集溶解度非常大的气态物质外，一般都选用伴有化学反应的吸收液。吸收液的选择原则是：

(1) 与被采集的物质发生化学反应快或对其溶解度大。

(2) 污染物质被吸收液吸收后，要有足够的稳定时间，以满足测定所需时间的要求。

(3) 污染物质被吸收后，应有利于下一步分析测定，最好能直接用于测定。

(4) 吸收液毒性小、价格低、易于购买，且最好能回收利用。

---

① 1ppb = 10^{-9}。

增大被采气体与吸收液接触面积的有效措施是选用结构适宜的吸收管(瓶)。下面介绍几种常用的吸收管(图 4-4)。

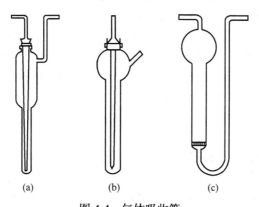

图 4-4 气体吸收管

(a) 气泡吸收管；(b) 冲击式吸收管；(c) 多孔筛板吸收管

(一) 气泡吸收管

这种吸收管可装 5～10mL 吸收液，采样流量为 0.5～2.0L/min，适用于采集气态和蒸气态物质。对于气溶胶态物质，因不能像气态分子那样快速扩散到气液界面上，故吸收效率低。

(二) 冲击式吸收管

这种吸收管有小型(装 5～10mL 吸收液，采样流量为 3.0L/min)和大型(装 50～100mL 吸收液，采样流量为 30L/min)两种规格，适宜采集气溶胶态物质。因为该吸收管的进气管喷嘴孔径小，距瓶底又很近，当被采气样快速从喷嘴喷出冲向管底时，则气溶胶颗粒因惯性作用冲击到管底被分散，从而易被吸收液吸收。冲击式吸收管不适合采集气态和蒸气态物质，因为气体分子的惯性小，在快速抽气情况下，容易随空气一起逃逸。

(三) 多孔筛板吸收管

该吸收管可装 5～10mL 吸收液，采样流量为 0.1～1.0L/min。吸收管有小型(装 10～30mL 吸收液，采样流量为 0.5～2.0L/min)和大型(装 50～100mL 吸收液，采样流量为 30L/min)两种。气样通过吸收管的筛板后，被分散成很小的气泡，且阻留时间长，大大增加了气液接触面积，从而提高了吸收效率。它们除适合采集气态和蒸气态物质外，也能采集气溶胶态物质。

二、填充柱阻留法

填充柱是用一根长 6～15cm、内径 3～5mm 的玻璃管、塑料管或金属管，内装颗粒状或纤维状填充剂制成。采样时，让气样以一定流量通过填充柱，则欲测组分因吸附、溶解或化学反应等作用被阻留在填充剂上，达到浓缩采样的目的。采样后，通过热解吸或溶剂洗脱，使被测组分从填充剂上释放出来进行测定。根据填充剂阻留作用的原理，可分为吸附型、分配型和反应型。

(一) 吸附型填充柱

这种柱的填充剂是颗粒状固体吸附剂，如活性炭、硅胶、分子筛、高分子多孔微球等。

它们都是多孔性物质，比表面积大，对气体和蒸气有较强的吸附能力。吸附型填充柱有两种表面吸附作用，一种是分子间引力引起的物理吸附，吸附力较弱；另一种是剩余价键力引起的化学吸附，吸附力较强。极性吸附剂如硅胶等，对极性化合物有较强的吸附能力；非极性吸附剂如活性炭等，对非极性化合物有较强的吸附能力。一般说来，吸附能力越强，采样效率越高，但这往往会给解吸带来困难。因此，在选择吸附剂时，既要考虑吸附效率，又要考虑易于解吸。在这类填充柱中既可装填一种吸附剂，也可装填两种或多种吸附剂，这取决于吸附剂的比表面积大小和被采集物质的性质。

(二) 分配型填充柱

这种填充柱的填充剂是表面涂渍了高沸点有机溶剂(如异十三烷)的惰性多孔颗粒物(如硅藻土)，类似于气液色谱柱中的固定相，只是有机溶剂的用量比色谱固定相大。当被采集气样通过填充柱时，在有机溶剂(固定液)中分配系数大的组分保留在填充剂上而被富集。例如，大气中的有机氯农药(六六六、滴滴涕等)和多氯联苯(PCB)多以蒸气或气溶胶态存在，用溶液吸收法采样效率低，但用涂渍5%甘油的硅酸铝载体填充剂采样时，采集效率可达90%～100%。

(三) 反应型填充柱

这种柱的填充剂由惰性多孔颗粒物(如石英砂、玻璃微球等)或纤维状物(如滤纸、玻璃棉等)表面涂渍了能与被测组分发生化学反应的试剂制成，也可以用能和被测组分发生化学反应的纯金属(Au、Ag、Cu等)、丝毛或细粒作填充剂。气样通过填充柱时，被测组分在填充剂表面因发生化学反应而被阻留。采样后，将反应产物用适宜的溶剂洗脱或加热吹气解吸下来进行分析。例如，空气中的微量氨可用装有涂渍硫酸的石英砂填充柱富集。采样后，用水洗脱下来测定。反应型填充柱采样量和采样速率都比较大，富集物稳定，对气态、蒸气态和气溶胶态物质都有较高的富集效率，是大气污染监测中具有广阔发展前景的富集方法。

三、滤料阻留法

该方法是将滤料(滤纸、滤膜等)放在采样夹上(图 4-5)，用抽气装置抽气，使空气中的颗粒物阻留在滤料上。称量滤料上富集的颗粒物质量，根据采样体积，即可计算出空气中颗粒物的浓度。

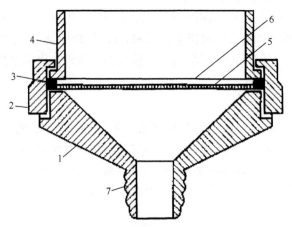

图 4-5　颗粒物采样夹

1. 底座；2. 紧固圈；3. 密封圈；4. 接座圈；5. 支撑网；6. 滤膜；7. 抽气接口

滤料采集空气中气溶胶颗粒物是基于直接阻截、惯性碰撞、扩散沉降、静电引力和重力沉降等作用被富集的。有的滤料以阻截作用为主,有的滤料以静电引力作用为主,有的几种作用同时发生。滤料的采集效率除与自身性质有关外,还与采样速率、颗粒物的大小等因素有关。低速采样时,以扩散沉降为主,对细小颗粒物的采集效率高;高速采样时,以惯性碰撞作用为主,对较大颗粒物的采集效率高。空气中的大小颗粒物是并存的,当采样速率一定时,就可能使一部分粒径小的颗粒物采集效率偏低。此外,在采样过程中,还可能发生颗粒物从滤料上弹回或吹走的现象,特别是在采样速率大的情况下,颗粒大、质量高的粒子易发生弹回现象;颗粒小的粒子易穿过滤料被吹走,这些情况都是造成采集效率偏低的原因。

常用的滤料有纤维状滤料,如滤纸、玻璃纤维滤膜、过氯乙烯滤膜等;筛孔状滤料,如微孔滤膜、核孔滤膜、银薄膜等。滤纸由纯净的植物纤维素浆制成,有许多粗细不等的天然纤维素相重叠在一起,形成大小和形状都不规则的孔隙,但孔隙较少,通气阻力大,适用于金属尘粒的采集。滤纸的吸水性较强,不利于用重量法测定颗粒物性质。玻璃纤维滤膜由超细玻璃纤维制成,具有较小的不规则孔隙,其优点是耐高温、耐腐蚀、吸湿性小、通气阻力小、采集效率高,常用于采集大气中的飘尘,并可用溶剂提取富集在其上的有害组分进行分析,但其中有些元素含量较高。过氯乙烯滤膜、聚苯乙烯滤膜由合成纤维制成,通气阻力是目前滤膜中最小的,并可用有机溶剂溶成透明溶液,进行颗粒物分散度和颗粒物中化学组分的分析。微孔滤膜是由硝酸(或醋酸)纤维素等基质交联成的筛孔状膜,孔径细小、均匀,质量轻,金属杂质含量极微,溶于多种有机溶剂,尤其适用于采集分析金属的气溶胶。核孔滤膜是将聚碳酸酯薄膜覆盖在铀箔上,用中子流轰击,使铀核分裂产生的碎片穿过薄膜形成微孔,再经化学腐蚀处理制成。这种膜薄而光滑、机械强度好、孔径均匀、不亲水,适用于精密的重量分析,但因微孔呈圆柱状,采样效率较微孔滤膜低。银薄膜由微细的银粒烧结制成,具有与微孔滤膜相似的结构,能耐400℃高温,抗化学腐蚀性强,适用于采集酸、碱气溶胶及含煤焦油、沥青等挥发性有机物的气样。

选择滤膜时,应根据采样目的,选择采样效率高、性能稳定、空白值低、易于处理和采样后分析测定的滤膜。

四、低温冷凝法

大气中某些沸点比较低的气态污染物质,如烯烃类、醛类等,在常温下用固体填充剂等方法富集的效果不好,用低温冷凝法可提高采集效率。

低温冷凝法是将U形或蛇形采样管插入冷阱中(图4-6),当大气流经采样管时,被测组分因冷凝而凝结在采样管底部。当用气相色谱法测定时,可将采样管与仪器进气口连接,移去冷阱,使被测物质在常温或加热情况下气化,进入仪器测定。

制冷采样管的方法有半导体制冷器法和制冷剂法。常用的制冷剂有冰(0℃)、冰-盐水(−10℃)、干冰-乙醇(−72℃)、干冰(−78.5℃)、液氧(−183℃)、液氮(−196℃)等。

低温冷凝法具有效果好、采样量大、利于组分稳定等优点,但空气中的水蒸气、二氧化碳甚至氧也会同时冷凝下来,在气化时,这些组分也会气化,增大了气体总体积,从而降低浓缩效果,甚至干扰测定。为此,应在采样管的进气端安装选择性过滤器(内装过氯酸镁、碱石棉、氯化钙等),以除去空气中的水蒸气和二氧化碳等。但所用干燥剂和净化剂不能与被测组分发生反应,以免引起被测组分损失。

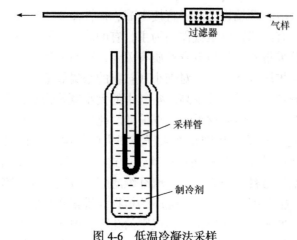

图 4-6　低温冷凝法采样

五、静电沉降法

空气样品通过 12000～20000V 电压的电场时，气体分子发生电离，所产生的离子附着在气溶胶颗粒上，使粒子带电。带电粒子在电场的作用下沉降到收集电极上，将收集极表面的沉降物洗下，供分析用。这种采样方法不能用于易燃、易爆的场合。

六、扩散(渗透)法

该方法用在个体采样器中采集气态和蒸气态有害物质。采样时不需要抽气动力，而是利用被测污染物分子自身扩散或渗透到达吸收层(吸收剂、吸附剂或反应性材料)被吸附或吸收，故又称无动力采样法。这种采样器体积小，质量轻，可以佩戴在人身上，跟踪人的活动，用于人体接触有害物质量的监测。

七、自然积集法

这种方法是利用物质的自然重力、空气动力和浓差扩散作用采集大气中的被测物质，如自然降尘、氟化物等大气样品的采集，以及硫酸盐化速率的测定。这种采样方法不需要动力设备，简单易行，且采样时间长，测定结果能较好地反映大气污染情况。下面举两个实例。

(一) 降尘试样采集

采集大气中降尘的方法分为湿法和干法两种，其中湿法应用更为普遍。

湿法采样是在一定大小的圆筒形玻璃(或塑料、瓷、不锈钢)缸中加入一定量的水，放置在距地面高 5～15m，附近无高大建筑物及局部污染源的地方(如空旷的屋顶上)，采样口距基础面高 1.5m 以上，以避免顶面扬尘的影响。我国集尘缸的尺寸为内径 15cm、高 30cm，一般加水 100～300mL(视蒸发量和降雨量而定)。夏季需加入少量硫酸铜溶液，以抑制微生物和藻类的生长；冬季需加入适量乙醇或乙二醇，以免结冰。采样时间为(30±2)天，多雨季节注意及时更换集尘缸，防止水满溢出。

干法采样一般使用标准集尘器(图 4-7)。夏季需加除藻剂。我国干法采样用的集尘缸如图 4-8 所示，在缸底放置塑料圆环，圆环上再放置塑料筛板。

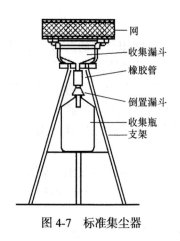

图 4-7　标准集尘器

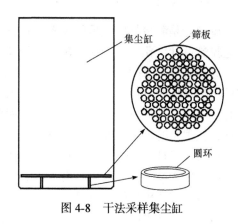

图 4-8　干法采样集尘缸

(二) 硫酸盐化速率试样的采集

排放到大气中的二氧化硫、硫化氢、硫酸蒸气等含硫污染物，经过一系列氧化演变和反应，最终形成危害更大的硫酸雾和硫酸盐雾。测定硫酸盐化速率常用的采样方法有二氧化铅法和碱片法。二氧化铅法是将涂有二氧化铅糊状物的纱布绕贴在素瓷管上，制成二氧化铅采样管，将其放置在采样点上，则大气中的二氧化硫、硫酸雾等与二氧化铅反应生成硫酸铅而被采集。碱片法是将用碳酸钾溶液浸渍过的玻璃纤维滤膜置于采样点上，则大气中的二氧化硫、硫酸雾等与碳酸盐反应生成硫酸盐而被采集。

八、综合采样法

空气中的污染物并不是以单一状态存在的，可采用不同采样方法相结合的综合采样法，将不同状态的污染物同时采集下来。例如，在滤料采样夹后接上液体吸收管或填充柱采样管，则颗粒物被收集在滤料上，而气体污染物被收集在吸收管中。又如，无机氟化物以气态(HF、SiF_4)和颗粒态(NaF、CaF_2等)存在，两种状态毒性差别很大，须分别测定，可将两层或三层滤料串联起来采集。第一层用微孔滤膜采集颗粒态氟化物；第二层用碳酸钠浸渍的滤膜采集气态氟化物。

第三节　采样仪器

一、仪器组成

用直接采样法采集空气样品时可不使用动力装置。但用富集采样法时需使用采样仪器，其主要由收集器、流量计和采样动力三部分组成。

(一) 收集器

收集器是捕集大气中欲测物质的装置。前面介绍的气体吸收管(瓶)、填充柱、滤料采样夹、低温冷凝采样管等都是收集器。要根据被捕集物质的存在状态、理化性质等选用适宜的收集器。

(二) 流量计

流量计是测量气体流量的仪器,而流量是计算采集气样体积必知的参数。常用的流量计有皂膜流量计、孔口流量计、转子流量计、临界孔、质量流量计等。

皂膜流量计(图 4-9)是一根标有体积刻度的玻璃管,管的下端有一支管和装满肥皂水的橡皮球。当挤压橡皮球时,肥皂水液面上升,由支管进来的气体便吹起皂膜,在玻璃管内缓慢上升,准确记录通过一定体积气体所需时间,即可得知流量。这种流量计常用于校正其他流量计,在很宽的流量范围内,误差皆小于 1%。

孔口流量计(图 4-10)有隔板式和毛细管式两种。当气体通过隔板或毛细管小孔时,因阻力而产生压力差。气体流量越大,阻力越大,产生的压力差也越大。由下部 U 形管两侧的液柱差,可直接读出气体的流量。

转子流量计(图 4-11)主要由一根上粗下细的玻璃管和一个金属或塑料转子组成。当气体由玻璃管下端进入时,由于转子下端的环形孔隙截面积大于转子上端的环形孔隙截面积,所以转子下端气体的流速小于上端的流速,下端的压力大于上端的压力,使转子上升,直到上、下两端压力差与转子的质量相等时,转子停止不动。气体流量越大,转子上升得越高,故可直接从转子上沿位置读出流量。当空气湿度大时,需在进气口前连接一个干燥管,否则,转子吸附水分后质量增加,影响测量结果的准确度。

 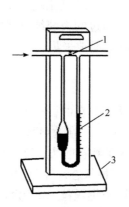 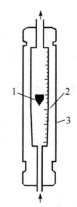

图 4-9　皂膜流量计　　　　图 4-10　孔口流量计　　　　图 4-11　转子流量计
　　　　　　　　　　　　　　1. 隔板;2. 液柱;3. 支架　　　1. 转子;2. 锥形管;3. 外壳

临界孔是一根长度一定的毛细管,如果两端维持足够的压力差,则通过小孔的气流就能保持恒定。此时的流量称临界状态流量,其大小取决于毛细管孔径的大小。使用不同孔径的毛细管,可获得不同的流量。这种流量计使用方便,广泛用于大气采样器和自动监测仪器。临界孔可以用注射器针头代替,使用时要防止孔口被堵塞。

流量计在使用前应进行校准,以保证刻度值的准确性。校准方法是将皂膜流量计或标准流量计串接在采样系统中,以皂膜流量计或标准流量计的读数标定被校流量计。

(三) 采样动力

采样动力为抽气装置,应根据所需采样流量、收集器类型及采样点的条件进行选择。一般应选择抽气流量稳定、连续运行能力强、噪声小的采样动力。

注射器、连续抽气筒、双连球等手动采样动力适用于采气量小、无市电供给的情况。对于采样时间较长和采样速率要求较高的场合，需要使用电动抽气泵。常用的有薄膜泵、电磁泵、真空泵、刮板泵等。

薄膜泵是一种轻便的抽气泵。用微电机通过偏心轮带动夹持在泵体上的橡皮膜进行抽气。当电机转动时，橡皮膜就不断地上下移动。橡皮膜上移时，空气经进气活门吸入，出气活门关闭；橡皮膜下移时，进气活门关闭，空气由出气活门排出。其采气流量为 0.5~3.0L/min，适用于阻力不大的收集器(吸收管)采气。

电磁泵是一种将电磁能量直接转换成被输送流体能量的小型抽气泵。其工作原理是，由于电磁力的作用，振动杆带动橡皮泵室往复振动，不断地开启和关闭泵室内的膜瓣，使泵室内产生一定的真空或压力，从而达到抽吸和压送气体的作用。电磁泵不用电机驱动，克服了电机电刷易磨损、发热等缺点，可长时间运转。其采气流量为 0.5~1.0L/min，可装配在抽气阻力不大的采样器和自动监测仪器上。

真空泵和刮板泵用功率较大的电机驱动，抽气速率大，常作为采集大气中颗粒物的动力。

二、专用采样器

将收集器、流量计、抽气泵及气样预处理、流量调节、自动定时控制等部件组装在一起，就构成了专用采样器。有多种型号的商品大气采样器出售，按用途可分为大气采样器、颗粒物采样器和个体采样器。

(一) 大气采样器

大气采样器用于采集大气中气态和蒸气态物质，采样流量为 0.5~2.0L/min，一般可用交流、直流两种电源供电。其工作原理如图 4-12 和图 4-13 所示。

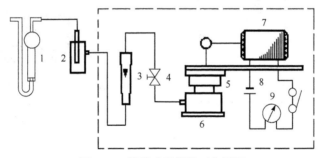

图 4-12　携带式采样器工作原理
1. 吸收管；2. 滤水阱；3. 转子流量计；4. 流量调节阀；5. 抽气泵；6. 稳流器；7. 电动机；8. 电源；9. 定时器

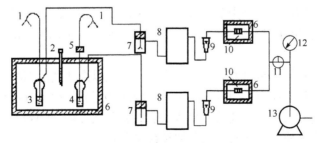

图 4-13　恒温恒流式采样器工作原理
1. 进气口；2. 温度计；3. 二氧化硫吸收瓶；4. 氮氧化物吸收瓶；5. 三氧化铬-石英砂氧化管；6. 恒温装置；
7. 滤水阱；8. 干燥器；9. 转子流量计；10. 尘过滤器及限流孔；11. 三通阀；12. 真空表；13. 泵

(二) 颗粒物采样器

颗粒物采样器有总悬浮颗粒物采样器和可吸入颗粒物采样器。

1. 总悬浮颗粒物采样器

这种采样器按采气流量大小分为大流量($1.1 \sim 1.7 m^3/min$)、中流量($50 \sim 150 L/min$)和小流量($10 \sim 15 L/min$)三种类型。

大流量采样器由滤膜夹、抽气风机、流量控制器、计时器及控制系统、壳体等组成(图4-14)。滤料夹可安装(20×25)cm^2 规格的滤膜,以 $1.1 \sim 1.7 m^3/min$ 流量采样 $8 \sim 24h$。当采气量达 $1500 \sim 2000 m^3$ 时,样品滤膜可用于测定颗粒物中的金属、无机盐及有机污染物等组分。

中流量采样器由采样头、流量计、采样管及采样泵等组成,见图 4-15。这种采样器的工作原理与大流量采样器相同,只是采样夹面积和采样流量比大流量采样器小。我国规定采样夹有效直径为 80mm 或 100mm。当用有效直径为 80mm 滤膜采样时,采气流量控制在 $7.2 \sim 9.6 m^3/h$;用 100mm 滤膜采样时,流量控制在 $11.3 \sim 15 m^3/h$。

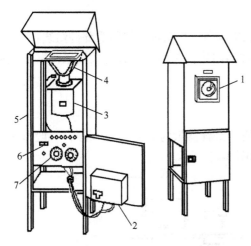

图 4-14 大流量采样器结构示意图

1. 流量记录仪;2. 流量控制器;3. 抽气风机;4. 滤膜夹;
5. 铝壳;6. 工作计时器;7. 计时器程序控制器

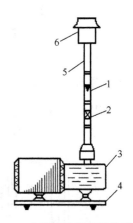

图 4-15 中流量采样器结构示意图

1. 流量计;2. 调节阀;3. 采样泵;
4. 消声器;5. 采样管;6. 采样头

2. 可吸入颗粒物采样器

采集可吸入颗粒物广泛使用大流量采样器。在连续自动监测仪器中,可采用静电捕集法、β 射线法或光散射法直接测定 PM_{10} 浓度。但无论哪种采样器都装有分离大于 $10\mu m$ 颗粒物的装置,称为分尘器或切割器。分尘器有旋风式、向心式、撞击式等多种,也分为二级式和多级式。前者用于采集 $10\mu m$ 以下的颗粒物,后者可分级采集不同粒径的颗粒物,用于测定颗粒物的粒度分布。

二级旋风式分尘器的工作原理如图4-16所示。空气以高速度沿 180° 渐开线进入分尘器的圆筒内,形成旋转气流,在离心力的作用下,将颗粒物甩到筒壁上并继续向下运动,粗颗粒在不断与筒壁撞击中失去前进的能量而落入大颗粒物收集器内,细颗粒随气流沿气体排出管上升,被过滤器的滤膜捕集,从而将粗、细颗粒物分开。

向心式分尘器的原理是,当气流从小孔高速喷出时,因所携带的颗粒物大小不同,惯性也不同,颗粒质量越大,惯性越大。不同粒径的颗粒各有一定的运动轨线,其中质量较大的颗粒运动轨线接近中心轴线,最后进入锥形收集器被底部的滤膜收集;小颗粒物惯性小,离中心轴线较远，偏离锥形收集器入口，随气流进入下一级。第二级的喷嘴直径和锥形收集器的入口孔径变小，二者之间距离缩短，使小一些的颗粒物被收集。第三级的喷嘴直径和锥形收集器的入口孔径又比第二级小，间距更短，所收集的颗粒更细。如此经过多级分离，剩下的极细颗粒到达最底部，被夹持的滤膜收集。该分尘器的原理如图 4-17 所示。图 4-18 为三级向心式分尘器示意图。

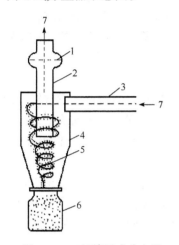

图 4-16　二级旋风式分尘器

1. 滤膜；2. 气体排出管；3. 气体导入管；
4. 圆筒体；5. 旋转气流；6. 大粒子收集器；
7. 气流方向

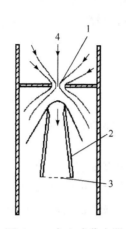

图 4-17　向心式分尘器

1. 空气喷孔；2. 收集器；3. 滤膜；
4. 气流方向

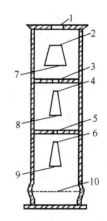

图 4-18　三级向心式分尘器

1、3、5.气流喷孔；2、4、
6. 收集器；7~10.滤膜

　　撞击式分尘器的工作原理如图 4-19 所示。当含颗粒物气体以一定速度由喷嘴喷出后，颗粒获得一定的动能并且有一定的惯性。在同一喷射速度下，粒径越大，惯性越大，因此，气流从第一级喷嘴喷出后，惯性大的大颗粒难于改变运动方向，与第一块捕集板碰撞被沉积下来，而惯性较小的颗粒则随气流绕过第一块捕集板进入第二级喷嘴。因第二级喷嘴较第一级

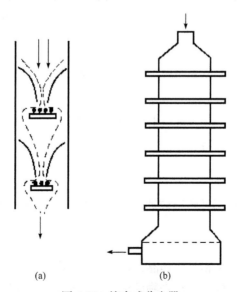

(a)　　　　　　(b)

图 4-19　撞击式分尘器

(a) 撞击捕集原理；(b) 六级撞击式采样器

小，故喷出颗粒动能增加，速度增大，其中惯性较大的颗粒与第二块捕集板碰撞而被沉积，而惯性较小的颗粒继续向下级运动。如此一级一级地进行下去，则气流中的颗粒由大到小地被分开，沉积在不同的捕集板上。最末级捕集板用玻璃纤维滤膜代替，捕集更小的颗粒。这种采样器可以设计为3~6级，也有8级的，称为多级撞击式采样器。单喷嘴多级撞击式采样器采样面积有限，不宜长时间连续采样，否则会因捕集板上堆积颗粒过多而造成损失。多级多喷嘴撞击式采样器捕集面积大，应用较普遍的一种称为安德森采样器，由八级组成，每级200~400个喷嘴，最后一级也是用纤维滤膜代替捕集板捕集小颗粒物。安德森采样器捕集颗粒物的粒径范围为 0.34~11μm。

3. 个体采样器

个体采样器主要用于研究大气污染物对人体健康的危害。其特点是体积小、质量轻，佩戴在人体上可以随人的活动连续地采样，经分析测定得出污染物的时间加权平均浓度，以反映人体实际吸入的污染物量。这种采样器有扩散式、渗透式等类型，都只能采集挥发性较大的气态和蒸气态物质。

扩散式采样器由外壳、扩散层和收集剂三部分组成，其工作原理是，空气通过采样器外壳通气孔进入扩散层，则被收集组分分子也随之通过扩散层到达收集剂表面被吸附或吸收。收集剂为吸附剂、化学试剂浸渍的惰性颗粒物质或滤膜等。例如，用吗啉浸渍的滤膜可采集大气中的 SO_2 等。

渗透式采样器由外壳、渗透膜和收集剂组成。渗透膜为有机合成薄膜，如硅酮膜等。收集剂一般用吸收液或固体吸附剂，装在具有渗透膜的盒内，气体分子通过渗透膜到达收集剂被收集。例如，大气中的 H_2S 通过二甲基硅酮膜渗透到含有乙二胺四乙酸二钠的 0.2mol/L 氢氧化钠溶液而被吸收。

三、采样效率

采样方法或采样器的采样效率是指在规定的采样条件(如采样流量、污染物浓度范围、采样时间等)下所采集到的污染物量占其总量的百分数。由于污染物的存在状态不同，评价方法也不同。

(一) 气态和蒸气态污染物质采集效率的评价方法

1. 绝对比较法

精确配制浓度为 c_0 的标准气体，用所选用的采样方法采集。测定被采集污染物的浓度 (c_1)，其采样效率(K)按下式计算：

$$K = \frac{c_1}{c_0} \times 100\%$$

用这种方法评价采样效率虽然比较理想，但因配制已知浓度的标准气体有一定困难，往往在实际应用中受到限制。

2. 相对比较法

配制一定浓度的待测污染物气体样品，把2~3个采样管串联起来，采集所配制的气样。采样结束后，分别测定各采样管中污染物的浓度，采样效率(K)为

$$K = \frac{c_1}{c_1 + c_2 + c_3} \times 100\%$$

式中，c_1、c_2、c_3分别为第一个、第二个和第三个采样管中污染物的实测浓度。

用此法计算采样效率时，要求第二管和第三管的浓度之和与第一管比较是极小的，这样三个管浓度之和就近似于所配制的气样浓度。

(二) 颗粒物采集效率的评价方法

颗粒物的采集效率有两种表示方法。一种是用采集颗粒数效率，即所采集到的颗粒物粒数占总颗粒物粒数的百分数；另一种是质量采样效率，即所采集到的颗粒物质量占颗粒物总质量的百分数。只有当全部颗粒物的大小相同时，这两种采样效率在数值上才相等，但实际上这种情况是不存在的。粒径在几微米以下小颗粒物的颗粒数总是占大部分，而按其质量却只占很小部分，故质量采样效率总是大于颗粒数采样效率。在空气监测中，评价采集颗粒物方法的采样效率多用质量采样效率表示。

评价采集颗粒物方法的效率与评价采集气态和蒸气态物质采样效率的方法有很大不同。一是配制已知颗粒物浓度的气体在技术上比配制气态和蒸气态物质标准气体要复杂得多，而且颗粒物粒度范围很大，很难在实验室模拟现场存在的各种气溶胶状态。二是滤料采样就像滤筛一样，能漏过第一张滤料的细小颗粒物，也有可能会漏过第二张或第三张滤料，因此用相对比较法评价颗粒物的采样效率就有困难。为此，评价滤料的采样效率一般用另一个已知采样效率高的方法同时采样，或串联在它的后面进行比较得知。

思考题和习题

1. 直接采样法和富集采样法各适用于什么情况？怎样提高溶液吸收法的富集效率？
2. 用溶液吸收法采样时对吸收液有什么要求？
3. 填充柱类型有哪几种？常用的填充用固体吸附剂有哪些类型？
4. 简要说明常用滤料的类型及优缺点。
5. 简要说明大气污染物的富集采样方法类型。
6. 简要说明可吸入颗粒物采样器切割头的类型及工作原理。
7. 什么是采样效率？如何表示颗粒物的采集效率？
8. 说明空气采样器的基本组成部分和各部分的作用，以及影响采样器效率的因素有哪些。
9. 已知某采样点的气温为 27℃，大气压力为 100.00kPa。用溶液吸收法采样测定空气中 SO_2 的日平均浓度，每隔 4h 采样一次，共集 6 次，每次采集 30min，采样流量 0.5L/min。将 6 次气样的吸收液定容至 50.00mL，取 10mL 测知含 SO_2 2.5μg。求该采样点空气在标准状态下 SO_2 的日平均浓度。

第五章 气态和蒸气态污染物的监测

空气中气态和蒸气态污染物种类繁多，从物质组成上可划分为无机污染物和有机污染物两大类。无机污染物具体包括硫氧化物、氮氧化物、碳氧化物、氨、臭氧、氟化物、硫化氢、氯、氯化氢、汞等。空气中存在 200 多种挥发性有机物，包括烷烃、芳烃、烯烃、卤代烃、酯、醛、醇、酮等类型。

第一节 无机污染物的监测

一、二氧化硫的测定

SO_2 是主要的大气污染物之一，为大气环境污染例行监测的必测项目。它来源于煤和石油等燃料的燃烧、含硫矿石的冶炼、硫酸等化工产品的生产等过程。SO_2 是一种无色、易溶于水、有刺激性气味的气体，能通过呼吸进入人体气管，对局部组织产生刺激和腐蚀作用，是诱发支气管炎等疾病的原因之一。当 SO_2 与烟尘等气溶胶共存时，可加重对呼吸道黏膜的损害。SO_2 的嗅味阈值是 0.3ppm，当空气中浓度达到 $30\sim40$ppm 时，人体会感到呼吸困难。

测定 SO_2 常用的方法有分光光度法、紫外荧光法、电导法、库仑滴定法、火焰光度法等。其中紫外荧光法和电导法主要用于自动监测。

(一) 四氯汞钾溶液吸收-盐酸副玫瑰苯胺分光光度法

该方法是国内外广泛采用的测定环境空气中 SO_2 的标准方法，具有灵敏度高、选择性好等优点，但吸收液毒性较大。

1. 原理

用氯化钾和氯化汞配制成四氯汞钾吸收液，空气中的 SO_2 被四氯汞钾溶液吸收后，生成稳定的二氯亚硫酸盐络合物，该络合物再与甲醛和盐酸副玫瑰苯胺发生反应，生成紫红色络合物。其颜色深浅与 SO_2 含量成正比，据其颜色深浅，用分光光度计测定吸光度。反应式如下：

$$HgCl_2 + 2KCl = K_2[HgCl_4]$$

$$[HgCl_4]^{2-} + SO_2 + H_2O = [HgCl_2SO_3]^{2-} + 2H^+ + 2Cl^-$$

$$[HgCl_2SO_3]^{2-} + HCHO + 2H^+ = HgCl_2 + HOCH_2SO_3H(羟基甲基磺酸)$$

(盐酸副玫瑰苯胺,俗称品红)

(紫红色络合物)

2. 测定步骤

有两种操作方法。方法一，所用盐酸副玫瑰苯胺显色溶液含磷酸量较少，最终显色溶液的 pH 为 1.6±0.1，显色后溶液呈紫红色，最大吸收波长在 548nm 处，试剂空白值较高，最低检出限为 0.75μg/25mL；当采样体积为 30L 时，最低检出浓度为 0.025mg/m³。方法二，最终显色溶液 pH 为 1.2±0.1，显色后溶液呈蓝紫色，最大吸收波长在 575nm 处，试剂空白值较低，最低检出限为 0.40μg/7.5mL；当采样体积为 10L 时，最低检出浓度为 0.04mg/m³，灵敏度略低于方法一。

测定时，首先配制好所需试剂，用空气采样器采样，然后按照方法一或方法二的要求，先用亚硫酸钠标准溶液配制标准色列、试剂空白溶液，并将样品吸收液显色、定容。再在最大吸收波长处以蒸馏水为参比，用分光光度计测定标准色列、试剂空白溶液和样品溶液的吸光度。以标准色列 SO_2 含量为横坐标，以经试剂空白修正后的吸光度为纵坐标，绘制标准曲线。然后，以同样方法测定显色后的样品溶液，经试剂空白修正后，按下式计算气样中 SO_2 的含量：

$$\rho = \frac{A - A_0 - a}{b V_s} \times \frac{V_t}{V_a}$$

式中，ρ 为空气中 SO_2 的质量浓度，mg/m³；A 为样品试液的吸光度；A_0 为试剂空白溶液的吸光度；a 为标准曲线的截距；b 为标准曲线的斜率；V_t 为样品溶液总体积，mL；V_a 为测定时所取样品溶液体积，mL；V_s 为换算成标准状态下(101.325kPa，273K)的采样体积，L。

3. 注意事项

温度、酸度、显色时间等因素影响显色反应。氮氧化物、臭氧及锰、铁、铬等离子对测定有干扰。加入氨基磺酸铵可消除氮氧化物的干扰；采样后放置一段时间可使臭氧自行分解；加入磷酸和乙二胺四乙酸二钠盐可以消除或减少某些金属离子的干扰。四氯汞钾溶液为剧毒试剂，使用时应小心。

(二) 甲醛缓冲溶液吸收-盐酸副玫瑰苯胺分光光度法

用甲醛缓冲溶液吸收-盐酸副玫瑰苯胺分光光度法测定 SO_2，可避免使用四氯汞钾吸收液，在灵敏度、准确度等方面均可与四氯汞钾溶液吸收-盐酸副玫瑰苯胺分光光度法相媲美，且样品采集后相当稳定，但操作条件要求较严格。

该方法的原理是：气样中的 SO_2 被甲醛缓冲溶液吸收后，生成稳定的羟基甲基磺酸加成化合物，加入氢氧化钠溶液使加成化合物分解，释放出的 SO_2 与盐酸副玫瑰苯胺反应，生成紫红色络合物，其最大吸收波长为 577nm，用分光光度法测定。

当用 10mL 吸收液采气 10L 时，最低检出浓度为 0.020mg/m³。

(三) 钍试剂分光光度法

该方法与四氯汞钾溶液吸收-盐酸副玫瑰苯胺分光光度法都是 ISO 推荐的测定 SO_2 的标准

方法。它所用吸收液无毒，样品采集后相当稳定，但灵敏度较低，所需采样体积大，适合于测定 SO_2 日平均浓度。

1. 原理

空气中的 SO_2 用过氧化氢溶液吸收并氧化成硫酸。硫酸根离子与定量加入的过量高氯酸钡反应，生成硫酸钡沉淀，剩余钡离子与钍试剂作用生成紫红色的钍试剂-钡络合物。根据其颜色深浅，间接进行定量测定。有色络合物最大吸收波长为 520nm。其反应过程如下：

$$SO_2 + H_2O_2 \Longrightarrow H_2SO_4$$

$$Ba^{2+} + SO_4^{2-} \Longrightarrow BaSO_4\downarrow$$

$$Ba^{2+}(剩余) + 钍试剂 \longrightarrow 钍试剂\text{-}钡络合物$$

2. 测定步骤

吸取不同体积的硫酸标准溶液，各加入一定量的高氯酸钡-乙醇溶液，再加钍试剂溶液显色，得到标准色列。以蒸馏水代替标准溶液，用同样方法配制试剂空白溶液，于 520nm 处以水作参比，测其吸光度并调至 0.700。于相同波长处，以试剂空白溶液作参比，测定标准色列的吸光度，以吸光度对 SO_2 浓度绘制标准曲线。将采样后的吸收液定容至与标准色列相同的定容体积，按照上述方法测定吸光度，从标准曲线上查知相当 SO_2 浓度(c)，按下式计算空气中的 SO_2 浓度：

$$\rho = c \times \frac{V_t}{V_s}$$

式中，ρ 为空气中 SO_2 的浓度，mg/m^3；V_t 为样品溶液总体积，mL；V_s 为换算成标准状态下的采样体积，L。

3. 注意事项

高氯酸钡-乙醇溶液及钍试剂溶液加入量必须准确。钍试剂能与钙、镁、铁、铝等多种金属离子络合，采样装置前应安装颗粒物过滤器。

当用 50mL 吸收液采样 $2m^3$ 时，最低检出浓度为 $0.01mg/m^3$。

二、氮氧化物的测定

氮氧化物有一氧化氮、二氧化氮、三氧化二氮、四氧化二氮和五氧化二氮等多种形式。空气中的氮氧化物(NO_x)是指以 NO 和 NO_2 形式存在的氮的氧化物。它们主要来源于化石燃料高温燃烧和硝酸、化肥等生产过程排放的废气，以及汽车排气。NO 为无色、无臭、微溶于水的气体，在空气中易被氧化成 NO_2。NO_2 为棕红色气体，具有强刺激性气味，毒性比 NO 高四倍，是引起支气管炎等呼吸道疾病的有害物质。

大气中的 NO 和 NO_2 可以分别测定，也可以测定二者的总量。常用的测定方法有盐酸萘乙二胺分光光度法、化学发光法、原电池库仑滴定法等。

(一) 盐酸萘乙二胺分光光度法

该方法采样和显色同时进行，操作简便，灵敏度高，是国内外普遍采用的方法。在测定 NO_x 或单独测定 NO 时，需要将 NO 氧化为 NO_2。因此，依据所用氧化剂的不同，可将该方法分为高锰酸钾氧化法和三氧化铬-石英砂氧化法。两种方法的显色、定量测定原理是相同的。

1. 原理

用冰醋酸、对氨基苯磺酸和盐酸萘乙二胺配成吸收液采样，空气中的 NO_2 被吸收转变成亚硝酸和硝酸，在冰醋酸存在的条件下，亚硝酸与对氨基苯磺酸发生重氮化反应，然后再与盐酸萘乙二胺偶合，生成玫瑰红色偶氮染料，其颜色深浅与气样中 NO_2 浓度成正比，因此，可用分光光度法进行测定。吸收及显色反应如下：

$$2NO_2 + H_2O = HNO_2 + HNO_3$$

$$HO_3S\text{—}\underset{}{\bigcirc}\text{—}NH_2 + HNO_2 + CH_3COOH \longrightarrow \left[HO_3S\text{—}\underset{}{\bigcirc}\text{—}N^+\equiv N\right]CH_3COO^- + 2H_2O$$

$$\left[HO_3S\text{—}\underset{}{\bigcirc}\text{—}N^+\equiv N\right]CH_3COO^- + \underset{}{\bigcirc\bigcirc}\overset{H}{N}\text{—}CH_2\text{—}CH_2\text{—}NH\text{—}NH_2\cdot 2HCl \longrightarrow$$

$$HO_3S\text{—}\underset{}{\bigcirc}\text{—}N=N\text{—}\underset{}{\bigcirc\bigcirc}\overset{H}{N}\text{—}CH_2\text{—}CH_2\text{—}NH_2 + CH_3COOH + 2HCl$$

（玫瑰红色偶氮燃料）

由反应式可见，用吸收液吸收空气中的 NO_2，并不是100%地生成亚硝酸，还有一部分生成硝酸。计算测定结果时需要用 Saltzman 实验系数 f 进行换算。该系数是用 NO_2 标准混合气体进行多次吸收实验测定的平均值，表征在采气过程中被吸收液吸收生成偶氮染料的亚硝酸量与通过采样系统的 NO_2 总量的比值。f 值受空气中 NO_2 的浓度、采样流量、吸收瓶类型、采样效率等因素的影响，故测定条件要与实际样品保持一致。

2. 酸性高锰酸钾氧化法

该方法使用空气采样器按图 5-1 所示流程采集气样。如果测定空气中 NO_x 的短时间浓度，则使用少量吸收液，以 0.4L/min 的流量采气 4～24L；如果测定 NO_x 的日平均浓度，要使用较多的吸收液，以 0.2L/min 的流量采气 288L。流程中将内装酸性高锰酸钾溶液的氧化瓶串联在两支内装显色吸收液的多空筛板吸收瓶之间，可分别测定 NO_2 和 NO 的浓度。

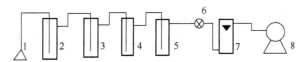

图 5-1　空气中 NO_x 采样流程图

1. 空气入口；2. 显色吸收液瓶；3. 酸性高锰酸钾溶液氧化瓶；4. 显色吸收液瓶；5. 干燥瓶；6. 止水夹；7. 流量计；8. 抽气泵

测定时，首先用亚硝酸钠标准溶液配制标准色列和试剂空白溶液，在 540nm 处，以蒸馏水为参比测定二者的吸光度，以扣除试剂空白的标准色列吸光度对亚硝酸根含量绘制标准曲线。然后于同一波长处测量样品溶液的吸光度，扣除试剂空白的吸光度后，按以下各式分别计算 NO_2、NO、NO_x 的浓度。

$$\rho_{NO_2} = \frac{(A_1 - A_0 - a)\times V\times D}{bfV_0}$$

$$\rho_{NO} = \frac{(A_2 - A_0 - a)\times V\times D}{bfkV_0}$$

$$\rho_{NO_x} = \rho_{NO_2} + \rho_{NO}$$

式中，ρ_{NO_2}、ρ_{NO}、ρ_{NO_x} 分别为空气中二氧化氮、一氧化氮、氮氧化物(以 NO_2 计)的浓度，mg/m^3；A_1、A_2 分别为第一支和第二支吸收瓶中吸收液采样后的吸光度；A_0 为试剂空白溶液的吸光度；b 为标准曲线的斜率；a 为标准曲线的截距；V 为采样用吸收液体积，mL；V_0 为换算为标准状态下的采样体积，L；k 为 NO 氧化为 NO_2 的氧化系数(0.68)；D 为气样吸收液稀释倍数；f 为 Saltzman 实验系数(0.88)，当空气中 NO_2 浓度高于 $0.720mg/m^3$ 时为 0.77。

3. 三氧化铬-石英砂氧化法

该方法是在显色吸收液瓶前接一个三氧化铬-石英砂(氧化剂)管，当用空气采样器采样时，气样中的 NO 在氧化管内被氧化成 NO_2，并与气样中的 NO_2 一起进入吸收瓶，被吸收液吸收、发生显色反应。于波长 540nm 处测量吸光度，用标准曲线法进行定量测定，其结果即为空气中 NO 和 NO_2 的总浓度 ρ_{NO_x}，也可以用酸性高锰酸钾溶液氧化法中的计算式求出空气中 NO_x 的浓度。

4. 注意事项

吸收液为无色，应密闭避光保存；如显微红色，说明已被污染，应检查试剂和蒸馏水的质量。三氧化铬-石英砂管适于在相对湿度 30%～70% 条件下使用，如发生吸湿板结或变成绿色应立即更换。空气中 O_3 浓度超过 $0.25mg/m^3$ 时，对 NO_2 的测定产生负干扰，采样时在吸收瓶入口端串接一段 15～20cm 长的硅橡胶管，可排除干扰。空气中 SO_2 浓度为 NO_x 的 30 倍时，对 NO_2 的测定产生负干扰。空气中 PAN 对 NO_2 的测定产生正干扰。

当吸收液体积为 10mL，采样体积为 24L 时，NO_x(以 NO_2 计)的检出限为 $0.015mg/m^3$；当吸收液体积为 50mL，采样体积为 288L 时，NO_x 的检出限为 $0.006mg/m^3$。该方法的测定范围为 $0.024～2.0mg/m^3$。

(二) 原电池库仑滴定法

这种方法与常规库仑滴定法的不同之处是库仑池不施加直流电压，而依据原电池原理工作，如图 5-2 所示。库仑池中有两个电极，一个是活性炭阳极，另一个是铂网阴极，池内充 0.1mol/L 磷酸盐缓冲溶液(pH=7)和 0.3mol/L 碘化钾溶液。当进入库仑池的气样中含有 NO_2 时，则与电解液中的 I^- 反应，将其氧化成 I_2，而生成的 I_2 又立即在铂网阴极上还原为 I^-，由此便产生微小电流。如果电流效率达 100%，则在一定条件下，微电流大小与气样中 NO_2 浓度成正比，故可根据法拉第定律将产生的电流强度换算成 NO_2 的浓度，直接进行显示和记录。测定总氮氧化物时，需先让气样通过三氧化铬氧化管，将 NO 氧化成 NO_2。图 5-3 为这种监测仪的气路系统。

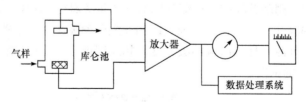

图 5-2　原电池库仑滴定法测定 NO_x 的工作原理

该方法的缺点是 NO_2 流经水溶液时发生歧化反应，造成电流损失 20%～30%，使测得的电流仅为理论值的 70%～80%。此外，这种仪器的维护工作量较大，连续运行能力差，应用受到限制。

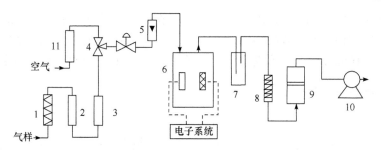

图 5-3 原电池库仑法 NO_x 监测仪气路系统

1、8. 加热器；2. 氧化高银过滤器；3. 三氧化铬氧化管；4. 三通阀；5. 流量计；6. 库仑池；7. 缓冲瓶；8. 稳流室；
10. 抽气泵；11. 活性炭过滤器

三、氨的测定

氨为无色气体，具有强烈的刺激气味，以游离态或盐的形式存在于大气中。大气中的氨主要来源于自然界或人为的分解过程。氨是含氮有机物质腐败分解的最后产物。氨也是化学工业的主要原料，应用于化肥、炼焦、塑料、石油精炼、制药等行业。氨对人口腔、鼻腔黏膜及上呼吸道有很强的刺激作用，其症状依氨的浓度、吸入时间以及个人感受等不同而有所差别。轻度中毒表现有鼻炎、咽炎、气管炎、支气管炎等。

测定空气中氨的方法有次氯酸钠-水杨酸分光光度法、纳氏试剂分光光度法、靛酚蓝试剂比色法、离子选择电极法和离子色谱法等。

(一) 次氯酸钠-水杨酸分光光度法

1. 原理

氨被稀硫酸吸收液吸收后，生成硫酸铵。在亚硝基铁氰化钠存在的条件下，铵离子、水杨酸和次氯酸钠反应生成蓝色络合物。根据其颜色深浅，用分光光度计在 697nm 波长处测定吸光度。吸光度大小与氨的含量成正比，根据吸光度可计算氨的含量。

2. 测定步骤

用氯化铵标准溶液配制标准色列。向各标准管中加入 1.00mL 水杨酸-酒石酸钠溶液、2 滴亚硝基铁氰化钠溶液，用水稀释至9mL，加入 2 滴次氯酸钠溶液，用水稀释至标线，摇匀，静置 1h。于波长 697nm 处，以水为参比，测定吸光度。以扣除试剂空白的吸光度为纵坐标，氨含量(μg)为横坐标，绘制标准曲线。

采集一定体积气样后，向吸收液中补加适量水，将样品溶液定容到 10mL。准确吸取一定量样品溶液(吸取量视样品浓度而定)于 10mL 比色管中，按绘制标准曲线的步骤进行显色，测定吸光度。以吸收液代替试样溶液进行空白实验。氨含量按下式计算：

$$\rho_{NH_3} = \frac{(A_1 - A_0 - a) \times V_s}{b V_{nd} V_0}$$

式中，ρ_{NH_3} 为空气中氨的浓度，mg/m^3；A_1 为样品溶液的吸光度；A_0 为与样品同批配制的吸收液空白的吸光度；a、b 分别为标准曲线的截距和斜率；V_s 为样品溶液的总体积，mL；V_0 为分析时所取样品溶液的体积，mL；V_{nd} 为换算为标准状态下的采样体积，L。

3. 注意事项

空气中氨浓度大于 $1mg/m^3$ 时对测定有干扰，不适用于本测定方法。

本方法的检出限为 0.1μg/10mL 吸收液。当吸收液总体积为 10mL,以 1.0L/min 的流量采样 1~4L 时,氨的检出限为 0.025mg/m³,测定下限为 0.10mg/m³,测定上限为 12mg/m³。当吸收液总体积为 10mL,采样体积为 25L 时,检出限为 0.004mg/m³,测定下限为 0.016mg/m³。

(二) 纳氏试剂分光光度法

1. 原理

用稀硫酸溶液吸收空气中的氨,生成的铵离子与纳氏试剂反应生成黄棕色络合物。该络合物的吸光度与氨的含量成正比。在 420nm 波长处测量吸光度,据此计算空气中氨的含量。

2. 纳氏试剂的配制

称取 5.0g 碘化钾,溶于 5.0mL 水中。另称取 2.5g 氯化汞溶于 10mL 热水中。将氯化汞溶液缓慢加到碘化钾溶液中,不断搅拌,直到形成的红色沉淀(HgI_2)不溶为止。冷却后,加入氢氧化钾溶液(15.0g 氢氧化钾溶于 30mL 水),用水稀释至 100mL,再加入 0.5mL 氯化汞溶液,静置一天。将上清液储于棕色细口瓶中,盖紧橡皮塞,存入冰箱,可使用一个月。

3. 测定步骤

取适当体积的氯化铵标准溶液,加水至 10mL 配制标准色列。在各管中分别加入 0.50mL 酒石酸钾钠溶液,摇匀,再加 0.50mL 纳氏试剂,摇匀。静置 10min 后,于波长 420nm 处,以水为参比,测定标准色列的吸光度。以氨含量(μg)为横坐标,以扣除试剂空白的吸光度为纵坐标,绘制标准曲线。

取一定量样品溶液(吸取量视样品浓度而定)于 10mL 比色管中,用吸收液稀释至 10mL。按绘制标准曲线的步骤进行显色,测定吸光度。以吸收液代替试样溶液进行空白实验。氨的含量由下式计算:

$$\rho_{NH_3} = \frac{(A_1 - A_0 - a) \times V_s \times D}{b V_{nd} V_0}$$

式中,ρ_{NH_3} 为空气中氨的浓度,mg/m³;A_1 为样品溶液的吸光度;A_0 为与样品同批配制的吸收液空白的吸光度;a、b 分别为标准曲线的截距和斜率;V_s 为样品溶液的总体积,mL;V_0 为分析时所取样品溶液的体积,mL;V_{nd} 为换算为标准状态下的采样体积,L;D 为稀释因子。

4. 注意事项

本法测定的是空气中氨和颗粒物中铵盐的总量,不能分别测定两者的浓度。样品中含有三价铁等金属离子、硫化物和有机物时,干扰测定。分析时加入 0.50mL 酒石酸钠溶液络合掩蔽,可消除三价铁等金属离子的干扰。硫化物存在时,样品溶液显绿色,可加入稀盐酸去除干扰。某些有机物(如甲醛)生成沉淀时干扰测定,在比色前用 0.1mol/L 的盐酸溶液将吸收液酸化至 pH≤2 后,煮沸即可除去。

本法检出限为 0.5μg/10mL 吸收液。当吸收液体积为 50mL,采气 10L 时,氨的检出限为 0.25mg/m³,测定下限为 1.0mg/m³,测定上限为 20mg/m³。当吸收液体积为 10mL,采气 45L 时,氨的检出限为 0.01mg/m³,测定下限为 0.04mg/m³,测定上限为 0.88mg/m³。

(三) 离子选择电极法

1. 原理

以氨敏电极为复合电极,以 pH 玻璃电极为指示电极,银-氯化银电极为参比电极。此电极对置于盛有 0.1mol/L 氯化铵内充液的塑料套管中，管底用一张微孔疏水薄膜与试液隔开，并使透气膜与 pH 玻璃电极间有一层很薄的液膜。当测定由 0.05mol/L 硫酸吸收液所吸收的大气中氨时，加入强碱，使铵盐转化为氨，由扩散作用通过透气膜(水和其他离子均不能通过透气膜)，使氯化铵电解液膜层内化学反应 $NH_4^+ \longrightarrow NH_3 + H^+$ 向左移动，引起氢离子浓度改变，由 pH 玻璃电极测得其变化。在恒定的离子强度下，测得的电极电位与氨浓度的对数呈线性关系。由此，可从测得的电位值确定样品中氨的含量。

2. 测定步骤

吸取不同浓度的氯化铵标准溶液各 10.0mL 置于 25mL 小烧杯中，浸入电极后加入 1.0mL 碱性缓冲液。在搅拌条件下，读取稳定的电位值 E(在 1min 内变化不超过 1mV 时，即可读数)。在半对数坐标纸上绘制 E-$\lg\rho$ 的标准曲线。

采样后，将吸收管中的吸收液倒入 10mL 容量瓶中，再以少量吸收液清洗吸收管，加入容量瓶，最后以吸收液定容至 10mL。将容量瓶中吸收液倒入 25mL 小烧杯中，以绘制标准曲线相同的步骤测定样品溶液的电位值。由所测得电位值在标准曲线上查得气样吸收液的氨含量 (mg/L)，以下式计算空气样品中氨的浓度(mg/m³)：

$$\rho_{NH_3} = \frac{10a}{V_{nd}}$$

式中，ρ_{NH_3} 为空气中氨的浓度，mg/m³；a 为吸收液中氨的含量，mg/L；V_{nd} 为换算为标准状态下的采样体积，L。

3. 注意事项

本方法检出限为 0.7μg/10mL 吸收液。当样品溶液总体积为 10mL，采样体积 60L 时，最低检出限为 0.014mg/m³。

(四) 离子色谱法

1. 原理

环境空气样品经滤膜过滤，目标化合物被稀硫酸吸收液吸收后，用阳离子色谱柱交换分离，电导检测器检测，以保留时间定性，外标法定量。

2. 仪器条件

离子色谱仪须配备电导检测器。抑制型色谱柱的填料为聚苯乙烯-二乙烯基苯共聚物，粒径 5.5μm，内径 5mm，柱长 250mm。非抑制型色谱柱的填料具有羧基硅胶功能基，粒径 5μm，内径 4.0mm，柱长 250mm，pH 耐受范围为 2~7。

对于抑制型色谱柱，甲磺酸淋洗液浓度为 22mmol/L，柱温为 40℃，进样量为 25μL，淋洗液流量为 1.0mL/min。对于非抑制型色谱柱，硝酸淋洗液浓度为 4.6 mmol/L，柱温为 35℃，进样量为 50μL，淋洗液流量为 1.0mL/min。

3. 试样和空白试样的制备

将采集的样品全部转入 10mL 具塞比色管中。用适量水淋洗吸收管并转移至具塞比色管中，定容至标线，摇匀。用微孔滤膜(0.22μm)过滤，弃去 2mL 初始液，收集滤液至 5mL 具塞样品瓶中，待测。以同批次和相同体积的硫酸吸收液(0.01mol/L)代替实际样品，按照试样的制备步骤制备空白试样。

4. 测定步骤

称取适量氯化铵溶于水中，用水稀释后配制成浓度为 500mg/L 的氨标准储备液。根据被测离子浓度范围和检测灵敏度，配制标准溶液。

取不同浓度的标准溶液由低浓度到高浓度依次注入离子色谱仪，按上述仪器条件进行分析。以系列标准溶液中目标化合物的浓度为横坐标，以峰高或峰面积为纵坐标，建立能够覆盖样品浓度范围的五个点的标准曲线。

按照分析标准溶液的步骤及仪器条件测定试样和空白试样，由下式计算空气中氨的浓度：

$$\rho = \frac{\rho_1 \times 10.0}{V_{nd}}$$

式中，ρ 为样品中氨的浓度，mg/m^3；ρ_1 为试样中氨的浓度，mg/L；10.0 为吸收液体积，mL；V_{nd} 为标准状态下的采样体积，L。

5. 说明

环境空气采样体积为 30L，吸收液体积为 10mL 时，本方法氨的检出限为 $0.003mg/m^3$。

四、一氧化碳的测定

一氧化碳(CO)是大气中主要污染物之一，主要来自石油、煤炭等的不充分燃烧和汽车排气。一些自然灾害如火山爆发、森林火灾等也排放 CO。

CO 是一种无色、无味的有毒气体，燃烧时呈淡蓝色火焰。它容易与人体血液中的血红蛋白结合，形成碳氧血红蛋白，使血液输送氧的能力降低，造成缺氧症。中毒较轻时，会出现头痛、疲倦、恶心、头晕等症状；中毒严重时，则会发生心悸亢进、昏睡、窒息。

测定空气中 CO 的方法有非色散红外吸收法、气相色谱法、定电位电解法、汞置换法等。其中非色散红外吸收法常用于自动监测。

(一) 气相色谱法

1. 原理

空气中的 CO 用采气袋采集样品，直接进样分析。在氢气流中，CO 经分子筛和碳多孔小球串联气相色谱柱分离，通过镍催化剂转化为甲烷，用氢火焰离子化检测器(FID)检测，以保留时间定性，峰高或峰面积定量。其测定流程见图 5-4。

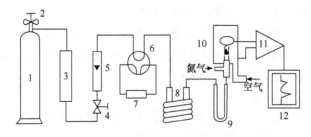

图 5-4　气相色谱法测定 CO 流程

1. 氢气瓶；2. 减压阀；3. 净化管；4. 流量调节阀；5. 流量计；6. 六通阀；7. 定量管；
8. 色谱柱；9. 转化炉；10. FID；11. 放大器；12. 记录仪

2．仪器条件

气相色谱仪，具氢火焰离子化检测器和 CO 镍催化剂转化炉，色谱柱：1.2m×3mm 5A 或 13X 型分子筛(在前)和 0.8m×3mm TDX-01 碳多孔小球(在后)两柱串联，柱温 60℃，气化室温度 130℃，检测室温度 130℃，转化炉温度 380℃，载气(氢气)流量 55mL/min。

3．测定步骤

取 5～7 支 100mL 气密式玻璃注射器，用清洁空气稀释标准气成 0.0～0.50μg/mL 浓度范围的 CO 系列标准溶液。参照仪器操作条件，将气相色谱仪调节至最佳测定状态，进样 1.0mL，分别测定系列标准溶液各浓度的峰高或峰面积。以测得的峰高或峰面积对相应的 CO 浓度(μg/mL)绘制标准曲线。

用测定系列标准溶液的操作条件测定样品气和样品空白气，测得的峰高或峰面积值由标准曲线得样品气中 CO 的浓度(μg/mL)。按下式计算空气中 CO 的浓度：

$$c = c_0 \times 1000$$

式中，c 为空气中 CO 的浓度，mg/m³；c_0 为测得的样品气中 CO 的浓度，μg/mL。

4．说明

本法的最低检出浓度为 1mg/m³，定量测定范围为 3～500mg/m³。为了保证催化剂的活性，在测定之前，转化炉应在 380℃下通气 10h。

(二) 汞置换法

1．原理

汞置换法也称间接冷原子吸收法。该方法基于气样中的 CO 与活性氧化汞在 180～200℃ 发生反应，置换出汞蒸气，带入冷原子吸收测汞仪测定汞的含量，再换算成 CO 浓度。置换反应式如下：

$$CO(气) + HgO(固) \xrightarrow{180\sim200℃} Hg(蒸气) + CO_2(气)$$

汞置换法 CO 测定仪的工作流程如图 5-5 所示。空气经灰尘过滤器、活性炭管、分子筛管及硫酸亚汞硅胶管等净化装置，除去尘埃、水蒸气、二氧化硫、丙酮、甲醛、乙烯、乙炔等干扰物质后，通过流量计、六通阀，由定量管取样送入氧化汞反应室，被 CO 置换出的汞蒸气随气流进入测量室，吸收低压汞灯发射的 253.7nm 紫外光，用光电管、放大器及显示、记录仪表测量吸光度，以实现对 CO 的定量测定。测量后的气体经碘-活性炭吸附管由抽气泵抽出排放。

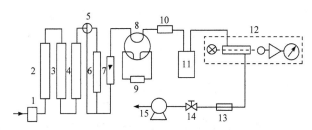

图 5-5　汞置换法 CO 测定仪工作流程

1. 灰尘过滤器；2. 活性炭管；3. 分子筛管；4. 硫酸亚汞硅胶管；5. 三通阀；6. 霍加特氧化管；7. 转子流量计；8. 六通阀；9. 定量管；10. 分子筛管；11. 加热炉及反应室；12. 冷原子吸收测汞仪；13. 限流孔；14. 流量调节阀；15. 抽气泵

2. 测定步骤

测定时，先将适宜浓度的 CO 标准气(ρ_s)由定量管进样，测量吸收峰高(h_s)或吸光度(A_s)，再用定量管进入实际气样，测其峰高(h_x)或吸光度(A_x)。按下式计算气样中 CO 的浓度(ρ_x)：

$$\rho_x = \rho_s \times \frac{h_x}{h_s}$$

3. 注意事项

空气中的甲烷和氢在净化过程中不能除去，和 CO 一起进入反应室。其中 CH_4 在这种条件下不与氧化汞发生反应，而 H_2 与之反应，干扰测定，可在仪器调零时消除。校正零点时，将霍加特氧化管串入气路，将空气中的 CO 氧化为 CO_2 后作为零气。

五、光化学氧化剂的测定

总氧化剂是空气中除氧以外具有氧化性的物质。一般指能氧化碘化钾析出碘的物质，主要有臭氧、过氧乙酰硝酸酯、氮氧化物等。光化学氧化剂是指除氮氧化物以外的能氧化碘化钾的物质，二者的关系为

光化学氧化剂=总氧化剂–0.269×氮氧化物

式中，0.269 为 NO_2 的校正系数，即在采样后 4～6h 有 26.9% 的 NO_2 与碘化钾反应。因为采样时在吸收管前安装了三氧化铬-石英砂管，将 NO 等低价氮氧化物氧化成 NO_2，所以式中使用空气中 NO_x 总浓度。

测定空气中光化学氧化剂常用硼酸-碘化钾分光光度法。

(一) 原理

用硼酸-碘化钾吸收液吸收空气中的臭氧和其他氧化剂，吸收反应如下：

$$O_3 + 2I^- + 2H^+ \!=\!\!=\! I_2 + O_2 + H_2O$$

碘离子被氧化析出碘分子的量与臭氧等氧化剂有定量关系。于 352nm 处测定游离碘的吸光度，与标准色列吸光度比较，可得总氧化剂浓度。扣除 NO_x 参加反应的部分后，即为光化学氧化剂的浓度。

(二) 测定步骤

实际测定时，以硫酸酸化的碘酸钾-碘化钾溶液作为 O_3 标准溶液(以 O_3 计)，配制系列标准溶液。在 352nm 波长处以蒸馏水为参比测其吸光度。以吸光度对相应的 O_3 浓度绘制标准曲线，或者用最小二乘法建立标准曲线的回归方程式。然后，在同样操作条件下测定气样吸收液的吸光度，按下式计算光化学氧化剂的浓度：

$$光化学氧化剂 (O_3, \text{mg/m}^3) = \frac{A_1 - A_0 - a}{bKV_{nd}} - 0.269\rho$$

式中，A_1 为气样吸收液的吸光度；A_0 为试剂空白溶液的吸光度；a 为回归方程的截距；b 为标准曲线的斜率；V_{nd} 为标准状态下的采样体积，L；K 为采样吸收效率(用相对比较法测定)，%；ρ 为同步测定气样中 NO_x 的浓度(NO_2)，mg/m^3。

用碘酸钾溶液代替 O_3 标准溶液的反应如下：

$$KIO_3 + 5KI + 3H_2SO_4 \Longrightarrow 3I_2 + 3K_2SO_4 + 3H_2O$$

(三) 注意事项

当标准曲线不通过原点而与横坐标相交时，表示标准溶液中存在还原性杂质，可加入适量过氧化氢将其氧化。三氧化铬-石英砂管在使用前必须通入高浓度 O_3 进行老化，否则采样时 O_3 损失可达 50%～90%。

本方法检出限为 0.019mg/L(按与吸光度 0.01 相对应的 O_3 浓度计)。当采样 30L 时，最低检测浓度为 0.006mg/m^3。

六、臭氧的测定

臭氧是强氧化剂之一，它是空气中的氧在太阳紫外线照射下或受雷击形成的。臭氧具有强烈的刺激性，在紫外线作用下参与烃类和 NO_x 的光化学反应。臭氧又是高空大气的正常组分，能强烈吸收紫外光，保护人和其他生物免受太阳紫外光的辐射。当空气中 O_3 超过一定浓度后，就对人体和某些植物会产生一定危害。近地面空气中可测到 0.04～0.1mg/m^3 的 O_3。

目前测定空气中臭氧的方法有硼酸-碘化钾分光光度法、靛蓝二磺酸钠分光光度法、化学发光法和紫外线吸收法。其中，化学发光法和紫外线吸收法多用于自动监测。

(一) 硼酸-碘化钾分光光度法

1. 原理

该方法以含有硫代硫酸钠的硼酸-碘化钾溶液为吸收液采样，空气中的 O_3 等氧化剂将碘离子氧化为碘分子，而碘分子又立即被硫代硫酸钠还原。剩余的硫代硫酸钠被加入过量的碘标准溶液氧化，剩余碘于 352nm 波长处以水为参比测定吸光度。同时采集零气(除去 O_3 的空气)，并准确加入与采集空气样品相同量的碘标准溶液，氧化剩余的硫化硫酸钠，于 352nm 波长处测定剩余碘的吸光度，则气样中剩余碘的吸光度减去零气剩余碘的吸光度即为空气样中 O_3 氧化碘化钾生成碘的吸光度。根据标准曲线建立回归方程，按下式计算气样中 O_3 的浓度：

$$\rho = \frac{f \times (A - A_0 - a)}{b V_{nd}}$$

式中，ρ 为空气中 O_3 的浓度，mg/L；A 为样品溶液的吸光度；A_0 为零气样品溶液的吸光度；f 为样品溶液最后体积与系列标准溶液体积之比；a 为回归方程的截距；b 为回归方程的斜率；V_{nd} 为换算为标准状态下的采样体积，L。

2. 注意事项

SO_2、H_2S 等还原性气体干扰测定，采样时应串联三氧化铬管消除。在氧化管和吸收管之间串联 O_3 过滤器(装有粉状二氧化锰与玻璃纤维滤膜碎片的均匀混合物)同步采集空气样品即为零气样品。

采样效率受温度影响，25℃时采样效率可达 100%，30℃时采样效率可达 96.8%。本方法的检出限和最低检测浓度同总氧化剂的测定方法。

(二) 靛蓝二磺酸钠分光光度法

1. 原理

用含有靛蓝二磺酸钠的磷酸盐缓冲溶液作吸收液采集空气样品，则空气中的 O_3 与蓝色的靛蓝二磺酸钠发生等摩尔反应，生成靛红二磺酸钠，使之褪色，于610nm波长处测其吸光度，用标准曲线法定量。

$$\rho = \frac{(A - A_0 - a) \times V}{b V_{nd}}$$

式中，ρ为空气中O_3的浓度，mg/m^3；A为样品溶液的吸光度；A_0为空白样品溶液的吸光度；a为回归方程的截距；b为回归方程的斜率；V为样品溶液的总体积，mL；V_{nd}为换算为标准状态下的采样体积，L。

2. 注意事项

空气中的二氧化氮、氯气、二氧化氯使O_3的测定结果偏高。SO_2、H_2S、PAN、HF分别高于$750\mu g/m^3$、$110\mu g/m^3$、$1800\mu g/m^3$、$2.5\mu g/m^3$时也干扰O_3的测定，可根据具体情况采取消除或修正措施。

当采样体积为30L时，本方法的检出限为$0.010mg/m^3$，测定下限为$0.040mg/m^3$；当采样体积为30L，吸收液浓度为$2.5\mu g/L$、$5.0\mu g/L$时，测定上限分别为$0.50mg/m^3$、$1.00mg/m^3$。

七、氟化物的测定

空气中的气态氟化物主要是氟化氢，也有少量氟化硅(SiF_4)和氟化碳(CF_4)。含氟粉尘主要是冰晶石(Na_3AlF_6)、萤石(CaF_2)、氟化铝(AlF_3)、氟化钠(NaF)及磷灰石[$Ca_5(PO_4)_3(F, Cl, OH)$]等。氟化物污染主要来源于铝厂、冰晶石和磷肥厂，以及用硫酸处理萤石及制造和使用氟化物、氢氟酸等部门排放或逸散的气体和粉尘。氟化物属高毒类物质，由呼吸道进入人体会引起黏膜刺激、中毒等症状，并能影响各组织和器官的正常生理功能。对于植物的生长也会产生危害，因此会利用某些敏感植物监测空气中的氟化物。

测定空气中氟化物的方法有分光光度法、离子选择电极法等。离子选择电极法具有简便、准确、灵敏和选择性好等优点，是目前广泛采用的方法。

(一) 滤膜采样-氟离子选择电极法

1. 原理

用磷酸氢二钾溶液浸渍的玻璃纤维滤膜或碳酸氢钠-甘油溶液浸渍的玻璃纤维滤膜采样，则空气中的气态氟化物被吸收固定，尘态氟化物同时被阻留在滤膜上。采样后的滤膜用水或盐酸浸取后，用氟离子选择电极法测定。溶液中氟离子活度的对数与电极电位呈线性关系。

如需要分别测定气态、尘态氟化物时，第一层采样滤膜用孔径$0.8\mu m$经柠檬酸溶液浸渍的纤维素酯微孔膜先阻留尘态氟化物，第二层、第三层用磷酸氢二钾浸渍过的玻璃纤维滤膜采集气态氟化物。用水浸取滤膜，测定水溶性氟化物；用盐酸溶液浸取，测定酸溶性氟化物；用水蒸气热解法处理采样膜，可测定总氟化物。采样滤膜均应分开测定。

氟离子选择电极是一种以氟化镧(LaF_3)单晶片为敏感膜的传感器。由于单晶结构对能进入晶格交换的离子有严格的限制，故有良好的选择性。这种电极的结构见图5-6。测量时，它与外参比电极、被测溶液组成下列原电池：

$$Ag, AgCl \left| \begin{matrix} Cl^- (0.3mol/L) \\ F^- (0.001mol/L) \end{matrix} \right| LaF_3 \| 待测液 \| KCl(饱和)溶液 \left| Hg_2Cl_2, Hg \right.$$

原电池的电动势(E)随溶液中氟离子浓度的变化而改变，即

$$E = K - \frac{2.303RT}{F}\lg a_{F^-}$$

式中,K与内、外参比电极和内参比溶液中氟离子活度有关,当实验条件一定时为常数。

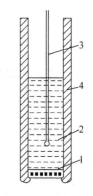

图5-6 氟离子选择电极结构示意图
1. LaF₃单晶膜;2. 内参比溶液;
3. 内参比电极;4. 电极管

用晶体管毫伏计或电位计测量上述原电池的电动势,并与用氟离子标准溶液测得的电动势相比较,即可求知样品溶液中氟化物的浓度。如果用专用离子计测量,经校准后可以直接显示被测溶液中氟离子的浓度。

2. 滤膜制作

将乙酸-硝酸纤维微孔滤膜放入磷酸氢二钾浸渍液中浸湿,沥干(每次用少量浸渍液,浸渍4~5张滤膜后,更换新的浸渍液),摊放在大张定性滤纸上(无氟,不能用玻璃板或搪瓷盘摊放),于40℃以下烘干,装入塑料袋中,密封后放入干燥器(不加干燥剂)中备用。

3. 试样和空白样的制备

将样品膜剪成小碎片(约为5mm×5mm),放入100mL聚乙烯塑料杯中,加入2.5mol/L盐酸溶液20mL,在超声波清洗器中提取30min,取出。待溶液冷却至室温,再加入1mol/L氢氧化钠溶液5.0mL、总离子强度缓冲液10mL及水5.0mL,总体积40mL,然后放置3~5h待测。

抽取未经采样的浸取吸收液的滤膜4~5张,按照采样滤膜的制备方法制备空白试样。

4. 测定步骤

分别吸取2.5~100.0μg/mL的氟化钠标准溶液各2.00mL于6支100mL聚乙烯塑料杯中,依次加入盐酸溶液20.00mL、氢氧化钠溶液5.00mL、总离子强度调节缓冲溶液10.00mL、水3.00mL,则氟离子含量依次为5.0μg、10μg、20μg、50μg、100μg、200μg。将离子活度计(或精密酸度计)接通,并按要求把清洗完毕的氟离子选择电极和甘汞电极插入制备好的待测液中。测定从低浓度到高浓度逐个进行。在磁力搅拌器上搅拌数分钟,搅拌时间应一致,搅拌速度要适中、稳定。待读数稳定后停止搅拌,静置后读取毫伏值,同时记录测定时的温度。以氟含量的对数及其对应的毫伏值进行线性回归,或在半对数坐标纸上,以对数坐标表示氟含量(μg),以等距坐标表示毫伏值,绘制标准曲线。

试样的测定方法与绘制标准曲线相同。读取毫伏值后,从标准曲线上查得氟含量或根据回归方程式计算含氟量。样品测定应与标准曲线绘制同时进行,测定样品时的温度与绘制标准曲线时的温度之差不应超过±2℃。

按下式计算空气中氟化物的含量:

$$\rho = \frac{W_1 + W_2 - 2W_0}{V_{nd}}$$

式中,ρ为空气中氟化物的浓度,μg/m³;W_1为上层浸渍滤膜样品中的氟含量,μg;W_2为下层浸渍滤膜样品中的氟含量,μg;W_0为空白浸渍滤膜的平均氟含量,μg;V_{nd}为标准状态下的采样体积,m³。

分别采集尘态、气态氟化物样品时,第一层采尘膜经酸浸取后,测得结果为尘态氟化物浓度,计算式如下:

$$\rho = \frac{W_3 - W_0}{V_{nd}}$$

式中，ρ 为空气中酸溶性尘态氟化物的浓度，$\mu g/m^3$；W_3 为第一层采样膜中的氟含量，μg；W_0 为采尘空白膜中平均含氟量，μg。

5. 注意事项

不应用手指触摸电极的膜表面。为了保护电极，试样中氟的测定浓度不应大于 40mg/L。如果电极的膜表面被有机物等沾污，必须先清洗干净后才能使用。清洗可用甲醇、丙酮等有机试剂，也可选用洗涤剂。

在测定体系中有 Si^{4+}、Fe^{3+}、Al^{3+} 存在，浓度不超过 20mg/L 时，产生的干扰可采用加入总离子强度调节缓冲液的方法消除。

本法适用于环境空气中氟化物的小时浓度和日平均浓度的测定。当采样体积为 $6m^3$ 时，测定下限为 $0.9\mu g/m^3$。

(二) 石灰滤纸采样-氟离子选择电极法

1. 原理

用浸渍氢氧化钙溶液的滤纸采样，则空气中的氟化物(氟化氢、四氟化硅等)与氢氧化钙反应生成氟化钙或氟硅酸钙被固定在滤纸上。用总离子强度调节缓冲液浸提后，以氟离子选择电极法测定，获得石灰滤纸上氟化物的含量。该方法将浸渍吸收液的滤纸自然暴露于空气中采样，不需要抽气动力。测定结果反映的是放置期间空气中氟化物的平均污染水平。

2. 石灰滤纸制作

在两个培养皿(直径约 15cm)中各放入少量石灰悬浊液，将直径 12.5cm 的定性滤纸放入第一个培养皿中浸透、沥干，再放在第二个培养皿中浸透、沥干(浸渍 5～6 张滤纸后，更换新的石灰悬浊液)，然后平摊放在大张干净、无氟的定性滤纸上，于 60～70℃烘干，装入塑料盒(袋)中，密封放入干燥器(不加干燥剂)中备用。

3. 测定步骤

分别吸取 2.5～100.0$\mu g/mL$ 的氟化钠标准溶液各 2.00 mL 于 6 只 100mL 聚乙烯塑料杯中，依次加入总离子强度调节缓冲溶液 25.00mL、水 23.00mL，则氟离子含量依次为 5.0μg、10μg、20μg、50μg、100μg、200μg。将离子活度计(或精密酸度计)接通，并按要求把清洗完毕的氟离子选择电极和甘汞电极插入制备好的待测液中。测定须从低浓度到高浓度逐个进行。在磁力搅拌器上搅拌数分钟，搅拌时间应一致，搅拌速率要适中、稳定。待读数稳定后停止搅拌，静置后读取毫伏值，同时记录测定时的温度。以氟含量的对数及其对应的毫伏值进行线性回归，或在半对数坐标纸上，以对数坐标表示氟含量(μg)，以等距坐标表示毫伏值，绘制标准曲线。

取出石灰滤纸样品，剪成碎片(约为 5mm×5mm)，放入 100mL 聚乙烯塑料杯中，加入 25.00mL 总离子强度缓冲液及 25.00mL 水，在超声波清洗器中提取 30min，取出放置过夜(加盖，防止放置时污染)，待测。

试样的测定方法与绘制标准曲线相同。读取毫伏值后，从标准曲线上查得氟含量或根据回归方程式计算含氟量。样品测定应与标准曲线绘制同时进行，测定样品时的温度与绘制标准曲线时的温度之差不应超过±2℃。

另外，抽取 4～5 张未采样的石灰滤纸，分别用标准加入法进行测定，即在剪碎的空白石灰滤纸中加入 0.5mL 氟化钠标准溶液(10.0$\mu g/mL$)，然后按样品测定方法测定其氟含量。取其平均值作为空白石灰滤纸的氟含量(该滤纸的氟含量每张不应超过 1μg)。空白石灰滤纸氟含量为测定值与加入标准氟含量之差。按下式计算空气中氟化物的含量：

$$\rho = \frac{W - W_0}{S \times n}$$

式中，ρ 为空气中氟化物的浓度，$\mu g/(dm^2 \cdot d)$；W 为石灰滤纸样品的氟含量，μg；W_0 为空白石灰滤纸中平均氟含量，μg；S 为采样滤纸暴露在空气中的面积，dm^2；n 为样品滤纸采样天数，d，应准确至 0.1d。

4. 注意事项

不应用手指触摸电极的膜表面。为了保护电极，试样中氟的测定浓度不应大于 40mg/L。如果电极的膜表面被有机物等沾污，必须先清洗干净后才能使用。清洗可用甲醇、丙酮等有机试剂，也可选用洗涤剂。

浸渍液中有 Si^{4+}、Fe^{3+}、Al^{3+} 存在，浓度不超过 20mg/L 时，产生的干扰可采用加入总离子强度调节缓冲液的方法消除。

(三) 直接进样-气相色谱法

该方法适用于工作场所空气中气态六氟化硫浓度的检测。

1. 原理

空气中的六氟化硫气体用采气袋采集，直接进样，经气相色谱柱分离，热导检测器(TCD)检测，以保留时间定性，以峰高或峰面积定量。

2. 仪器条件

气相色谱仪，具热导检测器，色谱柱 1：2m×4mm，癸二酸异二辛酯：Porapak Q = 2∶100，色谱柱 2：1m×4mm，6402 硅胶柱，柱温 64℃，气化室温度和检测室温度均为 75℃，载气(氢气)流量为 15mL/min。将两根色谱柱串联起来使用。

3. 测定步骤

取 4～7 支 100 mL 气密式玻璃注射器，用清洁空气稀释标准气成 0.0～10.0μg/mL 浓度范围的六氟化硫系列标准溶液。参照仪器操作条件，将气相色谱仪调节至最佳测定状态，进样 1.0mL，分别测定系列标准溶液各浓度的峰高或峰面积。以测得的峰高或峰面积对相应的六氟化硫浓度(μg/mL)绘制标准曲线。

用测定系列标准溶液的操作条件测定样品气和样品空白气，以测得的峰高或峰面积值由标准曲线得样品气中六氟化硫的浓度(μg/mL)。按下式计算空气中六氟化硫的浓度：

$$c = c_0 \times 1000$$

式中，c 为空气中六氟化硫的浓度，mg/m^3；c_0 为测得的样品气中六氟化硫的浓度，$\mu g/mL$。

4. 说明

本法的最低检出浓度为 1630mg/m³(以进样 1mL 计)，测定范围为 1630～10000mg/m³。

(四) 溶液吸收-苯羟乙酸分光光度法

本法适用于工作场所空气中气态三氟化硼浓度的检测。

1. 原理

空气中气态三氟化硼用装有氢氧化钠溶液的多孔玻板吸收管采集，分解生成的硼酸与苯羟乙酸及孔雀绿反应生成络合物，用苯萃取，用分光光度计在 633nm 波长下测定吸光度，进行定量。

2. 测定步骤

用吸收管中的样品溶液洗涤进气管内壁 3 次后,将样品溶液吹入具塞比色管内。取 1.0mL 样品溶液置于另一支具塞比色管中,加 1.0mL 盐酸溶液(0.2mol/L),摇匀,供测定。

取 5～8 支具塞比色管,分别加入 0.00～0.40mL 硼标准溶液(5.0 μg/mL),各加水至 1.0 mL,配成 0.0～2.0μg/mL 浓度范围的硼系列标准溶液。向各标准管中加入 1.50mL 苯羟乙酸溶液(15.2g/L)和 0.23mL 氢氧化钠溶液(0.2mol/L),加水至 4.0mL,调 pH 至 3,摇匀。加入 1.5mL 孔雀绿溶液(0.93g/L),摇匀。用 4.0mL 苯萃取 8min,用分光光度计在 633nm 波长下,分别测定系列标准溶液各浓度苯萃取液的吸光度。以测得的吸光度对相应的硼浓度(μg/mL)绘制标准曲线。

用测定系列标准溶液的操作条件测定样品溶液和样品空白溶液。测得的吸光度值由标准曲线得样品溶液中硼的浓度(μg/mL)。按下式计算空气中三氟化硼的浓度:

$$c = \frac{10c_0}{V_0} \times 6.27$$

式中,c 为空气中三氟化硼的浓度,mg/m³;10 为样品溶液的体积,mL;c_0 为测得样品溶液中硼的浓度,μg/mL;6.27 为由硼换算成三氟化硼的系数;V_0 为标准状态下的采样体积,L。

3. 说明

本法的定量测定范围为 0.25～2.0μg/mL(按硼计);以采集 15L 空气样品计,最低定量浓度为 1mg/m³(按三氟化硼计);采样效率为 100%。

在采样时串联装有超细玻璃纤维滤纸的小采样夹,是为了过滤掉空气中可能共存的气溶胶态硼化物。若空气中不存在气溶胶态硼化物,则可不串联。

本法测定的是硼,含硼玻璃制品可能对测定产生干扰。因此,采样后应将样品溶液尽快转移到无硼玻璃(或耐高温塑料)具塞比色管中。

反应溶液的 pH 应控制在 2.8～3.8。苯羟乙酸溶液有一定的缓冲作用,通常不需调节溶液的 pH。萃取后应在 20 min 内完成吸光度的测定。

八、硫化氢的测定

测定硫化氢的方法有亚甲蓝分光光度法、硝酸银比色法、库仑滴定法、火焰光度法和气相色谱法等。亚甲蓝分光光度法应用最为普遍,且方法灵敏,适合于大气中硫化氢的测定。用库仑滴定法和火焰光度法测定硫化氢,其原理与二氧化硫相似。

(一) 亚甲蓝分光光度法

1. 原理

空气中的硫化氢被碱性氢氧化镉悬浮液吸收,形成硫化镉沉淀。于酸性介质中,在三氯化铁作用下,硫离子与对氨基二甲基苯胺生成亚甲基蓝。亚甲基蓝的蓝色深浅与硫离子含量成正比。于波长 670nm 处,以试剂空白为参比,测定吸光度,比色定量。

2. 吸收液的配制

称取 4.3g 硫酸镉(3CdSO₄·8H₂O)、0.3g 氢氧化钠、10.0g 聚乙烯醇磷酸铵,分别溶于水中。临用时,将三种溶液混合,强烈振荡至完全混溶,再用水稀释至 1L。此混合溶液为乳白色悬浮液,每次使用前须强烈振荡混合均匀。

3. 测定步骤

用硫化钠晶体(Na₂S·9H₂O)配制的标准溶液和吸收液(碱性氢氧化镉悬浮液)配制硫化氢系列标准溶液。各比色管立即加 1mL 混合显色液，混合均匀后放置 30min。加 1 滴磷酸氢二钠溶液，排除 Fe^{3+} 的颜色。以水作参比，在波长 670nm 处测定各标准管吸光度。以硫化氢含量为横坐标，吸光度为纵坐标，绘制标准曲线。

采样后，用水稀释吸收液到采样前的体积。样品溶液不稳定，应在 6h 内按绘制标准曲线的操作步骤显色、测吸光度。在每批样品测定的同时，用 10mL 未采样的吸收液作为试剂空白进行测定。如果样品溶液吸光度超过标准曲线的范围，则可将样品溶液用吸收液稀释后再分析。按下式计算空气中硫化氢的浓度：

$$\rho = \frac{(A - A_0) \times D}{b V_{nd}}$$

式中，ρ 为空气中硫化氢的浓度，mg/m³；A 为样品溶液的吸光度；A_0 为试剂空白的吸光度；b 为回归方程的斜率；V_{nd} 为换算为标准状态下的采样体积，L；D 为分析时样品溶液的稀释倍数。

4. 注意事项

硫化镉在光照下易被氧化，在采样期间和样品分析之前应避光，采样时间不应超过 1h。采样后应在 6h 内显色测定。空气中 SO_2 浓度小于 1mg/m³，NO_2 浓度小于 0.6mg/m³ 时，不干扰测定。吸收液中加入聚乙烯醇磷酸铵可以减缓硫化镉的光分解。

本法检出限为 0.15μg/10mL。若采样体积为 30L，则最低检出浓度为 0.005mg/m³，可测浓度范围为 0.005～0.13mg/m³。若硫化氢浓度大于 0.13mg/m³，应适当减小采样体积，或取部分样品溶液进行分析。

(二) 硝酸银比色法

1. 原理

空气中的硫化氢用亚砷酸钠的碳酸铵溶液吸收后，与硝酸银反应生成黄褐色的硫化银胶体溶液，其颜色深浅与硫化氢的含量成正比，故可比色定量。

2. 测定步骤

取 6.0mL 硫代硫酸钠溶液(0.1mol/L)于 100mL 容量瓶中，用煮沸放冷的水稀释至标线。此溶液相当于 0.20mg/mL 硫化氢标准储备液。临用前用吸收液稀释成 20.0μg/mL 硫化氢标准溶液。取不同体积的该标准溶液，各加入吸收液至 5.0mL，配成硫化氢系列标准溶液。向各标准管加入 0.2mL 淀粉溶液，摇匀；加入 1.0mL 硝酸银溶液，摇匀，放置 5min，比色。

将装有 10.0mL 吸收液的多孔玻板吸收管带至采样点，除不连接空气采样器采集空气样品外，其余操作同样品，作为样品的空白对照。

用测定系列标准溶液的操作步骤测定样品溶液和样品空白对照溶液，用目视比色法与系列标准溶液比色。测得的样品值减去空白对照值后，得硫化氢含量(μg)，按下式计算空气中硫化氢的浓度：

$$\rho = \frac{2(m_1 + m_2)}{V_{nd}}$$

式中，ρ 为空气中硫化氢的浓度，mg/m³；m_1、m_2 分别为前后采样管样品吸收液中硫化氢的含量，μg；V_{nd} 为换算为标准状态下的采样体积，L。

3. 注意事项

该方法的检出限为 0.4μg/mL，测定范围为 0.4~4μg/mL。采集 7.5L 空气样品时，最低检出浓度为 0.53mg/m^3。硫化物对测定有干扰。

九、硫酸盐化速率的测定

污染源排放到空气中的 SO_2、H_2S、H_2SO_4 蒸气等含硫污染物，经过一系列氧化演变和反应，最终形成危害更大的硫酸雾和硫酸盐雾。这种演变过程的速率称为硫酸盐化速率。其测定方法有二氧化铅-重量法、碱片-重量法、碱片-铬酸钡分光光度法、碱片-离子色谱法等。

(一) 二氧化铅-重量法

1. 原理

大气中的 SO_2、硫酸雾、H_2S 等与 PbO_2 反应生成硫酸铅，用碳酸钠溶液处理，使硫酸铅转化为碳酸铅，释放出硫酸根离子，再加入 $BaCl_2$ 溶液，生成 $BaSO_4$ 沉淀，用重量法测定。结果以每日在 100cm^2 PbO_2 面积上所含 SO_3 的毫克数表示。吸收反应式如下：

$$SO_2 + PbO_2 \longrightarrow PbSO_4$$

$$H_2S + PbO_2 \longrightarrow PbO + H_2O + S$$

$$PbO_2 + S + O_2 \longrightarrow PbSO_4$$

2. PbO_2 采样管制备

在素瓷管上涂一层黄蓍胶乙醇溶液，将适当大小的湿纱布平整地绕贴在素瓷管上，再均匀地刷上一层黄蓍胶乙醇溶液，除去气泡，自然晾至近干后，将 PbO_2 与黄蓍胶乙醇溶液研磨制成的糊状物均匀地涂在纱布上，涂布面积约 100cm^2，晾干，移入干燥器存放。

3. 采样

将 PbO_2 采样管固定在百叶箱中，在采样点上放置 30d±2d。注意不要靠近烟囱等污染源。收样时，将 PbO_2 采样管放入密闭容器中。

4. 测定步骤

准确测量 PbO_2 涂层的面积，将采样管放入烧杯中，用碳酸钠溶液淋湿涂层，洗涤液经搅拌、放置 2~3h 后，加热过滤。在滤液中加适量盐酸溶液，加热驱尽 CO_2 后，滴加 $BaCl_2$ 溶液至 $BaSO_4$ 沉淀完全。用恒量的玻璃砂芯坩埚过滤，并洗涤至滤液中无氯离子。将 $BaSO_4$ 沉淀于 105℃下烘干至恒量。同时，用空白采样管按同样操作步骤测定试剂空白值。按下式计算测定结果：

$$硫酸盐化速率[mg/(100cm^2 \cdot d)] = \frac{W_s - W_0}{S \times n} \times \frac{M_{SO_3}}{M_{BaSO_4}} \times 100$$

式中，W_s 为样品管测得 $BaSO_4$ 的质量，mg；W_0 为空白管测得 $BaSO_4$ 的质量，mg；S 为采样管上 PbO_2 涂层面积，cm^2；n 为采样天数，准确至 0.1d；M_{SO_3}/M_{BaSO_4} 为 SO_3 与 $BaSO_4$ 分子量之比，0.343。

5. 注意事项

影响该方法测定结果的因素有：PbO_2 的粒度、纯度和表面活性度；PbO_2 涂层厚度和表面湿度；含硫污染物的浓度及种类；采样期间的风速、风向及空气温度、湿度等。

该方法的最低检出浓度为 0.05mg/(100cm^2·d)。

(二) 碱片-重量法

1. 原理

将用碳酸钾溶液浸渍的玻璃纤维滤膜暴露于大气中，碳酸钾与空气中的 SO_2 等反应生成硫酸盐，加入 $BaCl_2$ 溶液将其转化为 $BaSO_4$ 沉淀，用重量法测定。测定结果表示方法同 PbO_2 法。

2. 测定步骤

先制备碱片并烘干，放入塑料皿(滤膜毛面向上，用塑料垫圈压好边缘)中，携带至现场采样点，固定在特制的塑料皿支架上，采样 30d±2d。将采样后的碱片置于烧杯内，加盐酸使 CO_2 完全逸出，捣碎碱片并加热至近沸，用定量滤纸过滤，即得到样品溶液。加入 $BaCl_2$ 溶液，获得 $BaSO_4$ 沉淀，烘干、称量，计算方法同二氧化铅-重量法。

该方法的最低检出浓度为 0.05mg/(100cm^2·d)。

(三) 碱片-离子色谱法

该方法用碱片法采样，采样碱片经碳酸钠-碳酸氢钠稀溶液浸取后，获得样品溶液，注入离子色谱仪测定硫酸根离子。

离子色谱法是利用离子交换原理，对共存多种阴离子或阳离子进行连续分离后，导入检测装置进行定性分析和定量测定的方法。其仪器由洗提液储罐、输液泵、进样阀、分离柱、抑制柱、电导仪、记录仪等组成(图 5-7)。分离柱内填充低容量离子交换树脂，由于液体流过时阻力大，故需使用高压输液泵。抑制柱内填充高容量离子交换树脂，其作用是削减洗提液造成的本底电导和提高被测组分的电导。除了电导型检测器外，还有紫外-可见光度型、荧光型和安培型等检测器。用非电导型检测器时一般不需使用抑制柱。

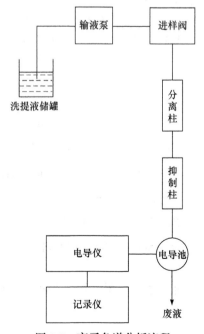

图 5-7 离子色谱分析流程

　　分析阴离子时，分离柱内填充低容量阴离子交换树脂，抑制柱填充强酸性阳离子交换树脂，洗提液用氢氧化钠(钾)溶液或碳酸钠-碳酸氢钠溶液。当将水样注入洗提液并流经分离柱时，由于不同阴离子对低容量阴离子交换树脂的亲和力不同而彼此分离，在不同时间随洗提液进入抑制柱，转换成高电导型酸，而洗提液被中和转化为低电导的水或碳酸，使水样中的阴离子得以依次进入电导测量装置测定。根据电导峰的保留时间定性，以电导峰的峰高或峰面积定量，即可获得水溶液中各阴离子的浓度。四种常见水溶性阴离子的离子色谱见图 5-8。

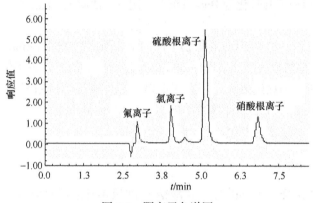

图 5-8　阴离子色谱图

十、氯气的测定

　　氯气是具有强烈窒息性、刺激性的黄绿色气体，既易溶于水和碱溶液，也易溶于二硫化碳和四氯化碳等有机溶剂。氯气的化学性质非常活泼，是一种强氧化剂。氯气与氮氧化物等物质相遇时，毒性会增强。在高温下与一氧化碳作用能形成毒性更大的光气。氯气主要来源于化工、轻工、有色金属冶炼的氯化焙烧或氯化挥发等过程。电解氯化物是工业上氯气的主要来源，使用氯和氯化氢的工业企业也是来源之一。

　　测定大气中氯气的方法有碘量法、甲基橙分光光度法和联邻甲苯胺法。碘量法适用于固定污染源废气中氯气的测定；甲基橙分光光度法适用于大气中氯气含量的测定。

(一) 碘量法

1. 原理

　　氯气被氢氧化钠溶液吸收，生成次氯酸钠，用盐酸酸化，释放出游离氯。游离氯再氧化碘化钾生成碘，用硫代硫酸钠标准溶液滴定至蓝色消失，以此计算氯的量。反应方程式如下：

$$2NaOH + Cl_2 = NaCl + NaClO + H_2O$$

$$NaClO + HCl = NaOH + Cl_2$$

$$Cl_2 + 2KI = 2KCl + I_2$$

$$I_2 + 2Na_2S_2O_3 = 2NaI + Na_2S_4O_6$$

2. 样品采集

　　串联两个多孔玻璃筛板吸收瓶，瓶中各装 30～40mL 氢氧化钠吸收液(40g/L)。以 0.5～1L/min 流量采样 10～30min。

3. 测定步骤

采样后将两管样品吸收液全部转移到 100mL 容量瓶中，用吸收液洗涤吸收管和吸收瓶，合并转移到该容量瓶中，加入吸收液定容。吸取 25.0mL 试样溶液于碘量瓶中，加入等体积水，再加入 2.0g 碘化钾，待溶解后加入 10.0mL 盐酸溶液，摇匀，于暗处放置 5min。用硫代硫酸钠标准溶液滴定至淡黄色，加入 5mL 淀粉溶液，继续滴定至蓝色刚好消失为止，记录滴定液的消耗量。另外，对未采样的吸收液以同样步骤进行操作，测定空白。按下式计算氯气含量：

$$\rho = \frac{35.5(V - V_0)c}{V_{nd}} \times \frac{V_t}{V_a} \times 1000$$

式中，ρ 为氯气含量，mg/m^3；V 为滴定试样溶液所消耗硫代硫酸钠标准溶液的体积，mL；V_0 为滴定空白溶液所消耗硫代硫酸钠标准溶液的体积，mL；c 为硫代硫酸钠标准溶液浓度，mol/L；35.5 为氯的摩尔质量，g/mol；V_t 为试样溶液总体积，mL；V_a 为滴定时所取试样溶液体积，mL；V_{nd} 为换算为标准状态下干气的采气体积，L。

4. 注意事项

废气中含有氯化氢时，测定不受干扰；含有氧化性和还原性气体时，测定受干扰。

该方法检出限为 0.03μg/mL；当采样体积为 10L 时，最低检出浓度为 12mg/m³。

(二) 甲基橙分光光度法

1. 原理

空气中氯气用大型气泡吸收管采集，氯气被含有溴化钾的甲基橙硫酸溶液吸收。在酸性溶液中，氯置换出溴化钾中的溴，溴氧化甲基橙使之褪色。根据褪色程度，于 515nm 波长处测量吸光度，定量测定氯。

2. 样品采集

串联两级各装 10mL 吸收液(0.2%KBr 和 0.2%乙醇，甲基橙作指示剂)和 1mL 硫酸(1+6)的大型气泡吸收瓶，以 0.5～1L/min 流量采样至吸收液颜色消失为止。

3. 测定步骤

取 6 支具塞比色管，分别加入一定体积的氯标准溶液，各加水至 1.0mL，配成氯系列标准溶液。各标准管加入 5.0mL 吸收液，摇匀，放置 20min。于 515nm 波长处测量吸光度，每个浓度重复测定 3 次，以吸光度均值对相应的氯含量(μg)绘制标准曲线。

用测定系列标准溶液的操作步骤测定样品和空白对照溶液。样品吸光度值减去空白对照吸光度值后，由标准曲线查得氯含量(μg)。根据由实际采样体积换算得到的标准状态下采样体积，即可求出空气中氯的浓度。

4. 注意事项

该方法的检出限为 0.2μg/mL；采集 5L 空气样品时，最低检出浓度为 0.2mg/m³。可测定 5～200mg/m³ 的氯气。

十一、氯化氢的测定

氯化氢为无色气体，有刺激性气味，易溶于水，也易溶于乙醇和乙醚等有机溶剂。其强烈的刺激性可对人和植物产生危害。氯化氢是烃氯化过程，以及用氯代烃合成不饱和化合物的脱卤化氢过程的副产品。含氯煤炭、燃料油、聚氯乙烯的燃烧及废料处理都会将氯化氢排放到大气中。

氯化氢的测定方法有硝酸银滴定法、硫氰酸汞分光光度法和离子色谱法等。

(一) 硝酸银滴定法

1. 原理

氯化氢被氢氧化钠溶液吸收后，在中性条件下，以铬酸钾为指示剂，用硝酸银溶液滴定，生成氯化银沉淀，过量的银离子与铬酸钾指示剂反应，生成浅砖红色铬酸银沉淀，指示滴定终点。反应方程式如下：

$$Cl^- + AgNO_3 \longrightarrow NO_3^- + AgCl$$

$$2Ag^+ + CrO_4^{2-} \longrightarrow Ag_2CrO_4$$

2. 测定步骤

将采样后的吸收液移入 150mL 容量瓶中，用吸收液稀释至标线。吸取适量试样液于白瓷皿中，加入几滴酚酞试剂，用 0.1mol/L 硝酸中和至红色刚好消失。加适量水，加 1.0mL 铬酸钾溶液，不断搅拌，以 0.01mol/L 硝酸银标准溶液滴定，至产生浅砖红色为止。以同种方法进行空白滴定。按下式计算氯化氢的浓度：

$$\rho = \frac{36.46(V_1 - V_0)c}{V_{nd}} \times 1000$$

式中，ρ 为固定污染源废气中氯化氢的浓度，mg/m^3；V_1 为滴定试样溶液消耗的硝酸银标准溶液体积，mL；V_0 为滴定空白溶液消耗的硝酸银标准溶液体积，mL；c 为硝酸银标准溶液的浓度，mol/L；36.46 为氯化氢的摩尔质量，g/mol；V_{nd} 为换算为标准状态下干气的采样体积，L。

3. 注意事项

硫化物、氰化物、氯气及其他卤化物干扰测定，使结果偏高。废气中有氯气共存时，它与氢氧化钠反应生成等量的氯离子和次氯酸根离子，干扰氯化氢的测定。用碘量法测定次氯酸根，从总氯化物中减去其量，即得氯化氢含量。

滴定时溶液应为中性或微碱性(pH=6.5～10.5)。在酸性溶液中，CrO_4^{2-} 转化为 $Cr_2O_7^{2-}$，影响滴定终点时 Ag_2CrO_4 沉淀的生成。在碱性溶液中，Ag^+ 将形成 Ag_2O 沉淀。

该方法检出限为 0.03mg/mL；当采样体积为 15L 时，最低检出浓度为 $2mg/m^3$。可测定 50～$3000mg/m^3$ 的氯化氢。

(二) 硫氰酸汞分光光度法

1. 原理

空气中的氯化氢吸收在氢氧化钠溶液中，在酸性溶液中，氯化氢与硫氰酸汞反应置换出硫氰酸根，再与三价铁离子反应生成硫氰酸铁血红色络离子，于波长 460nm 处，测定吸光度，比色定量氯化氢。反应方程式如下：

$$2Cl^- + Hg(SCN)_2 \longrightarrow HgCl_2 + 2SCN^-$$

$$SCN^- + Fe^{3+} \longrightarrow Fe(SCN)^{2+}$$

2. 测定步骤

取 6 支具塞比色管，分别加入不同体积的氯化氢(以氯化钾配制)标准溶液，各加入吸收液至 5.0mL，配成氯化氢系列标准溶液。各标准管加 1mL 硫酸铁铵溶液、1.5mL 硫氰酸汞溶液，摇匀，用水稀释至 10mL，放置 20min。于 460nm 波长下测量吸光度。每个浓度重复测定 3 次，以吸光度均值对相应的氯化氢含量(μg)绘制标准曲线。

用相同的操作步骤测定样品和空白对照溶液。样品吸光度值减去空白吸光度值后，由标准曲线得氯化氢含量(μg)。按下式计算氯化氢的浓度：

$$\rho = \frac{m}{V_{nd}}$$

式中，ρ 为空气中氯化氢的浓度，mg/m³；m 为测得样品溶液中氯化氢的含量，μg；V_{nd} 为换算为标准状态下的采样体积，L。

3. 注意事项

溴化物、碘化物、硫化氢和氰化氢对测定有干扰。

本方法的检出限为 0.4μg/mL；采集 7.5L 空气样品时，最低检出浓度为 0.5mg/m³；测定范围为 0.4～8μg/mL。

(三) 离子色谱法

用装有水或碱性溶液的吸收管分别采集环境空气或固定污染源废气中的氯化氢后生成氯化物。将形成含氯离子的试样注入离子色谱仪进行分离测定。用电导检测器检测，以保留时间定性，峰高或峰面积定量。离子色谱仪的工作原理见本节硫酸盐化速率的测定方法。

对于环境空气，当采样体积为 60L(标准状态)，定容体积为 10.0mL 时，本方法检出限为 0.02mg/m³，测定下限为 0.080mg/m³。对于固定污染源废气，当采用体积为 10L(标准状态)，定容体积为 50.0mL 时，本方法检出限为 0.2mg/m³，测定下限为 0.80mg/m³。

十二、硫酸雾的测定

空气中硫酸雾的测定方法有离子色谱法、铬酸钡比色法等。

(一) 离子色谱法

1. 原理

用玻璃纤维滤筒或石英纤维滤筒采集有组织排放的颗粒物样品，用超细玻璃纤维滤膜或石英纤维滤膜采集无组织排放的颗粒物样品，用水浸取，利用预处理柱除去金属阳离子后，将试样注入离子色谱仪，根据保留时间定性，色谱峰高或峰面积定量，测定硫酸根离子的浓度。

2. 试样制备

可选用超声波萃取法或加热浸出法制备样品。用前种方法时，将采样所得滤料剪碎，置于 250mL 具塞磨口锥形瓶中，加 150mL 去离子水浸泡样品。将锥形瓶放入超声波振荡器中，振荡 30min。冷却，将浸出液经中速定量滤纸滤入 250mL 容量瓶中，加 1.0mol/L 或 0.10mol/L 氢氧化钠溶液中和，至溶液 pH 达 7～9，用水稀释至标线。

加热浸出法的不同之处是，在装滤料浸泡液的锥形瓶口上置一玻璃漏斗，于电炉或电热板上加热至近沸，约 30min 后取下冷却。其他步骤与超声波萃取法相同。

3. 测定步骤

用硫酸钾配制系列标准溶液，注入离子色谱仪，测量保留时间和仪器响应值。以响应值和 SO_4^{2-} 浓度(μg/mL)绘制标准曲线。

试样测定前，先用去离子水洗涤预处理柱(装填阳离子交换树脂)，然后加入试样进行交换处理，弃去最初流出的 30mL 溶液，然后将滤液用 0.45μm 的微孔滤膜过滤后得到试料。将其注入离子色谱仪，在与绘制标准曲线相同的条件下测定。同时，取同批次滤料 2～3 个，按试样处理步骤制备成空白试样，进行 SO_4^{2-} 浓度测定。废气中硫酸雾浓度按下式计算：

$$\rho = \frac{(\rho_1 - \rho_0)V_t}{V_{nd}} \times \frac{98.08}{96.06}$$

式中，ρ 为固定污染源或无组织排放废气中硫酸雾的含量，mg/m^3；ρ_1 为试料中 SO_4^{2-} 浓度，$\mu g/mL$；ρ_0 为空白试料中 SO_4^{2-} 浓度平均值，$\mu g/mL$；V_t 为试样总体积，mL；V_{nd} 为标准状态下干气的采样体积，L；98.08 为 H_2SO_4 的摩尔质量，g/mol；96.06 为 SO_4^{2-} 的摩尔质量，g/mol。

4. 注意事项

样品中有钙、锶、镁、锆、钍、铜、铁等金属阳离子共存时对测定有干扰。通过预处理柱处理后可消除干扰。

对于有组织排放废气，将滤筒制成 250mL 试样时，本方法检出限为 0.12μg/mL；当采样体积为 400L 时，检出限为 0.08mg/m³，测定下限为 0.3mg/m³，测定上限为 500mg/m³。对于无组织排放废气，当采样体积为 3m³ 时，检出限为 0.01mg/m³，测定下限为 0.04mg/m³。

(二) 铬酸钡比色法

1. 原理

硫酸根离子与铬酸钡反应，产生黄色铬酸根离子，根据黄色深浅比色测定。

2. 试样制备

取出采样玻璃纤维滤筒，放于 500mL 三角瓶中，加 100mL 蒸馏水，瓶口上置一小漏斗，于电热板上加热近沸约 30min。冷却至室温，将浸出液过滤，移入 1000mL 容量瓶中，用水多次洗涤三角瓶及滤筒残渣，最后用水稀释至标线，混匀，此溶液为样品溶液。

3. 测定步骤

以硫酸钾配制硫酸系列标准溶液。取不同浓度的标准溶液各 1.00mL，分别放入 100mL 三角瓶中。加蒸馏水 9.00mL、铬酸钡悬浊液 5mL，充分摇荡 3～5min。再加氯化钙-氨水溶液 1mL，混合后再加 95%乙醇 10mL，摇动 1min。冷却至室温后过滤(初滤液弃去)。取滤液在紫外分光光度计上，于波长 370nm 处进行比色。以吸光度(A)为纵坐标，以硫酸含量(mg)为横坐标，作标准曲线。

从样品溶液中取样分析时，应根据酸含量的不同进行稀释，然后用绘制工作曲线的步骤测定。另外，取空白采样滤筒按同样步骤操作，作为空白溶液测定。按下式计算样品的硫酸雾含量：

$$\rho = \frac{V_t \times m}{V_{nd} \times V_a} \times 1000$$

式中，ρ 为废气中硫酸雾的含量，mg/m^3；V_t 为样品溶液总体积，mL；V_a 为分析时所取样品溶液的体积，mL；m 为在标准曲线上查得的相应硫酸量，mg；V_{nd} 为换算成标准状态下的采样体积，L。

4. 注意事项

本方法适用于硫酸浓缩尾气中硫酸雾的分析，测定范围 100～30000mg/m³。

十三、光气的测定

光气是一种无色的高毒性气体，有窒息性气味。微溶于水，易溶于苯、甲苯、冰乙酸和许多液态烃类；遇水缓慢分解，生成一氧化碳和氯化氢；加热分解，产生有毒和腐蚀性气体。光气较低浓度时无明显的刺激作用，经过一段时间后出现肺泡-毛细血管膜的损害，从而导致肺水肿。较高浓度时可因刺激作用而引起支气管痉挛，导致窒息。

光气的测定方法主要是紫外分光光度法。

(一) 原理

空气中的光气用苯胺溶液采集，并与之反应生成 1,3-二苯基脲。在酸性溶液中，用混合溶剂提取后，于 257nm 波长处测量吸光度，其值与光气含量成正比。反应式如下：

(二) 样品采集

在采样点，串联两支各装有 10.0mL 吸收液的多孔玻板吸收管，以 500mL/min 的流量采集 15min 空气样品。采样后，立即封闭吸收管的进出气口，当天测定完毕。另外，将装有 10mL 吸收液的吸收管带至采样点，除不连接空气采样器采集空气样品外，其余操作同样品。以此作为样品的空白对照。

(三) 测定步骤

在 6 支分液漏斗中，分别加入 0.0mL、1.5mL、3.0mL、6.0mL、12.0mL 和 24.0mL 光气标准溶液(用 1,3-二苯基脲配制)，加入吸收液至 25.0mL，配成光气系列标准溶液。向各标准管加入 0.5mL 硫酸，摇匀，放冷至室温。加入 10mL 混合提取液(正己烷：二氯甲烷：异戊醇=5：5：1)，用力振摇 1 min，放置分层后，弃去水层。通过脱脂棉，将混合提取液放入石英比色杯中，在 257nm 波长下测量吸光度，每个浓度重复测定 3 次。以吸光度均值对光气含量(μg)绘制标准曲线。

将两支吸收管中的吸收液吹入同一分液漏斗中，用测定标准管的操作步骤测定样品溶液和空白对照溶液。样品的吸光度值减去空白对照的吸光度值后，由标准曲线得光气的含量(μg)。按下式计算空气中光气的浓度：

$$\rho = \frac{V_t \times m}{V_{nd} \times V_a}$$

式中，ρ 为空气中光气的浓度，mg/m³；m 为在工作曲线上查得所测样品溶液中光气的含量，μg；V_t 为样品溶液总体积，mL；V_a 为分析时所取样品溶液的体积，mL；V_{nd} 为换算成标准状态下的采样体积，L。

(四) 说明

氯甲酸甲酯、氯甲酸乙酯和氯化氢对本方法有干扰。100μg 以上苯酚或氯气、5μg 以上氯苯，也干扰本方法的测定。

本方法的检出限为 0.05μg/mL；在采集 7.5L 空气样品时，最低检出浓度为 0.07mg/m³；测定范围为 0.05～1μg/mL。

十四、过氧化氢的测定

空气中的过氧化氢用溶液吸收-硫酸氧钛分光光度法测定。

(一) 原理

空气中的蒸气态和雾态过氧化氢用装有硫酸氧钛溶液的多孔玻板吸收管采集，并反应生成黄色化合物。用分光光度计在 410nm 波长下测量吸光度，进行定量。

(二) 样品采集

在采样点用装有 10.0mL 吸收液的多孔玻板吸收管，以 1.0L/min 流量采集空气样品。当样品溶液呈现淡黄色时立即停止采样。采样后立即封闭吸收管的进出气口，置于清洁的容器内运输和保存。样品应在 24h 内测定。

(三) 测定步骤

用吸收管中的样品溶液洗涤进气管内壁 3 次后，从进气管将样品溶液吹入具塞刻度试管中。取出 5.0 mL 样品溶液，置于另一具塞刻度试管中，加入 2.0mL 水，混匀，供测定。

取 5～8 支具塞比色管，分别加入 0.0～1.80mL 过氧化氢标准溶液(100.0μg/mL)，各加水至 2.0mL，分别加入 5.0mL 吸收液，摇匀，配成含量 0.0～180.0μg 范围的过氧化氢系列标准溶液。用分光光度计在 410nm 波长下，分别测定系列标准溶液各浓度的吸光度。以测得的吸光度对应的过氧化氢的含量(μg)绘制标准曲线。

用测定系列标准溶液的操作条件测定样品溶液和样品空白溶液。以测得的吸光度值由标准曲线得样品溶液中过氧化氢的含量(μg)。按下式计算空气中过氧化氢的浓度：

$$c = \frac{2M}{V_0}$$

式中，c 为空气中过氧化氢的浓度，mg/m³；M 为测得的 5mL 样品溶液中过氧化氢的含量，μg；V_0 为标准采样体积，L。

(四) 说明

本法的定量测定范围为 1.2～36μg/mL；以采集 15L 空气样品计，最低检出浓度为 0.8mg/m³；采样效率为 100%。

臭氧对本法有正干扰，低于 3mg/m³ 的二氧化硫不干扰测定。

十五、汞的测定

汞属于极度危险毒物，具有易蒸发特性，人吸入后危害神经系统。空气中的汞来源于汞矿开采和冶炼、某些仪表制造、有机合成、染料等工业生产过程排放，以及逸散的废气和粉尘。

空气中汞的测定方法有分光光度法、冷原子吸收法、冷原子荧光法等，其中后两种方法应用比较广泛。

(一) 巯基棉富集-冷原子荧光法

1. 原理

在微酸性介质中用巯基棉富集空气中的汞及其化合物，发生如下反应：

$$Hg^{2+} + 2H—SR \rightleftharpoons Hg \begin{matrix} SR \\ SR \end{matrix} + 2H^+$$

$$CH_3HgCl + H—SR \rightleftharpoons CH_3Hg—SR + HCl$$

元素汞通过巯基棉采样管时，主要发生物理吸附和单分子层的化学吸附。采样后，用 4.0mol/L 盐酸-氯化钠饱和溶液解吸总汞，经氯化亚锡还原为金属汞，用冷原子荧光测汞仪测定总汞含量。

2. 测定步骤

将采样后的巯基棉采样管固定，并把细端插入 10mL 容量瓶的瓶口内，以 1～2mL/min 的流量滴加 4.0mol/L 盐酸-氯化钠饱和溶液，洗脱汞及其化合物，用该洗脱液稀释至标线，摇匀。

用氯化汞标准使用液配制系列标准溶液，用 4.0 mol/L 盐酸-氯化钠饱和溶液稀释至 5mL。向各瓶中加 0.10mL 溴酸钾-溴化钾溶液，放置 5min 后出现黄色，加 1 滴盐酸羟氨-氯化钠溶液，使黄色退去，摇匀。用注射器向瓶中加入 1.0mL 氯化亚锡盐酸溶液，振荡 0.5min 后，用高纯氮气将汞蒸气吹入冷原子荧光测汞仪测定。以测汞仪的响应值对汞含量(ng)绘制标准曲线，并求标准曲线的回归方程。

按标准曲线的测定步骤，进行试样和空白样的测定，并记录响应值。由标准曲线的回归方程计算试样和空白样的汞含量。按下式计算空气中汞的浓度：

$$\rho = \frac{W - W_0}{V_{nd} \times 1000} \times \frac{V_t}{V_a}$$

式中，ρ 为空气中汞含量，mg/m^3；W 为测定时所取样品中汞的含量，ng；W_0 为测定时所取空白中汞的含量，ng；V_t 为样品溶液总体积，mL；V_a 为测定时所取样品溶液体积，mL；V_{nd} 为标准状态下的采样体积，L。

3. 注意事项

盐酸羟胺常含有汞，必须提纯。当汞含量较低时，采用巯基棉纤维管除汞法；汞含量高时，先以萃取法除掉大量汞，再以巯基棉纤维管法除尽汞。

如果想要分别测定有机汞和无机汞，采样后，将巯基棉采样管放在 5mL 容量瓶的瓶口上，以 1mL/min 流量，滴加 2.0mol/L 盐酸溶液解吸有机汞，再用 4.0mol/L 盐酸-氯化钠饱和溶液解吸无机汞。

采样管为内装巯基棉的石英玻璃管。巯基棉由脱脂棉浸泡于硫代乙醇酸、乙酸酐及硫酸混合液中一定时间，经过水洗至中性、抽滤、烘干制得。

当采样体积为 15L 时，本方法的检出限为 $6.6 \times 10^{-6} mg/m^3$，测定下限为 $2.6 \times 10^{-5} mg/m^3$。

(二) 金膜富集-冷原子吸收法

1. 原理

用金膜微粒富集管在常温下富集空气中的微量汞蒸气，生成金汞齐，再加热(600℃以上)释放出汞，被载气带入冷原子吸收测汞仪，根据汞蒸气对 253.7nm 光吸收大小进行定量。

2. 金膜微粒的制备

称取 0.20g 氯金酸(HAuCl₄·3H₂O)溶于 50mL 蒸馏水中，加入 5.0g 石英砂(50~80 目)，搅拌均匀，在沸水浴上干燥，然后装入石英管中，在管状电炉内加热到 800℃以上灼烧，同时吸入净化的空气，使氯金酸分解，在石英砂表面形成金膜，放在干燥器中冷却后装瓶备用。

3. 仪器条件

测定波长 253.7nm。根据环境空气中汞的浓度范围，选择常量或微量测定模式。热解吸器解吸温度 600℃以上，解吸时间 2min，转移时间 40s。内置富集热解吸器富集预热温度 160℃，解吸温度 600℃以上，解吸时间 1min(微量)或 2min(常量)。抽气流量 0.5L/min。

4. 测定步骤

用二氯化汞标准溶液配制系列标准溶液，并依次移入汞蒸气发生瓶内，与富集管连接，向汞蒸气发生瓶中加入氯化亚锡溶液，产生的汞蒸气随载气进入富集管被富集。取下富集管，插入解吸孔，加热解吸出汞蒸气，随载气带入测汞仪测定。以系列标准溶液峰高与相应汞含量绘制标准曲线。该方法测定汞的气路流程见图 5-9。

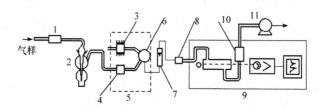

图 5-9　金膜富集-冷原子吸收法测汞气路流程

1. 净化空气用金膜微粒汞富集管；2. 汞蒸气发生瓶；3. 解吸时的富集管；4. 富集时的富集管；5. 汞富集-解吸器；
6. 电磁气路转换阀；7. 流量计；8. 干燥管；9. 冷原子吸收测汞仪；10. 汞蒸气净化器；11. 抽气泵

将气样富集管插入解吸孔，加热解吸汞，随载气进入测汞仪测定，根据峰高、标准曲线和采气体积，计算空气中汞的浓度。

5. 注意事项

富集管被油雾、水汽等污染，会发生富集管"中毒"现象，造成汞富集和释放不完全。可通过对富集管反复进行热解吸，使杂质气化去除。

以 1L/min 流量采样 60L(标准状态)时，本法的检出限为 2ng/m³，测定下限为 8ng/m³。

第二节　烃类的监测

一、总烃和非甲烷烃的测定

污染环境空气的烃类一般指具有挥发性的碳氢化合物(C₁~C₈)。常用两种方法表示：一种是包括甲烷在内的碳氢化合物，称为总烃(THC)；另一种是除甲烷以外的碳氢化合物，称为非甲烷总烃(NMHC)。空气中的碳氢化合物主要是甲烷，其浓度范围为 1.5~6mg/m³。但当空气严重污染时，大量增加甲烷以外的碳氢化合物。甲烷不参与光化学反应，因此测定不包括甲烷的碳氢化合物对判断和评价空气污染具有实际意义。

空气中的碳氢化合物主要来自石油炼制、焦化、化工等生产过程中逸散和排放的废气，以及汽车尾气，局部地区也来自天然气、油田气的逸散。

监测环境空气和工业废气中总烃和非甲烷总烃有多种方法，但以气相色谱法应用最为广泛。

(一) 气相色谱法

1. 原理

用双柱氢火焰离子化检测器气相色谱仪，注射器直接进样，分别测定样品中的总烃和甲烷含量，两者之差即为非甲烷总烃含量。同时以除烃空气求氧的空白值，以扣除总烃色谱峰中的氧峰干扰。

2. 仪器条件

填充柱：甲烷柱为 2m×4mm 的不锈钢柱，管内填充 GDX-502 或 GDX-104 高分子多孔微球载体(60～80 目)；总烃柱为 2m×4mm 的不锈钢柱，填充硅烷化玻璃微珠(60～80 目)或不装任何填料的空柱。

毛细管色谱柱：甲烷柱为 30m×0.53mm×25μm 的多孔层开口管分子筛柱；总烃柱为 30m×0.53mm 的脱活毛细管空柱。

进样口温度 100℃，柱温 80℃，检测器温度 200℃。载气(N_2)流量：填充柱 15～25mL/min，毛细管色谱柱 8～10mL/min。燃烧气(氢气)流量 30mL/min，助燃气(空气)流量 300mL/min，毛细管柱尾吹气(N_2)流量 15～25mL/min。不分流进样，进样量 1.0mL。

3. 测定步骤

以氮气为载气测定总烃和非甲烷总烃的流程示于图 5-10。在选定的色谱条件下，准确抽取 1.0mL 系列标准溶液的气体样品，分别在总烃柱和甲烷柱上进样，每个浓度重复 3 次，取峰高或峰面积的平均值。以总烃或甲烷的浓度为横坐标，以对应的平均峰高或峰面积为纵坐标，分别绘制总烃和甲烷的标准曲线。以此计算各自的标准曲线回归方程。

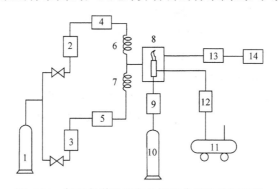

图 5-10　气相色谱法测定总烃和非甲烷总烃流程
1. 氮气瓶；2、3、9、12. 净化器；4、5. 六通阀(带 1mL 定量管)；6. GDX-104 柱；7. 空柱；8. FID；10. 氢气瓶；
11. 空气压缩机；13. 放大器；14. 记录仪

在相同色谱条件下，将空气试样、除烃空气依次分别经定量管和六通阀注入，通过色谱仪空柱到达检测器，可分别得到两种气样的色谱峰。在相同分析条件下，将空气试样通过定量管和六通阀注入仪器，经 GDX-104 柱分离后到达检测器，可得到气样中甲烷的峰高或峰面积。除烃净化装置见图 5-11。按下式计算空气中总烃、甲烷和非甲烷烃的含量：

$$总烃(以\ CH_4\ 计，mg/m^3) = \frac{h_t - h_a}{h_s} \times \rho_s$$

$$甲烷(mg/m^3) = \frac{h_m}{h_s'} \times \rho_s$$

非甲烷总烃浓度=总烃浓度−甲烷浓度

式中，h_t 为空气试样中总烃与氧的总峰高；h_a 为除烃后净化空气的峰高；h_s 为甲烷标准气的峰高；h_m 为气样中甲烷的峰高；h_s' 为甲烷标准气中甲烷的峰高；ρ_s 为甲烷标准气的浓度，mg/m^3。

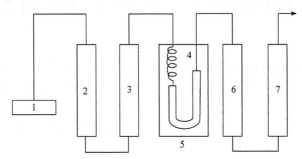

图 5-11　除烃净化装置示意图

1. 无油空压机；2、6. 硅胶与 5A 分子筛管；3. 活性炭管；4. 预热管；5. 管式炉(U 形管内装钯催化剂)；7. 碱石棉管

4. 说明

以氮气为载气测定总烃时，总烃峰中包含了氧峰，即空气中的氧气产生正干扰。可采用两种方法消除这种干扰：一种是用除去碳氢化合物后的空气测定空白值，从总烃中扣除；另一种是用去除碳氢化合物后的空气作载气，在以氮气为稀释气的标准气中加一定体积纯氧气，使配制的标准气样中氧气含量与空气样品相近，则氧气的干扰可相互抵消。

另外，也可以用气相色谱法直接测定空气中的非甲烷烃。本方法用填充了吸附剂 GDX-102(苯乙烯和二乙烯苯等的共聚物)和 TDX-01(碳分子筛)的吸附管采集气样，则非甲烷总烃被填充剂吸附，氧气不被吸附而除去。采样后，在 240℃加热解吸，用载气将解吸出来的非甲烷总烃带入色谱仪的玻璃微球填充柱分离，进入氢火焰离子化检测器检测。本方法用正戊烷配制标准气，测定结果以正戊烷计。

当进样体积为 1.0mL 时，本方法测定总烃和甲烷的检出限均为 0.06mg/m³(以甲烷计)，测定下限均为 0.24mg/m³(以甲烷计)；非甲烷总烃的检出限为 0.07mg/m³(以碳计)，测定下限为 0.28mg/m³(以碳计)。

(二) 光电离检测法

有机化合物分子在紫外光照射下可产生光电离现象，即

$$RH + h\nu \longrightarrow RH^+ + e^-$$

用光离子化气体检测器(PID)收集产生的离子流，其大小与进入电离室的有机化合物的质量成正比。

凡是电离能小于紫外辐射能的物质(至少小于 0.3eV)均可被电离测定。光电离检测法通常使用 10.2eV 的紫外光源，此时氧气、氮气、二氧化碳、水蒸气等不电离，无干扰。CH_4 的电离能为 12.98eV，也不被电离，而 C_4 以上的烃大部分可电离，这样可直接测定空气中的非甲烷

烃。本方法可进行连续检测，但所检测的非甲烷烃是指 C_4 以上的烃，而气相色谱法检测的是 C_2 以上的烃。

二、烷烃的测定

常温下低碳链烷烃($C_1 \sim C_4$)为气体，$C_5 \sim C_{15}$ 的链烷烃为液体，C_{16} 以上的为固体。烷烃大多数不溶于水，易溶于有机溶剂。随着分子量的增大，直链烷烃的麻醉性增强。$C_8 \sim C_{16}$ 的烷烃可引起神经系统障碍，并强烈刺激呼吸器官。当分子量进一步增加时，甚至有产生皮肤癌的危险。烷烃类化合物是炼油过程中高温裂解和催化裂解的产物，炼焦和汽车产生的废气中也含有烷烃类。

烷烃的测定方法有热解吸-气相色谱法和溶剂解吸-气相色谱法等。

(一) 戊烷、己烷和庚烷

工作场所空气中气态和蒸气态的戊烷、己烷和庚烷可用热解吸-气相色谱法测定。

1. 原理

空气中的气态和蒸气态戊烷、己烷和庚烷用活性炭采集，热解吸后进样，经气相色谱柱分离，氢火焰离子化检测器检测，以保留时间定性，以峰高或峰面积定量。

2. 仪器条件

气相色谱仪，具氢火焰离子化检测器；色谱柱：30 m×0.32 mm×0.5μm，100%二甲基聚硅氧烷；柱温60℃；程序升温：始温45℃，以5℃/min升温至80℃；气化室温度150℃；检测室温度200℃；载气(氮气)流量 1mL/min；分流比 10∶1。

3. 测定步骤

将采过样的活性炭管放入热解吸器中，抽气端与载气相连，进气端与100mL注射器相连。于250℃以50mL/min载气(氮气)流量解吸至100.0mL。样品气供测定。

取4~7支100mL气密式玻璃注射器，用清洁空气稀释标准气配成0.0~100.0μg/mL浓度范围的戊烷、己烷或庚烷系列标准溶液。参照仪器操作条件，将气相色谱仪调节至最佳测定状态，分别进样1.0mL，测定各系列标准溶液。以测得的峰高或峰面积对相应的戊烷、己烷或庚烷浓度(μg/mL)绘制标准曲线。

用测定系列标准溶液的操作条件测定样品气和样品空白气，由测得的样品峰高或峰面积值减去空白对照的峰高或峰面积值后，由标准曲线得样品气中戊烷、己烷或庚烷的浓度(μg/mL)。按下式计算空气中戊烷、己烷或庚烷的浓度：

$$c = \frac{c_0}{V_0} \times 100$$

式中，c 为空气中戊烷、己烷或庚烷的浓度，mg/m^3；c_0 为测得的解吸气中戊烷、己烷或庚烷的浓度，μg/mL；V_0 为标准采样体积，L；100 为解吸气的体积，mL。

4. 说明

本方法的检出限为 0.005μg/mL，定量测定范围为 0.017~100μg/mL；以采集 3L 空气样品计，最低检出浓度为 0.2 mg/m^3，最低定量浓度为 0.7mg/m^3；穿透容量(100 mg 活性炭)：戊烷为 15 mg，己烷为 9.1 mg，庚烷为 6.8 mg；平均解吸效率：戊烷为 100%，己烷为 86.7%，庚烷为 81%。

(二) 戊烷、己烷、庚烷、辛烷和壬烷

工作场所空气中气态和蒸气态戊烷、己烷、庚烷、辛烷和壬烷可以用溶剂解吸-气相色谱法测定。

1. 原理

空气中的戊烷、己烷、庚烷、辛烷或壬烷用活性炭采集，二硫化碳解吸后进样，经气相色谱柱分离，氢火焰离子化检测器检测，以保留时间定性，以峰高或峰面积定量。

2. 仪器条件

气相色谱仪，具氢火焰离子化检测器。其分析条件与热解吸-气相色谱法相同。

3. 测定步骤

将采过样的前后段活性炭分别倒入两支溶剂解吸瓶中，各加入 1.0mL 二硫化碳，封闭后不时振摇，解吸 30min。样品溶液供测定。

取 4~7 支容量瓶，用二硫化碳稀释标准溶液分别配成 0.0~3000.0μg/mL(戊烷或庚烷)、0.0~600.0μg/mL(己烷)、0.0~2400.0μg/mL(辛烷或壬烷)浓度范围的系列标准溶液。参照仪器操作条件，将气相色谱仪调节至最佳测定状态，分别进样 1.0μL，测定各系列标准溶液。以测得的峰高或峰面积分别对相应的待测物浓度(μg/mL)绘制标准曲线。

用测定系列标准溶液的操作条件测定样品溶液和样品空白溶液。测得的样品峰高或峰面积值减去空白峰高或峰面积值后，由标准曲线得样品溶液中待测物的浓度(μg/mL)。按下式计算空气中戊烷、己烷、庚烷、辛烷或壬烷的浓度：

$$c = \frac{(c_1 + c_2)V}{V_0}$$

式中，c 为空气中戊烷、己烷、庚烷、辛烷或壬烷的浓度，mg/m³；c_1，c_2 为测得的前后段活样品溶液中戊烷、己烷、庚烷、辛烷或壬烷的浓度，μg/mL；V 为样品溶液的体积，mL；V_0 为标准采样体积，L；

4. 说明

本法的检出限、定量测定范围、最低检出浓度、最低定量浓度(以采集 1.5 L 空气样品计)、穿透容量(100 mg 活性炭)和平均解吸效率见表 5-1。

表 5-1　溶剂解吸-气相色谱法测定烷烃性能指标

性能指标	戊烷	己烷	庚烷	辛烷	壬烷
检出限/(μg/mL)	0.2	0.2	0.2	0.5	0.5
定量测定范围/(μg/mL)	0.7~3000	0.7~600	0.7~3000	1.7~2400	1.7~2400
最低检出浓度/(mg/m³)	0.13	0.13	0.13	0.33	0.33
最低定量浓度/(mg/m³)	0.44	0.44	0.44	1.1	1.1
穿透容量/mg	15	9.1	6.8	>18	>36
平均解吸效率/%	100	100	100	98.5	98.5

正己烷、正庚烷、正辛烷、正壬烷的色谱分离结果见图 5-12。本法中烷烃与主要干扰物的参考色谱分离图见图 5-13。

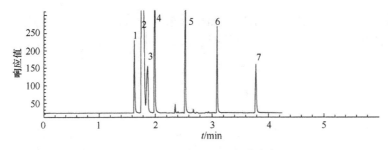

图 5-12　四种正构烷烃的色谱分离图

1. 丙酮；2. 二硫化碳；3. 甲基叔丁基醚；4. 正己烷；5. 正庚烷；6. 正辛烷；7. 正壬烷

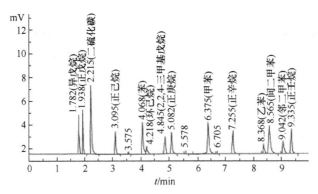

图 5-13　烷烃与主要干扰物的色谱分离图

(三) 环己烷和甲基环己烷

工作场所空气中环己烷和甲基环己烷的测定方法包括溶剂解吸-气相色谱法和热解吸-气相色谱法。

1. 溶剂解吸-气相色谱法

1) 原理

空气中的蒸气态环己烷和甲基环己烷用活性炭管(溶剂解吸型)采集，二硫化碳解吸后进样，经气相色谱柱分离，氢火焰离子化检测器检测，以保留时间定性，以峰高或峰面积定量。

2) 仪器条件

色谱柱：30m×0.32mm×0.5μm，DB-1(二甲基硅氧烷)或 HP-5(5%苯基-甲基聚硅氧烷)；柱温 60℃，或程序升温：初温 40℃，保持 2min，以 20℃/min 升温至 70℃，再以 10℃/min 升温至 160℃，保持 10min；气化室温度为 200℃；检测室温度为 250℃；载气(氮气)流量为 1mL/min；分流比为 20∶1。

3) 测定步骤

将前后段活性炭分别倒入两支溶剂解吸瓶中，各加入 1.0mL 二硫化碳。封闭后解吸 30min，不时振摇。样品溶液供测定。

取 4～7 支容量瓶，用二硫化碳稀释标准溶液配制浓度为 0.0～500.0μg/mL 的环己烷和/或甲基环己烷系列标准溶液。参照仪器操作条件，将气相色谱仪调节至最佳测定状态，进样 1.0μL，分别测定系列标准溶液各浓度的峰高或峰面积。以测得的峰高或峰面积对相应的目标化合物浓度绘制标准曲线或计算回归方程。其相关系数应≥0.999。

用测定系列标准溶液的操作条件测定样品溶液和样品空白溶液。测得的峰高或峰面积值由标准曲线或回归方程得到样品溶液中待测物的浓度。若样品溶液中待测物的浓度超过了测定范围，用二硫化碳稀释后再测定，计算时乘以稀释倍数。按下式计算空气中环己烷或甲基环己烷的浓度：

$$c = \frac{(c_1 + c_2)V}{V_0 D}$$

式中，c 为空气中环己烷或甲基环己烷的浓度，mg/m^3；c_1、c_2 为测得的前段和后段样品溶液中待测物的浓度，$\mu g/mL$；V 为样品溶液的体积，mL；V_0 为标准状态下的采样体积，L；D 为解吸效率，%。

4) 说明

本法的检出限为 $0.5\mu g/mL$，定量下限为 $1.7\mu g/mL$，测定范围为 $1.7\sim500\mu g/mL$；以采集 $1.5L$ 空气样品计，最低检出浓度为 $0.33mg/m^3$，最低定量浓度为 $1.1mg/m^3$；穿透容量(100mg 活性炭)为 10.8mg，平均解吸效率为 89%。

2. 热解吸-气相色谱法

1) 原理

空气中的蒸气态环己烷和甲基环己烷用活性炭管(热解吸型)采集，热解吸后进样，经气相色谱柱分离，氢火焰离子化检测器检测，以保留时间定性，以峰高或峰面积定量。

2) 仪器条件

与上述溶剂解吸-气相色谱法相同。

3) 测定步骤

将活性炭管放入热解吸器中，其进气口一端与 100mL 气密式玻璃注射器相连，另一端与载气(氮气)相连。在 350℃下以 50mL/min 的流量，解吸至 100.0mL。样品解吸气供测定。

取 4~7 支 100mL 气密式玻璃注射器，用清洁空气稀释标准气为 $0.0\sim0.30\mu g/mL$ 浓度范围的环己烷和/或甲基环己烷系列标准溶液。参照仪器操作条件，将气相色谱仪调节至最佳状态，进样 0.50mL，分别测定系列标准溶液各浓度的峰高或峰面积。以测得的峰高或峰面积对相应待测物的浓度绘制标准曲线。

用测定系列标准溶液的操作条件测定样品气和样品空白气。测得的峰高或峰面积值由标准曲线查得样品气中环己烷或甲基环己烷的浓度。若样品气中待测物浓度超过测定范围，用清洁空气稀释后再测定，计算时乘以稀释倍数。按下式计算空气中环己烷或甲基环己烷的浓度：

$$c = \frac{c_0}{V_0 D} \times 100$$

式中，c 为空气中环己烷或甲基环己烷的浓度，mg/m^3；c_0 为测得的样品气中待测物的浓度，$\mu g/mL$；100 为样品气的体积，mL；V_0 为标准状态下的采样体积，L；D 为解吸效率，%。

4) 说明

本法的检出限为 $0.04\mu g/mL$，定量下限为 $1.3\mu g/mL$，测定范围为 $0.3\sim1.3\mu g/mL$；以采集 $1.5L$ 空气样品计，最低检出浓度为 $2.7mg/m^3$，最低定量浓度为 $8.8mg/m^3$；穿透容量(100mg 活性炭)为 10.8mg，平均解吸效率为 94.9%。应测定每批活性炭管的解吸效率。

当在高浓度的工作场所采样时，宜串联两支热解吸型活性炭管采样，并分别测定。

三、烯烃的测定

乙烯、丙烯、1,3-丁二烯在常温下是无色、稍带有甜味的气体，主要来源于天然气和石油裂解气，都属于低毒类物质。低碳数烯烃($C_2 \sim C_4$)具有窒息性和弱麻醉性。随着碳原子数的增加，其麻醉作用相应增强，其麻醉强度大于相同碳数的烷烃，二烯烃略强于烯烃和烷烃。

烯烃的测定方法主要是溶剂解吸-气相色谱法和直接进样-气相色谱法。

(一) 丁烯

以直接进样-气相色谱法测定工作场所空气中的丁烯。

1. 原理

空气中的丁烯用采气袋采集，直接进样，经气相色谱柱分离，氢火焰离子化检测器检测，以保留时间定性，以峰高或峰面积定量。

2. 仪器条件

色谱柱：3m×4mm，邻苯二甲酸二丁酯：β, β'-氧二丙腈：6201 红色担体=17：8.5：100；柱温 50℃；气化室温度 150℃；检测室温度 150℃；载气(氮气)流量 40mL/min。

3. 分析步骤

取 4～7 支 100mL 气密式玻璃注射器，用清洁空气稀释标准气配成 0.0～1.0μg/mL 浓度范围的丁烯系列标准溶液。参照仪器操作条件，将气相色谱仪调节至最佳测定状态，分别进样 1.0mL，测定各系列标准溶液。以测得的峰高或峰面积对相应的丁烯浓度绘制标准曲线。

用测定系列标准溶液的操作条件测定样品气和样品空白气。测得的样品峰高或峰面积值减去空白峰高或峰面积值后，由标准曲线得样品气中丁烯的浓度。按下式计算空气中丁烯的浓度：

$$c = c_0 \times 1000$$

式中，c 为空气中丁烯的浓度，mg/m³；c_0 为测得样品气中丁烯的浓度，μg/mL。

4. 说明

本法的最低检出浓度为 1mg/m³(以进样 1mL 计)，定量测定范围为 3～1000mg/m³。

(二) 1,3-丁二烯

用溶剂解吸-气相色谱法测定工作场所空气中 1,3-丁二烯的浓度。

1. 原理

空气中的 1,3-丁二烯用活性炭管采集，二氯甲烷解吸后进样，经气相色谱柱分离，氢火焰离子化检测器检测，以保留时间定性，以峰高或峰面积定量。

2. 仪器条件

除了气相色谱柱温度设定较高(80℃)以外，其他分析条件与上述丁烯的直接进样-气相色谱分析法完全相同。

3. 测定步骤

取 4～7 支容量瓶，用二氯甲烷稀释标准溶液配成 0.0～620.0μg/mL 浓度范围的 1,3-丁二烯系列标准溶液。参照仪器操作条件，将气相色谱仪调节至最佳测定状态，分别进样 1.0μL，测定各系列标准溶液。以测得的峰高或峰面积对相应的 1,3-丁二烯浓度绘制标准曲线。

将采过样的前后段活性炭分别倒入两支溶剂解吸瓶中，各加入 1.0mL 二氯甲烷，封闭后，解吸 30min，不时振摇。解吸液供测定。用测定系列标准溶液的操作条件测定样品和样品空白的解吸液。测得的样品峰高或峰面积值减去空白峰高或峰面积值后，由标准曲线得 1,3-丁二烯的浓度。按下式计算空气中 1,3-丁二烯的浓度：

$$c = \frac{(c_1 + c_2)V}{V_0 D}$$

式中，c 为空气中 1,3-丁二烯的浓度，mg/m^3；c_1、c_2 为测得的前后段活性炭解吸液中 1,3-丁二烯的浓度，$\mu g/mL$；V 为样品溶液的体积，mL；V_0 为标准状态下的采样体积，L；D 为解吸效率，%。

4. 说明

本法的检出限为 $0.9\mu g/mL$，定量测定范围为 $3.0 \sim 620\mu g/mL$；以采集 3L 空气样品计，最低检出浓度为 $0.3mg/m^3$，最低定量浓度为 $1mg/m^3$；穿透容量(100mg 活性炭)为 5.5mg，解吸效率为 84.1% $\sim$ 99.4%。

(三) 二聚环戊二烯

空气中蒸气态的二聚环戊二烯以溶剂解吸-气相色谱法测定其浓度。

1. 原理

空气中的蒸气态二聚环戊二烯用活性炭管采集，二硫化碳解吸后进样，经气相色谱柱分离，氢火焰离子化检测器检测，以保留时间定性，以峰高或峰面积定量。

2. 仪器条件

色谱柱：30m×0.32mm×0.5μm，FFAP；柱温 130℃；气化室温度 180℃；检测室温度 180℃；载气(氮气)流量 1mL/min；分流比 10：1。

3. 测定步骤

取 4～7 支容量瓶，用二硫化碳稀释标准溶液配成 0.0～700μg/mL 浓度范围的二聚环戊二烯系列标准溶液。参照仪器操作条件，将气相色谱仪调节至最佳测定状态，分别进样 1.0μL，测定各系列标准溶液。以测得的峰高或峰面积对相应的二聚环戊二烯浓度绘制标准曲线。

将采过样的前后段活性炭分别倒入两支溶剂解吸瓶中，各加入 1.0mL 二硫化碳，封闭后解吸 30min，不时振摇。解吸液供测定。用测定系列标准溶液的操作条件测定样品和样品空白的解吸液。测得的样品峰高或峰面积值减去空白峰高或峰面积值后，由标准曲线得二聚环戊二烯的浓度。按下式计算空气中二聚环戊二烯的浓度：

$$c = \frac{(c_1 + c_2)V}{V_0 D}$$

式中，c 为空气中二聚环戊二烯的浓度，mg/m^3；c_1、c_2 为测得的前后段活性炭解吸液中二聚环戊二烯的浓度，$\mu g/mL$；V 为解吸液的体积，mL；V_0 为标准状态下的采样体积，L；D 为解吸效率，%。

4. 说明

本法的检出限为 $0.4\mu g/mL$，定量测定范围为 $1.3 \sim 700\mu g/mL$；以采集 3L 空气样品计，最低检出浓度为 $0.13mg/m^3$，最低定量浓度为 $0.4mg/m^3$；穿透容量(100mg 活性炭)$\geq 7.0mg$，解吸效率为 90.6% $\sim$ 97.7%。

高浓度的苯乙烯可能干扰测定。二聚环戊二烯与四种苯系物的色谱分离结果见图 5-14。

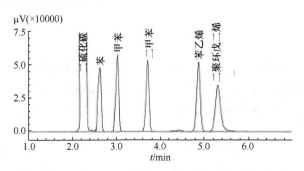

图 5-14 二聚环戊二烯与四种苯系物的色谱分离图

四、芳烃的测定

芳烃包括苯、甲苯、乙苯、邻二甲苯、对二甲苯、间二甲苯等。这些化合物微溶于水，易溶于乙醚、乙醇、氯仿和二硫化碳等有机溶剂。挥发性芳烃一般经呼吸道进入人体。苯是中等有毒物质，急性中毒时主要对中枢神经系统造成损害，慢性中毒主要对造血组织及神经系统有损害。甲苯属低毒类，高浓度中毒时可发生肾、肝和脑细胞的坏死和性变，慢性中毒主要对中枢神经系统造成损害。芳烃的污染源主要是石油、化工、焦化、油漆、农药、医药等行业。

挥发性芳烃主要用气相色谱法测定。根据采样方式的不同，又可进一步划分为溶剂解吸-气相色谱法、热解吸-气相色谱法、无泵型采样器-气相色谱法等。

(一) 苯、甲苯、二甲苯、乙苯、异丙苯和苯乙烯

1. 溶剂解吸-气相色谱法

1) 原理

空气中的苯、甲苯、二甲苯、乙苯、异丙苯和苯乙烯用活性炭管采集，二硫化碳解吸后进样，经色谱柱分离，氢火焰离子化检测器检测，以保留时间定性，以峰高或峰面积定量。

2) 仪器条件

色谱柱 1：2m×4mm，PEG 6000(或 FFAP)：6201 红色担体=5：100；

色谱柱 2：2m×4mm，邻苯二甲酸二壬酯(DNP)：有机皂土-34：Shimalite 担体=5：5：100；

色谱柱 3：30m×0.53mm×1.0μm，FFAP；

柱温 80℃；气化室温度 150℃；检测室温度 150℃；载气(氮气)流量 40mL/min。

3) 测定步骤

将采过样的前后段活性炭分别倒入溶剂解吸瓶中，各加入 1.0mL 二硫化碳，封闭后振摇1min，解吸 30min，解吸液供测定。若浓度超过测定范围，用二硫化碳稀释后测定。

用二硫化碳稀释苯、甲苯、二甲苯、乙苯、异丙苯和苯乙烯的混合标准溶液，制成系列标准溶液，参照仪器操作条件，分别进样 1.0μL，测定各系列标准溶液。每个浓度重复测定 3次。以测得的峰高或峰面积均值分别对苯、甲苯、二甲苯、乙苯、异丙苯和苯乙烯浓度(μg/mL)绘制标准曲线。

用测定系列标准溶液的操作条件测定样品和样品空白的解吸液。测得的样品峰高或峰面积值减去空白对照的峰高或峰面积值后，由标准曲线得苯、甲苯、二甲苯、乙苯、异丙苯和苯乙烯的浓度(μg/mL)。按下式计算空气中苯、甲苯、二甲苯、乙苯、异丙苯和苯乙烯的浓度：

$$\rho = \frac{(c_1 + c_2)V}{V_{nd}D}$$

式中，ρ 为空气中苯、甲苯、二甲苯、乙苯、异丙苯或苯乙烯的浓度，mg/m³；c_1、c_2 为测得前后段活性炭解吸液中苯、甲苯、二甲苯、乙苯、异丙苯或苯乙烯的浓度，μg/mL；V 为解吸液的总体积，mL；V_{nd} 为标准状态下的采样体积，L；D 为解吸效率，%。

4) 说明

本方法适用于环境空气、室内空气和常温下低湿度废气中苯系物的测定，其检出限、最低检出浓度(以采集 1.5L 空气样品计)、测定范围、穿透容量(100mg 活性炭)和解吸效率见表 5-2。

表 5-2　溶剂解吸-气相色谱法测定芳烃的性能指标

化合物	检出限/(μg/mL)	最低检出浓度/(mg/ m³)	测定范围/(μg/mL)	穿透容量/mg	解吸效率/%
苯	0.9	0.6	0.9~40	7	>90
甲苯	1.8	1.2	1.8~100	13.1	>90
二甲苯	4.9	3.3	4.9~600	10.8	>90
乙苯	2	1.3	2~1000	20	>90
苯乙烯	2.5	1.7	2.5~400	6.9	79.5

色谱柱 1 不能分离对二甲苯、间二甲苯和邻二甲苯，因此不能同时测定。色谱柱 2 和色谱柱 3 则可同时测定所有待测物。毛细管柱法也可采用其他孔径的毛细管色谱柱测定。

2. 热解吸-气相色谱法

1) 原理

空气中的苯、甲苯、二甲苯、乙苯、异丙苯和苯乙烯用填充了活性炭或者聚 2,6-二苯基对苯醚(Tenax)的采样管采集，热解吸后进样，经色谱柱分离，氢火焰离子化检测器检测，以保留时间定性，峰高或峰面积定量。

仪器分析条件与上述溶剂解吸-气相色谱法完全相同。

2) 测定步骤

用微量注射器准确抽取 1.0mL 苯、甲苯、对二甲苯、间二甲苯、邻二甲苯、乙苯、异丙苯和苯乙烯(色谱纯)，注入 100mL 注射器中，用清洁空气稀释至 100mL，配成标准气。

取一定体积的标准气，注入 100mL 注射器中，用清洁空气稀释成系列标准溶液。参照仪器操作条件，分别进样 1.0mL，测定各系列标准溶液。每个浓度重复测定 3 次。以测得的峰高或峰面积均值分别对相应的苯、甲苯、二甲苯、乙苯、异丙苯和苯乙烯浓度绘制标准曲线。

将采过样的吸附管放入热解吸器中，进气口端连接 100mL 注射器，抽气端与载气相连。用氮气以 50mL/min 流量于 350℃下解吸至 100mL。解吸气供测定。若浓度超过测定范围，用清洁空气稀释后测定。

用测定系列标准溶液的操作条件测定样品和样品空白的解吸气，测得的样品峰高或峰面积值减去空白对照的峰高或峰面积值后，由标准曲线得苯、甲苯、二甲苯、乙苯、异丙苯和苯乙烯的浓度(μg/mL)。按下式计算空气中苯、甲苯、二甲苯、乙苯、异丙苯和苯乙烯的浓度：

$$\rho = \frac{100c}{DV_{nd}}$$

式中，ρ 为空气中苯、甲苯、二甲苯、乙苯、异丙苯或苯乙烯的浓度，mg/m³；c 为测得解吸气中苯、甲苯、二甲苯、乙苯、异丙苯或苯乙烯的浓度，μg/mL；100 为解吸气的总体积，mL；V_{nd} 为标准状态下的采样体积，L；D 为解吸效率，%。

3. 无泵型采样器-气相色谱法

1) 原理

空气中的苯、甲苯和二甲苯用无泵型采样器采集，二硫化碳解吸后进样，经色谱柱分离，氢火焰离子化检测器检测，以保留时间定性，以峰高或峰面积定量。

2) 仪器条件

可采用 GJ-1 型无泵型采样器或同类无泵型采样器。仪器分析条件与上述溶剂解吸-气相色谱法相同。

3) 测定步骤

用二硫化碳稀释标准溶液制成苯、甲苯和二甲苯的系列标准溶液。参照仪器操作条件，分别进样 1.0μL，测定系列标准溶液。每个浓度重复测定 3 次。以测得的峰高或峰面积均值对相应的苯、甲苯和二甲苯浓度(μg/mL)绘制标准曲线。

将采过样的活性炭片放入溶剂解吸瓶中，加入 5.0mL 二硫化碳，封闭后，不时振摇，解吸 30min。摇匀，解吸液供测定。

用测定系列标准溶液的操作条件测定样品和样品空白的解吸液。测得的样品峰高或峰面积值减去空白对照的相应值后，由标准曲线得苯、甲苯或二甲苯的浓度(μg/mL)。按下式计算空气中苯、甲苯和二甲苯的浓度：

$$\rho = \frac{cV}{V_{nd}}$$

式中：ρ 为空气中苯、甲苯和二甲苯的浓度，mg/m³；c 为测得解吸液中苯、甲苯和二甲苯的浓度，μg/mL；V 为解吸液的总体积，mL；V_{nd} 为标准状态下的采样体积，L。

4) 说明

本方法适用于测定空气中苯、甲苯和二甲苯的浓度。

(二) 对-特丁基甲苯

1. 原理

以溶剂解吸-气相色谱法测定。其原理是空气中蒸气态的对-特丁基甲苯用活性炭管采集，二硫化碳解吸后进样，经色谱柱分离，氢火焰离子化检测器检测，以保留时间定性，以峰高或峰面积定量。

2. 仪器条件

色谱柱：30m×0.53mm×0.25μm，FFAP；柱温 140℃；气化室温度 250℃；检测室温度 250℃；载气(氮气)流量 2.6mL/min。

3. 测定步骤

用二硫化碳稀释标准溶液，制成对-特丁基甲苯系列标准溶液，参照仪器操作条件，分别进样 1.0μL，测定各系列标准溶液。每个浓度重复测定 3 次。以测得的峰高或峰面积均值对相应的对-特丁基甲苯浓度绘制标准曲线。

将采过样的前后段活性炭分别倒入溶剂解吸瓶中，各加入 1.0mL 二硫化碳，封闭后不时振摇，解吸 30min，解吸液供测定。用测定系列标准溶液的操作条件测定样品和样品空白的解吸液，测得的样品峰高或峰面积值减去空白对照的峰高或峰面积值后，由标准曲线得对-特丁基甲苯的浓度(μg/mL)。按下式计算空气中对-特丁基甲苯的浓度：

$$\rho = \frac{(c_1 + c_2)V}{V_{nd}D}$$

式中，ρ 为空气中对-特丁基甲苯的浓度，mg/m³；c_1、c_2 分别为测得前后段活性炭解吸液中对-特丁基甲苯的浓度，μg/mL；V 为解吸液的总体积，mL；V_{nd} 为标准状态下的采样体积，L；D 为解吸效率，%。

4. 说明

本法的检出限为 0.36μg/mL，最低检出浓度为 0.12mg/m³ (以采集 3L 空气样品计)，测定范围为 0.36～80μg/mL；解吸效率为 92.5%～95.7%，采样效率为 100%，穿透容量(100mg 活性炭)＞1.7mg。对-特丁基甲苯共存物的分离情况见图 5-15。

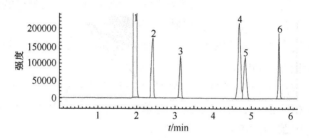

图 5-15　对-特丁基甲苯共存物的分离色谱图
1. 二硫化碳；2. 甲苯；3. 邻二甲苯；4. 对-特丁基甲苯；5. 间-特丁基甲苯；6. 邻-特丁基甲苯

(三) 二乙烯基苯

1. 原理

以溶剂解吸-气相色谱法测定。其原理是空气中蒸气态的二乙烯基苯用活性炭管采集，二硫化碳/丙酮解吸后进样，经色谱柱分离，氢火焰离子化检测器检测，以保留时间定性，以峰高或峰面积定量。

2. 仪器条件

色谱柱：30m×0.32mm×0.25μm，5%苯基甲基硅氧烷；柱温 100℃，以 10℃/min 的速率升至 150℃，保持 3min；气化室温度 200℃；检测室温度 200℃；载气(氮气)流量 1mL/min；分流比 10∶1。

3. 测定步骤

将采过样的前后段活性炭分别倒入溶剂解吸瓶中，加入 1.0mL 解吸液(二硫化碳∶丙酮=7∶3)，封闭后不时振摇，解吸 30min，解吸液供测定。

取 4～7 支容量瓶，用解吸液稀释标准溶液成 0.0～2400.0μg/mL 浓度范围的二乙烯基苯系列标准溶液。参照仪器操作条件，将气相色谱仪调节至最佳测定状态，分别进样 1.0μL，分别测定各系列标准溶液。以测得的峰高或峰面积对相应的二乙烯基苯浓度绘制标准曲线。

用测定系列标准溶液的操作条件测定样品和样品空白的解吸液，测得的样品峰高或峰面积值减去空白对照的峰高或峰面积值后，由标准曲线得二乙烯基苯的浓度。若样品溶液中二乙烯基苯浓度超过测定范围，用解吸液稀释后再测定，计算时乘以稀释倍数。按下式计算空气中二乙烯基苯的浓度：

$$c = \frac{(c_1 + c_2)V}{V_0 D}$$

式中，c 为空气中二乙烯基苯的浓度，mg/m^3；c_1、c_2 分别为测得前后段活性炭解吸液中二乙烯基苯的浓度，$\mu g/mL$；V 为解吸液的总体积，mL；V_0 为标准状态下的采样体积，L；D 为解吸效率，%。

4. 说明

本法的检出限为 $10\mu g/mL$，定量下限为 $33\mu g/mL$，定量测定范围为 $33\sim2400\mu g/mL$。以采集 3L 空气样品计，最低检出浓度为 $3.3mg/m^3$，最低定量浓度为 $11mg/m^3$。穿透容量(100mg 活性炭)>10mg，采样效率为 100%，解吸效率为 78.6%$\sim$81.2%。应测定每批活性炭管的解吸效率。

(四) 联苯

工作场所空气中蒸气态联苯用溶剂解吸-气相色谱法测定。

1. 原理

空气中的蒸气态联苯用活性炭采集，二硫化碳解吸后进样，经气相色谱柱分离，氢火焰离子化检测器检测，以保留时间定性，以峰高或峰面积定量。

2. 仪器条件

气相色谱仪，具氢火焰离子化检测器。色谱柱：30m×0.32mm×0.5μm，FFAP；柱温 210℃；气化室温度 270℃；检测室温度 270℃；载气(氮气)流量 1mL/min；分流比为 20：1。

3. 测定步骤

将前后段活性炭分别倒入两支溶剂解吸瓶中，各加入 1.0mL 二硫化碳，封闭后，超声解吸 30min。样品溶液供测定。

取 4$\sim$7 支容量瓶，用二硫化碳稀释标准溶液成 0.0$\sim$30.0μg/mL 浓度范围的联苯系列标准溶液。参照仪器操作条件，将气相色谱仪调节至最佳测定状态，进样 1.0μL，分别测定各系列标准溶液各浓度的峰高或峰面积。以测得的峰高或峰面积对相应的联苯浓度(μg/mL)绘制标准曲线。

用测定系列标准溶液的操作条件测定样品溶液和样品空白溶液，测得的峰高或峰面积值由标准曲线计算样品溶液中联苯的浓度(μg/mL)。按下式计算空气中联苯的浓度：

$$c = \frac{(c_1 + c_2)V}{V_0 D}$$

式中，c 为空气中联苯的浓度，mg/m^3；c_1、c_2 为测得的前后段样品溶液中联苯的浓度(减去样品空白)，$\mu g/mL$；V 为样品溶液的体积，mL；V_0 为标准状态下的采样体积，L；D 为解吸效率，%。

4. 说明

本法的检出限为 $0.3\mu g/mL$，定量测定范围为 $1.0\sim30\mu g/mL$；以采集 3L 空气样品计，最低检出浓度为 $0.1mg/m^3$，最低定量浓度为 $0.3mg/m^3$；　相对标准偏差为 3.5%$\sim$6.3%，穿透容量(100mg 活性炭)为 12.6mg，平均解吸效率为 92.4%。

(五) 氢化三联苯

工作场所空气中蒸气态的氢化三联苯用溶剂解吸-气相色谱法测定。

1. 原理

空气中蒸气态氢化三联苯用活性炭采集，二硫化碳解吸，经气相色谱柱分离，氢火焰离子化检测器检测，以保留时间定性，以峰高或峰面积定量。

2. 仪器条件

气相色谱仪，具氢火焰离子化检测器。色谱柱：30m×0.25mm×0.25μm，(35%苯基)-甲基聚硅氧烷；柱温：初始温度150℃，以10℃/min升至290℃，保持5min；气化室温度290℃；检测室温度300℃；载气(氮气)流量：1.0mL/min，不分流。

3. 测定步骤

将前后段活性炭连同前面的玻璃棉分别倒入两支溶剂解吸瓶中,各加入1.0mL 二硫化碳,封闭后解吸30min，不时振摇。样品溶液供测定。

取 4~7 支容量瓶，用二硫化碳稀释标准溶液成 0.0~60.0μg/mL 浓度范围的氢化三联苯系列标准溶液。参照仪器操作条件，将气相色谱仪调节至最佳测定状态，进样 1.0μL，分别测定系列标准溶液各浓度的峰高或峰面积，计算峰和值。以测得的峰和值对相应的氢化三联苯浓度(μg/mL)绘制标准曲线。

用测定系列标准溶液的操作条件测定样品溶液和样品空白溶液。以测得峰高或峰面积的峰和值由标准曲线得样品溶液中氢化三联苯的浓度(μg/mL)。按下式计算空气中氢化三联苯的浓度：

$$c = \frac{(c_1 + c_2)V}{V_0 D}$$

式中，c 为空气中氢化三联苯的浓度，mg/m³；c_1、c_2 为测得的前后段样品溶液中氢化三联苯的浓度(减去样品空白)，μg/mL；V 为样品溶液的体积，mL；V_0 为标准状态下的采样体积，L；D 为解吸效率，%。

4. 说明

本法的检出限为 1.1μg/mL，定量测定范围为 3~60μg/mL；以采集 4.5L 空气样品计，最低检出浓度为 0.25mg/m³，最低定量浓度为 0.80mg/m³；相对标准偏差为 1.3%~2.0%，穿透容量(100mg 活性炭连同玻璃棉)为 6.7mg，平均解吸效率90.6%。

在本色谱柱上，氢化三联苯共出 11 个色谱峰。计算时应将 11 个峰的峰高或峰面积相加，得出"峰和值"。解吸时要将活性炭前面的玻璃棉一起解吸。

若现场空气中共存气溶胶态氢化三联苯，则应串联滤料采样夹采样，用二硫化碳洗脱后测定。

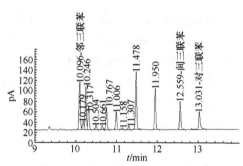

图 5-16　氢化三联苯和三联苯的色谱图
10.179~11.950min 为氢化三联苯(11 个峰)

本法的色谱分离图见图 5-16。

第三节　卤代烃的监测

一、卤代烷烃的测定

纯净的卤代烷烃都是无色的，不溶于水，可溶于有机溶剂。在常温下，只有一氯甲烷、一氯乙烷、一溴甲烷为气体，含 15 个以上碳原子的为固体，其余一卤代烷为液体。挥发性卤代烷烃主要指三卤代烃、四氯化碳等。挥发性卤代烷烃广泛应用于化工、医药和实验室，如二氯甲烷的主要用途是作溶剂，三氯甲烷和四氯甲烷主要用作合成原料和溶剂。卤代烷烃可通过皮肤、呼吸系统进入人体。

空气中卤代烷烃的监测方法有溶剂解吸-气相色谱法、无泵型采样器-气相色谱法、直接进样-气相色谱法、1,2-萘醌-4-磺酸钠分光光度法等。

(一) 三氯甲烷、四氯化碳、1,2-二氯乙烷、六氯乙烷和 1,2,3-三氯丙烷

1. 溶剂解吸-气相色谱法
1) 原理
空气中蒸气态的三氯甲烷、四氯化碳、1,2-二氯乙烷、六氯乙烷和 1,2,3-三氯丙烷用活性炭采集，溶剂解吸后进样，经气相色谱柱分离，氢火焰离子化检测器检测，以保留时间定性，以峰高或峰面积定量。

2) 仪器条件
色谱柱 1(用于三氯甲烷和四氯化碳)：30m×0.32mm×0.5μm，FFAP；柱温 90℃；或程序升温：初温 40℃，保持 5min，以 10℃/min 升温至 150℃，保持 1min；气化室温度 250℃； 检测室温度 300℃；载气(氮气)流量 1mL/min；分流比为 10∶1。

色谱柱 2(用于三氯甲烷、四氯化碳、1,2-二氯乙烷和 1,2,3-三氯丙烷)：2m×4mm，FFAP∶6201 红色担体=10∶100；柱温 100℃(用于三氯甲烷和四氯化碳)、150℃(用于 1,2-二氯乙烷和 1,2,3-三氯丙烷)；气化室温度 200℃；检测室温度 200℃；载气(氮气)流量：25mL/min。

色谱柱 3(用于六氯乙烷)：2m×4mm，OV-17∶QF-1∶Chromosorb WAW DMCS=2∶1.5∶100；柱温 130℃；气化室温度 200℃；检测室温度 230℃；载气(氮气)流量 30mL/min。

3) 测定步骤
将采过样的前后段活性炭分别倒入两支溶剂解吸瓶中，各加入 1.0mL 二硫化碳，封闭后不时振摇,解吸 30min。样品溶液供测定。

取 4～7 支容量瓶，用二硫化碳分别稀释标准溶液配成三氯甲烷、四氯化碳、1,2-二氯乙烷、六氯乙烷和 1,2,3-三氯丙烷的系列标准溶液。参照仪器操作条件，将气相色谱仪调节至最佳测定状态，进样 1.0μL，分别测定各系列标准溶液。以测得的峰高或峰面积对相应的目标化合物浓度(μg/mL)绘制标准曲线。

用测定系列标准溶液的操作条件测定样品溶液和样品空白溶液。测得的样品峰高或峰面积值减去空白峰高或峰面积值后，由标准曲线得样品溶液中目标化合物的浓度(μg/mL)。按下式计算空气中三氯甲烷、四氯化碳、1,2-二氯乙烷、六氯乙烷和 1,2,3-三氯丙烷的浓度：

$$c = \frac{(c_1 + c_2)V}{V_0 D}$$

式中，c 为空气中三氯甲烷、四氯化碳、1,2-二氯乙烷、六氯乙烷和 1,2,3-三氯丙烷的浓度，mg/m³；c_1、c_2 为测得的前后段活性炭解吸液中目标化合物的浓度，μg/mL；V 为样品溶液的体积，mL；V_0 为标准状态下的采样体积，L；D 为解吸效率，%。

4) 说明
本法也可用于空气中二氯甲烷和 1,2-二氯丙烷的测定，二者的分离情况见图 5-17。空气

中蒸气态二氯二氟甲烷的测定，也可采用本法，但主要差别在于解吸溶剂是二氯甲烷，而不是二硫化碳；用色谱柱 2 进行分离时，柱温设为 60℃，气化室和检测室温度均为 110℃。

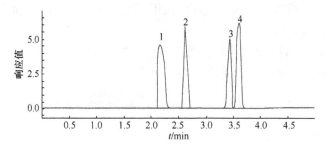

图 5-17　二氯丙烷与共存物的分离色谱图

1. 二硫化碳；2. 二氯甲烷；3. 二氯丙烷；4.1,1-二氯乙烷

本方法的检出限、最低检出浓度(以采集 4.5L 空气样品计)、定量测定范围、穿透容量和平均解吸效率列于表 5-3 中。

表 5-3　溶剂解吸-气相色谱法测定卤代烷烃的性能指标

化合物	检出限/(μg/mL)	最低检出浓度/(mg/m³)	定量测定范围/(μg/mL)	穿透容量/mg	平均解吸效率/%
三氯甲烷	2.3	0.5	7.6～2000	9.95	93.4
四氯化碳	4.1	0.9	14～2000	15.2	97.0
1,2-二氯乙烷	10	2.2	10～1000	5.1	94.5
六氯乙烷	12.5	2.8	12.5～500	8.5	96
1,2,3-三氯丙烷	1.4	0.3	1.4～500	>10	93.5

本方法用毛细管色谱柱(色谱柱 1)进行分析的色谱分离结果见图 5-18。由此图可见，二氯甲烷、三氯乙烯、1,2-二氯丙烷、1,2-二氯乙烷、1,2,3-三氯丙烷等均不干扰测定。只有保留时间为 5.41min 的 1,1,1-三氯乙烷峰、1,1-二氯乙烷峰与四氯化碳峰重叠，7.38min 的四氯乙烯峰与三氯甲烷峰重叠。

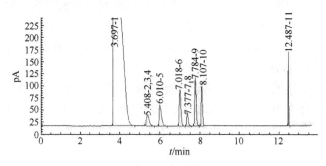

图 5-18　色谱分离图

1. 二硫化碳；2.1,1,1-三氯乙烷；3.1,1-二氯乙烷；4. 四氯化碳；5. 二氯甲烷；6. 三氯乙烯；7. 四氯乙烯；
8. 三氯甲烷；9.1,2-二氯丙烷；10.1,2-二氯乙烷；11. 1,2,3-三氯丙烷

2. 无泵型采样器-气相色谱法

本方法适用于测定空气中的 1,2-二氯乙烷。

1) 原理

空气中的 1,2-二氯乙烷用无泵型采样器采集，二硫化碳解吸后进样，经色谱柱分离，氢

火焰离子化检测器检测，以保留时间定性，以峰高或峰面积定量。

2) 仪器条件

色谱柱：2m×4mm，FFAP：Chromosorb WAW =10：100；柱温100℃；气化室温度150℃；检测室温度150℃；载气(氮气)流量15mL/min。

3) 测定步骤

用二硫化碳稀释标准溶液配成 1,2-二氯乙烷的系列标准溶液。参照仪器操作条件，分别进样1.0μL，测定各系列标准溶液，每个浓度重复测定3次。以测得的峰高或峰面积均值对相应的 1,2-二氯乙烷浓度(μg/mL)绘制标准曲线。

将采过样的活性炭片放入溶剂解吸瓶中，加入5.0mL 二硫化碳，封闭后，不时振摇，解吸30min。摇匀，解吸液供测定。用测定系列标准溶液的操作条件测定样品和样品空白的解吸液。测得的样品峰高或峰面积值减去空白峰高或峰面积值后，由标准曲线得目标化合物的浓度(μg/mL)。按下式计算空气中 1,2-二氯乙烷的浓度：

$$\rho = \frac{5c}{V_{nd}}$$

式中，ρ为空气中 1,2-二氯乙烷的浓度，mg/m³；c为测得活性炭片解吸液中二氯乙烷的浓度，μg/mL；5 为解吸液的体积，mL；V_{nd}为标准状态下的采样体积，L。

4) 说明

本法的检出限为 20μg/mL，最低检出浓度为 6mg/m³(以采样 4h 计算)，测定范围为 6～233mg/m³(以采样 4h 计算)。活性炭片的吸附容量＞7.8mg，平均解吸效率为 99.9%。

(二) 氯甲烷、二氯甲烷和溴甲烷

工作场所空气中气态和蒸气态的氯甲烷、二氯甲烷和溴甲烷用直接进样-气相色谱法测定。

1. 原理

空气中的气态和蒸气态氯甲烷、二氯甲烷和溴甲烷用采气袋采集，直接进样，经气相色谱柱分离，氢火焰离子化检测器检测，以保留时间定性，以峰高或峰面积定量。

2. 仪器条件

气相色谱仪，具氢火焰离子化检测器。

色谱柱 1(用于氯甲烷、二氯甲烷)：2m×4mm，邻苯二甲酸二壬酯：102 担体=15：100；柱温 50℃；气化室温度 100℃；检测室温度 200℃；载气(氮气)流量 40mL/min。

色谱柱 2(用于溴甲烷)：2m×4mm，聚乙二醇 6000：6201 红色担体=5：100；柱温 90℃；气化室温度 120℃；检测室温度 150℃；载气(氮气)流量 40mL/min。

3. 测定步骤

取 4～7 支 100mL 气密式玻璃注射器，用清洁空气稀释标准气配成 0.0～0.150μg/mL 浓度范围的氯甲烷、二氯甲烷和溴甲烷系列标准溶液。参照仪器操作条件，将气相色谱仪调节至最佳测定状态，进样 1.0mL，分别测定各系列标准溶液。以测得的峰高或峰面积对相应的目标化合物浓度(μg/mL)绘制标准曲线。

用测定系列标准溶液的操作条件测定样品气和样品空白气。测得的样品峰高或峰面积值减去空白峰高或峰面积值后，由标准曲线得样品气中氯甲烷、二氯甲烷和溴甲烷的浓度(μg/mL)。按下式计算空气中氯甲烷、二氯甲烷和溴甲烷的浓度：

$$c = c_0 \times 1000$$

式中，c 为空气中氯甲烷、二氯甲烷和溴甲烷的浓度，mg/m^3；c_0 为测得的样品气中氯甲烷、二氯甲烷和溴甲烷的浓度，$\mu g/mL$。

4. 说明

本法的检出限、最低检出浓度(以进样 1mL 空气样品计)、定量测定范围列于表 5-4 中。

表 5-4　直接进样-气相色谱法测定卤代烷烃的性能指标

化合物	检出限/(μg/mL)	最低检出浓度/(mg/m^3)	定量测定范围/(mg/m^3)
氯甲烷	0.003	3	10~800
二氯甲烷	0.011	11	33~340
溴甲烷	0.0005	0.5	0.5~10

(三) 三溴甲烷

工作场所空气中的三溴甲烷用溶剂解吸-气相色谱法测定。

1. 原理

空气中的三溴甲烷用活性炭管采集，二硫化碳解吸后进样，经气相色谱柱分离，氢火焰离子化检测器检测，以保留时间定性，以峰面积或峰高定量。

2. 仪器条件

气相色谱仪，具氢火焰离子化检测器；色谱柱：30m×0.32mm×0.25μm，FFAP；柱温：初温 60℃，保持 1min，以 20℃/min 升至 135℃，保持 5min；气化室温度 220℃；检测器温度 250℃；不分流；载气(氮气)流量 3.0mL/min。

3. 测定步骤

将采过样的前后段活性炭分别倒入两支溶剂解吸瓶中，各加入 1.0mL 二硫化碳，封闭后不时振摇，解吸 30min。摇匀，解吸液供测定。

用二硫化碳稀释标准溶液配制浓度为 0.0~150.0μg/mL 的三溴甲烷系列标准溶液。参照仪器操作条件，将气相色谱仪调节至最佳测定条件，分别进样 1.0μL，测定系列标准溶液。以测得的峰面积或峰高对相应的三溴甲烷浓度(μg/mL)绘制标准曲线。

用测定系列标准溶液的操作条件测定样品和样品空白的解吸溶液，测得样品峰面积或峰高值后，由标准曲线得样品溶液中三溴甲烷的浓度(μg/mL)。按下式计算空气中三溴甲烷的浓度：

$$c = \frac{(c_1 + c_2)V}{V_0 D}$$

式中，c 为空气中三溴甲烷的浓度，mg/m^3；c_1、c_2 为测得的前后段活性炭解吸液中三溴甲烷的浓度，$\mu g/mL$；V 为解吸液的体积，mL；V_0 为标准状态下的采样体积，L；D 为解吸效率，%。

4. 说明

本法的检出限为 0.17μg/mL，定量测定范围为 0.57~150μg/mL；当采集 3.0L 空气样品，解吸液体积为 1.0mL 时，最低检出浓度为 0.06mg/m³，最低定量浓度为 0.19mg/m³。穿透容量(100mg 活性炭)＞0.61mg，平均采样效率为 100.0%，解吸效率为 93.6%~96.2%。

本法的色谱分离图见图 5-19。

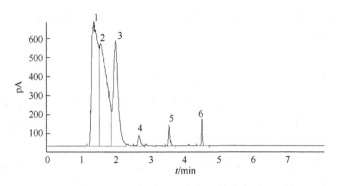

图 5-19　三溴甲烷与共存物的分离图
1. 二硫化碳、丙酮；2. 乙醇；3. 三氯甲烷；4. 一溴二氯甲烷；5. 二溴一氯甲烷；6. 三溴甲烷

(四) 碘甲烷

1. 原理

以 1,2-萘醌-4-磺酸钠分光光度法测定。其原理是空气中的碘甲烷用无水乙醇采集，与亚硝酸钠作用，在氢氧化钠存在的条件下，再与 1,2-萘醌-4-磺酸钠反应，生成紫蓝色化合物，测定吸光度，进行定量。

2. 测定步骤

在 7 支具塞比色管中，加入 0.0~1.00mL 不等体积的碘甲烷标准溶液，各加入无水乙醇至 5.0mL，配成系列标准溶液。向各标准管中加入 0.1mL 的 1,2-萘醌-4-磺酸钠溶液，摇匀；加入 0.2mL 亚硝酸钠溶液，摇匀；在 80℃水浴中加热 20min，取出冷却至室温，加入 0.1mL 氢氧化钠溶液，摇匀；于 570nm 波长下测量吸光度，每个浓度重复测定 3 次，以吸光度均值对相应的碘甲烷浓度(μg/mL)绘制标准曲线。

用测定系列标准溶液的操作条件测定样品和样品空白的吸收液。测得的样品吸光度值减去空白吸光度值后，由标准曲线求得碘甲烷的浓度(μg/mL)。按下式计算空气中碘甲烷的浓度：

$$\rho = \frac{10c}{V_{nd}}$$

式中，ρ 为空气中碘甲烷的浓度，mg/m³；10 为吸收液的体积，mL；c 为测得吸收管中碘甲烷的含量，μg/mL；V_{nd} 为标准状态下的采样体积，L。

3. 说明

本法的检出限为 0.6μg/mL，最低检出浓度为 0.8mg/m³(以采集 7.5L 空气样品计)，测定范围为 0.6~20μg/mL，采样效率 95%。

二、卤代烯烃的测定

卤代烯烃的监测方法有溶剂解吸-气相色谱法、热解吸-气相色谱法、无泵型采样器-气相色谱法、直接进样-气相色谱法等。

(一) 二氯乙烯、三氯乙烯和四氯乙烯

1. 溶剂解吸-气相色谱法
1) 原理
空气中蒸气态的二氯乙烯(包括 1,1-二氯乙烯和 1,2-二氯乙烯)、三氯乙烯和四氯乙烯用活

性炭采集，溶剂解吸后进样，经气相色谱柱分离，氢火焰离子化检测器检测，以保留时间定性，以峰高或峰面积定量。

2) 仪器条件

气相色谱仪，具氢火焰离子化检测器；色谱柱：30m×0.32mm×0.5μm，FFAP。

柱温(用于二氯乙烯)：70℃；或程序升温：初温 40℃，保持 5min，以 10℃/min 升温至 150℃，保持 1min；气化室温度 180℃；检测室温度 180℃；载气(氮气)流量 1mL/min；分流比 10：1。

柱温(用于三氯乙烯和四氯乙烯)：90℃；或程序升温：初温 40℃，保持 7min，以 30℃/min 升温至 200℃，保持 1min；气化室温度 200℃；检测室温度 250℃；载气(氮气)流量 1mL/min；分流比 10：1。

3) 测定步骤

将采过样的前后段活性炭分别倒入两个溶剂解吸瓶中，各加入 1.0mL 1,2-二氯乙烷(用于二氯乙烯)或 1.0mL 二硫化碳(用于三氯乙烯和四氯乙烯)，封闭后不时振摇，解吸 30min。样品溶液供测定。

取 4～7 支容量瓶，分别用二氯乙烷或二硫化碳稀释标准溶液配成 0.0～1500.0μg/mL 浓度范围(二氯乙烯)和 0.0～600.0μg/mL 浓度范围(三氯乙烯和四氯乙烯)的系列标准溶液。参照仪器操作条件，将气相色谱仪调节至最佳测定状态，进样 1.0μL，分别测定系列标准溶液各浓度的峰高或峰面积。以测得的峰高或峰面积对相应的二氯乙烯、三氯乙烯和四氯乙烯浓度(μg/mL)绘制标准曲线。

用测定系列标准溶液的操作条件测定样品溶液和样品空白溶液。测得的峰高或峰面积值由标准曲线求得样品溶液中二氯乙烯、三氯乙烯和四氯乙烯的浓度(μg/mL)。按下式计算空气中二氯乙烯、三氯乙烯和四氯乙烯的浓度：

$$c = \frac{(c_1 + c_2)V}{V_0 D}$$

式中，c 为空气中二氯乙烯、三氯乙烯和四氯乙烯的浓度，mg/m³；c_1、c_2 为测得的前后段活性炭样品溶液中待测物的浓度，μg/mL；V 为样品溶液体积，mL；V_0 为标准状态下的采样体积，L；D 为解吸效率，%。

4) 说明

本法的检出限、最低检出浓度(以采集 1.5L 空气样品计)、定量测定范围、穿透容量(100mg 活性炭)、平均采样效率和平均解吸效率列于表 5-5。活性炭管的采样效率为 100%。

表 5-5 溶剂解吸-气相色谱法测定卤代烯烃的性能指标

化合物	检出限/(μg/mL)	最低检出浓度/(mg/m³)	定量测定范围/(μg/mL)	穿透容量/mg	平均采样效率/%	平均解吸效率/%
二氯乙烯	0.8	0.6	2.6～1500	6	100	>96
三氯乙烯	0.5	0.3	1.7～600	42	100	97.5
四氯乙烯	0.6	0.4	2～600	43	100	98.1

三氯乙烯和四氯乙烯的色谱分离图见图 5-20。

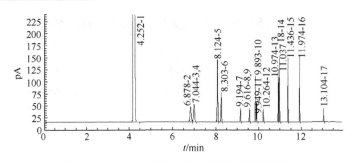

图 5-20　三氯乙烯和四氯乙烯的色谱分离图

1. 二硫化碳；2. 1,1,1-三氯乙烷；3. 1,1-二氯乙烷；4. 四氯化碳；5. 二氯甲烷；6. 苯；7. 三氯乙烯；8、9. 四氯乙烯、三氯甲烷；10. 甲苯；11. 1,2-二氯丙烷；12. 1,2 二氯乙烷；13. 对-二甲苯；14. 间-二甲苯；15. 邻-二甲苯；16. 苯乙烯；17. 1,2,3-三氯丙烷

2. 热解吸-气相色谱法

1) 原理

空气中的气态和蒸气态氯乙烯、二氯乙烯(包括 1,2-二氯乙烯和 1,1-二氯乙烯)、三氯乙烯和四氯乙烯用活性炭采集，热解吸后进样，经气相色谱柱分离，氢火焰离子化检测器检测，以保留时间定性，以峰高或峰面积定量。

2) 仪器条件

气相色谱仪，具氢火焰离子化检测器。

氯乙烯的仪器操作条件如下。色谱柱：2m×4mm；邻苯二甲酸二壬酯：6201 红色担体=10∶100；柱温 90℃；气化室温度 150℃；检测室温度 150℃；载气(氮气)流量 40mL/min。

二氯乙烯、三氯乙烯和四氯乙烯的仪器操作条件如下。色谱柱：30m×0.32mm×0.5μm，FFAP；柱温：70℃；或程序升温：初温 40℃，保持 5min，以 10℃/min 升温至 150℃，保持 1min；气化室温度 180℃；检测室温度 200℃；载气(氮气)流量 1mL/min；分流比 10∶1。

3) 测定步骤

将采过样的活性炭管放入热解吸器中，其进气口端连接 100mL 注射器，抽气端与载气(氮气)相连。载气流量为 50mL/min，在 250℃下解吸至 100.0mL。样品气供测定。

取 4~7 支 100mL 气密式玻璃注射器，用清洁空气稀释标准气配成 0.00~0.30μg/mL 浓度范围的氯乙烯、二氯乙烯、三氯乙烯或四氯乙烯的系列标准溶液。参照仪器操作条件，将气相色谱仪调节至最佳测定条件，分别进样 1.0mL，测定各系列标准溶液。以测得的峰高或峰面积对相应的氯乙烯、二氯乙烯、三氯乙烯和四氯乙烯浓度(μg/mL)绘制标准曲线。

用测定系列标准溶液的操作条件测定样品气和样品空白气。测得的峰高或峰面积值由标准曲线得出样品气中氯乙烯、二氯乙烯、三氯乙烯和四氯乙烯的浓度(μg/mL)。按下式计算空气中氯乙烯、二氯乙烯、三氯乙烯和四氯乙烯的浓度：

$$c = \frac{c_0}{V_0 D} \times 100$$

式中，c 为空气中氯乙烯、二氯乙烯、三氯乙烯和四氯乙烯的浓度，mg/m^3；c_0 为测得的样品气中氯乙烯、二氯乙烯、三氯乙烯和四氯乙烯的浓度，μg/mL；100 为样品气的体积，mL；V_0 为标准状态下的采样体积，L；D 为解吸效率，%。

4) 说明

本法的检出限、定量测定范围、最低检出浓度、最低定量浓度(以采集 1.5L 空气样品计)、穿透容量(100mg 活性炭)、平均解吸效率见表 5-6。

表 5-6　热解吸-气相色谱法测定卤代烯烃的性能指标

性能指标	氯乙烯	二氯乙烯	三氯乙烯	四氯乙烯
检出限/(μg/mL)	0.004	0.001	0.002	0.002
定量测定范围/(μg/mL)	0.013~0.30	0.0033~0.30	0.007~0.30	0.007~0.30
最低检出浓度/(mg/m³)	0.3	0.07	0.1	0.1
最低定量浓度/(mg/m³)	0.9	0.22	0.4	0.4
穿透容量/mg	0.47	6	42	43
平均解吸效率/%	98.1	95	94	87.4

3. 无泵型采样器-气相色谱法

本法适用于测定空气中蒸气态三氯乙烯和四氯乙烯的浓度。

1) 原理

空气中蒸气态的三氯乙烯和四氯乙烯用无泵型采样器采集，二硫化碳解吸后进样，经气相色谱柱分离，氢火焰离子化检测器检测，以保留时间定性，以峰高或峰面积定量。

2) 仪器条件

无泵型采样器，内装活性炭片。气相色谱仪，具氢火焰离子化检测器。

色谱柱：30m×0.53mm×0.25μm，FFAP；柱温 100℃；或程序升温：初温 40℃，保持 5min，以 10℃/min 升温至 150℃，保持 1min；气化室温度 150℃；检测室温度 150℃；载气(氮气)流量 1mL/min；分流比 10∶1。

3) 测定步骤

将采过样的活性炭片放入溶剂解吸瓶中，加入 5.0mL 二硫化碳，封闭后，不时振摇，解吸 30min。摇匀，样品溶液供测定。

取 4~7 支容量瓶，用二硫化碳稀释标准溶液成 0.0~600.0μg/mL 浓度范围的三氯乙烯或四氯乙烯系列标准溶液。参照仪器操作条件，将气相色谱仪调节至最佳测定状态，进样 1.0μL，分别测定各系列标准溶液。以测得的峰高或峰面积对相应的三氯乙烯和四氯乙烯浓度(μg/mL)绘制标准曲线。

用测定系列标准溶液的操作条件测定样品溶液和样品空白溶液，以测得的峰高或峰面积值由标准曲线得样品溶液中三氯乙烯和四氯乙烯的浓度(μg/mL)。按下式计算空气中三氯乙烯和四氯乙烯的浓度：

$$c = \frac{c_0 V}{kt} \times 1000$$

式中，c 为空气中三氯乙烯和四氯乙烯的浓度，mg/m³；c_0 为测得的样品溶液中三氯乙烯和四氯乙烯的浓度，μg/mL；V 为样品溶液的体积，mL；k 为无泵型采样器的采样流量，mL/min；t 为采样时间，min。

4) 说明

本法的检出限、定量下限、最低检出浓度、定量测定范围(以采集 2h 空气样品计算)、平均回收率、吸附容量、总准确度、平均解吸效率见表 5-7。

表 5-7 无泵型采样器-气相色谱法测定卤代烯烃的性能指标

性能指标	三氯乙烯	四氯乙烯
检出限/(μg/mL)	10	12
定量下限/(μg/mL)	33	40
最低检出浓度/(mg/m³)	6	8
定量测定范围/(mg/m³)	20~360	26~360
平均回收率/%	95	100
吸附容量/mg	32.6	>12
总准确度/%	±9.5	±14.6
平均解吸效率/%	99.9	99.9

无泵型采样器的采样、溶剂解吸方法、采样流量等由生产厂家提供。

(二) 氯乙烯、氯丙烯、氯丁二烯和四氟乙烯

1. 直接进样-气相色谱法

1) 原理

空气中的氯乙烯、氯丙烯、氯丁二烯和四氟乙烯用注射器采集，直接进样，经气相色谱柱分离，氢火焰离子化检测器检测，以保留时间定性，以峰高或峰面积定量。

2) 仪器条件

气相色谱仪，具氢火焰离子化检测器。气相色谱仪的主要测定参数列于表 5-8 中。

表 5-8 仪器主要测定参数

色谱柱编号	测定物质	柱长×内径	填充物	柱温/℃	气化室温度/℃	检测室温度/℃	载气(氮气)流量/(mL/min)
1	氯乙烯	2m×4mm	聚乙二醇 6000：6201 担体=5：100	65	140	140	63
2	氯乙烯	2m×4mm	邻苯二甲酸二壬酯：6201 担体=10：100	90	150	150	63
3	氯丙烯	2m×4mm	丁二酸乙二醇聚酯：硅油 DC-200：酸洗 201 担体=10：10：100	108	175	175	112
4	氯丁二烯	2m×4mm	癸二酸二壬酯：6201 担体=10：100	110	160	160	50
5	四氟乙烯	2m×4mm	Durapak(氧二丙腈化学键合固定相)	40	100	100	10

3) 测定步骤

取 4~7 支 100mL 气密式玻璃注射器，用清洁空气稀释标准气配成氯乙烯、四氟乙烯、氯丙烯或氯丁二烯的系列标准溶液。参照仪器操作条件，将气相色谱仪调节至最佳测定状态，分别进样 1.0mL，测定各系列标准溶液。以测得的峰高或峰面积对相应的氯乙烯、氯丙烯、

氯丁二烯和四氟乙烯浓度(μg/mL)绘制标准曲线。

用测定系列标准溶液的操作条件测定样品气和样品空白气,测得的峰高或峰面积值由标准曲线得样品气中氯乙烯、氯丙烯、氯丁二烯和四氟乙烯的浓度(μg/mL)。按下式计算空气中氯乙烯、氯丙烯、氯丁二烯和四氟乙烯的浓度:

$$c = c_0 \times 1000$$

式中,c 为空气中氯乙烯、氯丙烯、氯丁二烯和四氟乙烯的浓度,mg/m³;c_0 为测得的样品气中氯乙烯、氯丙烯、氯丁二烯和四氟乙烯的浓度,μg/mL。

4) 说明

以进样 1.0mL 空气样品计,本法的最低检出浓度:氯乙烯为 1mg/m³,氯丙烯为 0.5mg/m³,氯丁二烯为 0.32mg/m³,四氟乙烯为 2mg/m³。定量测定范围:氯乙烯为 1~30mg/m³,氯丙烯为 0.5~10mg/m³,氯丁二烯为 0.32~20mg/m³,四氟乙烯为 7~50mg/m³。

2. 热解吸-气相色谱法

本法适用于工作场所空气中蒸气态氯丙烯、二氯丙烯和六氟丙烯浓度的检测。

1) 原理

空气中的蒸气态氯丙烯、二氯丙烯和六氟丙烯用活性炭采集,热解吸后进样,经气相色谱柱分离,氢火焰离子化检测器检测,以保留时间定性,以峰高或峰面积定量。

2) 仪器条件

气相色谱仪,具氢火焰离子化检测器。

色谱柱 1(适用于氯丙烯和二氯丙烯):2m×4mm,聚乙二醇 6000:6201 担体=5:100;柱温 90℃;气化室温度 150℃;检测室温度 150℃;载气(氮气)流量 70mL/min。

色谱柱 2(适用于六氟丙烯):30m×0.32mm×3.0μm,5%苯基-1%乙烯基甲基硅氧烷;柱温 35℃;气化室温度 120℃;检测室温度 150℃;载气(氮气)流量 1mL/min;分流比 10:1。

3) 测定步骤

将活性炭管放入热解吸器中,其进气口端与 100mL 注射器连接,另一端与载气(氮气)相连。载气流量分别为 20mL/min (六氟丙烯)和 50mL/min(氯丙烯和 1,3-二氯丙烯),分别在 200℃(六氟丙烯)和 240℃(氯丙烯和二氯丙烯)下解吸至 100.0mL。解吸气供测定。

取 4~7 支 100mL 气密式玻璃注射器,用清洁空气稀释标准气成 0.0~0.10μg/mL 浓度范围的氯丙烯或 1,3-二氯丙烯系列标准溶液、0.0~0.20μg/mL 浓度范围的六氟丙烯系列标准溶液。参照仪器操作条件,将气相色谱仪调节至最佳测定状态,进样 1.0mL,分别测定系列标准溶液各浓度的峰高或峰面积。以测得的峰高或峰面积对相应的待测物浓度(μg/mL)绘制标准曲线。

用测定系列标准溶液的操作条件测定样品气和样品空白气,测得的峰高或峰面积值由标准曲线得解吸气中待测物的浓度(μg/mL)。按下式计算空气中氯丙烯、1,3-二氯丙烯和六氟丙烯的浓度:

$$c = \frac{c_0}{V_0 D} \times 100$$

式中,c 为空气中氯丙烯、1,3-二氯丙烯和六氟丙烯的浓度,mg/m³;c_0 为测得的解吸气中氯丙烯、1,3-二氯丙烯和六氟丙烯的浓度,μg/mL;V_0 为标准状态下的采样体积,L;D 为解吸效率,%;100 为解吸气的体积,mL。

4) 说明

氯丙烯和 1,3-二氯丙烯的检出限为 0.003μg/mL，定量下限为 0.01μg/mL；以采集 3L 空气样品计，最低检出浓度为 0.1mg/m³，定量测定范围为 0.3～10mg/m³；穿透容量(100mg 活性炭)为 4.02mg，平均采样效率＞97%，解吸效率＞90%。

六氟丙烯的检出限为 0.0006μg/mL，定量测定范围为 0.002～0.2μg/mL；以采集 3L 空气样品计，最低检出浓度为 0.02mg/m³，最低定量浓度为 0.07mg/m³；穿透容量(200mg 活性炭)为 0.29mg，平均采样效率为 100%，平均解吸效率为 92.0%。

三、卤代芳烃的测定

工作场所空气中卤代芳香烃类化合物包括氯苯、二氯苯、三氯苯、对氯甲苯、苄基氯、溴苯等。其化学性质稳定，在水中溶解度小，具有强烈气味，对人体皮肤和呼吸器官有刺激作用。进入人体后，可在脂肪和某些器官中蓄积，抑制神经中枢，损害肝脏和肾脏。空气中的卤代芳烃主要来源于染料、制药、农药、油漆和有机合成等工业。

卤代芳烃的监测方法有溶剂解吸-气相色谱法、无泵型采样器-气相色谱法等。

(一) 氯苯、二氯苯、三氯苯、溴苯、对氯甲苯和苄基氯

1. 溶剂解吸-气相色谱法

1) 原理

空气中蒸气态的氯苯、二氯苯(包括对二氯苯、邻二氯苯和间二氯苯)、三氯苯、溴苯、对氯甲苯和苄基氯用活性炭采集，二硫化碳解吸后进样，经气相色谱柱分离，氢火焰离子化检测器检测，以保留时间定性，以峰高或峰面积定量。

2) 仪器条件

气相色谱仪，具氢火焰离子化检测器。色谱柱：30m×0.32mm×0.5μm，FFAP；柱温 140℃；或程序升温：初温 40℃，保持 1min，以 10℃/min 升温至 100℃，再以 20℃/min 升温至 200℃，保持 1min；气化室温度为 250℃；检测室温度为 250℃；载气(氮气)流量为 1mL/min；分流比为 10：1。

3) 测定步骤

将采过样的前后段活性炭分别放入两支溶剂解吸瓶中，各加入 1.0mL 二硫化碳，密封后解吸 30min，不时振摇。样品溶液供测定。

取 4～7 支容量瓶，用二硫化碳稀释标准溶液配成 0.0～200.0μg/mL 浓度范围的系列标准溶液。参照仪器操作条件，将气相色谱仪调节至最佳测定状态，进样 1.0μL，分别测定系列标准溶液各浓度的峰高或峰面积。以测得的峰高或峰面积对相应的氯苯、二氯苯、三氯苯、溴苯、对氯甲苯和苄基氯浓度(μg/mL)绘制标准曲线。

用测定系列标准溶液的操作条件测定样品溶液和样品空白溶液，测得的峰高或峰面积值，由标准曲线得样品溶液中氯苯、二氯苯、三氯苯、溴苯、对氯甲苯和苄基氯的浓度(μg/mL)。若样品溶液中待测物浓度超过测定范围，则用二硫化碳稀释后测定，计算时乘以稀释倍数。按下式计算空气中氯苯、二氯苯、三氯苯、溴苯、对氯甲苯和苄基氯的浓度：

$$c = \frac{(c_1 + c_2)V}{V_0 D}$$

式中，c 为空气中氯苯、二氯苯、三氯苯、溴苯、对氯甲苯和苄基氯的浓度，mg/m³；c_1、c_2 为测得的前后段活性炭样品溶液中目标化合物的浓度，μg/mL；V 为样品溶液的体积，mL；V_0 为标准状态下的采样体积，L；D 为解吸效率，%。

4) 说明

本法可同时测定氯苯、二氯苯的三个异构体、三氯苯、对氯甲苯、溴苯和苄基氯。卤代烃的色谱分离图见图 5-21。

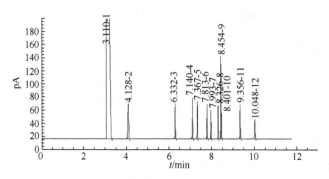

图 5-21　卤代芳烃的色谱分离图

1. 二硫化碳；2. 苯；3. 氯苯；4. 对氯甲苯；5. 溴苯；6. 间二氯苯；7. 对二氯苯；8. 邻二氯苯；9. 苄基氯；
10. 1,3,5-三氯苯；11. 1,2,4-三氯苯；12. 1,2,3-三氯苯

本法的检出限、最低检出浓度(以采集 3L 空气样品计算)、定量测定范围、穿透容量(100mg 活性炭)和平均解吸效率见表 5-9。应测定每批活性炭管的解吸效率。

表 5-9　溶剂解吸-气相色谱法测定卤代芳烃的性能指标

化合物	检出限/(μg/mL)	最低检出浓度/(mg/m³)	定量测定范围/(μg/mL)	穿透容量/mg	平均解吸效率/%
氯苯	0.3	0.1	1~1000	12.3	94.3
二氯苯	0.7	0.23	2.3~1000	≥15	88.4
三氯苯	0.3	0.1	1~1000	14.2	83
溴苯	0.12	0.04	0.4~150	5.3	98.6
对氯甲苯	0.15	0.03	0.3~200	5.6	92
苄基氯	0.41	0.13	1.3~200		90.9

2. 无泵型采样器-气相色谱法

本法适用于测定空气中蒸气态氯苯的浓度。

1) 原理

空气中的氯苯用无泵型采样器采集，二硫化碳解吸后进样，经气相色谱柱分离，氢火焰离子化检测器检测，以保留时间定性，以峰高或峰面积定量。

2) 仪器条件

无泵型采样器，内装活性炭片。其他仪器条件与前述溶剂解吸-气相色谱法中有关氯苯的相同。

3) 样品采集

在采样点，将无泵型采样器佩戴在采样对象的呼吸带，或悬挂在采样对象呼吸带高度的

支架上，采集 2～8h 空气样品。

4) 测定步骤

将采过样的活性炭片放入溶剂解吸瓶中，加入 5.0mL 二硫化碳，封闭后，不时振摇，解吸 30min。样品溶液供测定。

取 4～7 支容量瓶，用二硫化碳稀释标准溶液成 0.0～1000.0μg/mL 浓度范围的氯苯系列标准溶液。参照仪器操作条件，将气相色谱仪调节至最佳测定状态，进样 1.0μL，分别测定系列标准溶液各浓度的峰高或峰面积。以测得的峰高或峰面积对相应的氯苯浓度(μg/mL)绘制标准曲线。

用测定系列标准溶液的操作条件测定样品溶液和样品空白溶液。根据测得的峰高或峰面积值，由标准曲线得样品溶液中氯苯的浓度(μg/mL)。按下式计算空气中氯苯的时间加权平均接触浓度：

$$c_{\text{TWA}} = \frac{5c_0}{kt} \times 1000$$

式中，c_{TWA} 为空气中氯苯的时间加权平均接触浓度，mg/m^3；c_0 为测得的样品溶液中氯苯的浓度，μg/mL；5 为样品溶液的体积，mL；k 为无泵型采样器的采样流量，mL/min；t 为采样时间，min。

5) 说明

本法的检出限为 1.2μg/mL；以 2h 采样时间计，最低检出浓度为 0.4mg/m^3，定量测定范围为 1.3～560mg/m^3；平均解吸效率为 91.3%。

上述活性炭吸附-二硫化碳解吸/气相色谱法，主要用于检测车间空气中的挥发性卤代烃。对于环境空气中的挥发性卤代烃，虽然也经活性炭采样管富集后用二硫化碳解吸，但却是使用配备了电子捕获检测器(ECD)的气相色谱仪进行测定。其所配色谱柱是固定相为 100%甲基硅氧烷的毛细管柱(50m×0.32mm×1.05μm)。另外，改用程序升温法分离 21 种目标化合物。

第四节 醇、酚和醚的监测

一、醇的测定

低级脂肪醇一般有刺激性和较弱的毒性，其毒性随着分子量的增大而增加，其中丁醇和戊醇的毒性最大。当碳数增加时其毒性随之减少。甲醇为无色、挥发性液体，能以任何比例与水混合，几乎能与所有的有机溶剂混合。甲醇主要通过呼吸道对人造成毒害。一般吸入中毒后出现呼吸加速、黏膜刺激、运动失调、局部瘫痪、烦躁、虚脱、体温下降、体重减轻等症状，严重时会引起呼吸衰竭致死。反复接触中等浓度的甲醇可导致暂时或永久性视力障碍或失明。甲醇在体内氧化生成甲酸和甲醛，甲酸可导致再次中毒，甲醛则对视网膜细胞具有特殊的毒性作用。在生产和使用甲醇时若设备不严密，将造成泄漏，污染空气。

醇类的监测方法有溶剂解吸-气相色谱法、热解吸-气相色谱法、溶剂解吸-变色酸分光光度法等，以气相色谱法较为常用。

(一) 溶剂解吸-气相色谱法

本方法适用于测定工作场所空气中蒸气态的甲醇、异丙醇、丁醇、异戊醇、异辛醇、糠醇、二丙酮醇、丙烯醇、乙二醇和氯乙醇等的浓度。

1. 原理

空气中蒸气态的醇类化合物用固体吸附剂采集，溶剂解吸后进样，经气相色谱柱分离，氢火焰离子化检测器检测，以保留时间定性，以峰高或峰面积定量。

2. 仪器条件

气相色谱仪，具氢火焰离子化检测器。

硅胶管：溶剂解吸型，内装 200mg/100mg 硅胶，用于甲醇和乙二醇。

活性炭管：溶剂解吸型，内装 100mg/50mg 活性炭，用于异丙醇、丁醇、异戊醇、异辛醇、二丙酮醇、丙烯醇和氯乙醇。

GDX-501 管：溶剂解吸型，100mg/50mg GDX-501，用于糠醇。

色谱柱 1(用于甲醇)：2m×4mm，GDX-102；柱温 140℃；气化室温度 180℃；检测室温度 200℃；载气(氮气)流量 35mL/min。

色谱柱 2(用于甲醇以外的醇类化合物)：2m×4mm，FFAP：Chromosorb WAW=10∶100；柱温 90℃(用于异丙醇、正丁醇、异丁醇、异戊醇和丙烯醇)、100℃(用于二丙酮醇)、140℃(用于糠醇和氯乙醇)、170℃(用于异辛醇和乙二醇)；气化室温度 200℃；检测室温度 250℃；载气(氮气)流量 40mL/min。

色谱柱 3(用于丙醇、异辛醇、丁醇、戊醇、丙烯醇、氯乙醇和乙二醇)：30m×0.32mm×0.5μm，FFAP；柱温 90℃(丙醇)、170℃(异辛醇)、140℃(氯乙醇)；或程序升温：初温 60℃，保持 1min，以 20℃/min 升温至 100℃，保持 1min，再以 30℃/min 升温至 180℃，保持 5min；气化室温度 250℃；检测室温度 300℃；载气(氮气)流量 1mL/min；分流比为 10∶1。

3. 测定步骤

将采过样的前后段固体吸附剂分别倒入两支溶剂解吸瓶中，各加入 1.0mL 解吸液，封闭后不时振摇，解吸 30min(二丙酮醇需 90min)。摇匀，解吸液供测定。

取 4～7 支容量瓶，用各种化合物相对应的解吸液稀释标准溶液制成系列标准溶液。参照仪器操作条件，将气相色谱仪调节至最佳测定状态，分别进样 1.0μL，测定各系列标准溶液。分别以测得的峰高或峰面积对相应的待测物浓度(μg/mL)绘制标准曲线。部分待测物的解吸液列于表 5-10 中。

表 5-10　醇类化合物的解吸液类型

待测物	解吸液
甲醇	蒸馏水
丙烯醇	二硫化碳
丁醇和异戊醇	异丙醇的二硫化碳溶液(2%)
乙二醇	异丙醇溶液(2%)或甲醇
氯乙醇	异丙醇的二硫化碳溶液(5%)
异丙醇和异辛醇	异丁醇的二硫化碳溶液(1%)
糠醇	丙酮
二丙酮醇	异戊醇的二硫化碳溶液(1.5%)

用测定系列标准溶液的操作条件测定样品溶液和样品空白溶液。测得的样品峰高或峰面

积值减去空白对照后，由标准曲线得样品溶液中待测物的浓度(μg/mL)。按下式计算空气中目标化合物的浓度：

$$c = \frac{(c_1 + c_2)V}{V_0 D}$$

式中，c 为空气中目标化合物的浓度，mg/m³；c_1、c_2 为测得的前后段吸附剂解吸液中目标化合物的浓度，μg/mL；V 为样品溶液的体积，mL；V_0 为标准状态下的采样体积，L；D 为解吸效率，%。

4. 说明

本法的检出限、最低检出浓度(以 1.5L 空气样品计)、定量测定范围、穿透容量和解吸效率列于表 5-11 中。

表 5-11　溶剂解吸-气相色谱法测定醇的性能指标

化合物	检出限/(μg/mL)	最低检出浓度/(mg/m³)	定量测定范围/(μg/mL)	穿透容量/mg	解吸效率/%
甲醇	2	1.3	6.7~250	0.35	96
异丙醇	1	0.7	3.3~2000	9.12	≥96
丁醇	0.5	0.4	0.5~2000	≥15	≥93
异戊醇	9	6	9~1440	≥11	97
异辛醇	0.5	0.3	1.7~200	41.8	94
丙烯醇	1	0.7	1~200	7.32	96
氯乙醇	0.4	0.3	1.3~800	—	—
糠醇	6	4	6~1500	>14	92
二丙酮醇	5.7	3.7	5.7~1000	11.5	87
乙二醇	1.0	0.7	3.3~160	12	≥95

本法可使用聚乙二醇 6000 柱代替 FFAP 柱，也可使用同类型的毛细管色谱柱。用 FFAP 毛细管色谱柱(色谱柱 3)进行分析的气相色谱分离图见图 5-22。

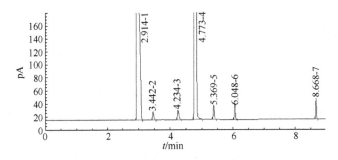

图 5-22　醇类物质的色谱分离图

1. 二硫化碳；2. 异丙醇；3. 正丙醇；4. 异丁醇；5. 正丁醇；6. 异戊醇；7. 异辛醇

(二) 热解吸-气相色谱法

本方法适用于测定工作场所空气中甲醇的浓度。

1. 原理

空气中的甲醇用硅胶采集，热解吸后进样，经气相色谱柱分离，氢火焰离子化检测器检测，以保留时间定性，以峰高或峰面积定量。

2. 仪器条件

气相色谱仪，具氢火焰离子化检测器。色谱柱：2m×4mm，GDX-102；柱温140℃；气化室温度180℃；检测室温度200℃；载气(氮气)流量35mL/min。

3. 测定步骤

取4～7支100mL气密式玻璃注射器，用清洁空气稀释标准气制成0.0～0.60μg/mL浓度范围的甲醇系列标准溶液。参照仪器操作条件，将气相色谱仪调节至最佳测定条件，分别进样1.0mL，测定各系列标准溶液。以测得的峰高或峰面积对相应的甲醇浓度(μg/mL)绘制标准曲线。

将采过样的硅胶管放入热解吸器中，其进气口端连接100mL注射器，抽气端与载气(氮气)相连。解吸温度为160℃，载气流量为50mL/min，解吸至100mL。解吸气供测定。用测定系列标准溶液的操作条件测定样品和空白对照的解吸气，测得的样品峰高或峰面积值减去空白对照的峰高或峰面积值后，由标准曲线得样品气中甲醇的浓度(μg/mL)。按下式计算空气中甲醇的浓度：

$$c = \frac{c_0}{V_0 D} \times 100$$

式中，c 为空气中甲醇的浓度，mg/m³；c_0 为测得的样品解吸气中甲醇的浓度，μg/mL；100为样品解吸气的体积，mL；V_0 为标准状态下的采样体积，L；D 为解吸效率，%。

4. 说明

本法的检出限为0.02μg/mL，定量测定范围为0.07～0.60μg/mL；以采集1.5L空气样品计，最低检出浓度为1.3mg/m³，最低定量浓度为4.4mg/m³；200mg硅胶的穿透容量为0.39mg，平均解吸效率为96%。

(三) 溶剂解吸-变色酸分光光度法

本法适用于测定工作场所空气中的1,3-二氯丙醇。

1. 原理

空气中的蒸气态1,3-二氯丙醇用硅胶采集，碳酸钠溶液解吸，经高碘酸氧化生成甲醛，甲醛与变色酸反应生成紫色化合物，用分光光度计在570nm波长处测量吸光度，进行定量。

2. 测定步骤

将采过样的前后段硅胶分别倒入两支具塞刻度试管中，加入10.0mL碳酸钠溶液(10g/L)解吸，盖上塞子。放入沸水浴中加热90min，取出放冷。取2.0mL上清液于另一支具塞刻度试管中，供测定。

取5～8支具塞刻度试管，分别加入0.0～2.0mL标准溶液(二氯丙醇的碳酸钠溶液)，各加解吸液至10mL，配成0.0～10.0μg/mL浓度范围的系列标准溶液。将各管放入沸水浴中加热90min，取出放冷。取出2.0mL于另一支具塞刻度试管中，各加入0.2mL高碘酸钾溶液(15g/L)，摇匀，放置30min。加入0.2mL亚硫酸钠溶液(100g/L)，振摇至无色。若有黄色残留，再滴入一滴亚硫酸钠溶液，振摇至无色。沿管壁缓慢加入3mL硫酸(ρ_{20}=1.84g/mL)和0.6mL变色酸溶液(20g/L)，摇匀。放入沸水浴中加热 20min，取出放冷。加水至 10mL，摇匀。用分光光度计于 570nm 波长处测量各系列标准溶液的吸光度。以测得的吸光度对相应的 1,3-二氯丙醇浓度(μg/mL)绘制标准曲线。

用测定系列标准溶液的操作条件测定样品溶液和样品空白溶液，测得的吸光度值减去空白对照的吸光度值后，由标准曲线得样品溶液中 1,3-二氯丙醇的浓度(μg/mL)。按下式计算空气中 1,3-二氯丙醇的浓度：

$$c = \frac{10(c_1 + c_2)}{V_0 D}$$

式中，c 为空气中 1,3-二氯丙醇的浓度，mg/m³；c_1、c_2 为测得前后段硅胶解吸液中 1,3-二氯丙醇的浓度，μg/mL；10 为样品溶液的体积，mL；V_0 为标准状态下的采样体积，L；D 为解吸效率，%。

3. 说明

本法的定量测定范围为 0.5～10μg/mL；以采集 3L 空气样品计，最低定量浓度为 1.7mg/m³；采样效率为 100%。

二、酚的测定

根据酚类化合物能否与水蒸气一起蒸出，将其分为挥发酚与不挥发酚。通常认为沸点在 230℃以下的为挥发酚，沸点在 230℃以上的为不挥发酚。酚类中最简单的化合物是苯酚，为白色、半透明、针状晶体，具有特殊的芳香气味。在空气中易潮解，易溶于氯仿、乙醚等有机溶剂。苯酚存在于炼油、炼焦、石油化工、有机合成、化学工业等产生的废气中，汽车排气也含有微量的苯酚。酚属高毒物质，人体摄入一定量后会出现急性中毒症状。苯酚主要经呼吸道和皮肤进入人体而引起中毒。酚类可使蛋白质变性，因而对皮肤黏膜有腐蚀性。高浓度苯酚能使蛋白质沉淀，故对细胞有直接损害作用。

空气中挥发酚的监测方法有溶剂解吸-高效液相色谱法、溶剂解吸-气相色谱法、4-氨基安替比林分光光度法、溶液解吸-碳酸钠分光光度法等。

(一) 溶剂解吸-高效液相色谱法

本法适用于环境空气中苯酚、邻甲酚、间甲酚、对甲酚、1,3-苯二酚、2,6-二甲基苯酚、4-氯苯酚、1-萘酚、2-萘酚、2,4-二硝基苯酚、2,4,6-三硝基苯酚、2,4-二氯苯酚 12 种酚类化合物的测定，但不适用于颗粒物中酚类化合物的测定。

1. 原理

用填充了 XAD-7 树脂的吸附管采集气态酚类化合物，经甲醇洗脱后用高效液相色谱柱分离，紫外检测器或二极管阵列检测器检测，以保留时间定性，以外标法定量。

2. 仪器条件

高效液相色谱仪，具紫外检测器或二极管阵列检测器。色谱柱：C_{18} 柱，4.60mm×150mm×5.0μm。流动相：20%乙腈/80%水($V:V$)淋洗 7.5min，45%乙腈/55%水淋洗 2.0min，80%乙腈/20%水淋洗 5min，流动相流量为 1.5mL/min。检测器波长为 223nm，进样量为 10.0μL，柱温为 25℃。

3. 试样和空白样的制备

从采样管空气出口端缓慢加入 5mL 甲醇淋洗，洗脱液从空气入口端流出。用 2mL 棕色容量瓶收集洗脱液至接近标线时停止收集，然后用甲醇定容。

每次采集样品均应至少带一个运输空白样品。将同批制备好的采样管带至采样现场，不开封。采样结束后将其置于密封容器中带回实验室。按照试样的制备步骤制备空白试样。

4. 测定步骤

由低浓度到高浓度依次量取 10.0μL 系列标准溶液，注入高效液相色谱仪，按照色谱分析条件进行测定。以色谱响应值为纵坐标，酚类化合物浓度为横坐标，绘制标准曲线。

量取 10.0μL 试样，按照上述分析条件进行测定。记录保留时间和色谱峰高或色谱峰面积。根据酚类化合物标准色谱图的保留时间定性。按以下公式计算空气样品中酚类化合物的浓度：

$$\rho = \frac{\rho_1 \times V_1}{V_s}$$

式中，ρ 为样品中酚类化合物的浓度，mg/m^3；ρ_1 为从标准曲线上查得酚类化合物的浓度，mg/L；V_1 为洗脱液定容体积，mL；V_s 为标准状态下的采样体积，L。

5. 说明

当采样体积为 25L 时，本方法的检出限为 0.006～0.039mg/m^3，测定下限为 0.024～0.156 mg/m^3。

(二) 溶剂解吸-气相色谱法

1. 原理

空气中的苯酚和甲酚用硅胶吸附管采集，溶剂解吸后进样，色谱柱分离，氢火焰离子化检测器检测，以保留时间定性，以峰高或峰面积定量。

2. 仪器条件

色谱柱 1：35m×0.22mm×5μm，FFAP；柱温：70℃，保持 15min，以 12℃/min 的速率升温至 190℃，保持 15min；气化室温度 220℃；检测室温度 300℃；载气(氮气)流量 7mL/min。

色谱柱 2：4m×4mm，对苯二(对辛氧基苯甲酸酯)(PBOB)：磷酸：405 担体=5：1：100；柱温 114℃，气化室温度 150℃，检测室温度 150℃；载气(氮气)流量 16mL/min。

3. 测定步骤

用丙酮或乙醚稀释苯酚和甲酚标准溶液制成各自的系列标准溶液。参照仪器操作条件，分别进样 1.0μL，测定各系列标准溶液。每个浓度重复测定 3 次。以测得的峰高或峰面积均值对苯酚和甲酚浓度(μg/mL)绘制标准曲线。

将采过样的前后段硅胶分别倒入溶剂解吸瓶中，各加入 1.0mL 解吸液(丙酮用于毛细管柱，乙醚用于 PBOB 柱)，封闭后，振摇 1min，解吸 30min。摇匀，解吸液供测定。用测定系列标准溶液的操作条件测定样品和空白对照解吸液，测得的样品峰高或峰面积值减去空白对照的峰高或峰面积值后，由标准曲线得苯酚和甲酚的浓度(μg/mL)。按下式计算空气中苯酚或甲酚的浓度：

$$\rho = \frac{(c_1 + c_2)V}{DV_{nd}}$$

式中，ρ 为空气中苯酚和甲酚的浓度，mg/m^3；c_1、c_2 为测得前后段硅胶解吸液中苯酚和甲酚的浓度，$μg/mL$；V 为解吸液的总体积，mL；V_{nd} 为标准状态下的采样体积，L；D 为解吸效率，%。

4. 说明

本法的检出限: 毛细管柱法为 1μg/mL, PBOB 柱法为 10μg/mL。最低检出浓度: 毛细管柱法为 0.22 mg/m³, PBOB 柱法为 2.2 mg/m³ (以采集 4.5L 空气样品计)。测定范围: 毛细管柱法为 1～50μg/mL, PBOB 柱法 10～400μg/mL。200mg 硅胶的穿透容量＞9mg。解吸效率: 苯酚＞90%, 甲酚为 76%～86%。

(三) 4-氨基安替比林分光光度法

本法适用于测定空气中苯酚的浓度。

1. 原理

空气中的苯酚用碳酸钠溶液采集, 在氧化剂存在的条件下, 与 4-氨基安替比林反应, 生成红色, 比色定量。

2. 测定步骤

取 6 支具塞比色管, 分别加入不同体积的苯酚标准溶液, 各加吸收液至 5.0mL, 配成系列标准溶液。向各标准管加入 0.05mL 4-氨基安替比林溶液和 0.1mL 铁氰化钾溶液, 摇匀, 放置 15min。于 500nm 波长处测量吸光度, 每个浓度重复测定 3 次。以吸光度均值对苯酚浓度 (μg/mL) 绘制标准曲线。

用测定系列标准溶液的操作条件测定实际样品和样品空白, 测得的样品吸光度值减去空白对照的吸光度值后, 由标准曲线得苯酚的浓度 (μg/mL)。按下式计算空气中苯酚的浓度:

$$\rho = \frac{10c}{V_{nd}}$$

式中, ρ 为空气中苯酚的浓度, mg/m³; c 为测得样品溶液中苯酚的浓度, μg/mL; 10 为吸收液的总体积, mL; V_{nd} 为标准状态下的采样体积, L。

3. 说明

本法反应溶液的最适 pH 为 10 左右, 生成的红色可稳定 4h。加铁氰化钾溶液后, 因溶液中有过量的铁氰化钾, 故溶液带黄色, 放置 15～20min, 黄色可褪去。

本法不是特殊反应, 酚类化合物 (除对位有取代基外) 有相同反应。反应溶液中甲醛含量＜1mg 时不干扰测定。

本法的检出限为 0.1μg/mL, 最低检出浓度为 0.13mg/m³ (以采集 7.5L 空气样品计), 测定范围为 0.1～25μg/mL, 采样效率＞95%。

(四) 溶液解吸-碳酸钠分光光度法

本法适用于测定空气中的间苯二酚。

1. 原理

空气中的蒸气态和雾态间苯二酚用装有水的多孔玻板吸收管采集, 与碳酸钠反应生成黄色化合物, 用分光光度计在 440nm 波长下测量吸光度, 进行定量。

2. 测定步骤

取 5～8 支具塞比色管, 分别加入 0.0～0.30mL 标准溶液, 各加水至 5.0mL, 配成 0.0～60.0μg/mL 浓度范围的间苯二酚系列标准溶液。向各标准管加入 5mL 碳酸钠溶液, 摇匀, 于沸水浴中加热 15min。取出冷却后加水至 10mL, 用分光光度计于 440nm 波长下分别测定系列标准溶液各浓度的吸光度。以测得的吸光度对相应的间苯二酚浓度(μg/mL)绘制标准曲线。

用测定系列标准溶液的操作条件测定样品溶液和样品空白溶液，以测得的吸光度值由标准曲线得样品溶液中间苯二酚的浓度(μg/mL)。按下式计算空气中间苯二酚的浓度：

$$c = \frac{10c_0}{V_0}$$

式中，c 为空气中间苯二酚的浓度，mg/m^3；c_0 为测得的样品溶液中间苯二酚的浓度，μg/mL；10 为样品溶液的总体积，mL；V_0 为标准状态下的采样体积，L。

3. 说明

本法的定量测定范围为 5～60μg/mL；以采集 7.5L 空气样品计，最低定量浓度为 7.0mg/m³；采样效率为 100%。

本法反应溶液应为中性，否则测定结果会偏低。

三、醚的测定

工作场所空气中蒸气态的七氟烷(七氟异丙甲醚)、异氟烷(1-氯-2,2,2-三氟乙基二氟甲醚)和恩氟烷(2-氯-1,1,2-三氟乙基二氟甲醚)用溶剂解吸-气相色谱法测定其浓度。

(一) 原理

空气中的蒸气态七氟烷、异氟烷和恩氟烷用活性炭管采集，二氯甲烷解吸后进样，经气相色谱柱分离，氢火焰离子化检测器检测，以保留时间定性，以峰面积或峰高定量。

(二) 仪器条件

气相色谱仪，具氢火焰离子化检测器；色谱柱：30m×0.32mm×1.0μm，100%二甲基硅氧烷；柱温：初温 40℃，保持 3min，以 60℃/min 升温至 180℃；气化室温度 250℃；检测室温度 300℃；载气(氮气)流量 2.0mL/min；分流比 20∶1。

(三) 测定步骤

将前后段活性炭分别放入两支溶剂解吸瓶中，各加入 1.0mL 二氯甲烷，封闭后解吸 30min，不时振摇，样品溶液供测定。

取 4～7 支容量瓶，用二氯甲烷稀释标准溶液成 0.0～300.0μg/mL 浓度范围的七氟烷、异氟烷和恩氟烷系列标准溶液。参照仪器操作条件，将气相色谱仪调节至最佳测定状态，进样 1.0μL，分别测定系列标准溶液各浓度的峰高或峰面积。以测得的峰高或峰面积对相应的七氟烷、异氟烷和恩氟烷浓度(μg/mL)绘制标准曲线。

用测定系列标准溶液的操作条件测定样品溶液和样品空白溶液，测得的峰高或峰面积值由标准曲线得样品溶液中七氟烷、异氟烷和恩氟烷浓度(μg/mL)。按下式分别计算空气中七氟烷、异氟烷和恩氟烷的浓度：

$$c = \frac{(c_1 + c_2)V}{V_0 D}$$

式中，c 为空气中七氟烷、异氟烷和恩氟烷的浓度，mg/m^3；c_1、c_2 为测得的前后段样品溶液中七氟烷、异氟烷和恩氟烷的浓度，μg/mL；V 为样品溶液的体积，mL；V_0 为标准状态下的采样体积，L；D 为解吸效率，%。

(四) 说明

本法的检出限、定量测定范围、最低检出浓度、最低定量浓度(以采集 4.5L 空气样品计)、穿透容量(100mg 活性炭)、平均采样效率和平均解吸效率见表 5-12。

表 5-12　溶剂解吸-气相色谱法测定醚的性能指标

性能指标	七氟烷	异氟烷	恩氟烷
检出限/(μg/mL)	0.66	0.75	0.71
定量测定范围/(μg/mL)	2.2～300	2.5～300	2.4～300
最低检出浓度/(mg/m³)	0.2	0.2	0.2
最低定量浓度/(mg/m³)	0.5	0.6	0.6
穿透容量/mg	3.7	3.4	3.4
平均采样效率/%	100	100	100
平均解吸效率/%	>95	>95	>95

本法的色谱分离图见图 5-23。现场空气中可能共存的乙醇等不干扰测定。

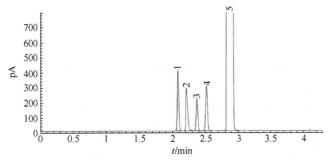

图 5-23　七氟烷、异氟烷、恩氟烷和共存物的色谱分离图
1. 七氟烷；2. 乙醇；3. 异氟烷；4. 恩氟烷；5. 二氯甲烷

第五节　醛、酮、有机酸和酸酐的监测

一、醛类的测定

(一) 甲醛

甲醛为无色液体，有刺激性气味，易溶于水、醇和醚。其 35%～40%的水溶液称福尔马林，该溶液的沸点为 19℃，在室温下极易挥发。甲醛易聚合成多聚甲醛，甲醛的聚合物受热易发生解聚作用，在室温下能释放出微量气态甲醛。甲醛污染主要来源于树脂(酚醛树脂、脲醛树脂等)、塑料、皮革、纸张、人造纤维、胶合板等的生产过程，以及医用消毒剂、防腐剂和熏蒸剂等。近年来，室内装饰中大量使用含醛树脂、脲醛泡沫塑料、含醛油漆等材料，致使室内空气中甲醛含量达 0.05～2mg/m³。颗粒板、聚合板、碎料板等多以脲甲醛树脂作黏合剂，当遇热或潮解时便释放甲醛。

测定空气中甲醛常用方法有溶液解吸-酚试剂分光光度法、乙酰丙酮分光光度法、气相色谱法、离子色谱法等。

1. 溶液解吸-酚试剂分光光度法

1) 原理

空气中的蒸气态甲醛用装有水的大气泡吸收管采集，与酚试剂(盐酸-3-甲基-2-苯并噻唑胺，$C_6H_4SN(CH_3)CNNH_2 \cdot HCl$)反应生成嗪。在酸性溶液中，嗪被高价铁离子氧化生成蓝色化合物，用分光光度计在 645nm 波长下测量吸光度，进行定量。

2) 测定步骤

将装有吸收液(酚试剂溶液)的气泡吸收管接在空气采样器上采样。

取 5～8 支具塞刻度试管，分别加入 0.0～1.50m 甲醛标准溶液，加吸收液至 5.0mL，配成 0.0～1.50μg 含量范围的甲醛系列标准溶液。加入 0.4mL 硫酸铁铵溶液，摇匀；放置 15min(气温较低时适当延长反应时间，如 15℃时反应 30min)。用分光光度计在 645nm 波长下，以水作参比，分别测定系列标准溶液各浓度的吸光度。以测得的吸光度(减去试剂空白)对相应的甲醛含量(μg)绘制标准曲线。

用测定系列标准溶液的操作条件测定样品溶液和样品空白溶液，测得的吸光度值(减去试剂空白)由标准曲线得样品溶液中甲醛的含量(μg)。按下式计算空气中甲醛的浓度：

$$c = \frac{5M}{V_0}$$

式中，c 为空气中甲醛的浓度，mg/m^3；5 为样品溶液的体积，mL；M 为测得的 1.0mL 样品溶液中甲醛的含量，μg；V_0 为标准状态下的采样体积，L。

3) 说明

本法的定量测定范围为 0.04～1.5μg；以采集 3L 空气样品计，最低定量浓度为 $0.07mg/m^3$；采样效率为 94%～96%。

本法不是特异反应，其他脂肪醛也有类似的反应，但碳链越长，灵敏度越低。

2. 乙酰丙酮分光光度法

空气中的甲醛被水吸收后，在 pH 为 6 的乙酸-乙酸铵缓冲溶液中与乙酰丙酮发生反应，在沸水浴条件下，迅速生成稳定的黄色化台物，用分光光度法于 413nm 波长处测定。当采气 0.5～10.0L 时，该方法的测定范围为 0.5～$800mg/m^3$。

3. 气相色谱法

空气中的甲醛在酸性条件下被涂有 2,4-二硝基苯阱的 6201 担体吸附并发生反应，生成稳定的甲醛腙。用二硫化碳洗脱后，经 OV-1 色谱柱分离，用氢火焰离子化检测器测定，以保留时间定性，以色谱峰高或峰面积定量。

该方法在采气 50L 时，最低检出浓度为 $0.01mg/m^3$。如果使用填充 3%硅油 OV-17 的红色硅藻土色谱柱和电子捕获检测器，灵敏度可提高 4～5 倍。

4. 离子色谱法

空气中的甲醛经活性炭富集后，在碱性介质中，用过氧化氢氧化成甲酸。用配有电导检测器的离子色谱仪测定。根据甲酸的峰高或峰面积间接测定甲醛浓度。

(二) 乙醛

乙醛为无色、易挥发的液体，有特殊辛辣刺激性臭味。乙醛能以任何比例与水混合，易溶于乙醇、乙醚和氯仿，能与苯、甲苯、二甲苯和汽油混溶。乙醛易氧化生成乙酸。乙醛受酸的影响容易聚合成聚乙醛。乙醛属低毒类物质，主要经呼吸道吸入而造成毒害。对人体的主要危害是刺激皮肤和黏膜，浓度高时有麻醉作用。长期接触低浓度的乙醛，可引起类似于酒精中毒的症状。

空气中乙醛的测定方法有溶剂解吸-气相色谱法和直接进样-气相色谱法。

1. 溶剂解吸-气相色谱法

1) 原理

空气中的蒸气态乙醛用硅胶采集，水解吸后进样，经气相色谱柱分离，氢火焰离子化检测器检测，以保留时间定性，以峰高或峰面积定量。

2) 仪器条件

硅胶采样管：溶剂解吸型，400mg/200mg 硅胶；气相色谱仪，具氢火焰离子化检测器；色谱柱：30m×0.32mm×0.5μm，FFAP；柱温 90℃；气化室温度 150℃；检测室温度 200℃；载气(氮气)流量 1mL/min；分流比 10∶1。

3) 测定步骤

取 4～7 支容量瓶，用水稀释标准溶液成 0.0～750.0μg/mL 浓度范围的乙醛系列标准溶液。参照仪器操作条件，将气相色谱仪调节至最佳测定状态，分别进样 1.0μL，测定各系列标准溶液。以测得的峰高或峰面积对相应的乙醛浓度(μg/mL)绘制标准曲线。

将采过样的前后段硅胶分别倒入两支溶剂解吸瓶中，各加入 2.0mL 水，封闭后，不时振摇，解吸 30min。解吸液供测定。用测定系列标准溶液的操作条件测定样品和样品空白的解吸液，测得的峰高或峰面积值减去空白的峰高或峰面积值后，由标准曲线得样品溶液中乙醛的浓度(μg/mL)。按下式计算空气中乙醛的浓度：

$$c = \frac{2(c_1 + c_2)}{V_0 D}$$

式中，c 为空气中乙醛的浓度，mg/m^3；c_1、c_2 为测得的前后段硅胶解吸液中乙醛的浓度，μg/mL；2 为解吸液的体积，mL；V_0 为标准状态下的采样体积，L；D 为解吸效率，%。

4) 说明

本法的检出限为 5μg/mL，定量测定范围为 17～750μg/ml；以采集 1.5L 空气样品计，最低检出浓度为 $6.7mg/m^3$，最低定量浓度为 $22mg/m^3$；400mg 硅胶的穿透容量为 4.7mg，平均解吸效率为 90.6%。

2. 直接进样-气相色谱法

1) 原理

空气中的乙醛用注射器采集，直接进样，经色谱柱分离，氢火焰离子化检测器检测，以保留时间定性，以峰高或峰面积定量。

2) 仪器条件

色谱柱：3m×4mm，聚乙二醇 20M(固定相)∶6201 担体(60～80 目)=20∶100；柱温 75℃；气化室温度 150℃；检测室温度 150℃；载气(氮气)流量 38mL/min。

3) 测定步骤

在 100mL 注射器中，用清洁空气稀释乙醛标准气，得到不同浓度的系列标准溶液。参照仪器操作条件，将气相色谱仪调节至最佳测定状态，分别进样 1.0mL，测定各系列标准溶液。每个浓度重复测定 3 次。以测得的峰高或峰面积均值对乙醛含量(μg)绘制标准曲线。

将采过样的注射器垂直放置在测定系列标准溶液的实验室中。用测定系列标准溶液的操作条件测定样品和空白对照样品，测得的样品峰高或峰面积值减去空白后，由标准曲线得乙醛的含量(μg)。按下式计算空气中乙醛的浓度：

$$\rho = \frac{1000m}{V}$$

式中，ρ 为空气中乙醛的浓度，mg/m³；m 为测得样品气中乙醛的含量，μg；V 为进样体积，mL。

4) 说明

本法能同时测定乙醛和丙烯醛，丙酮、甲基丙烯醛和巴豆醛也能分离。本法的最低检出浓度：乙醛为 0.3mg/m³，丙烯醛为 1mg/m³。测定范围：乙醛为 0.3～200mg/m³，丙烯醛为 1～200mg/m³。

(三) 丁醛

1. 热解吸-气相色谱法

1) 原理

空气中蒸气态的丁醛用硅胶采集，热解吸后进样，经气相色谱柱分离，氢火焰离子化检测器检测，以保留时间定性，以峰高或峰面积定量。

2) 仪器条件

硅胶管：热解吸型，内装 200mg 硅胶；气相色谱仪，具氢火焰离子化检测器；色谱柱：30m×0.32mm×0.5μm，FFAP；柱温 60℃；气化室温度 150℃；检测室温度 150℃；载气(氮气)流量 1.5mL/min；分流比为 10∶1。

3) 测定步骤

取 4～7 支 100mL 气密式玻璃注射器，用清洁空气稀释标准气为 0.0～0.050μg/mL 浓度范围的丁醛系列标准溶液。参照仪器操作条件，将气相色谱仪调节至最佳测定状态，分别进样 1.0mL，测定系列标准溶液。以测得的峰高或峰面积对相应的丁醛浓度(μg/mL)绘制标准曲线。

将采过样的硅胶管放入热解吸器中，其进气端与 100mL 注射器连接，另一端与载气连接。以氮气作载气，流量为 50mL/min，在 300℃下解吸至 100mL，解吸气供测定。用测定系列标准溶液的操作条件测定样品和样品空白的解吸气，测得的样品峰高或峰面积值减去空白对照的峰高或峰面积值后，由标准曲线得解吸气中丁醛的浓度(μg/mL)。按下式计算空气中丁醛的浓度：

$$c = \frac{c_0}{V_0 D} \times 100$$

式中，c 为空气中丁醛的浓度，mg/m³；c_0 为测得的样品解吸气中丁醛的浓度，μg/mL；100 为解吸气的体积，mL；V_0 为标准状态下的采样体积，L；D 为解吸效率，%。

4) 说明

以采集 1.5L 空气样品计，本法的最低检出浓度为 0.7mg/m³，定量测定范围为 2.2～100mg/m³；100mg 硅胶的穿透容量为 0.72mg，平均解吸效率为 89%。

2. 固相吸附-高效液相色谱法

本方法除了能测定环境空气中的丁醛外，还可以测定环境空气中其他 14 种醛酮类化合物，具体包括甲醛、乙醛、丙醛、丙烯醛、丁烯醛、甲基丙烯醛、戊醛、己醛、苯甲醛、间甲基苯甲醛、丙酮、2-丁酮、正丁酮、环己酮。

1) 原理

使用充填了涂渍 2,4-二硝基苯肼(DNPH)硅胶的填充柱采样管采集一定体积的空气样品，样品中的醛酮类化合物保留在采样管中。醛酮组分在强酸作为催化剂的条件下，与涂渍于硅胶上的 DNPH 反应，按照下面的反应式生成稳定有颜色的腙类衍生物：

$$\underset{\substack{\text{羰基化合物}\\\text{(醛和酮)}}}{\overset{R^1}{\underset{R}{C=O}}} + \underset{\substack{\text{2,4-二硝基苯肼}\\\text{(DNPH)}}}{H_2N-NH-\underset{NO_2}{\overset{NO_2}{\bigcirc}}} \xrightarrow{H^+} \underset{\substack{\text{稳定有色的}\\\text{腙类衍生物}}}{\overset{R^1}{\underset{R}{C=N-NH}}-\underset{NO_2}{\overset{NO_2}{\bigcirc}}} + \underset{\substack{\text{水}}}{H_2O}$$

反应式中 R 和 R^1 是烷基、芳香基团(酮)或氢原子(醛)。使用高效液相色谱仪的紫外或二极管阵列检测器检测，以保留时间定性，以峰高或峰面积定量。

2) 仪器条件

高效液相色谱仪配紫外检测器(波长 360nm)或二极管阵列检测器。色谱柱为 C_{18} 反相高效液相色谱柱(4.60mm×250mm)，粒径为 5.0μm 或其他等效色谱柱。流动相为乙腈/水。梯度洗脱，60%乙腈保持 20min，20~30min 乙腈从 60% 线性增至 100%，30~32min 乙腈再减至 60%，并保持 8min。洗脱液流量为 1.0mL/min。进样量为 20μL。

3) 系列标准溶液的制备

用恒流气体采样器把不同浓度的标准气体定量地采集于 DNPH 采样管中，形成系列标准溶液。所配制系列标准溶液的分析物浓度与空气样品浓度要相近。标准气体的采集流量应与采集空气样品的一致。

4) 试样的制备

将采样管放置在固相萃取装置上，加入 5mL 乙腈洗脱采样管，使之自然流出。洗脱液的流向应与采样时气流方向相反。将洗脱液收集于 5mL 容量瓶中，用乙腈定容。用注射器吸取洗脱液，经 0.45μm 滤膜过滤后转移至 2mL 棕色样品瓶中，待测。

5) 测定步骤

可选用系列标准管或者标准溶液绘制标准曲线。用前一种方式时，采用与处理样品管相同的步骤处理系列标准管，并对洗脱液用高效液相色谱仪进行分析。用后一种方式时，将标准溶液稀释至适当浓度梯度后进样分析。每一浓度平行分析 3 次。以目标组分的浓度为横坐标，以扣除空白后峰面积或峰高的平均值为纵坐标，绘制标准曲线。

将样品按照绘制标准曲线的操作步骤和分析条件进行测定。醛酮组分的色谱图见图 5-24，图中保留时间对应物质的名称列于表 5-13 中。按下式计算空气中单个目标化合物的浓度：

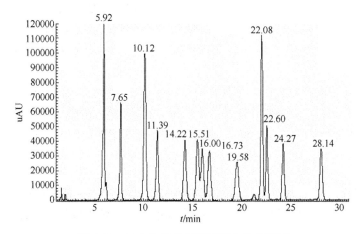

图 5-24　DNPH 管分析醛酮组分的色谱图

$$\rho = \frac{m_1 - m_0}{V_{nd}} \times 1000$$

式中，ρ 为空气中醛酮组分的浓度，mg/m^3；m_1 为采样管采集到的醛酮组分的质量，mg；m_0 为空白管中醛酮组分的质量，mg；V_{nd} 为标准状态下的采样体积，L。

表 5-13　保留时间对应的醛酮名称

保留时间/min	物质名称	保留时间/min	物质名称
5.92	甲醛	16.73	甲基丙烯醛
7.65	乙醛	19.58	苯甲醛
10.12	丙烯醛+丙酮	22.08	戊醛
11.39	丙醛	22.60	甲基苯甲醛
14.22	丁烯醛	24.27	环己酮
15.51	丁酮	28.14	己醛
16.00	丁醛		

6) 说明

臭氧易与衍生剂 DNPH 及衍生后的腙类化合物发生反应，影响测量结果。应在采样管前串联臭氧去除柱(填充粒状碘化钾)以消除干扰。

当采样体积为 50L 时，本方法的检出限为 $0.28 \sim 1.69 \mu g/m^3$，测定下限为 $1.12 \sim 6.76 \mu g/m^3$。

(四) 糠醛

空气中蒸气态和雾态的糠醛用溶液吸收-苯胺分光光度法测定。

1. 原理

空气中蒸气态和雾态的糠醛用装有草酸-磷酸氢二钠溶液(25g/L 草酸溶液和 50g/L 磷酸氢二钠溶液等体积混合)的多孔玻板吸收管采集，在乙酸存在的条件下，与苯胺作用生成红色物质，用分光光度计在 530nm 波长下测定吸光度，进行定量分析。

2. 测定步骤

取 5~8 支具塞比色管，分别加入 0.0~1.0mL 标准溶液，加吸收液至 5.0mL，配成 0.0~1.0μg/mL 浓度范围的糠醛系列标准溶液。向各系列标准溶液管中加入 0.3g 氯化钠和 5mL 显色剂，摇匀后，在 20℃避光放置 5min，过滤。用分光光度计在 530nm 波长下分别测定系列标准溶液各浓度滤液的吸光度值。以测得的吸光度值对相应的糠醛浓度(μg/mL)绘制标准曲线。

取 1.0mL 采样后的吸收液于具塞比色管中，加吸收液至 5.0mL，供测定。用测定系列标准溶液的操作条件测定样品溶液和样品空白溶液，测得的样品吸光度值减去空白后，由标准曲线得样品溶液中糠醛的浓度(μg/mL)。按下式计算空气中糠醛的浓度：

$$c = \frac{10c_0}{V_0} \times 5$$

式中，c 为空气中糠醛的浓度，mg/m^3；c_0 为测得的样品溶液中糠醛的浓度，$\mu g/mL$；10 为样品溶液的体积，mL；5 为样品稀释倍数；V_0 为标准状态下的采样体积，L。

3. 说明

本法的定量测定范围为 $0.24 \sim 5.0 \mu g/mL$；以采集 7.5L 空气样品计，最低定量浓度为

$1.6mg/m^3$。

反应液中苯胺浓度对显色影响很大，用量应准确。反应温度应严格控制在20℃，否则溶液的吸光度将下降。

(五) 三氯乙醛

三氯乙醛为无色、透明油状液体，具有刺激性气味和腐蚀性，与水生成水合三氯乙醛。主要用于有机合成，是药物合成的中间体和原料。三氯乙醛经口、经皮急性染毒症状均很明显，可产生呆滞、瞌睡等症状，具有麻醉和镇静作用。对眼睛、皮肤有中等刺激性，也具有潜在的致癌作用。

工作场所空气中蒸气态的三氯乙醛用溶剂解吸-高效液相色谱法测定。

1. 原理

空气中蒸气态的三氯乙醛用装有 GDX-502 吸附剂的采样管采集，以 2,4-二硝基苯肼(DNPH)-乙腈溶液解吸。三氯乙醛与 DNPH 在常温下可迅速反应，生成淡黄色的 2,4-二硝基苯腙，经高效液相色谱 C_{18} 柱分离，紫外检测器检测，以保留时间定性，峰高或峰面积定量。

2. 仪器条件

采样管：溶剂解吸型，内装 100mg/50mg GDX-502 吸附剂；高效液相色谱仪，具紫外检测器；检测波长：346nm；色谱柱：250mm×4.6mm×5μm，C_{18}；流动相：己腈：水=70：30(V/V)；流动相流量：1.0mL/min。

3. 测定步骤

将采过样的前后段 GDX-502 吸附剂分别倒入两支溶剂解吸瓶中，各加入 2.0mL 解吸液(2,4-二硝基苯肼-乙腈溶液，1.0g/L)，超声振荡解吸 30min。样品溶液经针头式过滤器过滤后供测定。

取 4～7 支容量瓶，用解吸液稀释标准溶液成 0.0～25.0μg/mL 浓度范围的三氯乙醛系列标准溶液。参照仪器操作条件，将高效液相色谱仪调节至最佳测定状态，分别进样 10.0μL，测定各系列标准溶液。以测得的峰高或峰面积对相应的三氯乙醛浓度(μg/mL)绘制标准曲线。

用测定系列标准溶液的操作条件测定样品溶液和样品空白溶液，测得的样品峰高或峰面积值减去空白后，由标准曲线得样品溶液中三氯乙醛的浓度(μg/mL)。按下式计算空气中三氯乙醛的浓度：

$$c = \frac{(c_1 + c_2)V}{V_0 D}$$

式中，c 为空气中三氯乙醛的浓度，mg/m^3；c_1、c_2 为测得的前后段样品溶液中三氯乙醛的浓度(减去空白)，μg/mL；V 为样品溶液的体积，mL；V_0 为标准状态下的采样体积，L；D 为解吸效率，%。

4. 说明

本法中 DNPH 和三氯乙醛腙的高效液相色谱分离效果见图 5-25。本法的检出限为 0.022μg/mL，定量测定范围为 0.07～25μg/mL；当采集 2L 空气样品时，最低检出浓度为 0.022mg/m³，最低定量浓度为 0.07mg/m³；100mg GDX-502 吸附剂的穿透容量为

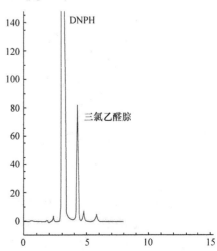

图 5-25　DNPH 和三氯乙醛腙的色谱图

0.19mg，采样效率为 100%，解吸效率为 95%～101%，加标回收率为 95%～101%。

二、酮类的测定

酮类化合物对皮肤和气管黏膜的刺激比醛类小，但麻醉性较强。脂肪酮比芳香族酮毒性大，随着分子量增大或存在不饱和键时毒性增加，分子中引入卤原子时刺激性增强。

丙酮为无色透明易燃液体，易溶于水、乙醇、乙醚及其他有机溶剂。丙酮易挥发，化学性质活泼。当空气中丙酮含量(体积分数)达 2.55%～12.80%时，具有爆炸性。丙酮的毒性主要表现为对中枢神经系统的麻醉作用。丙酮可经呼吸道、消化道、皮肤吸收。长期吸入低浓度的丙酮，能引起头痛、失眠、不安、食欲减退和贫血。

(一) 丙酮、丁酮和甲基异丁基甲酮

1. 溶剂解吸-气相色谱法
1) 原理

空气中蒸气态的丙酮、丁酮和甲基异丁基甲酮用活性炭采集，二硫化碳解吸后进样，经气相色谱柱分离，氢火焰离子化检测器检测，以保留时间定性，峰高或峰面积定量。

2) 仪器条件

色谱柱：30m×0.32mm×0.5μm，FFAP；柱温：90℃；或程序升温：初温 50℃，保持 5min，以 30℃/min 升温至 200℃，保持 1min；气化室温度 200℃；检测室温度 250℃；载气(氮气)流量 0.8mL/min；分流比为 10∶1。

3) 测定步骤

取 4～7 支容量瓶，用二硫化碳稀释标准溶液成 0.0～1500.0μg/mL 浓度范围的丙酮、丁酮和甲基异丁基甲酮系列标准溶液。参照仪器操作条件，将气相色谱仪调节至最佳测定状态，分别进样 1.0μL，测定各系列标准溶液。以测得的峰高或峰面积分别对丙酮、丁酮或甲基异丁基甲酮浓度绘制标准曲线。

将采过样的前后段活性炭分别倒入溶剂解吸瓶中，各加入 1.0mL 二硫化碳，封闭后解吸 30min，不时振摇。解吸液供测定。用测定系列标准溶液的操作条件测定样品和空白样的解吸液。测得的样品峰高或峰面积值减去空白对照的峰高或峰面积值后，由标准曲线得丙酮、丁酮或甲基异丁基甲酮的浓度。若样品溶液中待测物浓度超过测定范围，则用二硫化碳稀释后测定，计算时乘以稀释倍数。按下式计算空气中丙酮、丁酮或甲基异丁基甲酮的浓度：

$$c = \frac{(c_1+c_2)V}{V_0 D}$$

式中，c 为空气中丙酮、丁酮或甲基异丁基甲酮的浓度，mg/m³；c_1、c_2 为测得的前后段活性炭解吸液中丙酮、丁酮或甲基异丁基甲酮的浓度，μg/mL；V 为样品解吸液的体积，mL；V_0 为标准状态下的采样体积，L；D 为解吸效率，%。

4) 说明

本法的检出限、最低检出浓度(以采集 1.5L 空气样品计)、测定范围、穿透容量(100mg 活性炭)和平均解吸效率列于表 5-14。本法也可使用等效的其他气相色谱柱测定。根据测定需要可以选用恒温测定或程序升温测定。

表 5-14　溶剂解吸-气相色谱法测定酮的性能指标

化合物	丙酮	丁酮	甲基异丁基甲酮
检出限/(μg/mL)	0.8	0.6	0.8
最低检出浓度/(mg/m³)	0.6	0.4	0.5
测定范围/(μg/mL)	2.6～1500	2.0～1500	2.7～1500
穿透容量/mg	11.6	16.9	8.6
平均解吸效率/%	98.7	98.2	98.8

本法的色谱分离图(图 5-26)表明，丙酮、丁酮和甲基异丁基甲酮分离良好；乙酸乙酯、苯、三氯乙烯、甲苯、二甲苯、二氯甲烷、三氯甲烷、1,2-二氯乙烷、乙酸丁酯、乙苯、氯苯、苯乙烯、1,2,4-三甲苯、环己酮和甲基苯乙烯等可能共存的化学物质均不干扰丙酮和丁酮的测定。

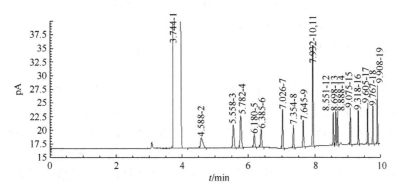

图 5-26　三种酮类化合物的色谱图

1. 二硫化碳；2. 丙酮；3. 乙酸乙酯；4. 丁酮；5. 二氯甲烷；6. 苯；7. 三氯乙烯；8. 三氯甲烷；9. 甲苯；10、11. 1,2-二氯乙烷、乙酸丁酯；12. 乙苯；13. 对-二甲苯；14. 间-二甲苯；15. 邻-二甲苯；16. 氯苯；17. 苯乙烯；18. 1,2,4-三甲苯；19. 环己酮

2. 热解吸-气相色谱法

1) 原理

空气中的丙酮、丁酮和甲基异丁基甲酮用活性炭管采集，双乙烯酮用硅胶吸附管采集，热解吸后进样，经气相色谱柱分离，氢火焰离子化检测器检测，以保留时间定性，峰高或峰面积定量。

2) 仪器条件

色谱柱 1(用于丙酮、丁酮和甲基异丁基甲酮)：30m×0.25mm×0.25μm，FFAP；柱温：90℃；或程序升温：初温 50℃，保持 5min，以 30℃/min 升温至 200℃，保持 1min；气化室温度 200℃；检测室温度 250℃；载气(氮气)流量 1mL/min；分流比 10∶1。

色谱柱 2(用于双乙烯酮)：2m×4mm，OV101∶Chrom Q=5∶100；柱温 75℃；气化室温度 120℃；检测室温度 120℃；载气(氮气)流量 30mL/min。

3) 测定步骤

用微量注射器准确吸取 1μL 丙酮、丁酮、甲基异丁基甲酮或双乙烯酮，注入 100mL 注射器中，弹落液滴。约 1h 后，用清洁空气稀释至 100mL，即为丙酮、丁酮、甲基异丁基甲酮或双乙烯酮的标准气。取 4~7 支 100mL 气密式玻璃注射器，用清洁空气稀释标准气制成 0.0~2.0μg/mL 浓度范围的系列标准溶液。参照仪器操作条件，将气相色谱仪调节至最佳工作状态，分别进样 1.0mL，测定各系列标准溶液。以测得的峰高或峰面积分别对丙酮、丁酮、甲基异丁基甲酮或双乙烯酮浓度绘制标准曲线。

将采过样的活性炭管或硅胶管放入热解吸器中，进气口端连接 100mL 注射器，出气口端与载气相连。载气流量为 50ml/min，解吸温度为 350℃(双乙烯酮可为 300℃)，解吸 100.0mL。解吸气供测定用。用测定系列标准溶液的操作条件测定样品和空白对照的解吸气，测得的样品峰高或峰面积值减去空白对照值后，由标准曲线得样品气中丙酮、丁酮、甲基异丁基甲酮或双乙烯酮的浓度(μg/mL)。若样品气中待测物浓度超过测定范围，用清洁空气稀释后测定，计算时乘以稀释倍数。按下式计算空气中丙酮、丁酮、甲基异丁基甲酮或双乙烯酮的浓度：

$$c = \frac{c_0}{V_0 D} \times 100$$

式中，c 为空气中丙酮、丁酮、甲基异丁基甲酮或双乙烯酮的浓度，mg/m³；c_0 为测得样品解吸气中丙酮、丁酮、甲基异丁基甲酮或双乙烯酮的浓度，μg/mL；100 为样品解吸气的体积，mL；V_0 为标准状态下的采样体积，L；D 为解吸效率，%。

4) 说明

本法的最低检出浓度：丙酮和丁酮为 0.06mg/m³，甲基异丁基甲酮为 0.2mg/m³，双乙烯酮为 1.4mg/m³(以采集 1.5L 空气样品计)。定量测定范围：丙酮和丁酮为 0.2~133 mg/m³，甲基异丁基甲酮为 0.65~133mg/m³，双乙烯酮为 1.4~133mg/m³。100mg 活性炭的穿透容量：丙酮为 11.6mg，丁酮为 16.9mg，甲基异丁基甲酮为 32mg。500mg 硅胶的平均穿透容量：双乙烯酮为 0.58mg。平均解吸效率：丙酮为 88.2%，丁酮为 85.6%，甲基异丁基甲酮为 96.9%，双乙烯酮为 92.8%。

(二) 二乙基甲酮、2-己酮和二异丁基甲酮

空气中蒸气态的二乙基甲酮、2-己酮和二异丁基甲酮用溶剂解吸-气相色谱法测定。

1. 原理

空气中蒸气态的二乙基甲酮、2-己酮和二异丁基甲酮用活性炭采集，二硫化碳解吸后进样，经气相色谱柱分离，氢火焰离子化检测器检测，以保留时间定性，峰高或峰面积定量。

2. 仪器条件

气相色谱仪应配有氢火焰离子化检测器。色谱柱：30m×0.32mm×0.5μm，FFAP；柱温：90℃；或程序升温：初温 50℃，保持 5min，以 30℃/min 升温至 200℃，保持 1min；气化室温度为 200℃；检测室温度为 250℃；载气(氮气)流量为 0.8mL/min；分流比为 10∶1。

3. 测定步骤

取 4~7 支容量瓶，用二硫化碳稀释标准溶液制成系列标准溶液。参照仪器操作条件，将气相色谱仪调节至最佳测定状态，分别进样 1.0μL，测定系列标准溶液各浓度的峰高或峰面积。以测得的峰高或峰面积对相应的目标化合物浓度绘制标准曲线。

将采过样的前后段活性炭分别倒入两支溶剂解吸瓶中，各加入 1.0mL 二硫化碳，封闭后，不时振摇，解吸 30min，解吸液供测定。用测定系列标准溶液的操作条件测定样品解吸液和空白样解吸液。测得的样品峰高或峰面积值减去空白的峰高或峰面积值后，由标准曲线得样

品溶液中目标化合物的浓度。按下式计算空气中二乙基甲酮、2-己酮和二异丁基甲酮的浓度：

$$c = \frac{(c_1 + c_2)V}{V_0 D}$$

式中，c 为空气中目标化合物的浓度，mg/m^3；c_1、c_2 为测得的前后段活性炭解吸液中目标化合物的浓度，$\mu g/mL$；V 为样品溶液的体积，mL；V_0 为标准状态下的采样体积，L；D 为解吸效率，%。

4. 说明

该法的二异丁基甲酮分离色谱图见图 5-27。

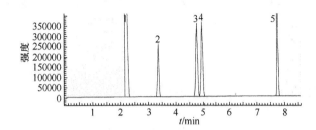

图 5-27　二异丁基甲酮的分离色谱图
1. 二硫化碳；2. 二异丁基甲酮；3. 环己酮；4. 甲基环己酮；5. 异佛尔酮

本法的检出限、定量测定范围、最低检出浓度、最低定量浓度(以采集 1.5L 空气样品计)、穿透容量(100mg 活性炭)和平均解吸效率列于表 5-15。

表 5-15　溶剂解吸-气相色谱法测定酮的性能指标

性能指标	二乙基甲酮	2-己酮	二异丁基甲酮
检出限/($\mu g/mL$)	33	0.65	0.40
定量测定范围/($\mu g/mL$)	110~5000	2.2~1000	1.3~3200
最低检出浓度/(mg/m^3)	22	0.43	0.27
最低定量浓度/(mg/m^3)	66	1.3	0.8
穿透容量/mg	20	22	6.3
平均解吸效率/%	82	98.4	96

(三) 氯丙酮

工作场所空气中蒸气态的氯丙酮用溶剂解吸-气相色谱法测定。

1. 原理

空气中蒸气态的氯丙酮用硅胶采集，丙酮-正己烷溶液解吸后进样，经气相色谱柱分离，电子捕获检测器检测，以保留时间定性，峰高或峰面积定量。

2. 仪器条件

气相色谱仪，具电子捕获检测器；色谱柱：30m×0.32mm×0.25μm，5%苯基-1%乙烯基甲基硅氧烷；柱温：初始温度60℃，保持0.5min，以20℃/min升温至80℃，保持3min；气化室温度为200℃；检测器温度为300℃；载气(氮气)流量为2mL/min；分流比为10∶1。

3. 测定步骤

将前后段硅胶分别倒入两支溶剂解吸瓶中，各加入 1.0mL 丙酮-正己烷溶液(用 40mL 丙酮加正己烷稀释至 100mL)，封闭后解吸 30min，不时振摇。样品溶液供测定。

取 4～7 支容量瓶,用解吸液稀释标准溶液成 0.0～24.0μg/mL 浓度范围的氯丙酮系列标准溶液。参照仪器操作条件，将气相色谱仪调节至最佳测定状态，进样 1.0μL，分别测定系列标准溶液各浓度的峰高或峰面积。以测得的峰高或峰面积对相应的氯丙酮浓度(μg/mL)绘制标准曲线。

用测定系列标准溶液的操作条件测定样品溶液和样品空白溶液，测得的峰高或峰面积值由标准曲线得样品溶液中氯丙酮的浓度(μg/mL)。按下式计算空气中氯丙酮的浓度：

$$c = \frac{(c_1 + c_2)V}{V_0 D}$$

式中，c 为空气中氯丙酮的浓度，mg/m³；c_1、c_2 为测得的前后段样品溶液中氯丙酮的浓度，μg/mL；V 为样品溶液的体积，mL；V_0 为标准状态下的采样体积，L；D 为解吸效率，%。

4. 说明

本法的检出限为 0.07μg/mL，定量测定范围为 0.23～24μg/mL；以采集 2L 空气样品计，最低检出浓度为 0.035mg/m³，最低定量浓度为 0.12mg/m³；穿透容量(100mg 硅胶)≥0.69mg，采样效率为 100%，平均解吸效率≥96%。

三、有机酸的测定

(一) 甲酸

工作场所空气中蒸气态的甲酸用溶剂解吸-顶空气相色谱法测定其浓度。

1. 原理

空气中的蒸气态甲酸用浸渍硅胶采集，硫酸溶液解吸后进样，经气相色谱柱分离，氢火焰离子化检测器检测，以保留时间定性，峰高或峰面积定量。

2. 仪器条件

浸渍硅胶管：溶剂解吸型，内装 600mg/300mg 浸渍硅胶；气相色谱仪，具氢火焰离子化检测器；色谱柱：30m×0.32mm×0.5μm，FFAP；柱温为 80℃；气化室温度为 130℃；检测室温度为 150℃；载气(氮气)流量为 1mL/min；分流比为 20∶1。

3. 测定步骤

将前后段浸渍硅胶分别倒入两支溶剂解吸瓶中，加入 2.0mL 硫酸溶液(5%，体积分数)，封闭后解吸 30min，不时振摇。样品溶液供测定。

取 4～7 支顶空瓶，分别加入 0.0～0.40mL 甲酸标准溶液，各加硫酸溶液至 0.5mL，配成 0.0～200.0μg/mL 浓度范围的甲酸系列标准溶液。加 0.5mL 硫酸乙醇溶液(15%，体积分数，溶剂为 95%乙醇)。将顶空瓶放入(55±0.5)℃的水浴中加热 90min。参照仪器操作条件，将气相色谱仪调节至最佳测定状态，进样 0.10mL 顶空气，分别测定系列标准溶液各浓度的峰高或峰面积。以测得的峰高或峰面积与对应的甲酸浓度(μg/mL)绘制标准曲线。

取 0.50mL 样品溶液和样品空白溶液各两支置于顶空瓶中，加 0.5mL 硫酸乙醇溶液后，用测定系列标准溶液的操作条件测定。测得的峰高或峰面积值由标准曲线得样品溶液中甲酸的浓度(μg/mL)。按下式计算空气中甲酸的浓度：

$$c = \frac{(c_1 + c_2)V}{V_0 D}$$

式中，c 为空气中甲酸的浓度，mg/m^3；c_1、c_2 为测得的前后段样品溶液中甲酸的浓度(减去样品空白)，$\mu g/mL$；V 为样品溶液的体积，mL；V_0 为标准状态下的采样体积，L；D 为解吸效率，%。

4. 说明

本法的检出限为 $2.8\mu g/mL$，定量测定范围为 $9.3\sim200\mu g/mL$；按采集 4.5L 空气样品计，最低检出浓度为 $1.2mg/m^3$，最低定量浓度为 $4mg/m^3$；穿透容量(600mg 浸渍硅胶)为 2mg，平均采样效率为 100%，解吸效率为 76.9%～87.5%。

浸渍硅胶的制备方法：将经过常规处理的多孔硅胶，在 10.6g/L 碳酸钠溶液中浸泡 30min，倾去溶液，硅胶晾干后备用。

(二) 乙酸

工作场所空气中蒸气态的乙酸用溶剂解吸-气相色谱法测定。

1. 原理

空气中的蒸气态乙酸用硅胶采集，丙酮解吸后进样，经气相色谱柱分离，氢火焰离子化检测器检测，以保留时间定性，峰高或峰面积定量。

2. 仪器条件

气相色谱仪，具氢火焰离子化检测器；色谱柱：1.5m×3mm，FFAP：H_3PO_4：Chromosorb WAW DMCS = 3：0.5：100；柱温为 140℃；气化室温度为 200℃；检测室温度为 200℃；载气(氮气)流量为 50mL/min。

3. 测定步骤

将前后段硅胶分别倒入两支溶剂解吸瓶中，加 0.5mL 丙酮，封闭后解吸 30min，不时振摇。样品溶液供测定。

取 4～7 支容量瓶，用丙酮稀释标准溶液配成 0.0～2000.0$\mu g/mL$ 浓度范围的乙酸系列标准溶液。参照仪器操作条件，将气相色谱仪调节至最佳测定状态，进样 1.0μL，分别测定系列标准溶液各浓度的峰高或峰面积。以测得的峰高或峰面积与对应的乙酸浓度($\mu g/mL$)绘制标准曲线。

用测定系列标准溶液的操作条件测定样品溶液和样品空白溶液，以测得的峰高或峰面积值由标准曲线得样品溶液中乙酸的浓度($\mu g/mL$)。按下式计算空气中乙酸的浓度：

$$c = \frac{(c_1 + c_2)V}{V_0 D}$$

式中，c 为空气中乙酸的浓度，mg/m^3；c_1、c_2 为测得的前后段样品溶液中乙酸的浓度，$\mu g/mL$；V 为样品溶液的体积，mL；V_0 为标准状态下的采样体积，L；D 为解吸效率，%。

4. 说明

本法的检出限为 $35\mu g/mL$，定量测定范围为 $117\sim2000\mu g/mL$；以采集 4.5L 空气样品计，最低检出浓度为 $4mg/m^3$，最低定量浓度为 $13mg/m^3$；穿透容量(300mg 硅胶)为 2.4mg，平均采样效率为 100%，解吸效率为 79.6%～97.0%。

(三) 氯乙酸

工作场所空气中蒸气态氯乙酸用溶剂解吸-气相色谱法检测。

1. 原理

空气中的蒸气态氯乙酸用硅胶采集,水解吸后进样,经气相色谱柱分离,氢火焰离子化检测器检测,以保留时间定性,峰高或峰面积定量。

2. 仪器条件

与上述乙酸测定方法的仪器条件相同。

3. 测定步骤

将前后段硅胶分别倒入两支溶剂解吸瓶中,加 0.50mL 水,封闭后,解吸 30min,不时振摇。样品溶液供测定。

取 4～7 支容量瓶,用水稀释标准溶液成 0.0～80.0μg/mL 浓度范围的氯乙酸系列标准溶液。参照仪器操作条件,将气相色谱仪调节至最佳测定状态,进样 1.0μL,分别测定系列标准溶液各浓度的峰高或峰面积。以测得的峰高或峰面积对相应的氯乙酸浓度(μg/mL)绘制标准曲线。

用测定系列标准溶液的操作条件测定样品溶液和样品空白溶液,测得的峰高或峰面积值由标准曲线得样品溶液中氯乙酸的浓度(μg/mL)。按下式计算空气中氯乙酸的浓度:

$$c = \frac{(c_1 + c_2)V}{V_0 D}$$

式中,c 为空气中氯乙酸的浓度,mg/m³;c_1、c_2 为测得的前后段样品溶液中氯乙酸的浓度,μg/mL;V 为样品溶液的体积,mL;V_0 为标准状态下的采样体积,L;D 为解吸效率,%。

4. 说明

本法的检出限为 3.2μg/mL,定量测定范围为 10.7～80μg/mL;以采集 15L 空气样品计,最低检出浓度为 0.11mg/m³,最低定量浓度为 0.36mg/m³;穿透容量(300g 硅胶)为 4.9mg,平均采样效率为 100%,平均解吸效率为 99.9%。

四、酸酐的测定

(一) 乙酸酐

工作场所空气中蒸气态乙酸酐用溶剂解吸-气相色谱法检测。

1. 原理

空气中的蒸气态乙酸酐用活性炭采集,丙酮解吸后进样,经气相色谱柱分离,氢火焰离子化检测器检测,以保留时间定性,峰高或峰面积定量。

2. 仪器条件

气相色谱仪,具氢火焰离子化检测器。色谱柱:2m×4mm,Tenax;柱温为 135℃;气化室温度为 200℃;检测室温度为 200℃;载气(氮气)流量为 35mL/min。

3. 测定步骤

将前后段活性炭分别倒入两支溶剂解吸瓶中,加入 1.0mL 丙酮,封闭后解吸 30min,不时振摇。样品溶液供测定。

取 4～7 支容量瓶,用丙酮稀释标准溶液为 0.0～500.0μg/mL 浓度范围的乙酸酐系列标准溶液。参照仪器操作条件,将气相色谱仪调节至最佳测定状态,进样 1.0μL,分别测定系列标准溶液各浓度的峰高或峰面积。以测得的峰高或峰面积对相应的乙酸酐浓度(μg/mL)绘制标准曲线。

用测定系列标准溶液的操作条件测定样品溶液和样品空白溶液，测得的峰高或峰面积值由标准曲线得样品溶液中乙酸酐的浓度($\mu g/mL$)。按下式计算空气中乙酸酐的浓度：

$$c = \frac{(c_1 + c_2)V}{V_0 D}$$

式中，c 为空气中乙酸酐的浓度，mg/m^3；c_1、c_2 为测得的前后段样品溶液中乙酸酐的浓度，$\mu g/mL$；V 为样品溶液的体积，mL；V_0 为标准状态下的采样体积，L；D 为解吸效率，%。

4. 说明

本法的检出限为 $6\mu g/mL$，定量测定范围为 $20\sim500\mu g/mL$；以采集 3L 空气样品计，最低检出浓度为 $2mg/m^3$，最低定量浓度为 $7mg/m^3$；穿透容量(100mg 活性炭)$>4mg$，平均解吸效率$>90\%$。

(二) 马来酸酐

工作场所空气中蒸气态和雾态马来酸酐用溶液吸收-高效液相色谱法测定。

1. 原理

空气中的蒸气态和雾态马来酸酐用装有磷酸溶液的多孔玻板吸收管采集，直接进样，经 C_{18} 液相色谱柱分离，紫外检测器检测，以保留时间定性，峰高或峰面积定量。

2. 仪器条件

高效液相色谱仪，具紫外检测器，测定波长 254nm。

色谱柱：250mm×4.6mm×5μm，C_{18}；流动相：0.01%磷酸溶液(体积分数)；流动相流量：1mL/min。

3. 测定步骤

用吸收管中的样品溶液洗涤进气管内壁 3 次后，将样品溶液吹入具塞试管中，供测定。

取 4~7 支容量瓶，用磷酸溶液稀释标准溶液成 $0.0\sim15.0\mu g/mL$ 浓度范围的马来酸酐系列标准溶液。参照仪器操作条件，将高效液相色谱仪调节至最佳测定状态，进样 $10.0\mu L$，分别测定系列标准溶液各浓度的峰高或峰面积。以测得的峰高或峰面积对相应的马来酸酐浓度($\mu g/mL$)绘制标准曲线。

用测定系列标准溶液的操作条件测定样品溶液和样品空白溶液，以测得的峰高或峰面积值由标准曲线得样品溶液中马来酸酐的浓度($\mu g/mL$)。按下式计算空气中马来酸酐的浓度：

$$c = \frac{10c_0}{V_0}$$

式中，c 为空气中马来酸酐的浓度，mg/m^3；10 为样品溶液的体积，mL；c_0 为测得的样品溶液中马来酸酐的浓度(减去样品空白)，$\mu g/mL$；V_0 为标准状态下的采样体积，L。

4. 说明

本法的检出限为 $0.13\mu g/mL$，定量测定范围为 $0.43\sim15\mu g/mL$；以采集 15L 空气样品计，最低检出浓度为 $0.09mg/m^3$，最低定量浓度为 $0.3mg/m^3$；平均采样效率为 99.9%。

第六节　酯 的 监 测

低碳数酯为具有水果香味的无色液体。酯较难溶于水，易溶于多种有机溶剂。酯主要用作溶剂、香精、试剂以及人造革、染料和一些医药中间体的合成。酯类可经呼吸道、消化道、皮肤等途径侵入人体。对眼、鼻、咽喉有刺激作用，可引起流泪、呼吸困难、头痛、头晕、心悸、忧郁等症状。吸入高浓度酯类蒸气可引起麻醉、急性肺水肿、肝肾损害。持续大量吸入，可致呼吸麻痹。误服者可产生恶心、呕吐、腹痛、腹泻等症状。长期接触一些酯类物质可致角膜混浊、继发性贫血、白细胞增多等。

　　监测空气中酯类化合物的方法有溶剂解吸-气相色谱法、无泵型采样器-气相色谱法、溶剂解吸-高效液相色谱法等。

一、甲酸酯类、乙酸酯类和1,4-丁内酯的测定

(一) 溶剂解吸-气相色谱法

1. 原理

空气中的蒸气态甲酸酯类、乙酸酯类和 1,4-丁内酯用活性炭采集，溶剂解吸后进样，经气相色谱柱分离，氢火焰离子化检测器检测，以保留时间定性，以峰高或峰面积定量。

2. 仪器条件

气相色谱仪，具氢火焰离子化检测器。

色谱柱 1(用于甲酸酯类和乙酸酯类)：2m×3mm，FFAP：Chromosorb WAW DMCS=10：100；柱温 70℃；或采用程序升温：60℃保持 1min，以 4℃/min 升温至 100℃，保持 2min；气化室温度 180℃；检测室温度 180℃；载气(氮气)流量 30mL/min。

色谱柱 2(用于 1,4-丁内酯)：2m×4mm，聚二乙二醇己二酸酯：Chromosorb WAW DMCS=10：100；柱温 165℃；气化室温度 220℃；检测室温度 220℃；载气(氮气)流量 30mL/min。

色谱柱 3(用于甲酸甲酯和甲酸乙酯)：60m × 0.25mm × 1.00μm，DB-1(二甲基硅氧烷柱)；柱温 70℃；程序升温：初温 40℃，保持 2min，以 2℃/min 升温至 70℃，再以 10℃/min 升温到 160℃，保持 10min；气化室温度 250℃；检测室温度 300℃；载气(氮气)流量 1mL/min；分流比 20：1。

3. 测定步骤

取 4～7 支容量瓶，用解吸液(1,4-丁内酯用丙酮解吸，甲酸酯类和乙酸酯类用二硫化碳解吸)稀释标准溶液配成甲酸甲酯、甲酸乙酯、乙酸甲酯、乙酸乙酯、乙酸丙酯、乙酸丁酯、乙酸戊酯、1,4-丁内酯的系列标准溶液。参照仪器操作条件，将气相色谱仪调节至最佳测定状态，进样 1.0μL，测定各系列标准溶液。以测得的峰高或峰面积对相应的甲酸酯类、乙酸酯类和 1,4-丁内酯浓度(μg/mL)绘制标准曲线。

将采过样的前后段活性炭分别倒入两支溶剂解吸瓶中，各加入 1.0mL 相应的解吸液，封闭后解吸 60min，不时振摇。用测定系列标准溶液的操作条件测定样品和空白对照解吸液，测得的样品峰高或峰面积值减去空白对照的相应值后，由标准曲线得甲酸酯类、乙酸酯类和 1,4-丁内酯的浓度(μg/mL)。按下式计算空气中甲酸酯类、乙酸酯类和 1,4-丁内酯的浓度：

$$c = \frac{(c_1 + c_2)V}{V_0 D}$$

式中，c 为空气中甲酸酯类、乙酸酯类和 1,4-丁内酯的浓度，mg/m^3；c_1、c_2 为测得的前后段活性炭解吸液中甲酸酯类、乙酸酯类和 1,4-丁内酯的浓度，μg/mL；V 为解吸液的体积，mL；V_0 为标准状态下的采样体积，L；D 为解吸效率，%。

4. 说明

本法的检出限、测定范围、最低检出浓度(以采集 1.5L 空气样品计)、穿透容量(100mg 活性炭)和平均解吸效率列于表 5-16。

表 5-16 溶剂吸附-气相色谱法测定酯的性能指标

化合物	检出限/(μg/mL)	测定范围/(μg/mL)	最低检出浓度/(mg/m³)	穿透容量/mg	平均解吸效率/%
甲酸甲酯	1.4	1.4～300	0.93	2.1	>93.6
甲酸乙酯	1.3	1.3～300	0.87	8.4	>96.9
乙酸甲酯	0.4	0.4～1000	0.27	2.9	>97.2
乙酸乙酯	0.4	0.4～3000	0.27	14.6	>97.2
乙酸丙酯	0.5	0.5～3000	0.33	24.5	>97.2
乙酸丁酯	0.4	0.4～3000	0.27	32.1	>97.2
乙酸戊酯	0.2	0.2～1000	0.13	21.0	>97.2
1,4-丁内酯	5	5～2000	3.3	1.2	>94.4

本方法也适用于测定空气中的乙酸异丁酯和乙酸异戊酯。主要区别在于，采样后的活性炭管用二硫化碳解吸后，用另外一种色谱柱(2m×3mm，FFAP：Chromosorb WAW=10：100)进行分离测定。

(二) 无泵型采样器-气相色谱法

1. 原理

本法适用于工作场所空气中乙酸乙酯的测定。其原理是空气中的乙酸乙酯用无泵型采样器采集，二硫化碳解吸后进样，经色谱柱分离，氢火焰离子化检测器检测，以保留时间定性，以峰高或峰面积定量。

2. 仪器条件

色谱柱：2m×4mm，FFAP：Chromosorb WAW(或 101 酸洗白色担体)=10：100；柱温 60℃；气化室温度 150℃；检测室温度 150℃；载气(氮气)流量 15mL/min。

3. 测定步骤

用二硫化碳稀释标准溶液配制乙酸乙酯系列标准溶液。参照仪器操作条件，将气相色谱仪调节至最佳测定状态，进样 1.0μL，测定系列标准溶液。每个浓度重复测定三次。以测得的峰高或峰面积均值对乙酸乙酯浓度(μg/mL)绘制标准曲线。

将采过样的活性炭片放入溶剂解吸瓶中，加入 5.0mL 二硫化碳，封闭后，不时振摇，解吸 30min，摇匀，解吸液供测定。用测定系列标准溶液的操作条件测定样品和空白对照的解吸液。测得的样品峰高或峰面积值减去空白对照的相应值后，由标准曲线得乙酸乙酯的浓度(μg/mL)。按下式计算空气中乙酸乙酯的浓度：

$$\rho = \frac{5c}{DV_{nd}}$$

式中，ρ 为空气中乙酸乙酯的浓度，mg/m³；c 为测得活性炭片解吸液中乙酸乙酯的浓度，μg/mL；5 为解吸液的总体积，mL；V_{nd} 为标准状态下的采样体积，L；D 为解吸效率，%。

4. 说明

本法的检出限为 4μg/mL，最低检出浓度为 2.4mg/m³(以采样 2h 计)，测定范围为 2.4～686mg/m³。最大吸附容量>45mg，平均解吸效率为 94%。

二、丙烯酸酯类的测定

工作场所空气中蒸气态丙烯酸甲酯、丙烯酸乙酯、丙烯酸丙酯、丙烯酸丁酯和丙烯酸戊酯的检测方法包括溶剂解吸-气相色谱法和热解吸-气相色谱法。

(一) 溶剂解吸-气相色谱法

1. 原理

空气中的蒸气态丙烯酸酯类(丙烯酸甲酯、丙烯酸乙酯、丙烯酸丙酯、丙烯酸丁酯和丙烯酸戊酯)用活性炭采集，二硫化碳解吸后进样，经气相色谱柱分离，氢火焰离子化检测器检测，以保留时间定性，以峰高或峰面积值定量。

2. 仪器条件

色谱柱：30m×0.32mm×0.5μm，FFAP；柱温 100℃；或程序升温：初温 40℃，保持 1min，以 10℃/min 升至 100℃，再以 20℃/min 升至 200℃，保持 1min；气化室温度为 200℃；检测室温度为 230℃；载气(氮气)流量为 1mL/min；分流比为 10：1。

3. 测定步骤

将前后段活性炭分别倒入两支溶剂解吸瓶中。各加入 1.0mL 二硫化碳，封闭后解吸 30min，不时振摇。样品溶液供测定。

取 4～7 支容量瓶，用二硫化碳稀释标准溶液成 0.0～500.0μg/mL 浓度范围的待测物系列标准溶液。参照仪器操作条件，将气相色谱仪调节至最佳测定状态。进样 1.0μL，分别测定系列标准溶液各浓度的峰高或峰面积。以测得的峰高或峰面积对相应的待测物浓度绘制标准曲线。

用测定系列标准溶液的操作条件测定样品溶液和样品空白溶液。测得的峰高或峰面积值由标准曲线得样品溶液中待测物的浓度。若样品溶液中待测物的浓度超过测定范围，用二硫化碳稀释后测定，计算时乘以稀释倍数。按下式计算空气中待测物的浓度：

$$c = \frac{(c_1 + c_2)V}{V_0 D}$$

式中，c 为空气中待测物的浓度，mg/m³；c_1、c_2 为测得的前后段样品溶液中待测物的浓度，μg/mL；V 为样品溶液的体积，mL；V_0 为标准状态下的采样体积，L；D 为解吸效率，%。

4. 说明

本法的检出限、定量测定范围、最低检出浓度、最低定量浓度(以采集 1.5L 空气样品计)、穿透容量(100mg 活性炭)和解吸效率见表 5-17。应测定每批活性炭管的解吸效率。

表 5-17　溶剂解吸-气相色谱法测定丙烯酸酯类的性能指标

性能指标	丙烯酸甲酯	丙烯酸乙酯	丙烯酸丙酯	丙烯酸丁酯	丙烯酸戊酯
检出限/(μg/mL)	0.7	0.5	0.4	0.3	0.3
定量测定范围/ (μg/mL)	2.3～500	1.6～500	1.4～500	0.9～500	0.9～500
最低检出浓度/ (mg/m³)	0.5	0.3	0.3	0.2	0.2

续表

性能指标	丙烯酸甲酯	丙烯酸乙酯	丙烯酸丙酯	丙烯酸丁酯	丙烯酸戊酯
最低定量浓度/(mg/m³)	1.6	1.1	0.9	0.6	0.6
穿透容量/mg	2.92	14.6	24.5	32.1	21
解吸效率/%			89~95		

本方法的色谱分离图见图 5-28。

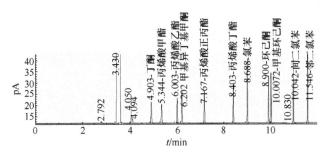

图 5-28　丙烯酸酯类的色谱分离图

(二) 热解吸-气相色谱法

1. 原理

空气中的丙烯酸甲酯用硅胶采集，热解吸后进样，经气相色谱柱分离，氢火焰离子化检测器检测，以保留时间定性，以峰高或峰面积定量。

2. 仪器条件

色谱柱：30m×0.32mm×0.5μm，FFAP；柱温 100℃；或程序升温：初温 40℃，保持 5min，以 10℃/min 升至 150℃，保持 1min；气化室温度为 200℃；检测室温度为 230℃；载气(氮气)流量为 1mL/min；分流比为 10∶1。

3. 测定步骤

将硅胶管放入热解吸器中，其进气口端与 100mL 注射器相连，另一端与载气(氮气)相连。载气流量为 50mL/min，于 180℃解吸至 100.0mL。样品解吸气供测定用。

取 4~7 支 100mL 气密式玻璃注射器，用清洁空气稀释标准气成 0.0~0.50μg/mL 浓度范围的丙烯酸甲酯系列标准溶液。参照仪器操作条件，将气相色谱仪调节至最佳测定状态。进样 0.50mL，分别测定系列标准溶液各浓度的峰高或峰面积。以测得的峰高或峰面积对相应的丙烯酸甲酯浓度绘制标准曲线。

用测定系列标准溶液的操作条件测定样品气和样品空白气。以测得的峰高或峰面积值由标准曲线得样品解吸气中丙烯酸甲酯的浓度。若样品气中待测物的浓度超过测定范围，用清洁空气稀释后测定，计算时乘以稀释倍数。按下式计算空气中丙烯酸甲酯的浓度：

$$c = \frac{c_0}{V_0 D} \times 100$$

式中，c 为空气中丙烯酸甲酯的浓度，mg/m³；c_0 为测得的样品气中丙烯酸甲酯的浓度，μg/mL；100 为样品气的体积，mL；V_0 为标准状态下的采样体积，L；D 为解吸效率，%。

4. 说明

本法的检出限为 0.014μg/mL，定量测定范围为 0.046～0.50μg/mL。以采集 1.5L 空气样品计，最低检出浓度为 0.9mg/m³，最低定量浓度为 3mg/m³。穿透容量(200mg 硅胶)为 1.7mg，解吸效率为 93%～97%。应测定每批硅胶管的解吸效率。

本法可以同时测定丙烯酸甲酯、丙烯酸乙酯、丙烯酸丙酯、丙烯酸丁酯和丙烯酸戊酯。

三、甲基丙烯酸酯类的测定

(一) 甲基丙烯酸甲酯

工作场所空气中蒸气态的甲基丙烯酸甲酯用直接进样-气相色谱法测定。

1. 原理

空气中的蒸气态甲基丙烯酸甲酯用采气袋采集，直接进样，经气相色谱柱分离，氢火焰离子化检测器检测，以保留时间定性，以峰高或峰面积定量。

2. 仪器条件

气相色谱仪，具氢火焰离子化检测器；色谱柱：30m×0.32mm×0.5μm，FFAP；柱温 100℃；气化室温度 200℃；检测室温度 250℃；载气(氮气)流量 1mL/min；分流比 10∶1。

3. 测定步骤

取 4～7 支 100mL 气密式玻璃注射器，用清洁空气稀释标准气成 0.0～1.50μg/mL 浓度范围的甲基丙烯酸甲酯的系列标准溶液。参照仪器操作条件，将气相色谱仪调节至最佳测定状态，进样 0.50mL，分别测定系列标准溶液各浓度的峰高或峰面积。以测得的峰高或峰面积对相应的甲基丙烯酸甲酯浓度(μg/mL)绘制标准曲线。

用测定系列标准溶液的操作条件测定样品气和样品空白气。测得的峰高或峰面积由标准曲线得样品气中甲基丙烯酸甲酯的浓度(μg/mL)。按下式计算空气中甲基丙烯酸甲酯的浓度：

$$c = c_0 \times 1000$$

式中，c 为空气中甲基丙烯酸甲酯的浓度，mg/m³；c_0 为测得的样品气中甲基丙烯酸甲酯的浓度(减去样品空白)，μg/mL。

4. 说明

本法的检出限为 0.001μg/mL，定量测定范围为 0.003～1.50μg/mL，最低检出浓度为 1mg/m³，最低定量浓度为 3mg/m³。

(二) 甲基丙烯酸正丁酯

工作场所空气中蒸气态的甲基丙烯酸正丁酯以溶剂解吸-气相色谱法测定。

1. 原理

空气中蒸气态的甲基丙烯酸正丁酯用活性炭管采集，二硫化碳解吸后进样，经气相色谱柱分离，氢火焰离子化检测器检测，以保留时间定性，以峰高或峰面积定量。

2. 仪器条件

气相色谱仪，具氢火焰离子化检测器；色谱柱：30m×0.32mm×0.25μm，FFAP；柱温 120℃；气化室温度 200℃；检测室温度 200℃；载气(氮气)流量 5mL/min；分流比 2∶1。

3. 测定步骤

将前后段活性炭分别倒入两支溶剂解吸瓶中，各加入 1.0mL 二硫化碳，封闭后解吸 30min，不时振摇。样品溶液供测定。

取4~7支容量瓶,用二硫化碳稀释标准溶液成0.0~500.0μg/mL浓度范围的甲基丙烯酸正丁酯的系列标准溶液。参照仪器操作条件,将气相色谱仪调节至最佳测定状态。进样1.0μL,分别测定系列标准溶液各浓度的峰高或峰面积。以测得的峰高或峰面积值对相应的甲基丙烯酸正丁酯浓度(μg/mL)绘制标准曲线。

用测定系列标准溶液的操作条件测定样品溶液和样品空白溶液,测得的峰高或峰面积由标准曲线得样品溶液中甲基丙烯酸正丁酯的浓度(μg/mL)。按下式计算空气中甲基丙烯酸正丁酯的浓度:

$$c = \frac{(c_1 + c_2)V}{V_0 D}$$

式中,c为空气中甲基丙烯酸正丁酯的浓度,mg/m³;c_1、c_2为测得的前后段样品溶液中甲基丙烯酸正丁酯的浓度,μg/mL;V为样品溶液的体积,mL;V_0为标准状态下的采样体积,L;D为解吸效率,%。

4. 说明

本法的检出限为0.4μg/mL,定量测定范围为1.4~500μg/mL;以采集3L空气样品计,最低检出浓度为0.1mg/m³,最低定量浓度为0.33mg/m³;穿透容量(100mg活性炭)为18.8mg,采样效率为99.8%~100%,解吸效率为94.3%~97.6%。

(三) 甲基丙烯酸缩水甘油酯

工作场所空气中蒸气态的甲基丙烯酸缩水甘油酯用溶液吸收-气相色谱法测定。

1. 原理

空气中蒸气态的甲基丙烯酸缩水甘油酯用装有环己烷的大气泡吸收管采集,直接进样,经气相色谱柱分离,氢火焰离子化检测器检测,以保留时间定性,以峰高或峰面积定量。

2. 仪器条件

气相色谱仪,具氢火焰离子化检测器;色谱柱:20m×0.2mm×0.2μm,OV-101;柱温90℃;气化室温度200℃;检测室温度200℃;载气(氮气)流量5mL/min。

3. 测定步骤

用大气泡吸收管中的样品溶液洗涤进气管内壁3次后,将样品溶液倒入具塞刻度试管中。用少量环己烷洗涤吸收管,洗涤液倒入具塞刻度试管中,再稀释至5.0mL,供测定。

取4~7支容量瓶,用环己烷稀释标准溶液成0.0~500.0μg/mL浓度范围的甲基丙烯酸缩水甘油酯系列标准溶液。参照仪器操作条件,将气相色谱仪调节至最佳测定状态,进样2.0μL,分别测定系列标准溶液各浓度的峰高或峰面积。以测得的峰高或峰面积对相应的甲基丙烯酸缩水甘油酯浓度(μg/mL)绘制标准曲线。

用测定系列标准溶液的操作条件测定样品溶液和样品空白溶液,测得的峰高或峰面积值由标准曲线得样品溶液中甲基丙烯酸缩水甘油酯的浓度(μg/mL)。按下式计算空气中甲基丙烯酸缩水甘油酯的浓度:

$$c = \frac{c_0 V}{V_0}$$

式中,c为空气中甲基丙烯酸缩水甘油酯的浓度,mg/m³;c_0为测得的样品溶液中甲基丙烯酸缩水甘油酯的浓度，μg/mL；V 为样品溶液的体积，mL；V_0 为标准状态下的采样体积，L。

4. 说明

本法的检出限为 1.6μg/mL，定量测定范围为 5.3～500μg/mL；以采集 7.5L 空气样品计，最低检出浓度为 1mg/m³，最低定量浓度为 3.5mg/m³。

四、硫酸二甲酯的测定

工作场所空气中蒸气态的硫酸二甲酯用溶剂解吸-高效液相色谱法测定。

1. 原理

空气中蒸气态硫酸二甲酯用硅胶采集，丙酮解吸后，在碱性加热的条件下与对硝基苯酚反应生成对硝基茴香醚。经液相色谱柱分离，用紫外检测器检测。以保留时间定性，以峰面积定量。

2. 仪器条件

高效液相色谱仪，具紫外检测器，测定波长 305nm；色谱柱：25cm×4.6mm×5μm，C₁₈；柱温 55℃；流动相：甲醇∶水=50∶50(V/V)；流动相流量 1mL/min。

3. 测定步骤

将采过样的前后段硅胶分别倒入两支具塞试管中，各加入 2.0mL 丙酮，封闭后不时振摇，解吸 30min。然后各加入 400mg 对硝基苯酚和 8mL 氢氧化钠溶液(12g/L)，混匀，供测定。

取 4～7 支具塞试管，分别加入 0.0～1.50mL 硫酸二甲酯标准溶液，用丙酮稀释至 2mL，配成 0.0～150.0μg/mL 浓度范围的硫酸二甲酯系列标准溶液。向各管分别加入 100mg 硅胶、400mg 对硝基苯酚和 8mL 氢氧化钠溶液，充分混匀。在 40℃水浴中保温 1h，取出冷却后定量转移至分液漏斗中，加入 10.0mL 乙醚，萃取 3min，静置分层。参照仪器操作条件，将高效液相色谱仪调节至最佳测定状态，取 5μL 乙醚提取液进样。分别测定系列标准溶液各浓度的峰面积。以测得的峰面积对相应的硫酸二甲酯浓度(μg/mL)绘制工作曲线。

用测定系列标准溶液的操作条件，萃取和测定样品溶液和样品空白溶液。测得的样品峰面积值减去空白对照的峰面积值后，由标准曲线得样品溶液中硫酸二甲酯的浓度(μg/mL)。按下式计算空气中硫酸二甲酯的浓度：

$$c = \frac{2(c_1 + c_2)}{V_0 D}$$

式中，c 为空气中硫酸二甲酯的浓度，mg/m³；c_1、c_2 为测得的前后段样品溶液中硫酸二甲酯的浓度，μg/mL；2 为样品溶液的体积，mL；V_0 为标准状态下的采样体积，L；D 为解吸效率，%。

4. 说明

本法的检出限为 0.2μg/mL，定量测定范围为 0.7～150μg/mL；以采集 4.5L 空气样品计，最低检出浓度为 0.09mg/m³，最低定量浓度为 0.3mg/m³；100mg 硅胶的穿透容量为 0.63mg，解吸效率≥85.0%。

五、二苯基甲烷二异氰酸酯的测定

(一) 浸渍滤纸采集-高效液相色谱法

1. 原理

空气中二苯基甲烷二异氰酸酯(MDI)与浸渍滤纸上的 1-(2-吡啶基)哌嗪(1-2PP)反应生成

MDI-脲衍生物而被吸附于滤纸上，经洗脱、过滤后，用高效液相色谱仪测定，以保留时间定性，以峰高或峰面积定量。

2. 仪器条件

浸渍滤纸：在通风柜中将玻璃纤维滤纸平铺于干净的平面载体上，向滤纸中心滴加 0.50mL 1-2PP 溶液 A(2.0mg/mL，溶于二氯甲烷)，溶液应浸透整张滤纸，放置 30min 后，置于密闭避光容器中保存。2～8℃环境中可保存一个月。

高效液相色谱仪须配备紫外检测器或二极管阵列检测器；色谱柱：C_{18}，250mm×4.6mm×5μm；流动相：乙腈-乙酸铵溶液(500mL 乙腈加入 500mL 0.02mol/L 乙酸铵溶液)，流量为 1.0mL/min；测定波长为 254nm；柱温为 30℃；进样量为 20μL。

3. 测定步骤

采样后打开采样夹，取出滤纸，接尘面朝里对折两次，放入预装有 4 mL 洗脱液(二甲基亚砜的乙腈溶液，体积比为 1∶9)的具塞刻度试管中。室温下将具塞刻度试管中样品振荡洗脱 10min，经针式过滤器过滤，滤液供测定。

取 6 支容量瓶，各加 0.10 mL 1-2PP 溶液 B(10.0mg/mL，溶于乙腈)，用微量注射器加入 0～100μL 标准溶液，振荡 30s 后，用洗脱液定容至 5mL，配成 0.00～2.00 μg/mL MDI 的系列标准溶液。参照仪器操作条件，将高效液相色谱仪调节至最佳测定状态，分别测定系列标准溶液各浓度的峰高或峰面积。以测得的峰高或峰面积对相应的 MDI 浓度(μg/mL)绘制标准曲线。

用测定系列标准溶液的操作条件测定样品和样品空白的滤液。测得的峰高或峰面积值由标准曲线得样品滤液中 MDI 的浓度(μg/mL)。按下式计算空气中 MDI 的浓度：

$$c = \frac{4c_0}{V_0 D}$$

式中，c 为空气中 MDI 的浓度，mg/m³；c_0 为测得样品滤液中 MDI 的浓度，μg/mL；4 为洗脱液的体积，mL；V_0 为标准状态下的采样体积，L；D 为洗脱效率，%。

4. 说明

本法中 MDI 的检出限为 0.0032 μg/mL，定量测定范围为 0.011～2.00μg/mL；以采集 15 L 空气样品计，最低检出浓度为 0.0009mg/m³，最低定量浓度为 0.0029mg/m³。

本法对蒸气态和粒径<2μm 的气溶胶态 MDI 的采集效率较高(>90%)，此情形下可长时间采样 1～4h；对粒径>2μm 的气溶胶态 MDI 在某些情形下采集效率较低，例如，粒径>10μm 的 MDI 气溶胶与浸渍滤纸撞击后被截留，裹于其中的 MDI 可能无法与 1-2PP 充分反应，长时间采样时由于脱落或与空气中其他物质反应而损失，此情形下长时间采样的采样时间应≤1h。若无法判断 MDI 的存在状态，长时间采样的采样时间也应≤1 h。

(二) 溶液吸收-气相色谱法

本法适用于工作场所空气中气溶胶态和蒸气态 MDI 和甲苯二异氰酸酯(TDI)的测定。

1. 原理

空气中气溶胶态和蒸气态的 MDI 和 TDI 用装有酸溶液的冲击式吸收管采集，分别水解生成 4,4'-二氨基二苯基甲烷(MDA)和甲苯二胺(TDA)。在碱性条件下用甲苯萃取，经七氟丁酸酐衍生后，取甲苯萃取液进样，经气相色谱柱分离，电子捕获检测器检测，以保留时间定性，以峰高或峰面积定量。

2. 仪器条件

气相色谱仪, 具电子捕获检测器; 色谱柱: 2m×4mm, OV-17: QF-1: Chromosorb WAW DMCS = 2: 1.5: 100。

MDI 的仪器操作条件: 柱温 230℃; 气化室温度 290℃; 检测室温度 290℃; 载气(氮气)流量 100mL/min。

TDI 的仪器操作条件: 柱温 180℃; 气化室温度 270℃; 检测室温度 270℃; 载气(氮气)流量 100mL/min。

3. 测定步骤

用酸溶液 A(用水稀释 3.5mL 盐酸和 4.4mL 冰乙酸至 100mL)采集 MDI, 用酸溶液 B(用水稀释 3.5mL 盐酸和 2.2mL 冰乙酸至 100mL)采集 TDI。样品采集完毕后, 用吸收管中的样品溶液洗涤进气管内壁 3 次。前后管各取 2.0mL 样品溶液置于 2 支具塞离心管中。各加 2mL 氢氧化钠溶液(450g/L), 待冷却后加 2.0mL 甲苯, 在液体快速混匀器上振摇 3min, 放置 10min。取 1.50mL 甲苯萃取液, 移入另一干燥的具塞离心管中, 加 25μL 七氟丁酸酐, 振摇 2min, 放置 5min。加 1mL 磷酸二氢钾缓冲液(136g/L, pH=7), 振摇 2min 以除去过剩的七氟丁酸酐。放置 2min, 将甲苯萃取液转移入另一具塞离心管中, 供测定。

取 4~7 支干燥的具塞离心管, 分别加入 0.0~2.0mLMDA 和 TDA 标准溶液, 用甲苯稀释至 2.0mL, 配制成 0.0~0.20μg/mL 浓度范围的 MDA 系列标准溶液, 0.0~0.060μg/mL 浓度范围的 TDA 系列标准溶液。各管加 30μL 七氟丁酸酐, 其余操作同样品处理, 得甲苯萃取液。参照仪器操作条件, 将气相色谱仪调节至最佳测定状态, 进样 1.0μL 甲苯萃取液, 分别测定系列标准溶液各浓度的峰高或峰面积。以测得的峰高和峰面积对相应的 MDA 和 TDA 浓度(μg/mL)绘制标准曲线。

用测定系列标准溶液的操作条件测定样品和样品空白的甲苯萃取液, 测得的峰高或峰面积值由标准曲线得甲苯萃取液中 MDA 和 TDA 的浓度(μg/mL)。按下式计算空气中 MDI 和 TDI 的浓度:

$$c = \frac{10(c_1 + c_2)}{V_0} \times K$$

式中, c 为空气中 MDI 和 TDI 的浓度, mg/m³; 10 为样品溶液的体积, mL; c_1、c_2 为测得的样品前后吸收管甲苯萃取液中 MDA 和 TDA 的浓度, μg/mL; V_0 为标准状态下的采样体积, L; K 为 MDA 和 TDA 分别换算成 MDI 和 TDI 的系数, 分别为 1.26 和 1.43。

4. 说明

本法的检出限、定量测定范围、最低检出浓度、最低定量浓度(以采集 45L 空气样品计)、平均采样效率和萃取效率见表 5-18。

表 5-18 溶液吸收-气相色谱法测定 MDI 和 TDI 的性能指标

性能指标	TDI	MDI
检出限/(μg/mL)	0.001	0.0034
定量测定范围/(μg/mL)	0.003~0.06	0.011~0.10
最低检出浓度/(mg/m³)	0.0002	0.0008
最低定量浓度/(mg/m³)	0.0007	0.0024
平均采样效率/%	91.9	89.3
萃取效率/%	95.9~100.5	95.9~100.5

六、甲苯二异氰酸酯的测定

工作场所空气中 TDI 的浓度用浸渍滤纸采集-高效液相色谱法测定。

1. 原理

空气中 TDI 与浸渍滤纸上的 1-2PP 反应生成 TDI-脲衍生物而被吸附于滤纸上。经洗脱、过滤后，用高效液相色谱仪测定，以保留时间定性，以峰高或峰面积定量。

2. 仪器条件

浸渍滤纸：与前述 MDI 的测定方法相同，其他分析条件也基本相同。唯一的差别在于流动相。本法的流动相：乙腈∶乙酸铵溶液(0.02 mol/L)=40∶60(体积比)。

3. 测定步骤

取 6 支容量瓶，各加 0.10 mL 1-2PP 溶液 B(10.0 mg/mL，溶于乙腈)，用微量注射器加入 0~100μL 混合标准溶液，振荡 30s 后，用洗脱液定容至 5 mL，配成 0.00~5.00μg/mL 2,4-TDI 和 2,6-TDI 的混合系列标准溶液。参照仪器操作条件，将高效液相色谱仪调节至最佳测定状态，分别测定混合系列标准溶液各浓度的峰高或峰面积。以测得的峰高或峰面积对相应的 2,4-TDI 或 2,6-TDI 浓度(μg/mL)绘制标准曲线。

本法的样品前处理步骤同前述 MDI 的测定方法。用测定系列标准溶液的操作条件测定样品和样品空白的滤液。测得的峰高或峰面积值由标准曲线得样品滤液中 2,4-TDI 或 2,6-TDI 的浓度(μg/mL)。按下式计算空气中 TDI 的浓度：

$$c = \frac{4(c_1 + c_2)}{V_0 D}$$

式中，c 为空气中 TDI 的浓度，mg/m³；c_1、c_2 分别为测得样品滤液中 2,4-TDI 和 2,6-TDI 的浓度，μg/mL；4 为洗脱液的体积，mL；V_0 为标准状态下的采样体积，L；D 为洗脱效率，%。

4. 说明

本法中 2,4-TDI 和 2,6-TDI 的检出限均为 0.003μg/mL，定量测定范围为 0.01~5.00μg/mL；以采集 15L 空气样品计，最低检出浓度为 0.0008mg/m³，最低定量浓度为 0.0027mg/m³。

本法对蒸气态和粒径<2μm 的气溶胶态 TDI 的采集效率较高(>90%)，此情形下可长时间采样 1~4h；对粒径>2μm 的气溶胶态 TDI 在某些情形下采集效率较低，如粒径>10μm 的 TDI 气溶胶与浸渍滤纸撞击后被截留，裹于其中的 TDI 可能无法与 1-2PP 充分反应，长时间采样时由于脱落或与空气中其他物质反应而损失，此情形下长时间采样的采样时间应≤1h。若无法判断 TDI 的存在状态，长时间采样的采样时间也应≤1h。

七、异佛尔酮二异氰酸酯的测定

工作场所空气中的异佛尔酮二异氰酸酯(IPDI)用溶剂洗脱-高效液相色谱法测定。

1. 原理

空气中的气溶胶态和蒸气态 IPDI 用浸渍滤纸采集，与吡啶哌嗪反应生成 IPDI-脲，用乙酸铵-甲醇溶液洗脱后，经 C18 液相色谱柱分离，紫外检测器检测，以保留时间定性，以峰高或峰面积定量。

2. 仪器条件

浸渍滤纸：在通风柜内，迅速向超细玻璃纤维滤纸加 0.5mL 吡啶哌嗪-二氯甲烷溶液(0.80g/L)，浸透整张滤纸，放置 5min 略干，密闭于容器内，置冰箱可保存较长时间。

高效液相色谱仪，具紫外检测器，测定波长 310nm 或 254nm；色谱柱：250mm×4.6mm×5μm，C$_{18}$；柱温：室温；流动相：乙酸铵-甲醇溶液(22mmol/L)；流动相流量 1mL/min。

3. 测定步骤

向装有浸渍滤纸的具塞刻度试管中加入 5.0mL 洗脱液，封闭后洗脱 30min，不时振摇。样品溶液用针头式过滤器过滤后供测定。

取 4~7 支容量瓶，用洗脱液稀释标准溶液成 0.0~0.40μg/mL 浓度范围的 IPDI 系列标准溶液。参照仪器操作条件，将高效液相色谱仪调节至最佳测定状态，进样 25.0μL，分别测定系列标准溶液各浓度的峰高或峰面积。以测得的峰高或峰面积对相应的 IPDI 浓度(μg/mL)绘制标准曲线。

用测定系列标准溶液的操作条件测定样品溶液和样品空白溶液，测得的峰高或峰面积值由标准曲线得样品溶液中 IPDI 的浓度(μg/mL)。按下式计算空气中 IPDI 的浓度：

$$c = \frac{5c_0}{V_0}$$

式中，c 为空气中 IPDI 的浓度，mg/m^3；5 为样品溶液的体积，mL；c_0 为测得样品溶液中 IPDI 的浓度，μg/mL；V_0 为标准状态下的采样体积，L。

4. 说明

本法的检出限为 0.013μg/mL，定量测定范围为 0.04~0.4μg/mL；以采集 15L 空气样品计，最低检出浓度为 0.0043mg/m^3，最低定量浓度为 0.014mg/m^3；平均采样效率为 98.8%，平均洗脱效率为 98.3%。

八、三甲苯磷酸酯的测定

工作场所空气中气溶胶态的三甲苯磷酸酯用溶剂洗脱-紫外分光光度法测定。

1. 原理

空气中气溶胶态的三甲苯磷酸酯用超细玻璃纤维滤纸采集，乙醇洗脱，碱性水解成甲酚，用紫外分光光度计在 238nm 波长下测量吸光度，进行定量。

2. 测定步骤

向装有超细玻璃纤维滤纸的具塞比色管中加入 5.0mL 乙醇，振摇 150 次左右，取 2.0mL 样品溶液置于另一支具塞比色管中，供测定。

取 5~8 支具塞比色管，分别加入 0.0~1.0mL 标准溶液，各加乙醇至 2.0mL，配成 0.0~50.0μg/mL 浓度范围的三甲苯磷酸酯系列标准溶液。各管加入 3mL 氢氧化钾溶液(10g/L)，置 60℃水浴中水解 30min。取出冷却后，用紫外分光光度计在波长 238nm 下，分别测定系列标准溶液各浓度的吸光度。以测得的吸光度对相应的三甲苯磷酸酯浓度(μg/mL)绘制标准曲线。

用测定系列标准溶液的操作条件测定样品溶液和样品空白溶液，测得的吸光度值由标准曲线得样品溶液中三甲苯磷酸酯的浓度(μg/mL)。按下式计算空气中三甲苯磷酸酯的浓度：

$$c = \frac{5c_0}{V_0 D}$$

式中，c 为空气中三甲苯磷酸酯的浓度，mg/m^3；5 为样品溶液的体积，mL；c_0 为测得的样品溶液中三甲苯磷酸酯的浓度，μg/mL；V_0 为标准状态下的采样体积，L；D 为洗脱效率，%。

3. 说明

本法的定量测定范围为 2~50μg/mL；以采集 75L 空气样品计，最低定量浓度为

0.13mg/m³。

三甲苯磷酸酯的最大吸收波长为 265nm，可以不经氢氧化钾水解直接测定，但灵敏度较水解后的低。

九、氯乙酸酯的测定

工作场所空气中蒸气态的氯乙酸甲酯和氯乙酸乙酯用溶剂解吸-气相色谱法检测。

1. 原理

空气中的蒸气态氯乙酸甲酯和氯乙酸乙酯用活性炭采集，二硫化碳解吸后进样，经气相色谱柱分离，氢火焰离子化检测器检测，以保留时间定性，以峰高或峰面积定量。

2. 仪器条件

气相色谱仪，具氢火焰离子化检测器；色谱柱：30m×0.32mm×0.25μm，FFAP；柱温 110℃；气化室温度 230℃；检测室温度 250℃；载气(氮气)流量 1mL/min；分流比 20∶1。

3. 测定步骤

将前后段活性炭分别倒入两支溶剂解吸瓶中，各加入 1.0mL 二硫化碳，封闭后解吸 30min，不时振摇。样品溶液供测定。

取 4～7 支容量瓶，用二硫化碳稀释标准溶液成 0.0～40.0μg/mL 浓度范围的氯乙酸甲酯或氯乙酸乙酯系列标准溶液。参照仪器操作条件，将气相色谱仪调节至最佳测定状态，进样 1.0μL，分别测定系列标准溶液各浓度的峰高或峰面积。以测得的峰高或峰面积对相应的氯乙酸甲酯和氯乙酸乙酯浓度(μg/mL)绘制标准曲线。

用测定系列标准溶液的操作条件测定样品溶液和样品空白溶液，测得的峰高或峰面积值由标准曲线得样品溶液中氯乙酸甲酯和氯乙酸乙酯的浓度(μg/mL)。按下式计算空气中氯乙酸甲酯和氯乙酸乙酯的浓度：

$$c = \frac{(c_1 + c_2)V}{V_0 D}$$

式中，c 为空气中氯乙酸甲酯和氯乙酸乙酯的浓度，mg/m³；c_1、c_2 为测得的前后段样品溶液中氯乙酸甲酯和氯乙酸乙酯的浓度，μg/mL；V 为样品溶液的体积，mL；V_0 为标准状态下的采样体积，L；D 为解吸效率，%。

4. 说明

本法的检出限、定量测定范围、最低检出浓度、最低定量浓度(以采集 3L 空气样品计)、穿透容量(100mg 活性炭)、平均采样效率和平均解吸效率见表 5-19。

表 5-19　溶剂解吸-气相色谱法测定氯乙酸酯的性能指标

性能指标	氯乙酸甲酯	氯乙酸乙酯
检出限/(μg/mL)	0.6	0.6
定量测定范围/(μg/mL)	2～40	2～40
最低检出浓度/(mg/m³)	0.2	0.2
最低定量浓度/(mg/m³)	0.7	0.7
穿透容量/mg	>6.8	>24
平均采样效率/%	>99	>99
平均解吸效率/%	97.0	97.0

第七节　含氮有机化合物的监测

一、脂肪族胺类化合物的测定

环境空气和废气中脂肪族胺类化合物的测定方法包括溶剂解吸-气相色谱法、溶液吸收-顶空/气相色谱法、离子色谱法等。不同测定方法的适用对象有一定差异。

(一) 溶剂解吸-气相色谱法

本法适用于测定空气中蒸气态的三甲胺、乙胺、二乙胺、三乙胺、乙二胺、正丁胺和环己胺等化合物。

1. 原理

空气中蒸气态的这类化合物用碱性硅胶采集，硫酸溶液解吸后进样，经气相色谱柱分离，氢火焰离子化检测器检测，以保留时间定性，以峰高或峰面积定量。

2. 仪器条件

硅胶管，溶剂解吸型，内装 200mg/100mg 碱性硅胶。

气相色谱仪，具氢火焰离子化检测器。

色谱柱 1(用于三甲胺、二乙胺、三乙胺):2m×4mm 玻璃柱,KOH：Chromosorb 102 DMCS=5：100；柱温 150℃；气化室温度 210℃；检测室温度 230℃；载气(氮气)流量 50mL/min。

色谱柱 2(用于乙胺、乙二胺、环己胺): 2m×4mm，聚乙二醇 20M：KOH：Chromosorb103=4：1：100；柱温 100℃；气化室温度 210℃；检测室温度 230℃；载气(氮气)流量：40mL/min。

色谱柱 3(用于正丁胺):2m×4mm 玻璃柱,Chromosorb 103;柱温 170℃;气化室温度 200℃;检测室温度 200℃；载气(氮气)流量 80mL/min。

3. 碱性硅胶的制备

将 20～40 目多孔微球硅胶放在 6mol/L 盐酸溶液中煮沸 3h，水洗至中性，于 110℃干燥。然后以 1g 硅胶加 2mL 氢氧化钾溶液(20g/L)浸泡过夜。倒去多余的溶液，在 110℃干燥后，于 350℃活化 3h，置干燥器中保存。

4. 测定步骤

将采过样的前后段硅胶分别倒入两支溶剂解吸瓶中，加入 2.0mL 硫酸溶液(0.1mol/L)，封闭后超声解吸 20min。样品溶液于 300r/min 离心 10min。取 0.5mL 上清液于试管中，加 0.5mL 氢氧化钠溶液(12g/L)，摇匀，供测定。

取 4～7 支容量瓶，用水稀释标准溶液配成三甲胺、乙胺、二乙胺、三乙胺、乙二胺、正丁胺和环己胺的系列标准溶液。参照仪器操作条件，将气相色谱仪调节至最佳测定状态，进样 2.0μL，分别测定各系列标准溶液。以测得的峰高或峰面积对相应的待测物浓度(μg/mL)绘制标准曲线。

用测定系列标准溶液的同样条件测定样品溶液和样品空白溶液，测得的样品峰高或峰面积值减去空白对照峰高或峰面积值后，由标准曲线得样品溶液中三甲胺、乙胺、二乙胺、三乙胺、乙二胺、正丁胺和环己胺的浓度(μg/mL)。按下式计算空气中各目标化合物的浓度:

$$c=\frac{4(c_1+c_2)}{V_0D}$$

式中，c 为空气中三甲胺、乙胺、二乙胺、三乙胺、乙二胺、正丁胺和环己胺的浓度，mg/m^3；4 为样品溶液的体积，mL；c_1、c_2 为测得的前后段样品溶液中三甲胺、乙胺、二乙胺、三乙胺、乙二胺、正丁胺和环己胺的浓度，$\mu g/mL$；V_0 为标准状态下的采样体积，L；D 为解吸效率，%。

5. 说明

本法的测定指标列于表 5-20。

表 5-20　溶剂解吸-气相色谱法测定脂肪族胺类化合物的性能指标

化合物	三甲胺	乙胺	二乙胺	三乙胺	正丁胺	乙二胺	环己胺
检出限/($\mu g/mL$)	6.4	5	3.9	0.6	0.3	6	2
最低检出浓度/(mg/m^3)	1.7	2.7	2.1	0.16	0.08	1.6	1.1
定量测定范围/($\mu g/mL$)	20～200	17～300	13～200	2～200	0.3～120	6～600	7～300
穿透容量/mg	2	7.4	9	>4	6.3		11
平均解吸效率/%	93.9	98	>90	84～93	95		92

注：最低检出浓度以采集 7.5L 空气样品计；穿透容量指 200mg 硅胶的穿透容量。

(二) 离子色谱法

可用离子色谱法测定空气中的甲胺、二甲胺和三甲胺。本方法原理、仪器条件和试样的制备，与本章第一节中氨的相应测定方法相同。

1. 测定步骤

分别称取适量甲胺盐酸盐、二甲胺盐酸盐和三甲胺盐酸盐溶于水中，用水稀释后配制成浓度均为 500mg/L 的甲胺、二甲胺、三甲胺标准储备液。根据被测离子浓度范围和检测灵敏度，配制混合标准溶液。

取不同浓度的混合标准溶液由低浓度到高浓度依次注入离子色谱仪，按前述仪器条件进行分析。以系列标准溶液中目标化合物的浓度为横坐标，以峰高或峰面积为纵坐标，建立能够覆盖样品浓度范围的五个点的标准曲线。在前述离子色谱条件下，目标化合物的标准色谱图见图 5-29 和图 5-30。

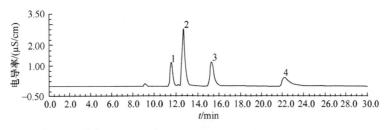

图 5-29　标准色谱图(抑制型)
1. 氨；2. 甲胺；3. 二甲胺；4. 三甲胺

按照分析混合标准溶液的步骤及仪器条件测定试样和空白试样。按照下式计算空气中甲胺、二甲胺和三甲胺的体积质量浓度：

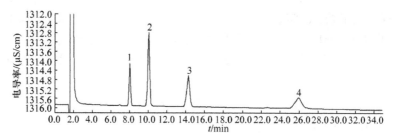

图 5-30　标准色谱图(非抑制型)
1. 氨；2. 甲胺；3. 二甲胺；4. 三甲胺

$$\rho = \frac{\rho_1 \times 10.0}{V_n}$$

式中，ρ 为样品中目标物的浓度，mg/m^3；ρ_1 为试样中目标物浓度，mg/L；10.0 为吸收液体积，mL；V_n 为标准状态下的采样体积，L。

2. 说明

环境空气采样体积为 30L，吸收液体积为 10mL 时，本方法甲胺、二甲胺和三甲胺的检出限分别为 $0.009mg/m^3$、$0.009mg/m^3$ 和 $0.007mg/m^3$。

(三) 溶液吸收-顶空/气相色谱法

本方法适用于测定环境空气和废气中的三甲胺。

1. 原理

空气和废气中的三甲胺经稀酸吸收后，将吸收液转移至顶空瓶内，加碱处理。在一定温度下样品中的三甲胺向液上空间挥发，在气液两相达到热力学动态平衡后，气相中的三甲胺浓度与液相中的浓度成正比。经气相色谱分离，用氢火焰离子化检测器(FID)/氮磷检测器(NPD)进行检测。根据色谱峰保留时间定性，外标法定量。

2. 仪器条件

气相色谱仪配备 FID 或 NPD。石英毛细管色谱柱：30m×0.32mm×5.0μm，100%二甲基聚硅氧烷(须碱性脱活处理)。

顶空进样器条件：加热平衡温度 80℃；加热平衡时间 30min；取样针温度 110℃；传输线温度 115℃；进样体积 1mL。

气相色谱仪条件：进样口温度 200℃，分流进样(分流比 10：1)，柱流量 1.0mL/min；升温程序：65℃保持 5min，以 10℃/min 的速率升至 200℃；检测器(FID)温度 250℃，氢气流量 30mL/min；空气流量 300mL/min；尾吹气流量 30mL/min。如果使用 NPD，则检测器温度 300℃；氢气流量 3mL/min；空气流量 60mL/min；尾吹气流量 30mL/min。

3. 试样制备

对于空气试样，将两支吸收瓶中的样品溶液(0.06mol/L 硫酸或 0.12mol/L 盐酸)分别移入两支 10mL 比色管中。用适量吸收液洗涤吸收瓶内壁，润洗液一并移入比色管中，定容至标线。分别称取 3.2g 氯化钠和 1.0g 硫酸钾于顶空瓶中，将上述定容的样品溶液转入顶空瓶中。向顶空瓶底部加入 500μL 氢氧化钠溶液(1.0g/mL)和 100μL 氨水(0.91g/mL)，立即密封顶空瓶，轻摇至盐溶解。

对于废气样品，将两支吸收瓶中的样品溶液分别移入两支 50mL 比色管中。用适量吸收液洗涤吸收瓶内壁，润洗液一并移入比色管中，定容至标线。各自移去 10.00mL 吸收液转入顶空瓶中。其余步骤同空气试样的制备。

4. 测定步骤

分别取适量三甲胺标准使用液，用吸收液配制至少 5 个浓度点的系列标准溶液。其质量浓度可以分别为 0.020mg/L、0.050mg/L、0.200mg/L、0.500mg/L、1.00mg/L。按照试样的制备步骤处理，依据仪器条件进行分析。按浓度由低到高的顺序依次进样，以系列标准溶液的浓度为横坐标，以对应的色谱峰面积为纵坐标，绘制工作曲线。

在与绘制工作曲线相同的仪器条件下测定试样空白试样。按以下公式计算空气样品中三甲胺的浓度：

$$\rho = \frac{(\rho_1 + \rho_2) \times V_t \times D}{V_s}$$

式中，ρ 为空气样品中三甲胺的浓度，mg/m^3；ρ_1 为第一支吸收瓶中样品溶液的浓度，mg/L；ρ_2 为第二支吸收瓶中样品溶液的浓度，mg/L；V_t 为待测试样体积，mL；D 为试样稀释倍数；V_s 为标准状态下的采样体积，L。

5. 说明

本方法适用于环境空气和固定污染源排放废气中三甲胺的测定。采用氢火焰离子化检测器时，当空气采样体积为 20L(参比状态)，吸收液体积为 10mL 时，方法检出限 0.004mg/m³，测定下限为 0.016mg/m³；当废气采样体积为 20L(标准状态)，吸收液体积为 50mL 时，方法检出限为 0.04mg/m³，测定下限为 0.16mg/m³。

采用氮磷检测器时，当空气采样体积为 20L(参比状态)，吸收液体积为 10mL 时，方法检出限为 0.0007mg/m³，测定下限为 0.0028 mg/m³；当废气采样体积为 20L(标准状态)，吸收液体积为 50mL 时，方法检出限为 0.006mg/m³，测定下限为 0.024 mg/m³。

二、芳香族胺类化合物的测定

(一) 苯胺、N-甲基苯胺、N,N-二甲基苯胺和苄基氰

1. 溶剂解吸-气相色谱法

1) 原理

空气中的苯胺、N-甲基苯胺、N,N-二甲基苯胺用硅胶管采集，苄基氰用活性炭管采集，溶剂解吸后进样，经气相色谱柱分离，氢火焰离子化检测器检测，以保留时间定性，以峰高或峰面积定量。

2) 仪器条件

色谱柱 1：30m×0.32mm×0.5μm，FFAP；柱温 170℃；气化室温度 230℃；检测室温度 260℃；载气(氮气)流量 1mL/min；分流比为 10：1。

色谱柱 2：2m×4mm，FFAP：Chromosorb WAW DMCS=10：100；柱温 170℃；气化室温度 230℃；检测室温度 260℃；载气(氮气)流量 40mL/min。

3) 测定步骤

将采过样的前后段硅胶或活性炭分别倒入两支溶剂解吸瓶中，各加入 1.0mL 解吸液，封闭后解吸 30min。摇匀，解吸液供测定。以无水乙醇解吸苯胺、N-甲基苯胺或 N,N-二甲基苯胺；用丙酮-二硫化碳(1+3)解吸苄基氰。

取 4～7 支容量瓶，用解吸液分别稀释标准溶液配成 0.0～200.0μg/mL 浓度范围的苯胺、N-甲基苯胺、N,N-二甲基苯胺和苄基氰系列标准溶液。参照仪器操作条件，将气相色谱仪调节至最佳测定状态，进样 1.0μL，分别测定各系列标准溶液。以测得的峰高或峰面积对相应的待测物浓度绘制标准曲线。

用测定系列标准溶液的操作条件测定样品和空白对照解吸液，测得的样品峰高或峰面积值减去空白对照的峰高或峰面积值后，由标准曲线得到样品溶液中待测物的浓度。若样品溶液中待测物浓度超过测定范围，用解吸液稀释后测定，计算时乘以稀释倍数。按下式计算空气中苯胺、N-甲基苯胺、N,N-二甲基苯胺和苄基氰的浓度：

$$c = \frac{(c_1 + c_2)V}{V_0 D}$$

式中，c 为空气中待测物的浓度，mg/m³；c_1、c_2 为测得前后段硅胶或活性炭解吸液中待测物的浓度，μg/mL；V 为样品解吸液的体积，mL；V_0 为标准状态下的采样体积，L；D 为解吸效率，%。

4) 说明

本法仅适用于蒸气态芳香族胺的测定。当空气中存在气溶胶态的芳香族胺时，应增加玻璃纤维滤纸采样，用解吸液洗脱后，同本法测定。

本法的检出限：苯胺为 1.0μg/mL，N-甲基苯胺为 0.12μg/mL，N,N-二甲基苯胺为 0.8μg/mL，苄基氰为 0.44μg/mL。最低检出浓度：苯胺为 0.3mg/m³，N-甲基苯胺为 0.04mg/m³，N,N-二甲基苯胺为 0.03mg/m³，苄基氰为 0.15mg/m³(以采集 3L 空气样品计)。定量测定范围：苯胺为 1.0～500μg/mL，N-甲基苯胺为 0.12～500μg/mL，N,N-二甲基苯胺为 0.8～500μg/mL，苄基氰为 1.5～200μg/mL。200mg 硅胶的穿透容量：苯胺为 10mg，N-甲基苯胺为 1.2mg，N,N-二甲基苯胺为 3.15mg。平均解吸效率均＞95%。

2. 溶剂解吸-高效液相色谱法

本法适用于测定工作场所空气中蒸气态的苯胺和对硝基苯胺。

1) 原理

空气中蒸气态的苯胺和对硝基苯胺用硅胶采集，甲醇解吸后进样，经液相色谱柱分离，紫外检测器检测，以保留时间定性，以峰高或峰面积定量。

2) 仪器条件

色谱柱：25cm×4.6mm×5μm，C_{18}；紫外检测器波长 250nm；流动相为甲醇，流动相流量 0.7mL/min。

3) 测定步骤

取 4～7 支容量瓶，用甲醇分别稀释标准溶液成 0.0～200μg/mL 浓度范围的苯胺系列标准溶液，0.0～20.0μg/mL 浓度范围的对硝基苯胺系列标准溶液。参照仪器操作条件，将高效液相色谱仪调节至最佳测定状态，进样 5.0μL，分别测定各系列标准溶液。以测得的峰高或峰面积对相应的待测物浓度绘制标准曲线。

将采过样的前后段硅胶分别倒入两支溶剂解吸瓶中，各加入 2.0mL 甲醇，封闭后解吸 30min。摇匀，解吸液供测定。用测定系列标准溶液的操作条件测定样品溶液和空白对照解吸液，测得的样品峰高或峰面积值减去空白对照的峰高或峰面积值后，由标准曲线得样品溶液中待测物的浓度。按下式计算空气中苯胺或对硝基苯胺的浓度：

$$c = \frac{2(c_1 + c_2)}{V_0 D}$$

式中，c 为空气中苯胺和对硝基苯胺的浓度，mg/m³；2 为样品解吸液的体积，mL；c_1、c_2 为测得的前后段样品解吸液中苯胺和对硝基苯胺的浓度，µg/mL；V_0 为标准状态下的采样体积，L；D 为解吸效率，%。

4) 说明

本法的检出限：苯胺为 1.8µg/mL，对硝基苯胺为 1µg/mL。最低检出浓度：以采集 3L 空气样品计，苯胺为 1.2mg/m³，对硝基苯胺为 0.7mg/m³。定量测定范围：苯胺为 1.8～200µg/mL，对硝基苯胺为 3.3～20µg/mL。200mg 硅胶的穿透容量：苯胺为 10mg，对硝基苯胺为 22.2mg。平均解吸效率＞95%。

本法只适用于蒸气态苯胺和对硝基苯胺的测定。当空气中存在气溶胶态的苯胺和对硝基苯胺时，应增加超细玻璃纤维滤纸采样，用甲醇洗脱后，同本法测定。

(二) 三氯苯胺

工作场所空气中蒸气态和气溶胶态的三氯苯胺用溶液吸收-气相色谱法测定。

1. 原理

空气中的蒸气态和气溶胶态三氯苯胺用装有环己烷的冲击式吸收管采集，直接进样，经气相色谱柱分离，电子捕获检测器检测，以保留时间定性，以峰高或峰面积定量。

2. 仪器条件

气相色谱仪，具电子捕获检测器；色谱柱：2m×3mm，OV-17∶OV-210∶Chromosorb WAW DMCS=2∶5∶100;柱温 200℃;气化室温度 250℃;检测室温度 250℃;载气(氮气)流量 40mL/min。

3. 测定步骤

取 4～7 支容量瓶，用环己烷稀释标准溶液配成 0.0～10.0µg/mL 浓度范围的三氯苯胺系列标准溶液。参照仪器操作条件，将气相色谱仪调节至最佳测定状态，进样 1.0µL，分别测定系列标准溶液。以测得的峰高或峰面积对相应的三氯苯胺浓度(µg/mL)绘制标准曲线。

用测定系列标准溶液的操作条件测定样品溶液和样品空白溶液，测得的样品峰高或峰面积值减去空白对照峰高或峰面积值后，由标准曲线得样品溶液中三氯苯胺的浓度(µg/mL)。按下式计算空气中三氯苯胺的浓度：

$$c = \frac{10c_0}{V_0}$$

式中，c 为空气中三氯苯胺的浓度，mg/m³；10 为样品溶液的体积，mL；c_0 为测得的样品溶液中三氯苯胺的浓度，µg/mL；V_0 为标准状态下的采样体积，L。

4. 说明

本法的检出限为 0.01µg/mL，定量测定范围为 0.033～10µg/mL；以采集 45L 空气样品计，最低检出浓度为 0.002mg/m³，最低定量浓度为 0.007mg/m³；平均采样效率为 99.8%。

当工作场所空气中三氯苯胺仅以气溶胶态存在时，可用超细玻璃纤维滤纸采样，环己烷洗脱后同本法测定。

(三) 对硝基苯胺

工作场所空气中的对硝基苯胺，除了可用溶剂解吸-高效液相色谱法测定外，还可用溶剂解吸-气相色谱法和溶剂解吸-紫外分光光度法测定。

1. 溶剂解吸-气相色谱法

1) 原理

空气中的蒸气态对硝基苯胺用硅胶采集，无水乙醇解吸后进样，经气相色谱柱分离，氢火焰离子化检测器检测，以保留时间定性，以峰高或峰面积定量。

2) 仪器条件

硅胶管：溶剂解吸型，内装 200mg/100mg 硅胶；气相色谱仪，具氢火焰离子化检测器。

色谱柱：30m×0.32mm×0.25μm，HP-5；柱温：初温 150℃，保持 1min，以 20℃/min 升温至 280℃，保持 1min；气化室温度 300℃；检测室温度 320℃；载气(氮气)流量 1mL/min；分流比 10：1。

3) 测定步骤

将前后段硅胶分别倒入两支溶剂解吸瓶中，各加入 1.0mL 无水乙醇，解吸 30min，不时振摇。样品溶液供测定。

取 4～7 支容量瓶，用无水乙醇稀释标准溶液成 0.0～150.0μg/mL 浓度范围的对硝基苯胺系列标准溶液。参照仪器操作条件，将气相色谱仪调节至最佳测定状态，进样 1.0μL，分别测定系列标准溶液各浓度的峰高或峰面积。以测得的峰高或峰面积对相应的对硝基苯胺浓度(μg/mL)绘制标准曲线。

用测定系列标准溶液的操作条件测定样品溶液和样品空白溶液，测得的峰高或峰面积值由标准曲线得样品溶液中对硝基苯胺的浓度(μg/mL)。按下式计算空气中对硝基苯胺的浓度：

$$c = \frac{(c_1 + c_2)V}{V_0 D}$$

式中，c 为空气中对硝基苯胺的浓度，mg/m³；c_1、c_2 为测得的前后段样品溶液中对硝基苯胺的浓度，μg/mL；V 为样品溶液的体积，mL；V_0 为标准状态下的采样体积，L；D 为解吸效率，%。

4) 说明

本法的检出限为 0.7μg/mL，定量测定范围为 2.3～150μg/mL；以采集 3L 空气样品计，最低检出浓度为 0.2mg/m³，最低定量浓度为 0.7mg/m³；穿透容量(200mg 硅胶)为 22.2mg，平均解吸效率＞95%。

本法只适用于蒸气态对硝基苯胺的测定。若空气中存在气溶胶态的对硝基苯胺，应增加超细玻璃纤维滤纸采样，用无水乙醇洗脱后，同本法测定。本法的色谱分离图见图 5-31。

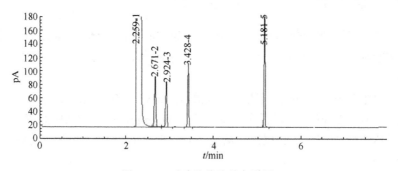

图 5-31　对硝基苯胺的色谱图

1. 乙醇；2. 苯胺；3. 二甲基苯胺；4. 对硝基氯苯；5. 对硝基苯胺

2. 溶剂解吸-紫外分光光度法

1) 原理

空气中的蒸气态对硝基苯胺用硅胶采集，乙醇(95%)解吸后用紫外分光光度计在 372nm 波长下测定吸光度，进行定量。

2) 测定步骤

取 5~8 支具塞比色管，分别加入 0.0~4.0mL 标准溶液，各加乙醇至 4.0mL，配成 0.0~10.0μg/mL 浓度范围的对硝基苯胺系列标准溶液。摇匀后，用紫外分光光度计于 372nm 波长下测定系列标准溶液各浓度的吸光度。以测得的吸光度对相应的对硝基苯胺浓度(μg/mL)绘制标准曲线。

将采过样的前后段硅胶分别倒入两支具塞试管中，各加入 4.0mL 乙醇，解吸 30min。摇匀，解吸液供测定。用测定系列标准溶液的操作条件测定样品解吸液和空白对照解吸液。测得的样品吸光度值减去空白对照的吸光度值后，由标准曲线得样品溶液中对硝基苯胺的浓度(μg/mL)。按下式计算空气中对硝基苯胺的浓度：

$$c = \frac{4(c_1 + c_2)}{V_0 D}$$

式中，c 为空气中对硝基苯胺的浓度，mg/m^3；c_1、c_2 为测得的前后段硅胶解吸液中对硝基苯胺的浓度，μg/mL；4 为样品解吸液的体积，mL；V_0 为标准状态下的采样体积，L；D 为解吸效率，%。

3) 说明

本法的定量测定范围为 0.2~10μg/mL；以采集 3L 空气样品计，最低定量浓度为 $0.3mg/m^3$；200mg 硅胶的穿透容量为 22.2mg，解吸效率为 92.7%~102.4%。

本法只适用于蒸气态对硝基苯胺的测定。当空气中存在气溶胶态的对硝基苯胺时，应增加超细玻璃纤维滤纸采样，用乙醇(95%)洗脱后同本法测定。

三、酰胺类化合物的测定

高效液相色谱法适用于环境空气和固定污染源废气中甲酰胺、N,N-二甲基甲酰胺、N,N-二甲基乙酰胺和丙烯酰胺的测定。

1. 原理

环境空气和固定污染源废气中的酰胺类化合物经水吸收后，用配备了紫外检测器的高效液相色谱仪分离检测，以保留时间定性，以外标法定量。

2. 仪器条件

高效液相色谱仪应配备紫外检测器或二极管阵列检测器。色谱柱为硅胶键合 C_{18}(4.6mm×150mm×5μm)，其侧链为二异丁基；色谱柱温 30℃，流动相为水：乙腈(97：3，V/V)；检测波长为 198nm，辅助波长为 195nm 和 205nm；进样量为 5.0μL；流动相流量为 0.5mL/min。

3. 试样制备

将环境空气样品吸收液(10.0mL 水)全部转入 10mL 比色管中，用水定容至标线，摇匀。用 0.22μm 水相针式滤器过滤，弃去 2mL 初始液，收集滤液至 2mL 棕色样品瓶中，待测。

将固定污染源废气样品吸收液(50.0mL 水)全部转入 50mL 比色管中，用水定容至标线，摇匀。用 0.22μm 水相针式滤器过滤，弃去 2mL 初始液，收集滤液至 2mL 棕色样品瓶中，待测。

4. 测定步骤

用酰胺类化合物标准储备液配制 100mL 甲酰胺、N,N-二甲基甲酰胺、N,N-二甲基乙酰胺和丙烯酰胺浓度分别为 50.0mg/L、25.0mg/L、50.0mg/L、25.0mg/L 的混合标准使用液。分别移取 0.50mL、5.00mL、10.00mL、20.00mL、50.00mL 酰胺类化合物标准使用液置于一组 50mL 容量瓶中，用水定容至标线，摇匀。由低浓度到高浓度依次移取 5.0μL 注入高效液相色谱仪中，按照上述仪器条件进行分析。以系列标准溶液中目标化合物的浓度为横坐标，以色谱峰高或峰面积为纵坐标，建立酰胺类化合物的标准曲线。4 种酰胺类化合物的标准色谱图见图 5-32。

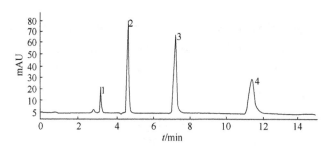

图 5-32　酰胺类化合物的标准色谱图
1. 甲酰胺；2. 丙烯酰胺；3. N,N-二甲基甲酰胺；4. N,N-二甲基乙酰胺

取 5.0μL 试样注入高效液相色谱仪中，按照与绘制标准曲线相同的仪器条件和步骤进行测定。记录色谱峰的保留时间、峰高或峰面积。以酰胺类化合物标准色谱图的保留时间定性，用外标法定量计算样品中目标化合物的浓度。按照下式计算环境空气和废气中酰胺类化合物的浓度：

$$c = \frac{V_1 \times c_1}{V_s}$$

式中，c 为环境空气或废气中酰胺类化合物的浓度，mg/m³；c_1 为由标准曲线计算所得酰胺类化合物的浓度，mg/L；V_1 为吸收液体积，mL；V_s 为标准状态下的采样体积，L。

5. 说明

当环境空气采样体积为 30L(标准状态)，吸收液体积为 10mL 时，本方法甲酰胺、N,N-二甲基甲酰胺、N,N-二甲基乙酰胺和丙烯酰胺的检出限分别为 0.03mg/m³、0.02mg/m³、0.03mg/m³ 和 0.02mg/m³，测定下限分别为 0.12mg/m³、0.08mg/m³、0.12mg/m³ 和 0.08mg/m³。当固定污染源废气采样体积为 30L(标准状态)，吸收液体积为 50mL 时，本方法甲酰胺、N,N-二甲基甲酰胺、N,N-二甲基乙酰胺和丙烯酰胺的检出限分别为 0.2mg/m³、0.1mg/m³、0.2mg/m³ 和 0.1mg/m³，测定下限分别为 0.8mg/m³、0.4mg/m³、0.8mg/m³ 和 0.4mg/m³。

四、肼类化合物的测定

(一) 肼和偏二甲基肼

工作场所空气中蒸气态肼和偏二甲基肼的浓度用溶剂解吸-气相色谱法检测。

1. 原理

空气中的蒸气态肼和偏二甲基肼用酸性硅胶采集，硫酸溶液解吸，经衍生和萃取后进样，气相色谱柱分离，氢火焰离子化检测器检测，以保留时间定性，以峰高或峰面积定量。

2. 仪器条件

酸性硅胶管：溶剂解吸型，内装 200mg/100mg 酸性硅胶；气相色谱仪，具氢火焰离子化检测器；色谱柱：2m×4mm，OV-17：Gas Chrom Q=1：100；柱温 120℃；气化室温度 250℃；检测室温度 250℃；载气(氮气)流量 70mL/min。

3. 测定步骤

将前后段硅胶分别放入两支溶剂解吸瓶中，各加入 2.0mL 硫酸溶液(0.2mol/L)，解吸30min，不时振摇。样品溶液供测定。

取 4～7 支具塞试管，分别加入 0.0～0.50mL 肼和偏二甲基肼标准溶液，各加硫酸溶液至2.0mL，配成 0.0～1.25μg/mL 浓度范围的肼系列标准溶液，0.0～75.0μg/mL 浓度范围的偏二甲基肼系列标准溶液。各加入 2mL 衍生剂(用 0.5mol/L 乙酸钠溶液稀释 4mL 糠醛至 100mL)，放置反应 1h，用 0.50mL 乙酸乙酯萃取 1min，萃取液供测定。参照仪器操作条件，将气相色谱仪调节至最佳测定状态，进样 2.0μL 萃取液，分别测定系列标准溶液各浓度的峰高或峰面积。以测得的峰高和峰面积对相应的肼和偏二甲基肼浓度(μg/mL)绘制标准曲线。

用测定系列标准溶液的操作条件，萃取和测定样品溶液和样品空白溶液，测得的峰高或峰面积值由标准曲线得样品溶液中肼和偏二甲基肼的浓度(μg/mL)。按下式计算空气中肼和偏二甲基肼的浓度：

$$c = \frac{2(c_1 + c_2)}{V_0 D}$$

式中，c 为空气中肼和偏二甲基肼的浓度，mg/m³；2 为样品溶液的体积，mL；c_1、c_2 为测得的前后段样品溶液中肼和偏二甲基肼的浓度，μg/mL；V_0 为标准状态下的采样体积，L；D 为解吸效率，%。

4. 说明

本法的检出限、定量测定范围、最低检出浓度、最低定量浓度(以采集 15L 空气样品计)、穿透容量(200mg 硅胶)和平均解吸效率见表 5-21。

表 5-21 溶剂解吸-气相色谱法测定肼和偏二甲基肼的性能指标

性能指标	肼	偏二甲基肼
检出限/(μg/mL)	0.05	0.05
定量测定范围/(μg/mL)	0.16～1.25	0.16～75
最低检出浓度/(mg/m³)	0.007	0.007
最低定量浓度/(mg/m³)	0.02	0.02
穿透容量/mg	>4.8	>4.8
平均解吸效率/%	>90	>90

酸性硅胶的制作：20～40 目多孔微球硅胶用 6mol/L 盐酸溶液煮沸 3h，水洗至中性，于110℃干燥，350℃活化 3h。称取 100g 此硅胶，放入 250mL 磨口锥形瓶中，边摇边滴加硫酸(ρ_{20}=1.84g/mL)边称量，至总量为 125g；盖好瓶塞，振摇 1h，使硫酸均匀涂布在硅胶上。

(二) 甲基肼

工作场所空气中蒸气态的甲基肼用溶剂解吸-气相色谱法检测。

1. 原理

空气中的蒸气态甲基肼用酸性硅胶采集，氢氧化钠溶液解吸，经衍生和萃取后进样，气相色谱柱分离，氢火焰离子化检测器检测，以保留时间定性，以峰高或峰面积定量。

2. 仪器条件

酸性硅胶管和气相色谱仪的操作条件与上述肼和偏二甲基肼相同。

3. 测定步骤

将前后段硅胶分别放入两支溶剂解吸瓶中，各加入 2.0mL 氢氧化钠溶液(13.5g/L)，解吸30min，不时振摇。样品溶液供测定。

取 4~7 支具塞试管，各加入 200mg 酸性硅胶、2mL 氢氧化钠溶液和 200μg 肼，分别加入 0.0~25.0μL 甲基肼标准溶液，配成 0.0~0.125μg/mL 浓度范围的甲基肼系列标准溶液。加入 2μL 2,4-戊二酮，摇匀，调节 pH=9.0，塞紧管塞，不时振摇，反应 60min。用 0.50mL 乙酸乙酯萃取 30min，萃取液供测定。参照仪器操作条件，将气相色谱仪调节至最佳测定状态，进样 2.0μL 萃取液，分别测定系列标准溶液各浓度的峰高或峰面积。以测得的峰高或峰面积对相应的甲基肼浓度(μg/mL) 绘制标准曲线。

用测定系列标准溶液的操作条件萃取、测定样品溶液和样品空白溶液，测得的峰高或峰面积值由标准曲线得样品溶液中甲基肼的浓度(μg/mL)。按下式计算空气中甲基肼的浓度：

$$c = \frac{2(c_1 + c_2)}{V_0 D}$$

式中，C 为空气中甲基肼的浓度，mg/m³；2 为样品溶液的体积，mL；c_1、c_2 为测得的前后段样品溶液中甲基肼的浓度，μg/mL；V_0 为标准状态下的采样体积，L；D 为解吸效率，%。

4. 说明

本法的检出限为 0.01μg/mL，定量测定范围为 0.033~0.125μg/mL；以采集 15L 空气样品计，最低检出浓度为 0.001mg/m³，最低定量浓度为 0.004mg/m³；穿透容量(200mg 硅胶)＞4.8mg，平均解吸效率＞90%。

五、芳香族硝基化合物的测定

空气中芳香族硝基化合物的测定方法包括毛细管柱-气相色谱法、填充柱-气相色谱法、气相色谱-质谱法、盐酸萘乙二胺分光光度法等。

(一) 毛细管柱-气相色谱法

本方法适用于环境空气和无组织排放废气中硝基苯、硝基甲苯和硝基氯苯的测定。

1. 原理

用硅胶采样管采集环境空气和无组织排放废气中蒸气态的硝基苯类化合物，用正己烷/丙酮混合溶剂超声解吸，经气相色谱/电子捕获检测器分离检测。根据保留时间定性，外标法定量。

2. 仪器条件

气相色谱仪，具电子捕获检测器。

色谱柱 1：30m×0.25mm×0.5μm，FFAP；色谱柱 2：30m×0.32mm×1.0μm，100%二甲基

聚硅氧烷；气化室温度 250℃；分流进样，分流比 10∶1；柱箱升温程序：从 90℃以 10℃/min 的速率升至 220℃并保持 5.0min；进样量 1.0μL；载气(氮气)流量 2.0mL/min；尾吹气流量 25mL/min；检测器温度 250℃。

3. 样品制备

将硅胶采样管前后两段的硅胶分别倒入 2mL 解吸瓶中，各加入 1.00mL 正己烷/丙酮混合溶剂(1∶1，V/V)。旋紧瓶盖，在室温下于超声清洗器中超声振荡 20min。振荡时用冰水降温，以防溶剂挥发。冷却至室温后供测定。

4. 测定步骤

用正己烷/丙酮混合溶剂(1∶1，V/V)稀释配制 5 种浓度的标准溶液系列。参照仪器操作条件，测定各系列标准溶液。由测得的峰高或峰面积均值对相应目标化合物的浓度绘制标准曲线。

用测定系列标准溶液的操作条件，测定样品和空白对照的解吸液。以待测物的保留时间与标准物质的保留时间相比较进行定性分析。当样品基质复杂时，应采用另外一支极性不同的色谱柱 2 进行双柱定性。测得样品的峰高或峰面积值减去空白对照的峰高或峰面积值后，由标准曲线得待测物的浓度。按下式计算样品中目标化合物的浓度：

$$\rho_i = \frac{\rho_f \times V_c}{V}$$

式中，ρ_i 为样品中组分 i 的浓度，mg/m³；ρ_f 为前段硅胶中硝基苯类化合物在解吸液中的浓度，mg/L；V_c 为样品的解吸液体积，mL；V 为样品采样体积(标准状态下)，L。

5. 说明

当采样体积为 25L 时，硝基苯、对-硝基甲苯、间-硝基甲苯、邻-硝基甲苯、对-硝基氯苯、间-硝基氯苯、邻-硝基氯苯的检出限为 0.001～0.002mg/m³，测定下限为 0.004～0.008mg/m³。

(二) 填充柱-气相色谱法

本法适用于测定工作场所空气中硝基苯、二硝基苯和三硝基甲苯的浓度。

1. 原理

空气中的硝基苯和二硝基苯用装有甲苯的冲击式吸收管采集，直接进样。三硝基甲苯用玻璃纤维滤纸采集，甲苯洗脱后进样。经色谱柱分离，电子捕获检测器检测，以保留时间定性，以峰高或峰面积定量。

2. 仪器条件

色谱柱：2m×3mm，OV-17∶QF-1∶Chromosorb WAW DMCS=2∶1.5∶100；柱温 190℃，单独测定三硝基甲苯时，可使用 210℃；气化室温度 250℃；检测室温度 250℃；载气(氮气)流量 50mL/min。

3. 测定步骤

用甲苯稀释标准溶液配成硝基苯、二硝基苯和三硝基甲苯系列标准溶液。参照仪器操作条件，取 1.0μL 进样，分别测定系列标准溶液，每个浓度重复测定 3 次。以测得的峰高或峰面积均值对相应的硝基苯、二硝基苯和三硝基甲苯的浓度(μg/mL)绘制标准曲线。

对于用玻璃纤维滤纸采集的样品，向装有滤纸的具塞刻度试管中，加入 10.0mL 甲苯，不时轻轻振摇，洗脱 30min，洗脱液供测定。用测定系列标准溶液的操作条件测定样品和空白对照溶液。测得的样品峰高或峰面积值减去空白对照的峰高或峰面积值后，由标准曲线得硝基苯、二硝基苯和三硝基甲苯的浓度(μg/mL)。按下式计算空气中硝基苯、二硝基苯和三硝基甲苯的浓度：

$$\rho = \frac{10c}{V_{nd}}$$

式中，ρ 为空气中硝基苯、二硝基苯和三硝基甲苯的浓度，mg/m³；c 为测得样品溶液中硝基苯、二硝基苯和三硝基甲苯的浓度，μg/mL；10 为样品溶液体积，mL；V_{nd} 为标准状态下的采样体积，L。

4. 说明

在常温下，硝基苯和二硝基苯主要以蒸气态存在，用本法采样有较高的采样效率。三硝基甲苯则主要以气溶胶态存在，用玻璃纤维滤纸采样，采样效率可达 98%以上。

本法的检出限：硝基苯为 $5 \times 10^{-3} \mu g/mL$，二硝基苯为 $4 \times 10^{-2} \mu g/mL$，三硝基甲苯为 $3 \times 10^{-3} \mu g/mL$。最低检出浓度：硝基苯为 $1.1 \times 10^{-3} mg/m^3$，二硝基苯为 $0.9 \times 10^{-2} mg/m^3$，三硝基甲苯为 $0.67 \times 10^{-3} mg/m^3$(以采集 4.5L 空气样品计)。测定范围：硝基苯为 0.005～0.5μg/mL，二硝基苯为 0.04～5μg/mL，三硝基甲苯为 0.003～2μg/mL。

(三) 气相色谱-质谱法

本法适用于环境空气和无组织排放废气中硝基苯、硝基甲苯和硝基氯苯的测定。

1. 原理

用硅胶采样管采集环境空气和无组织排放废气中蒸气态的硝基苯类化合物，用二氯甲烷超声解吸，经气相色谱-质谱仪分离检测。根据保留时间和质谱图定性，内标法定量。

2. 仪器条件

色谱柱：60m×0.32mm×1.0μm(100%二甲基聚硅氧烷柱)；气化室温度 250℃；分流进样，分流比为 10：1；柱箱升温程序：从 60℃ 以 10℃/min 的速率升至 220℃，然后再以 15℃/min 的速率升至 250℃，保持 5.0min；载气流量 1.3mL/min；进样量 1.0μL。

质量选择检测器扫描方式为全扫描(SCAN)或选择离子监测(SIM)，扫描质量范围为 40～260amu，离子源温度 230℃，传输线温度为 280℃，离子化能量为 70eV，溶剂延迟时间为 8min。

3. 样品制备

将前后两段硅胶分别倒入 2mL 解吸瓶中，各加入 1.00mL 二氯甲烷，并加入 1.0μL 内标溶液(200mg/L 的硝基苯-D₅)。旋紧瓶盖，在室温下于超声清洗器中超声振荡 20min。振荡时用冰水降温，以防溶剂挥发。冷却至室温后供测定。

4. 测定步骤

取一定量的硝基苯类化合物标准使用液于二氯甲烷中，制备 5 个浓度点的系列标准溶液，使其质量浓度分别为 0.1μg/mL、0.2μg/mL、0.5μg/mL、1.0μg/mL、2.0μg/mL。加入内标溶液，使之浓度为 1.0μg/mL。分别取系列标准溶液 1.0μL，参照仪器条件进行测定。以目标化合物与内标化合物的浓度比值为横坐标，以目标化合物与内标化合物定量离子的响应值比值为纵坐标，绘制标准曲线。

用测定系列标准溶液的操作条件，测定样品和空白对照。根据样品中目标化合物的保留时间、碎片离子质荷比以及不同离子丰度比定性。硝基苯类化合物的特征离子见表5-22。

表 5-22　硝基苯类化合物的特征离子

化合物	定量离子	定性离子
硝基苯-D5	82	54、128
硝基苯	77	51、123
邻-硝基甲苯	65	92、120
间-硝基甲苯	91	65、137
对-硝基甲苯	137	65、91
间-硝基氯苯	75	111、157
对-硝基氯苯	75	111、157
邻-硝基氯苯	75	111、157

以选择离子扫描方式采集数据，内标法定量。按下式计算样品中目标化合物的浓度：

$$\rho_i = \frac{\rho_f \times V_c}{V}$$

式中，ρ_i 为样品中组分 i 的浓度，mg/m^3；ρ_f 为根据内标标准曲线查得的前段硅胶中硝基苯类化合物在解吸液中的浓度，mg/L；V_c 为样品的解吸液体积，mL；V 为样品的采样体积(标准状态下)，L。

5. 说明

当采样体积为 22.5L 时，硝基苯、对-硝基甲苯、间-硝基甲苯、邻-硝基甲苯、对-硝基氯苯、间-硝基氯苯、邻-硝基氯苯的检出限为 $0.001mg/m^3$，测定下限为 $0.004\ mg/m^3$。

(四) 盐酸萘乙二胺分光光度法

本法适用于测定工作场所空气中硝基苯、一硝基氯苯、二硝基氯苯和二硝基甲苯的浓度。

1. 原理

空气中的硝基苯、一硝基氯苯、二硝基氯苯和二硝基甲苯用乙醇采集。在酸性溶液中，硝基被还原成氨基，经重氮化后，与盐酸萘乙二胺偶合生成紫色化合物。在 560nm 波长下测量吸光度，进行定量。反应式如下：

$$\text{C}_6\text{H}_5-\text{NO}_2 + 6[\text{H}] \longrightarrow \text{C}_6\text{H}_5-\text{NH}_2 + 2\text{H}_2\text{O}$$

$$\text{C}_6\text{H}_5-\text{NH}_2 \xrightarrow[\text{H}_2\text{SO}_4]{\text{NaNO}_2} [\text{C}_6\text{H}_5-\text{N}{=}\text{N}]^+ \text{OSO}_3\text{H}^-$$

$$[\text{C}_6\text{H}_5-\text{N}{=}\text{N}]^+ \text{OSO}_3\text{H}^- \xrightarrow{\text{C}_{10}\text{H}_7\cdot\text{NHCH}_2\text{CH}_2\cdot\text{NH}_2\cdot 2\text{HCl}}$$

$$\text{C}_6\text{H}_5-\text{N}{=}\text{N}\cdot\text{C}_{10}\text{H}_6\cdot\text{NHCH}_2\text{CH}_2\cdot\text{NH}_2\cdot 2\text{HCl} + \text{H}_2\text{SO}_4$$

2. 测定步骤

对于硝基苯、一硝基氯苯和二硝基氯苯，在 7 支 10mL 具塞比色管中，分别加入 0.0～1.00mL 标准溶液，各加乙醇溶液(1+9)至 5.0mL，配成各自的系列标准溶液。向各标准管加入 0.4mL 盐酸溶液和 0.05mL 三氯化钛溶液，摇匀。在 50℃水浴中加热 15min，取出放冷，加 1mL 溴化钾溶液和 0.1mL 亚硝酸钠溶液，摇匀，放置 10min。加 0.5mL 氨基磺酸铵溶液，充分摇至无气泡发生为止，放置 5min。加 1mL 盐酸萘乙二胺溶液，加水至 10.0mL，混匀，放置 15min。在 560nm 波长下测量吸光度，每个浓度重复测定 3 次。以吸光度均值对硝基苯、一硝基氯苯和二硝基氯苯浓度(μg/mL)绘制标准曲线。

对于二硝基甲苯，在 7 支 25mL 具塞比色管中，分别加入 0.0~3.00mL 标准溶液，各加乙醇溶液(1+9)至 5.0mL，配成系列标准溶液。向各标准管加入 0.2g 锌粉、1 滴硫酸铜溶液和 3mL 盐酸。待反应至无气泡产生后，过滤入另一具塞比色管中。将比色管放入 0~5℃水浴中 1min，加入 1.0mL 亚硝酸钠溶液，摇匀，放置 2min。加 1.0mL 氨基磺酸铵溶液，充分摇至无气泡发生为止，放置 5min。加 0.4mL 盐酸萘乙二胺溶液，加水至 25mL，混匀，放置 5min。在 540nm 波长下测量吸光度，每个浓度重复测定 3 次，以吸光度均值对二硝基甲苯浓度(μg/mL)绘制标准曲线。

用测定标准管的操作条件测定样品溶液和空白对照溶液，样品的吸光度值减去空白对照的吸光度值后，由标准曲线得硝基苯、一硝基氯苯、二硝基氯苯和二硝基甲苯的浓度(μg/mL)。按下式计算空气中硝基苯、一硝基氯苯、二硝基氯苯和二硝基甲苯的浓度：

$$\rho = \frac{10c}{V_{nd}}$$

式中，ρ 为空气中硝基苯、一硝基氯苯、二硝基氯苯和二硝基甲苯的浓度，mg/m³；10 为吸收液的体积，mL；c 为测得样品溶液中硝基苯、一硝基氯苯、二硝基氯苯和二硝基甲苯的浓度，μg/mL；V_{nd} 为标准状态下的采样体积，L。

3. 说明

反应溶液的酸度对本法有较大的影响，酸度低则出现浑浊，酸度高则所需显色时间长。过量的亚硝酸钠必须用氨基磺酸铵消除完全，否则，其与盐酸萘乙二胺反应显色为黄色，影响测定。显色后应尽快测量吸光度。

本反应不是特异反应，其他硝基化合物和苯胺类化合物对测定有干扰。如有苯胺类化合物干扰时，可取一半样品不经还原进行测定，并扣除此值即可。二硝基苯等硝基化合物也可用此方法测定。

本法的检出限：硝基苯为 0.1μg/mL，二硝基甲苯为 0.5μg/mL，一硝基氯苯为 0.2μg/mL，二硝基氯苯为 0.4μg/mL。最低检出浓度(以采集 15L 空气样品计)：硝基苯为 0.07mg/m³，二硝基甲苯为 0.35mg/m³，一硝基氯苯为 0.13mg/m³，二硝基氯苯为 0.33mg/m³。测定范围：硝基苯为 0.1~2μg/mL，一硝基氯苯为 0.2~2μg/mL，二硝基氯苯为 0.4~2μg/mL，二硝基甲苯为 0.5~6μg/mL。采样效率：硝基苯为 91%~96%，二硝基甲苯为 99%，一硝基氯苯为 87%~96%，二硝基氯苯为 90%~96%。

六、腈类化合物的测定

低级腈是无色液体，高级腈是固体。随着分子量的增大，腈在水中的溶解度降低。低级腈毒性较大。腈类物质中毒性最强的是氰化氢。氰化氢是具有苦杏仁味的气体，易溶于水，可在水中快速解离，其次是丙烯腈、氰酸酯、腈胺等。丙烯腈属高毒物质，其毒性作用与氢氰酸相似，主要是经吸入丙烯腈蒸气或皮肤接触而造成毒害。人体对丙烯腈较敏感，暴露在丙烯腈浓度达 1g/m³ 的空气中 1~2h 即可死亡。丙烯腈除了本身的毒性作用外，在人体内还可部分转化为氰化物，中毒表现与氰化物相似。氰化物的主要中毒机理是抑制呼吸酶，使酶失去传递电子的能力，造成细胞内呼吸抑制。氰化物毒性大小取决于在体内离解出氰离子(CN⁻)的速率和数量。

测定空气中腈类化合物的方法有溶剂解吸-气相色谱法、热解吸-气相色谱法、异烟酸钠-巴比妥酸钠分光光度法等。

(一) 乙腈、丙烯腈和甲基丙烯腈

1. 溶剂解吸-气相色谱法

1) 原理

空气中的蒸气态乙腈、丙烯腈和甲基丙烯腈用活性炭管采集，丙酮-二硫化碳溶液解吸后进样，经色谱柱分离，氢火焰离子化检测器检测，以保留时间定性，以峰高或峰面积定量。

2) 仪器条件

气相色谱仪，具氢火焰离子化检测器。

色谱柱：30m×0.32mm×0.5μm，FFAP；柱温：初温60℃，保持1min，以8℃/min升温至100℃；气化室温度150℃；检测室温度150℃；载气(氮气)流量1mL/min；分流比10∶1；尾吹气流量30mL/min。

3) 测定步骤

将采过样的前后段活性炭分别倒入两支溶剂解吸瓶中，各加入1.0mL丙酮-二硫化碳解吸液(1∶50，V/V)，封闭后解吸10min，不时振摇。样品溶液供测定。

取4～7支容量瓶，用解吸液稀释标准溶液配成0.0～400.0μg/mL浓度范围的乙腈、丙烯腈和甲基丙烯腈系列标准溶液。参照仪器操作条件，将气相色谱仪调节至最佳测定状态，进样1.0μL，分别测定系列标准溶液各浓度的峰高或峰面积。以测得的峰高或峰面积对相应的乙腈、丙烯腈和甲基丙烯腈浓度(μg/mL)绘制标准曲线。

用测定系列标准溶液的操作条件测定样品溶液和样品空白溶液。测得的样品峰高或峰面积值减去空白峰高或峰面积值后，由标准曲线得样品溶液中乙腈、丙烯腈和甲基丙烯腈的浓度(μg/mL)。按下式计算空气中乙腈、丙烯腈和甲基丙烯腈的浓度：

$$c = \frac{(c_1 + c_2)V}{V_0 D}$$

式中，c为空气中乙腈、丙烯腈和甲基丙烯腈的浓度，mg/m³；c_1、c_2为测得的前后段样品溶液中乙腈、丙烯腈和甲基丙烯腈的浓度，μg/mL；V为样品溶液的体积，mL；V_0为标准状态下的采样体积，L；D为解吸效率，%。

4) 说明

本法的检出限、定量测定范围、最低检出浓度、最低定量浓度(以采集7.5L空气样品计)、穿透容量(100mg活性炭)和平均解吸效率见表5-23。

表 5-23　溶剂解吸-气相色谱法测定腈类化合物的性能指标

性能指标	乙腈	丙烯腈	甲基丙烯腈
检出限/(μg/mL)	3	2	0.9
定量测定范围/(μg/mL)	10～400	7～200	3～200
最低检出浓度/(mg/m³)	0.4	0.3	0.1
最低定量浓度/(mg/m³)	1.2	0.9	0.3
穿透容量/mg	14	16	>10
平均解吸效率/%	85	90	93.5

甲基丙烯腈及共存物的色谱图见图 5-33。

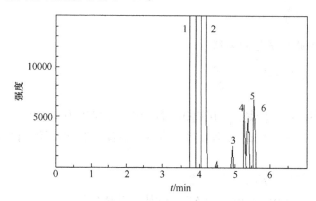

图 5-33　甲基丙烯腈及共存物的色谱图
1. 二硫化碳；2. 丙酮；3. 苯；4. 甲基丙烯腈；5. 丙烯腈；6. 乙腈

2. 热解吸-气相色谱法

本法适用于测定工作场所空气中蒸气态丙烯腈的浓度。

1) 原理

空气中的蒸气态丙烯腈用硅胶管采集，热解吸后进样，经气相色谱柱分离，氢火焰离子化检测器检测，以保留时间定性，以峰高或峰面积定量。

本法的仪器分析条件与前述的溶剂解吸-气相色谱法相同。

2) 测定步骤

将采过样的硅胶管放入热解吸器中，将进气口与 100mL 注射器相连，出气口与载气(氮气)相连。以 100mL/min 流量于 180℃下解吸至 100mL。样品气供测定。

取 4～7 支 100mL 气密式玻璃注射器，用清洁空气稀释标准气成 0.0～0.20μg/mL 浓度范围的丙烯腈系列标准溶液。参照仪器操作条件，将气相色谱仪调节至最佳测定状态，进样 0.50mL，分别测定系列标准溶液各浓度的峰高或峰面积。以测得的峰高或峰面积对相应的丙烯腈浓度(μg/mL)绘制标准曲线。

用测定系列标准溶液的操作条件测定样品气和样品空白气。测得的样品峰高或峰面积值减去空白峰高或峰面积值后，由标准曲线查得样品气中丙烯腈的浓度(μg/mL)。按下式计算空气中丙烯腈的浓度：

$$c = \frac{c_0}{V_0 D} \times 100$$

式中，c 为空气中丙烯腈的浓度，mg/m^3；c_0 为测得的样品气中丙烯腈的浓度，μg/mL；100 为样品气的体积，mL；V_0 为标准状态下的采样体积，L；D 为解吸效率，%。

3) 说明

本法的检出限为 0.007μg/mL，最低检出浓度为 0.5mg/m³(以采集 1.5L 空气样品计)，定量测定范围为 0.023～0.2μg/mL，200mg 硅胶的穿透容量为 0.02mg，解吸效率为 100%。

(二) 丙酮氰醇

以异烟酸钠-巴比妥酸钠分光光度法测定工作场所空气中的丙酮氰醇。

1. 原理

用串联的两只大型气泡吸收管采集空气样品,空气中的丙酮氰醇被氢氧化钠溶液吸收,在碱性介质中分解成丙酮和氰化氢,生成的氰化氢和异烟酸钠-巴比妥酸钠反应,生成紫红色,在 599nm 波长下测量吸光度,进行定量。

2. 测定步骤

取 5~8 支具塞比色管,分别加入 0.0~0.80mL 标准溶液,各加吸收液至 5.0mL,配成 0.0~1.60μg/mL 浓度范围的丙酮氰醇系列标准溶液。向各管加入 1 滴酚酞溶液,用乙酸溶液中和至褪色,各加入 1.5mL 磷酸盐缓冲液、0.2mL 氯胺 T 溶液,封闭摇匀。放置 5min 后加入 2.5mL 异烟酸钠-巴比妥酸钠溶液,加水至 10.0mL,摇匀,置于 40℃ 水浴中加热 45min。取出冷却后,用分光光度计于 599nm 波长下测量吸光度。以测得的吸光度值对丙酮氰醇浓度绘制标准曲线。

用测定系列标准溶液的操作条件测定样品和空白样品溶液。测得的样品吸光度值减去空白对照吸光度值后,由标准曲线得样品溶液中丙酮氰醇的浓度。按下式计算空气中丙酮氰醇的浓度:

$$c = \frac{5(c_1 + c_2)}{V_0}$$

式中,c 为空气中丙酮氰醇的浓度,mg/m^3;c_1、c_2 为测得的前后管样品溶液中丙酮氰醇的浓度,$\mu g/mL$;5 为吸收液的体积,mL;V_0 为标准状态下的采样体积,L。

3. 说明

显色时的温度、时间和 pH 对测定结果影响很大,应严格控制。氰化氢和水合肼干扰测定。

本法的检出限为 0.02μg/mL,定量测定范围为 0.02~1.60μg/mL;以采集 3L 空气样品计,最低检出浓度为 0.03mg/m³;平均采样效率>95%。

第八节　农药的监测

一、拟除虫菊酯类农药的测定

拟除虫菊酯是依据天然除虫菊花中的杀虫有效成分除虫菊素的化学结构而人工合成的类似物。这类农药在 20 世纪 50 年代初出现,在 70 年代中期才发展起来。第一个产品是丙烯菊酯。按拟除虫菊酯的化学结构,可将其划分为含环丙烷基团和不含环丙烷基团两大类。前者包括丙烯菊酯、氯氰菊酯、溴氰菊酯等,后者包括氰戊菊酯、氟氰菊酯等。拟除虫菊酯可经口或经皮肤接触引起中毒。该类农药是神经毒剂,可能作用于神经膜,改变神经膜对离子的通透性,干扰神经传导,产生中毒症状。

测定空气中拟除虫菊酯的方法有溶剂解吸-气相色谱法和高效液相色谱法。

1. 溶剂解吸-气相色谱法

1) 原理

空气中的溴氰菊酯和氰戊菊酯用聚氨酯泡沫(PUF)塑料采集,正己烷解吸后进样,经色谱柱分离,电子捕获检测器检测,以保留时间定性,以峰高或峰面积定量。

2) 仪器条件

采样管：在长 60mm，内径 10mm 的玻璃管内，装两段聚氨酯泡沫塑料圆柱，间隔 2mm。聚氨酯泡沫塑料圆柱高 20mm，直径 12mm。使用前先用洗净剂洗干净，再用己烷浸泡过夜，干燥后装入玻璃管内待用。

色谱柱：1.5m×4mm，OV-101：Chromosorb WAW DMCS=3：100；柱温 240℃；气化室温度 250℃；检测室温度 310℃；载气(氮气)流量 50mL/min。

3) 测定步骤

用正己烷稀释标准溶液配成溴氰菊酯和氰戊菊酯的系列标准溶液。参照仪器操作条件，进样 1.0μL，分别测定系列标准溶液，每个浓度重复测定 3 次。以测得的峰高和峰面积均值对相应的溴氰菊酯和氰戊菊酯浓度(μg/mL)绘制标准曲线。

将采过样的聚氨酯泡沫塑料放入溶剂解吸瓶中，加入 2.0mL 己烷，用玻璃棒将聚氨酯泡沫塑料按入己烷中，解吸 30min，摇匀，解吸液供测定。用测定系列标准溶液的操作条件测定样品和样品空白的提取液。测得的样品峰高或峰面积值减去空白峰高或峰面积值后，由标准曲线得溴氰菊酯和氰戊菊酯的浓度(μg/mL)。按下式计算空气中溴氰菊酯和氰戊菊酯的浓度：

$$\rho = \frac{2c}{DV_{nd}}$$

式中，ρ 为空气中溴氰菊酯和氰戊菊酯的浓度，mg/m³；c 为测得提取液中溴氰菊酯和氰戊菊酯的浓度，μg/mL；2 为提取液的总体积，mL；V_{nd} 为标准状态下的采样体积，L；D 为洗脱效率，%。

4) 说明

本法的检出限：溴氰菊酯为 0.002μg/mL，氰戊菊酯为 0.01μg/mL。最低检出浓度：溴氰菊酯为 8×10⁻⁵mg/m³，氰戊菊酯为 4.4×10⁻⁴mg/m³(以采集 4.5L 空气样品计)。测定范围：溴氰菊酯为 0.002～0.1μg/mL，氰戊菊酯为 0.01～0.08μg/mL。

2. 高效液相色谱法

1) 原理

本法适用于测定空气中溴氰菊酯和氯氰菊酯的浓度。其原理是，空气中的溴氰菊酯和氯氰菊酯用玻璃纤维滤纸采集，甲醇洗脱后进样，经色谱柱分离，紫外检测器检测，以保留时间定性，以峰面积定量。

2) 仪器条件

色谱柱：200mm×4.6mm，ODS；波长 254nm；流动相：甲醇：水=95：5；流量 1.0mL/min。

3) 测定步骤

取 5 个容量瓶，用甲醇稀释标准溶液配成溴氰菊酯和氯氰菊酯的系列标准溶液。参照仪器操作条件，进样 20μL，分别测定系列标准溶液。每个浓度重复测定 3 次。以测得的峰面积均值对相应的待测物浓度(μg/mL)绘制标准曲线。

将采过样的玻璃纤维滤纸放入具塞离心管中，加入 3.0mL 甲醇，用玻璃棒将滤纸捣碎，浸泡 20min，离心后上清液供测定。用测定系列标准溶液的操作条件测定样品和样品空白的提取液。测得的样品峰面积值减去空白峰面积值后，由标准曲线得溴氰菊酯和氯氰菊酯的浓度(μg/mL)。按下式计算空气中溴氰菊酯和氯氰菊酯的浓度：

$$\rho = \frac{cV}{V_{nd}}$$

式中，ρ 为空气中溴氰菊酯和氯氰菊酯的浓度，mg/m^3；c 为测得提取液中溴氰菊酯和氯氰菊酯的浓度，$\mu g/mL$；V 为提取液的总体积，mL；V_{nd} 为标准状态下的采样体积，L。

4) 说明

氰戊菊酯也可用类似方法测定，但不同之处在于，采用的色谱柱为：200mm×4.6mm，BDS-C$_{18}$；检测器波长为220nm。

本法的检出限：溴氰菊酯为 0.2$\mu g/mL$，氯氰菊酯为 0.11$\mu g/mL$。最低检出浓度：溴氰菊酯为 0.013mg/m^3，氯氰菊酯为 0.007mg/m^3(以采集 45L 空气样品计)。测定范围：溴氰菊酯为 0.2～20$\mu g/mL$，氯氰菊酯为 0.11～25$\mu g/mL$。采样效率为 100%，平均洗脱效率为 97.9%。

二、有机磷农药的测定

有机磷农药是一类含磷的有机化合物，是磷酸的衍生物，属于磷酸酯类化合物。根据化学结构，可把有机磷农药分为六类：磷酸酯，如久效磷、敌敌畏等；一硫代磷酸酯，如对硫磷、甲基对硫磷、氧化乐果等；二硫代磷酸酯，如马拉硫磷、乐果、甲拌磷等；膦酸酯，如敌百虫等；磷酰胺、硫代磷酰胺，如甲胺磷、乙酰甲胺磷等；焦磷酸酯、硫代焦磷酸酯，如特普、治螟灵等。有机磷农药经皮肤、呼吸道或消化道进入人体后，主要对胆碱酯酶产生抑制作用，导致乙酰胆碱的积累干扰了神经传导，引起一系列的中毒症状。

测定空气中有机磷农药的方法有二硝基苯肼分光光度法、酶化学法、溶剂解吸-气相色谱法等。

(一) 敌百虫

1. 原理

空气中的敌百虫主要用二硝基苯肼分光光度法测定。其原理是蒸气态敌百虫用多孔玻板吸收管采集，用水吸收，经碱性水解生成的二氯乙醛与 2,4-二硝基苯肼反应生成蓝色苯腙，于 580nm 波长下测定吸光度，进行定量。

2. 测定步骤

取 8 支具塞比色管，加入 0.0～5.00mL 不等体积的敌百虫标准溶液，加入吸收液至 5.0mL，配成敌百虫系列标准溶液。摇匀后，各管加入 1mL 氢氧化钠溶液(48g/L)，摇匀，放置 10min。加入 0.6mL 2,4-二硝基苯肼溶液，充分摇匀，放入 37℃恒温水浴中准确反应 60min，取出，加入 0.6mL 氢氧化钠溶液(160g/L)，摇匀，加乙醇溶液至 10mL，摇匀。于 580nm 波长下测定各系列标准溶液的吸光度。每个浓度重复测定 3 次。以测得的吸光度均值对敌百虫含量(μg)绘制标准曲线。

用测定标准管的操作条件测定样品和空白对照样品液，测得的样品吸光度值减去空白对照的吸光度值后，由标准曲线得敌百虫的含量(μg)。按下式计算空气中敌百虫的浓度：

$$\rho = \frac{2(m_1 + m_2)}{V_{nd}}$$

式中，ρ 为空气中敌百虫的浓度，mg/m^3；m_1、m_2 为测得前后管样品中敌百虫的含量，μg；V_{nd} 为标准状态下的采样体积，L。

3. 说明

本法的检出限为 0.05μg/mL，最低检出浓度为 0.13mg/m³(以采集 3.75L 空气样品计)，测定范围为 0.05~10μg/mL。

(二) 磷胺、内吸磷、甲基内吸磷、马拉硫磷

工作场所空气中蒸气态和雾态的磷胺、内吸磷、甲基内吸磷和马拉硫磷用酶化学法测定。

1. 原理

空气中的蒸气态和气溶胶态磷胺、内吸磷、甲基内吸磷和马拉硫磷用装有甲醇溶液的多孔玻板吸收管采集。有机磷农药抑制胆碱酯酶，影响乙酰胆碱的水解，由测定乙酰胆碱的量，进行有机磷农药的定量测定。

2. 测定步骤

取 9 支 25mL 具塞比色管，用磷胺、内吸磷、甲基内吸磷和马拉硫磷的混合标准溶液制备系列标准溶液。测定马拉硫磷时，各管应加入 1.0mL 溴水。其中 B 管加入 1mL 缓冲液。摇匀后，各管(包括 B 管)放入 37℃恒温水浴中预热 10min。然后，除 B 管外，其余各管加入 1mL 胆碱酯酶溶液，每隔 1min 加一管。在 37℃恒温水浴中准确反应 30min，再依次每隔 1min，加入 1.0mL 氯乙酰胆碱溶液，再反应 30min，不时振摇。然后，每隔 1min 加入 2mL 碱性羟胺溶液，依次从水浴中取出，强烈振摇 4min，再加入 1mL 三氯乙酸溶液，摇匀，各加入 1mL 三氯化铁溶液。摇匀后过滤，滤液于 520nm 波长下，以水作空白参比液，分别测定系列标准溶液各浓度滤液的吸光度。将测得的吸光度按下式计算胆碱酯酶被有机磷农药抑制的百分数(百分抑制率)。用待测物的含量(μg)对相应的胆碱酯酶百分抑制率(%)绘制标准曲线。

$$胆碱酯酶百分抑制率(\%)=\frac{100(X-C)}{B-C}$$

式中，B、C 为 B 管和 C 管的吸光度；X 为样品管的吸光度。

用测定系列标准溶液的操作条件测定样品溶液和样品空白溶液，测得的样品胆碱酯酶百分抑制率减去空白对照的百分抑制率后，由标准曲线得样品溶液中待测物的含量(μg)。按下式计算空气中磷胺、内吸磷、甲基内吸磷和马拉硫磷的浓度：

$$c=\frac{5M}{V_0}$$

式中，c 为空气中待测物的浓度，mg/m³；M 为测得的 1mL 样品溶液中待测物的含量，μg；5 为样品溶液的体积，mL；V_0 为标准状态下的采样体积，L。

3. 说明

本法的定量测定范围：磷胺为 0.1~2μg/mL，内吸磷为 0.075~2μg/mL，甲基内吸磷为 0.2~2μg/mL，马拉硫磷为 0.1~2μg/mL。最低定量浓度：磷胺为 0.02mg/m³(以采集 25L 空气样品计)，内吸磷为 0.025mg/m³，甲基内吸磷为 0.07mg/m³，马拉硫磷为 0.03mg/m³(以采集 15L 空气样品计)。

每批马血清须测定酶的活力。在冰箱内保存时间超过一个月时，应重新测定酶活力。

内吸磷标准储备液在冰箱内保存期不能超过 3d。各种标准溶液必须当日稀释，当日使用，否则，会因水解而降低浓度。

反应温度和反应时间对测定结果影响很大，必须准确控制在(37±0.5)℃及(30±0.5)min 之内。加入三氯乙酸后必须振摇均匀，使血清中蛋白质沉淀完全后再过滤，滤液必须澄清。滤

液中加入三氯化铁后，必须强力振摇，否则产生的大量气泡会影响比色。显色以后应在 30min 内测定完毕。

(三) 久效磷、甲拌磷、对硫磷、亚胺硫磷、甲基对硫磷、倍硫磷、敌敌畏、乐果、氧化乐果、杀螟松、异稻瘟净

空气中蒸气态和气溶胶态的久效磷、甲拌磷、对硫磷、亚胺硫磷、甲基对硫磷、倍硫磷、敌敌畏、乐果、氧化乐果、杀螟松、异稻瘟净(11 种)有机磷农药用溶剂解吸-气相色谱法测定。

1. 原理

空气中的上述 11 种有机磷农药以硅胶或聚氨酯泡沫塑料采集，溶剂解吸后进样，经气相色谱柱分离，火焰光度检测器检测，以保留时间定性，以峰高或峰面积定量。

2. 仪器条件

硅胶采样管：溶剂解吸型，内装 600mg/200mg 硅胶(用于氧化乐果、异稻瘟净、杀螟松、亚胺硫磷、久效磷、甲基对硫磷、乐果和倍硫磷)。

聚氨酯泡沫塑料采样管：在长 60mm，内径 10mm 的玻璃管内，装两段聚氨酯泡沫塑料圆柱，间隔 2mm。聚氨酯泡沫塑料圆柱高 20mm，直径 12mm。使用前先用洗净剂洗净，用甲醇浸泡过夜，再用蒸馏水洗净。用滤纸吸干后，于 60～80℃烘干，装入玻璃管内待用(用于敌敌畏、对硫磷和甲拌磷)。

气相色谱仪，配火焰光度检测器，526nm 磷滤光片；

色谱柱 1：1.5m×3mm，SE-30：QF-1：Chromosorb WAW DMCS=3：2：100；

色谱柱 2：2m×3mm，EGA：Chromosorb WAW DMCS=5：100；

色谱柱 3：2m×3mm，OV-17：Chromosorb WAW DMCS=2：100；

色谱柱 4：0.8m×3mm，OV-210：Gas Chrom Q =2：100。

色谱柱 5(适用于分析杀螟松、倍硫磷、亚胺硫磷和甲基对硫磷)：30m×0.32mm×0.25μm，14%氰丙基-86%二甲基聚硅氧烷(RTX-1701)；柱温 210℃；或程序升温：初温 100℃，以 30℃/min 升温至 210℃，再以 5℃/min 升温至 220℃，保持 2min，再以 30℃/min 升温至 260℃，保持 4min；气化室温度 250℃；检测室温度 250℃；载气(氮气)流量 1.0mL/min；不分流。

对于上述 4 种填充气相色谱柱而言，每种有机磷农药的具体色谱分析参数见表 5-24。

表 5-24　有机磷的气相色谱分析参数

化合物	色谱柱	柱温/℃	气化室温度/℃	检测室温度/℃	载气流量/(mL/min)
杀螟松	色谱柱 1	200	250	250	60
甲基对硫磷	色谱柱 1	200	240	240	60
亚胺硫磷	色谱柱 1	200	240	240	60
敌敌畏	色谱柱 1	150	180	180	60
对硫磷	色谱柱 1	220	240	240	60
甲拌磷	色谱柱 1	220	240	240	60
乐果	色谱柱 1	200	240	240	60
倍硫磷	色谱柱 1	210	270	240	60
氧化乐果	色谱柱 2	140	170	170	70
异稻瘟净	色谱柱 3	200	220	230	50
久效磷	色谱柱 4	190	230	230	90

3. 测定步骤

将采过样的前后段硅胶分别倒入两支溶剂解吸瓶中，加入 2.0mL 丙酮(用于氧化乐果、杀螟松、甲基对硫磷、亚胺硫磷、久效磷、异稻瘟净、倍硫磷等)或 2.0mL 丙酮-苯混合液(用于乐果)，封闭后解吸 30min，不时振摇。解吸液供测定。

将采过样的两段聚氨酯泡沫塑料分别放入溶剂解吸瓶中，加入 2.0mL 无水甲醇，用玻璃棒将聚氨酯泡沫塑料按入无水甲醇中，解吸 30min。解吸液供测定。

取 4～7 支容量瓶，用相应的解吸液稀释标准溶液配成各目标化合物的系列标准溶液。参照仪器操作条件，将气相色谱仪调节至最佳测定状态，分别进样 1.0μL，测定各系列标准溶液。以测得的峰高或峰面积值对相应的待测物浓度(μg/mL)绘制标准曲线。

用测定系列标准溶液的操作条件测定样品溶液和样品空白溶液。测得的样品峰高或峰面积值减去空白对照的峰高或峰面积值后，由标准曲线得样品溶液中相应待测物的浓度(μg/mL)。按下式计算空气中待测物的浓度：

$$c = \frac{2(c_1 + c_2)}{V_0 D}$$

式中，c 为空气中待测物的浓度，mg/m³；c_1、c_2 为测得的前后段样品溶液中待测物的浓度，μg/mL；2 为样品溶液的体积，mL；V_0 为标准状态下的采样体积，L；D 为解吸效率，%。

4. 说明

本法的检出限、最低检出浓度、定量测定范围、解吸效率见表 5-25。穿透容量：久效磷为 6.23μg，氧化乐果＞2mg，倍硫磷＞0.113mg。

表 5-25　有机磷测定方法的性能指标

有机磷农药	检出限/(μg/mL)	最低检出浓度/(mg/m³)	定量测定范围/(μg/mL)	解吸效率/%
对硫磷	0.014	0.002×	0.014～4	100.2
敌敌畏	0.03	0.004×	0.03～40	97.2
甲拌磷	0.01	0.0013×	0.01～4	96.1
乐果	0.025	0.01*	0.025～0.4	79.1～99
甲基对硫磷	0.02	1*	0.06～0.2	93～100
亚胺硫磷	0.03	0.07*	0.1～10	76.7～88
杀螟松	0.01	0.11*	0.03～10.0	96.5
久效磷	0.05	0.88*	0.17～10.0	91～99
异稻瘟净	0.1	0.04*	0.33～10.0	95.2
氧化乐果	0.25	0.11*	0.8～25.0	94
倍硫磷	0.1	0.58*	0.03～25.0	98

×以采集 15L 空气样品计；*以采集 4.5L 空气样品计。

三、有机氯农药的测定

(一) 气相色谱法

本方法适用于环境空气气相和颗粒物中六氯苯、α-六六六、γ-六六六、β-六六六、δ-六六六、七氯、艾氏剂、环氧七氯B、γ-氯丹、α-氯丹、硫丹 I 、4,4'-DDE、狄氏剂、异狄氏剂、

4,4′-DDD、2,4′-DDT、硫丹Ⅱ、4,4′-DDT、异狄氏醛、硫丹硫酸酯、甲氧 DDT、异狄氏酮和灭蚁灵共 23 种有机氯农药的测定。

1. 原理

用大流量采样器将环境空气气相和颗粒物中的有机氯农药采集到滤膜和 PUF 上，用乙醚-正己烷混合溶剂提取。提取液经浓缩、净化后，用气相色谱仪分离，电子捕获检测器检测。根据保留时间定性，内标法或外标法定量。

2. 仪器条件

色谱柱 1：30m×0.25mm×0.25μm，固定相为 5%苯基、95%二甲基聚硅氧烷；色谱柱 2：30m×0.25mm×0.25μm，固定相为 14%、氰丙基苯基、86%二甲基聚硅氧烷，或 35%苯基、65%二甲基聚硅氧烷。两根色谱柱中一根为分析柱，一根为验证柱。

进样口温度 250℃；不分流进样，在 0.75min 分流，分流比 60∶1；进样量 2.0μL；升温程序：初始温度 50℃保持 1min，以 25℃/min 升温至 180℃，保持 2min，以 5℃/min 升温至 280℃，保持 5min；载气为氮气，流量 1.0mL/min；电子捕获检测器温度 300℃。

3. 试样的制备

将滤膜和玻璃采样筒转移至索氏提取器中，向 PUF 添加 200μL 替代物使用液(1.00μg/mL 的 2,4,5,6-四氯间二甲苯和十氯联苯混合液或单标溶液)，加入 300～500mL 乙醚-正己烷混合溶剂(1+9)回流提取 16h 以上，每小时回流 3～4 次。提取完毕后冷却至室温。加入无水硫酸钠至其颗粒可自由流动，放置 30min 脱水干燥。将样品提取液转移至浓缩装置中，在 45℃以下浓缩，将溶剂置换为正己烷，浓缩至 1mL 左右。如果采用硫酸净化，应浓缩至 10mL 左右。

将样品浓缩液转移至硅酸镁层析柱(20g，60～100 目)，用 200mL 乙醚-正己烷混合溶剂(6+94)洗脱层析柱，洗脱流量为 2～5mL/min，接收流出液作为第一级洗脱液。继续用 200mL 乙醚-正己烷混合溶剂(15+85)洗脱层析柱，接收流出液作为第二级洗脱液。用 200mL 乙醚-正己烷混合溶剂(5+5)洗脱层析柱，接收流出液作为第三级洗脱液。如果不分级接收，可直接使用 200mL 丙酮-正己烷混合溶剂(1+9)洗脱层析柱，接收洗脱液。将洗脱液浓缩至 1.0mL 以下，定容至 1.0mL。如果采用内标法定量，加入 10.0μL 内标使用液(10.0μg/mL，1-溴-2-硝基苯)，转移至样品瓶中待测。

第一级洗脱液中包括全部的多氯联苯。除硫丹类、狄氏剂、异狄氏剂及其降解产物外，其他农药基本在此级。狄氏剂、硫丹Ⅰ、异狄氏剂分布在第一级或第二级，也可能两级共存。硫丹Ⅱ、异狄氏酮和硫丹硫酸酯主要分布在第三级洗脱液中。异狄氏醛分布在第二级和第三级洗脱液中。

4. 测定步骤

移取一定量的标准使用液，用正己烷稀释配制系列标准溶液，其浓度依次为 20.0μg/L、50.0μg/L、100μg/L、200μg/L、300μg/L。如果采用内标法定量，每 1.0mL 标准溶液加入 10.0μL 内标使用液(10.0μg/mL，1-溴-2-硝基苯)。按仪器条件进行分析，记录目标化合物、内标和替代物的保留时间及峰面积或峰高。以目标化合物浓度(或与内标浓度的比值)为横坐标，目标化合物峰面积或峰高(或与内标峰面积或峰高的比值)为纵坐标，用最小二乘法绘制标准曲线。有机氯农药的标准色谱图见图 5-34。

按照与绘制标准曲线相同的仪器条件进行试样和空白试样的测定，记录色谱峰保留时间和峰面积(或峰高)。当目标化合物在分析柱检出时，需用验证柱验证。如果在验证柱也检出，视为该组分检出。否则，视为未检出。根据峰面积或峰高，采用内标法或外标法定量。按下式计算环境空气中有机氯农药的浓度：

$$\rho = \frac{\rho_i \times V \times F}{V_s}$$

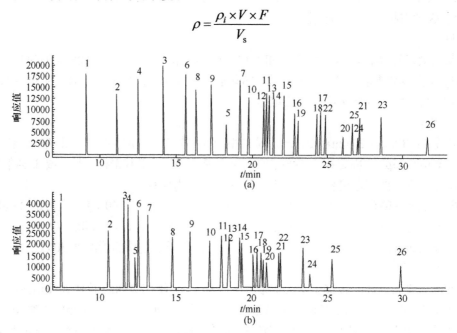

图 5-34　有机氯农药标准色谱图

(a)色谱柱固定液为 14%氰丙基苯基、86%二甲基聚硅氧烷；(b)色谱柱固定液为 5%苯基、95%二甲基聚硅氧烷

1. BNB(内标)；2. TCX (替代物)；3. α-六六六；4. 六氯苯；5. β-六六六；6. γ-六六六；7. δ-六六六；8. 七氯；9. 艾氏剂；10. 环氧七氯 B；11. γ-氯丹；12. 硫丹 I；13. α-氯丹；14. 4,4′-DDE；15. 狄氏剂；16. 异狄氏剂；17. 硫丹 II；18. 4,4′-DDD；19. 2,4′-DDT；20. 异狄氏醛；21. 硫丹硫酸酯；22. 4,4′-DDT；23. 异狄氏酮；24. 甲氧 DDT；25. 灭蚁灵；26. 十氯联苯(替代物)

式中，ρ 为环境空气中目标化合物的浓度，ng/m³；ρ_i 为由标准曲线所得试样中目标化合物的浓度，μg/L；V 为试样的浓缩定容体积，mL；F 为试样的稀释倍数；V_s 为标准状态下的采样体积，m³。

5. 说明

当采样体积为 350m³(标准状态下)，浓缩定容体积为 1.0mL 时，本方法测定 23 种有机氯农药的检出限为 0.02～0.06 ng/m³，测定下限为 0.08～0.24 ng/m³。

(二) 气相色谱-质谱法

本方法适用于环境空气气相和颗粒物中上述 23 种有机氯农药的测定。

1. 原理

用大流量采样器将环境空气气相和颗粒物中的有机氯农药采集到滤膜和 PUF 上，用乙醚-正己烷混合溶剂提取。提取液经浓缩、净化后，用气相色谱-质谱仪分离检测。根据保留时间和特征离子丰度比定性，内标法定量。

2. 仪器条件

色谱柱：30m×0.25mm×0.25μm，固定相为 5%苯基、95%二甲基聚硅氧烷，也可采用固定相为 35%苯基、65%二甲基聚硅氧烷柱。

气相色谱仪的分析条件与上述气相色谱法完全相同。质量选择检测器的分析条件：传输线温度为 280℃；离子源温度为 250℃；离子源电子能量为 70eV；扫描方式为选择离子监测或全扫描；溶剂延迟时间为 9min。

3. 试样的制备

除了在 PUF 上添加 125μL 替代物使用液(2.00μg/mL，对三联苯-D$_{14}$)之外，提取试样的其他步骤与上述气相色谱法完全相同。样品提取液的浓缩和净化过程也是如此。另外，将流经硅酸镁层析柱的洗脱液浓缩、定容后，加入 10.0μL 内标使用液(15.0μg/mL，菲-D$_{10}$)。

4. 测定步骤

移取一定量的有机氯农药标准使用液，用正己烷稀释配制系列标准溶液，其浓度依次为 50.0μg/L、100μg/L、200μg/L、300μg/L、500μg/L。每 1.0mL 标准溶液加入 10.0μL 内标使用液(15.0μg/mL，菲-D$_{10}$)。按仪器条件进行分析，得到不同浓度标准溶液的质谱图。记录目标化合物、内标和替代物的保留时间和定量离子峰面积。以目标化合物浓度与内标浓度的比值为横坐标，目标化合物和内标的定量离子峰面积比值为纵坐标，用最小二乘法绘制标准曲线。

按照与系列标准溶液测定相同的仪器条件进行试样和空白试样的测定，记录定量离子的保留时间和色谱峰面积。根据试样中目标化合物的保留时间、辅助定性离子和定量离子峰面积的比值定性。根据定量离子的色谱峰面积，采用内标法定量。环境空气中有机氯农药的质量浓度计算公式同气相色谱法。有机氯农药的定量离子和辅助定性离子见表 5-26。

表 5-26　有机氯农药的特征离子

化合物	定量离子	辅助定性离子
α-六六六	219	217、221
六氯苯	284	286、249
β-六六六	219	217、221
γ-六六六	219	217、221
δ-六六六	219	217、221
七氯	272	100、274
艾氏剂	263	265、261
环氧七氯 B	353	355、351
γ-氯丹	375	373、377
硫丹 I	241	243、277、275
α-氯丹	375	373、377
4,4'-DDE	246	248、316、318
狄氏剂	263	265、277
异狄氏剂	263	265、277
硫丹 II	241	243、277、275
4,4'-DDD	235	237、165
2,4'-DDT	235	237、165
异狄氏醛	345	343、347
硫丹硫酸酯	272	274、387、389
4,4'-DDT	235	237、165
异狄氏酮	317	319、345
甲氧 DDT	227	228、252
灭蚁灵	272	274、270、237

注：适用于以 5%苯基、95%二甲基聚硅氧烷色谱柱测定。

5. 说明

当采样体积为 350m³(标准状态下)，浓缩定容体积为 1.0mL，采用选择离子监测方式时，本方法测定 23 种有机氯农药的检出限为 0.03～0.07ng/m³，测定下限为 0.12～0.28 ng/m³。

第九节　恶臭和挥发性有机物的监测

氨气、三甲胺、硫化氢、苯乙烯、二硫化碳、硫醇、硫醚、二硫二甲八种(类)物质是我国有关环境标准规定的恶臭物质。它们是由一些工业企业、城市垃圾、畜禽养殖场粪便、下水道等排放的污染物。前四种(类)污染物的测定方法已经在本章前面的内容中进行了叙述，故不再在此介绍。本节仅介绍其余几种恶臭物质的监测方法。

一、二硫化碳的测定

空气中蒸气态二硫化碳的测定方法有溶剂解吸-气相色谱法和溶剂解吸-二乙胺分光光度法。

(一) 溶剂解吸-气相色谱法

1. 原理

空气中的蒸气态二硫化碳用活性炭采集，苯解吸后经气相色谱柱分离，用火焰光度检测器检测，以保留时间定性，以峰高或峰面积定量。

2. 仪器条件

气相色谱仪：配火焰光度检测器，394nm 滤光片。色谱柱：30 m×0.32 mm×0.5μm，FFAP；柱温80℃；气化室温度150℃；检测室温度150℃；载气(氮气)流量1mL/min；分流比为 10∶1。

3. 测定步骤

取 4～7 支容量瓶，用苯稀释标准溶液配成 0.0～10.0μg/mL 浓度范围的二硫化碳系列标准溶液。参照仪器操作条件，将气相色谱仪调节至最佳测定状态，进样 1.0μL，分别测定系列标准溶液各浓度的峰高或峰面积。以测得的峰高或峰面积对相应的二硫化碳浓度(μg/mL)绘制标准曲线。

将采过样的前后两段活性炭分别倒入两支溶剂解吸瓶中，各加 5.0mL 苯，不时振摇，解吸 30min。供测定。用测定系列标准溶液的操作条件测定样品溶液和空白对照溶液。测得的样品峰高或峰面积值减去空白对照峰高或峰面积值后，由标准曲线得样品溶液中二硫化碳的浓度(μg/mL)。按下式计算空气中二硫化碳的浓度：

$$c = \frac{5(c_1 + c_2)}{V_0 D}$$

式中，c 为空气中二硫化碳的浓度，mg/m³；5 为样品解吸液的体积，mL；c_1、c_2 为测得的前后段样品中二硫化碳的浓度，μg/mL；V_0 为标准状态下的采样体积，L；D 为解吸效率，%。

4. 说明

本法的检出限为 0.01μg/mL，定量测定范围为 0.033～10μg/mL；以采集 3L 空气样品计，最低检出浓度为 0.02mg/m³，最低定量浓度为 0.06mg/m³；平均采样效率为 94.4%，100mg 活性炭的穿透容量＞2.6mg，平均解吸效率为 89%。

(二) 溶剂解吸-二乙胺分光光度法

1. 原理

空气中蒸气态的二硫化碳用活性炭采集，用苯解吸后，二硫化碳与二乙胺和铜离子反应生成黄棕色二乙基二硫代氨基甲酸铜。用分光光度计在435nm波长下测量吸光度，进行定量。

2. 测定步骤

取5~8支具塞比色管，分别加入0.0~0.5mL二硫化碳标准溶液，加苯至0.5mL，配成0.0~50.0μg/mL浓度范围的二硫化碳系列标准溶液。各加4.5mL显色剂，摇匀，放置15min。用分光光度计在435nm波长下分别测定系列标准溶液各浓度的吸光度。以测得的吸光度对相应的二硫化碳浓度绘制标准曲线。

将采过样的前后两段活性炭分别倒入两支溶剂解吸瓶中，各加5.0mL苯，不时振摇，解吸30min。取0.5mL苯解吸液，置于具塞试管中，加4.5mL显色液，摇匀，供测定。用测定系列标准溶液的操作条件测定样品溶液和样品空白溶液。测得的样品吸光度值减去空白对照吸光度值后，由标准曲线得样品溶液中二硫化碳浓度。按下式计算空气中二硫化碳的浓度：

$$c = \frac{5(c_1 + c_2)}{V_0 D}$$

式中，c为空气中二硫化碳的浓度，mg/m^3；5为样品溶液的体积，mL；c_1、c_2为测得的前后段样品溶液中二硫化碳的浓度，μg/mL；V_0为标准状态下的采样体积，L；D为解吸效率，%。

3. 说明

二乙胺和乙醇的质量很重要，系列标准溶液的第一管应为无色。硫代乙酸对测定有干扰，在活性炭管前接一个装乙酸铅棉花的玻璃管，可消除干扰。

本法的检出限为0.4μg/mL，定量测定范围为0.4~50μg/ml；以采集3L空气样品计，最低定量浓度为0.7mg/m³；平均采样效率为94.4%，100mg活性炭的穿透容量为2.6mg，平均解吸效率为89%。

二、甲硫醇和乙硫醇的测定

硫醇是石油中常见的有机硫化合物，多为易挥发且具有强烈臭味的无色气体和液体。硫醇包括甲硫醇、乙硫醇、丙硫醇、丁硫醇等。分子量越大，硫醇的臭味越淡。硫醇难溶于水，易溶于醇类和醚类。硫醇对人体的毒害主要是作用于中枢神经系统。吸入低浓度硫醇蒸气可引起头疼、恶心。较高浓度的硫醇蒸气具有麻醉作用，并可使人体因呼吸麻痹而死亡。

(一) 溶剂洗脱-气相色谱法

1. 原理

空气中的甲硫醇和乙硫醇用乙酸汞溶液浸渍的玻璃纤维滤膜采集，盐酸溶液洗脱，二氯甲烷提取后进样，经色谱柱分离，火焰光度检测器检测，以保留时间定性，以峰面积均值平方根定量。

2. 仪器条件

色谱柱：3m×4mm玻璃柱，经磷酸溶液(10mol/L)浸泡过夜；β,β-氧二丙腈：201红色硅烷化担体=25：100；柱温75℃；气化室温度110℃；检测室温度110℃；载气流量60mL/min。

3. 测定步骤

用二氯甲烷稀释标准溶液成 0.0mg/mL、0.5mg/mL、1.0mg/mL、3.0mg/mL 和 5.0mg/mL 的甲硫醇和乙硫醇系列标准溶液。参照仪器操作条件，进样 1.0mL，分别测定各系列标准溶液。每个浓度重复测定 3 次。以测得的峰面积均值平方根对相应的甲硫醇和乙硫醇浓度(mg/mL)绘制标准曲线。

将采过样的浸渍玻璃纤维滤膜放入装有 10mL 盐酸溶液和 10mL 二氯甲烷的分液漏斗中，立即塞好塞子，振摇 1min，不要放气。待两相分开后，取 1.0mL 二氯甲烷提取液置于具塞试管中，供测定。用测定系列标准溶液的操作条件测定样品和空白对照提取液。测得的样品峰面积平方根值减去空白对照的峰面积平方根值后，由标准曲线得甲硫醇和乙硫醇浓度 (mg/mL)。按下式计算空气中甲硫醇和乙硫醇的浓度：

$$\rho = \frac{10c}{DV_{nd}}$$

式中，ρ 为空气中甲硫醇和乙硫醇的浓度，mg/m^3；10 为提取液的总体积，mL；c 为测得样品溶液中甲硫醇和乙硫醇的浓度，mg/mL；V_{nd} 为标准状态下的采样体积，L；D 为洗脱效率，%。

4. 说明

本法的检出限为 0.2mg/mL，最低检出浓度为 $0.13mg/m^3$(以采集 15L 空气样品计)，测定范围为 0.2～5mg/mL。采样效率为 93.5%～100%，洗脱效率为 90.2%～94.6%。每批滤膜必须测定洗脱效率。

(二) 对氨基二甲基苯胺分光光度法

1. 原理

该法适用于测定空气中的乙硫醇。方法原理是，空气中的乙硫醇用乙酸汞溶液浸渍的玻璃纤维滤膜采集，用乙酸汞溶液解吸后，在强酸性溶液和三氯化铁存在下，与对氨基二甲基苯胺反应，生成红色络合物，在 500nm 波长下测定吸光度，进行定量。

2. 测定步骤

取 7 支具塞比色管，分别加入 0.00mL、0.50mL、1.00mL、2.00mL、3.00mL、4.00mL、5.00mL 标准溶液(10.0mg/mL)，各加洗脱液至 10.0mL，配成乙硫醇系列标准溶液。向各标准管加入 2mL 显色剂，在旋涡混合器上混匀，放置 30min。在 500nm 波长下测定吸光度，每个浓度重复测定 3 次。以测得的吸光度均值对乙硫醇含量(mg)绘制标准曲线。

向装有浸渍玻璃纤维滤膜的具塞比色管中，加入 10.0mL 洗脱液，洗脱 15min。洗脱液供测定。用测定系列标准溶液的操作条件测定样品和空白对照洗脱液。测得的样品吸光度值减去空白对照吸光度值后，由标准曲线得乙硫醇含量(mg)。按下式计算空气中乙硫醇的浓度：

$$\rho = \frac{m}{DV_{nd}}$$

式中，ρ 为空气中乙硫醇的浓度，mg/m^3；m 为测得洗脱液中乙硫醇含量，mg；V_{nd} 为标准状态下的采样体积，L；D 为洗脱效率，%。

3. 说明

本法的检出限为 2.5mg，最低检出浓度为 $0.3mg/m^3$(以采集 15L 空气样品计)，测定范围为 5～50mg，采样效率为 93.5%～100%，平均洗脱效率为 97.3%。每批滤膜必须测定洗脱效率。

标准和样品加显色剂后，若发生浑浊现象，须过滤后测定。

三、甲硫醚和二甲二硫的测定

空气中的甲硫醚[$(CH_3)_2S$]和二甲二硫[$(CH_3)_2S_2$]用气相色谱法测定。

1. 原理

以采气瓶采集空气样品，以聚酯塑料袋采集排气筒内恶臭气体样品。硫化物含量较高的气体样品可直接用注射器取样 1~2mL，注入安装火焰光度检测器的气相色谱仪分析。含量较低的气体样品，以浓缩管在低温条件下对 1L 气体样品进行浓缩，浓缩后将浓缩管连入色谱仪分析系统并加热至 100℃，使全部浓缩成分流经色谱柱分离检测。以保留时间对被测成分进行定性，以色谱峰高的对数定量。

2. 仪器条件

色谱柱：3m×3mm 玻璃柱，β,β-氧二丙腈：Chromsorb-G=25：100；气化室温度 150℃；检测器温度 200℃；柱温 70℃；使用程序升温时色谱柱箱的升温程序：初始温度 70℃，保持至甲硫醚出峰结束，以 20℃/min 升温速率升至 90℃，保持至二甲二硫出峰结束；载气(氮气)流量 70mL/min。

3. 测定步骤

分别取 0.5μL、1.0μL、2.0μL、4.0μL、8.0μL 二种浓度甲硫醚和二甲二硫混合标准溶液(均为 20μg/mL、2 μg/mL)，依次注入色谱仪分析。用双对数坐标纸以组分进样量对色谱峰高值绘制工作曲线。

取采气瓶或采样袋中气体 1~2 mL 注入色谱仪分析。分析时浓缩样品，连接浓缩管至分析系统，转动气路转换阀使载气流经浓缩管至仪器进样口。待色谱基线稳定后，移去液氧杯，加热浓缩管使其在 1min 内温度升至 100℃，使全部浓缩成分进入色谱柱。根据被测成分峰高值从工作曲线上查出相应绝对量(ng)。按下式计算空气中甲硫醚和二甲二硫的浓度：

$$\rho = \frac{g \times 10^{-5}}{V_{nd}}$$

式中，ρ 为空气中甲硫醚和二甲二硫的浓度，mg/m³；g 为硫化物组分绝对量，ng；V_{nd} 为标准状态下的进样体积或浓缩体积，L。

4. 说明

本方法适用于恶臭污染源排气和环境空气中硫化氢、甲硫醇、甲硫醚和二甲二硫的同时测定。四种成分的检出限为 0.2×10^{-9}~1.0×10^{-9}g。当气体样品中四种成分浓度高于 1.0mg/m³时，可取 1~2mL 气体直接进样分析。对 1L 气体样品进行浓缩，四种成分的检出限为 0.2×10^{-3}~1.0×10^{-3}mg/m³。

四、挥发性有机物的测定

根据国际卫生组织的规定，大气中的有机化合物，可分为高挥发性有机化合物(very volatile organic compounds，VVOCs)、VOCs、半挥发性有机化合物(semivolatile organic compounds，SVOCs)和颗粒态有机化合物(particulate organic matter，POM)。空气中有机化合物的分类见表 5-27。环境空气中 VOCs 种类繁多，但不同地区因污染源不同，VOCs 的类型和浓度存在很大差异。化学活性强的 VOCs 是光化学反应生成臭氧的前体物质。

表 5-27　空气中有机化合物的分类

分类	沸点范围/℃	特点	化合物示例	来源
VVOCs	<50	快速挥发	甲烷、乙烯、乙炔、甲醛、乙醛、氯乙烯、丁烷、戊烷、二氯甲烷	制冷剂、燃气、燃烧产物
VOCs	50~250	缓慢挥发	正己烷、乙酸乙酯、乙醇、甲苯、三氯乙烯、二甲苯、癸烷、对二氯苯、十三烷	有机溶剂、汽油、植物
SVOCs	250~400	挥发极慢，有沉降性和凝缩性	L-尼古丁、磷酸三丁酯、邻苯二甲酸二丁酯、邻苯二甲酸二辛酯	杀虫剂、可塑剂、阻燃剂、不完全燃烧产物
POM	>380	吸附在气溶胶颗粒上，有沉降性	多氯联苯、苯并[a]芘	杀虫剂、可塑剂、不完全燃烧产物

测定环境空气中挥发性有机物组分的常用方法是热解吸-气相色谱/质谱联用法。根据采样方法的不同，又可分为以下两种方法。

(一) 吸附管采样-气相色谱/质谱联用法

1. 原理

选择填充有固相吸附剂的采样管采集一定体积的空气样品，将样品中的挥发性有机组分捕集在采样管中。用干燥的惰性气体吹扫采样管后，经二级脱附进入毛细管气相色谱-质谱联用仪，进行定性定量分析。

2. 仪器条件

采样管：不锈钢管、玻璃管、内衬玻璃不锈钢管或熔融硅不锈钢管，外径通常为 6mm，内部装有 200mg 的一种或几种固体吸附材料，见表 5-28。

表 5-28　吸附剂一览表

吸附剂名称	吸附剂类型
Carbotrap	石墨化碳
Carbopack	石墨化碳
Carbograph TD-1	石墨化碳
Carbosieve S-Ⅲ	碳分子筛
Carboxen 569	碳分子筛
Carboxen 1000	碳分子筛
Chromosorb 102	苯乙烯/二乙烯基苯
Chromosorb 106	聚苯乙烯
Porapak N	乙烯吡咯烷酮
Porapak Q	乙基乙烯基苯/二乙烯基苯
Spherocarb	碳分子筛
Tenax TA	聚(二)苯醚(聚苯撑氧化物)
Tenax GR	石墨化聚(二)苯醚

捕集管：安装在热解吸仪上，是填装少量吸附剂的吸附管或空管(内径<3mm)。在常温或低温条件下吸附。有机组分在该管中富集后再迅速升温，被快速脱附，带入色谱柱中分离。样品热解吸条件列于表 5-29 中。

表 5-29　样品热解吸条件

脱附温度/℃	250～325
脱附时间/min	5～15
脱附气流量/(mL/min)	30～50
冷阱温度/℃	20～-180
载气	高纯氮气

毛细管气相色谱柱:极性指数<10,柱长 50～60m,内径 0.20～0.32mm,膜厚 0.2～1.8μm。程序升温:初温 50℃保持 10min,以 5℃/min 的速率升温至 250℃,保持至所有目标组分流出。

3. 测定步骤

用恒流气体采样器将 100μg/m³ 标准气体分别准确抽取 100mL、400mL、1L、4L、10L 通过采样管,制成系列标准溶液。用热脱附气相色谱-质谱联用法分析系列标准溶液。以目标组分的质量为横坐标,以扣除空白响应后的特征质量离子峰面积或峰高为纵坐标,绘制标准曲线。标准曲线的线性相关系数至少应达到 0.995。测定流程见图 5-35。

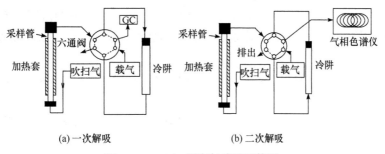

(a) 一次解吸　　　　(b) 二次解吸

图 5-35　VOCs 测定气路流程简图

将样品按照绘制标准曲线的操作步骤和相同的分析条件,进行定性和定量分析。空气中 VOCs 的总离子色谱图见图 5-36。按下式计算空气中 VOCs 的浓度:

$$c_m = \frac{m_F - m_B}{V_{nd}} \times 1000$$

式中,c_m 为空气中 VOCs 的浓度, mg/m³;m_F 为采样管所采集到的 VOCs 的质量, mg;m_B 为空白管中 VOCs 的质量, mg;V_{nd} 为标准状态下的采样体积, L。

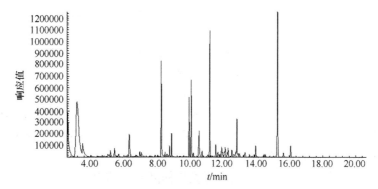

图 5-36　空气中 VOCs 的总离子色谱图

4. 说明

应对沸点在 50～260℃的浓度大于 5μg/m³ 的所有有机组分进行定性分析。根据单一的标准曲线，对尽可能多的挥发性有机组分进行定量。若要计算没有单一标准曲线的挥发性有机组分测量值，可选用甲苯的响应系数来计算。

当采样体积为 3L 时，对单一挥发性有机组分，本方法的检出限为 1.5μg/m³。

(二) 采样罐采样-气相色谱/质谱联用法

1. 原理

通过正压和负压采样，将空气样品采集到一个预先抽空的采样罐中。分析时，一定量的空气样品通过浓缩器除去水分和二氧化碳等，并对有机物进行预浓缩。用载气将富集后的挥发性有机物带入气相色谱/质谱联用仪，进行定性定量分析。

2. 仪器条件

采样罐：内部经过特殊处理的不锈钢罐。其内部处理方式有两种：一种是抛光，另一种是抛光后再进行钝化处理(硅烷化)。经过钝化的采样罐活性点更少，样品保存更稳定。采样罐有多种规格，但以容积为 6L 的最为常用。

质量流量控制器：当温度和湿度发生变化时，能保持采样期间的流速恒定。

不锈钢真空/压力表：一种在采样系统中测定真空和压力，一种在采样罐清洗过程中测定采样罐的真空度。

其他仪器条件和样品测定步骤均与上述吸附管采样-气相色谱/质谱联用法类似。

3. 说明

本法适用于分析 VOCs 的体积百分数大于 0.5ppb 的环境空气样品，一般需要富集 1L 的样品。一次采集的样品可供多次测定。

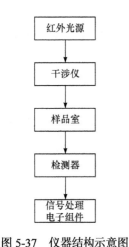

图 5-37　仪器结构示意图

(三) 便携式傅里叶红外光谱仪法

1. 原理

当波长连续变化的红外光照射被测目标化合物分子时，与分子固有振动频率相同的特定波长的红外光被吸收。将照射分子的红外光用单色器色散，按其波数依序排列，并测定不同波数被吸收的强度，得到红外吸收光谱。根据样品的红外吸收光谱与标准物质的拟合程度定性，根据特征吸收峰的强度半定量。

2. 仪器条件

便携式傅里叶红外光谱仪光谱范围：900～4000cm⁻¹；光谱分辨率：不大于 16cm⁻¹；光程长度：不小于 1m。仪器结构见图 5-37。

3. 采样前准备与样品采集

在仪器进气口前安装聚四氟乙烯气路管、防尘滤芯和除湿装置，并保证气路气密性完好。使用高纯氮气对气路管和仪器气室进行清洗。用高纯氮气对仪器进行零点校准，保存背景谱图。

启动采样泵采集待测气体样品，待气样充满样品室后结束采样。为了增加样品采集和分析结果的代表性，每次分析至少连续采集 5 个样品，选择其中测定值最高的作为最终结果。

4. 测定步骤

首先打开样品傅里叶红外吸收光谱文件，通过工作软件扣除水和二氧化碳的干扰，然后再进行样品谱图的分析。定性分析时，通过工作软件对样品中目标化合物和标准谱图库中的标准物质吸收光谱图进行自动匹配。再根据匹配结果拟合度的高低，进一步进行人工谱图分析比对，最终得出定性分析结果。根据样品谱图定性分析结果，可通过工作软件自动计算样品中挥发性有机物的半定量结果。

当仪器显示单位为 μmol/mol 时，按下式换算成标准状态下的质量浓度：

$$\rho = \varphi \times \frac{M}{22.4}$$

式中，ρ 为目标化合物质量浓度，mg/m^3；φ 为目标化合物体积比浓度，μmol/mol；M 为目标化合物的摩尔质量，g/mol；22.4 为标准状态下气态分子的摩尔体积，L/mol。

5. 干扰和消除

当样品中某一组分浓度相对其他组分过高时，其过宽的吸收峰会对其他组分的分析产生干扰。当样品中两种或多种组分的红外光谱吸收峰出现相互重合时，会对分析结果产生干扰。当空气相对湿度大于 85%时，样品中的过量水分会对分析结果造成干扰。当样品中含尘量较大时，会污染仪器管路和分析单元，对分析结果产生干扰。

6. 说明

本方法为定性半定量方法，适用于环境空气中丙烷、乙烯、丙烯、乙炔、苯、甲苯、乙苯、苯乙烯 8 种挥发性有机物在互不干扰情况下的突发环境事件应急监测。其他挥发性有机物若通过验证也可用本方法测定。

思考题和习题

1. 简述四氯汞钾溶液吸收-盐酸副玫瑰苯胺分光光度法与甲醛缓冲溶液吸收-盐酸副玫瑰苯胺分光光度法测定 SO_2 的异同之处。影响测定准确度的因素有哪些？

2. 简述用盐酸萘乙二胺分光光度法测定空气中 NO_x 的原理。用简图示意如何用酸性高锰酸钾溶液氧化法测定 NO_2、NO 和 NO_x。

3. 用方块图示意气相色谱仪测定 CO 的流程，并说明定量测定的原理。

4. 怎样用气相色谱法测定空气中的总烃和非甲烷烃？分别测定它们有何意义？

5. 简述次氯酸钠-水杨酸分光光度法与纳氏试剂分光光度法测定空气中氨的异同之处。干扰测定的因素各有哪些？

6. 试比较用填充柱-气相色谱法和毛细管柱-气相色谱法测定空气中气态和蒸气态有机污染物的优缺点。溶剂解吸-气相色谱法和热解吸-气相色谱法的适用条件是什么？

7. 简述气相色谱法测定有机磷和拟除虫菊酯类农药的原理，以及样品提取步骤。

8. 说明气相色谱法测定甲硫醇、乙硫醇、甲硫醚和二甲二硫的基本原理。

9. 试对采样罐采样-气相色谱/质谱联用法和吸附管采样-气相色谱/质谱联用法测定挥发性有机化合物的原理进行比较，并说明各自的优缺点。

第六章 颗粒物及其组分的监测

空气中颗粒物的监测内容包括总悬浮颗粒物(TSP)浓度、可吸入颗粒物浓度、自然降尘量、颗粒物中各种化学成分的含量等。

第一节 颗粒物的测定

人类赖以生存的环境大气是由各种固体或液体微粒均匀地分散在空气中形成的一个庞大的分散体系，即气溶胶体系。对大气气溶胶体系中颗粒物的研究一直是环境问题的一个热点。早期的研究主要集中在对 TSP 的研究上。随着颗粒物采样与分析技术的发展，人们进一步认识到大气悬浮颗粒物中的细颗粒物对人体健康的影响远比粗颗粒物大，而且细颗粒物是引起城市大气能见度降低的重要因素。20 世纪中期以来，许多发达国家对颗粒物的研究逐渐由 TSP 转变为可吸入颗粒物 PM_{10} 和细颗粒物 $PM_{2.5}$。$PM_{2.5}$ 也称为细粒子，是指悬浮在大气中的空气动力学直径小于 2.5μm 的颗粒物。

大气颗粒物形状各异，大致可分为等轴状、片状和纤维状三种类型。通常进行有关大气颗粒物的研究时都将气溶胶粒子看作近似球形。

一、总悬浮颗粒物的测定

大气中悬浮颗粒物不仅危害人体健康，而且也是液态污染物的载体。其成分复杂，并具有特殊的理化特性和生物活性，是大气污染常规监测项目之一。

测定 TSP 的方法是基于重力原理制定的，国内外广泛采用重量法。所用的采样器按采样流量大小可分为大流量($1m^3/min$ 以上)、中流量(100L/min 左右)和小流量(10L/min 左右)三种。在选用不同流量的采样器采集 TSP 时，应考虑它们之间的可比性。一般以大流量采样器进行比较。为了能够采集到空气中空气动力学当量直径小于 100μm 的颗粒物，三种采样器均应符合以下技术要求：

(1) 采样进气口必须向下，空气气流垂直向上进入采样口，采样口抽气速度规定为 0.30m/s。

(2) 滤料装入采样夹后应平行于地面，气流自上而下通过滤料，单位面积滤料在 24h 内滤过的气体量 Q 应满足下式要求：

$$2 < Q[m^3/(cm^2 \cdot 24h)] < 4.5$$

(一) 大流量采样-重量法

1. 原理

空气中的 TSP 被抽进大流量采样器时，阻留在已称量的滤料上。采样后，将滤料在使用前的称量条件下再次称量。两次称量的质量之差除以采样体积，得到空气中 TSP 的质量浓度。

2. 仪器和材料

(1) 大流量采样器：流量范围 1.1～$1.7m^3/min$。

(2) U 形压差计：长度为 40cm 的 U 形玻璃管，内装着色的蒸馏水(冬季应灌注乙醇)，最小刻度 0.1hPa。

(3) 气压计：最小分度值为 2hPa。

(4) 分析天平：装有能容纳 200mm×250mm 滤料的称量盘，感量 0.1mg。

(5) X 光看片器：用于检查滤膜有无缺损。

(6) 恒温恒湿箱：用于采样滤膜恒量。

(7) 孔口流量校准器：量程 0～2m³/min。

(8) 滤膜：规格 200mm×250mm 的超细玻璃纤维滤纸或有机微孔滤膜。

(9) 滤膜袋：用于存放采样后对折的滤膜。

(10) 滤膜保存盒：用于保存、运送滤膜，保证滤膜在采样前处于平展不受折状态。

3．测定步骤

1) 采样器流量校准

新购或更换电机后的采样器在采样前应当校准流量。正常使用的采样器在使用期内每月也应定期校准流量。方法是将标准孔口流量校准器串接在采样器前端，在模拟采样状态下，进行不同采样流量值的校准(图 6-1)。依据孔口流量校准器的标准流量曲线值标定采样器的流量曲线，达到校准目的。

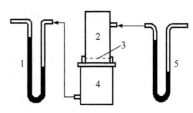

图 6-1　采样器流量校准示意图
1、5. 采样器压力计；
2. 孔口流量校准器；3. 气阻板；4. 采样器

2) 滤膜准备

采样用的每张滤膜均须用 X 光看片器对着光仔细检查。不可使用有针孔或有任何缺陷的滤料采样。清洁的滤膜在称量前应放在天平室的恒温恒湿箱中平衡 24h。滤膜在平衡和称量时，天平室温度应保持在 20～25℃，温差变化小于±3℃；相对湿度小于 50%，相对湿度的变化小于 5%。称量要快，每张滤料从恒温恒湿箱中取出，30s 内称量完毕，记下滤料的质量和编号。将称过的滤料每张平展地放在洁净的托板上，置于样品滤料保存盒内备用。在采样前不能弯曲和对折滤膜。

3) 滤膜安放与采样

打开采样头顶盖，取出滤料夹。用清洁干布擦去采样头内、滤料夹、密封垫、滤料支持网上的灰尘。将已编号并称量过的滤膜绒面向上放在支持网上，放滤料夹，使密封垫正好压在滤料四周边沿上。拧紧螺丝，使不漏气。安装好采样头顶盖，按照采样器使用说明，设置采样时间，即可启动采样。样品采集完毕后，打开采样头，用镊子取下滤膜，采样面向里，将滤膜对折，放入已编码的滤膜袋中。

4) 尘膜的平衡及称量

把采样后的滤膜放在天平室的恒温恒湿箱中，在与采样前干净滤膜相同的温度、湿度条件下平衡 24h。在该平衡条件下迅速称量滤膜，记录称量结果。如果还要分析 TSP 的化学成分，可再将滤料放回原袋和盒中，低温保存备用。按式(6-1)计算大气中 TSP 的浓度：

$$\rho = \frac{W_1 - W_0}{Q_N t} \tag{6-1}$$

式中，ρ 为大气中 TSP 的浓度，g/m³；W_1 为采样后滤膜的质量，g；W_0 为采样前滤膜的质量，g；Q_N 为标准状态下采样器平均抽气流量，m³/min；t 为累积采样时间，min。

4. 说明

以 1.1~1.7m³/min 的抽气流量采样 24h 时,本方法的最低检出浓度为 0.001mg/m³。当 TSP 浓度过高或雾天采样使滤膜阻力大于 10kPa 时,本方法不适用。

(二) 中流量采样-重量法

1. 原理

同大流量采样-重量法。

2. 仪器和材料

中流量 TSP 采样器,本方法所需其他仪器和材料与大流量采样-重量法类似。

3. 测定步骤

1) 采样器组装后的检查

采样杆与采样泵连接密封检查:当连接密封良好时,启动电动机,真空表的指示值应大于 0.020MPa,对于新泵应在 0.027MPa 左右。如达不到上述值,即表示在采样杆与刮板采样泵的连接处有漏气。此时应关掉电动机,再次拧紧连接螺母,然后重新启动电动机。只有在真空表指示值正常后,采样器才可使用。在使用中,只有在更换滤料时才可取下采样头和滤料夹,其他部位不可随意折动。

2) 滤膜准备

与大流量采样-重量法相同。

3) 滤膜安放与采样

取下采样头,迅速将事先准备好的另一套装有滤料的滤料夹装进滤料夹座内。旋上采样头,用时间控制器预设采样时间,启动采样泵开始采样。

4) 尘膜的平衡及称量

采样完毕后,将备用的样品保护盒上盖扣在滤膜夹上,以防止大风吹散已采集的颗粒物样品,然后用手指卡住滤料夹上的双耳,连同上盖一起取下滤料夹,再合上样品保护盒底,送回实验室。

将尘膜放在天平室的恒温恒湿箱中平衡 24h,其温度和湿度应与采样前干净滤膜平衡时相同。在同等温度和湿度下迅速称量滤膜,记录称量结果。两次称量结果之差,即为 TSP 的质量。低温保存称量后的样品滤料,供颗粒物组分分析用。按式(6-1)计算大气中 TSP 的浓度。

4. 说明

在流量 80L/min,采样时间 8h 时,本方法 TSP 的最低检出浓度为 0.008mg/m³。

当风速大于 5m/s(4 级风)时,应停止采样。对于在相对湿度大于 80%时所采集的样品,干燥平衡时间应延长至 48h 以上。

二、可吸入颗粒物的测定

可吸入颗粒物是通过鼻腔和口腔进入人体的颗粒物总称,主要是指通过人的咽喉部进入肺部的气管、支气管区和肺泡的那部分颗粒物。这部分颗粒物具有 D_{50}(质量中值直径)在 10μm 和上截止点 30μm 的粒径范围,常用符号 PM_{10} 表示。PM_{10} 对人体健康影响大,是室内外环境空气质量的重要监测指标。

测定 PM_{10} 时,首先用切割粒径 D_{50}=(10±1)μm、δ_g(几何标准差)=1.5±0.1 的切割器将大颗

粒物分离，然后用重量法、压电晶体差频法等方法测定。

(一) 重量法

根据采样流量不同，该法分为大流量采样-重量法、中流量采样-重量法和小流量采样-重量法。

大流量采样-重量法使用安装有大粒子切割器的大流量采样器采样，将 PM_{10} 收集在已恒量的滤膜上，根据采样前后滤膜质量之差和采气体积，即可计算 PM_{10} 的质量浓度。

中流量采样-重量法采用装有大粒子切割器的中流量采样器采样，测定方法同大流量采样-重量法。

小流量采样-重量法使用小流量采样，如我国推荐的 13L/min 采样。采样器流量计一般用膜流量计校准。其他同大流量采样-重量法。

总之，用重量法测定 PM_{10} 时，除了在采样器上安装有大粒子切割器之外，其他所需仪器和材料，以及测定步骤，均与前述 TSP 测定方法相同。

(二) 压电晶体差频法

这种方法以石英谐振器为测定 PM_{10} 的传感器，其工作原理如图 6-2 所示。气样经大粒子切割器剔除大颗粒物后，PM_{10} 进入测量气室。测量气室是由高压放电针、石英谐振器和电极构成的静电采样器。气样中的 PM_{10} 因高压电晕放电作用而带上负电荷，然后在带正电的石英谐振器电极表面放电并沉积，除尘后的气样流经参比室内的石英谐振器排出。因参比石英谐振器没有集尘作用，当没有气样进入仪器时，两个谐振器的固有振荡频率相同($f_I = f_{II}$)，其差值(Δf)为零，无信号送入电子处理系统，数显屏幕上显示零。当有气样进入仪器时，则测量石英谐振器因集尘而质量增加，使其振荡频率(f_{II})降低，两振荡器频率之差经信号处理系统转换成 PM_{10} 浓度并在数显屏幕上显示。石英谐振器集尘越多，其振荡频率(f_{II})降低也越多，二者之间有如下线性关系：

$$\Delta f = K\Delta M \tag{6-2}$$

式中，K 为由石英晶体特性和温度等因素决定的常数；ΔM 为测量石英谐振器质量增值，即采集的 PM_{10} 质量，mg。

设空气中 PM_{10} 浓度为 ρ(mg/m³)，采气流量为 Q(m³/min)，采样时间为 t(min)，则

$$\Delta M = \rho Q t \tag{6-3}$$

将式(6-3)代入式(6-2)得

$$\rho = \frac{\Delta f}{KQt} \tag{6-4}$$

因实际测量时 Q、t 值均已固定，若以 A 代表常数项 $1/(KQt)$，上式可改写为

$$\rho = A\Delta f \tag{6-5}$$

由此可见，通过测量采样后两石英谐振器频率之差(Δf)，即可得知 PM_{10} 浓度。当用标准 PM_{10} 浓度气样校正仪器后，即可在显示屏幕上直接显示被测气样的 PM_{10} 浓度。石英晶体 PM_{10} 测定仪工作原理见图 6-2。

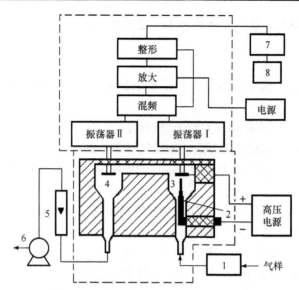

图 6-2　石英晶体 PM$_{10}$ 测定仪工作原理
1. 大粒子切割器；2. 放电针；3. 测量石英谐振器；4. 参比石英谐振器；
5. 流量计；6. 抽气泵；7. 浓度计算器；8. 显示器

三、细颗粒物的测定

PM$_{2.5}$ 采用重量法进行测定。本方法的原理是大气采样器以恒定采样流量抽取环境空气，使其中的 PM$_{2.5}$ 被截留在已知质量的滤膜上。根据采样前后滤膜的质量变化和累积采样体积，计算 PM$_{2.5}$ 的浓度。

根据采样流量的不同，该法可分为大流量采样-重量法、中流量采样-重量法和小流量采样-重量法。测定 PM$_{2.5}$ 时，首先用切割器将大颗粒物分离，然后用重量法测定 PM$_{2.5}$ 的浓度。除了在采样器上安装有大粒子切割器之外，该方法其他所需仪器、材料和测定步骤，均与 TSP 的测定方法类似。

四、降尘的测定

降尘是大气污染监测的参考性指标之一。大气降尘是指在空气环境条件下，靠自身重力自然沉降到地表的颗粒物。颗粒物在地面上自然沉降的能力主要取决于自身质量和粒度大小，但地形、风力、降水等自然因素也起着一定作用。因此，把自然降尘和非自然降尘区分开是很困难的。

空气中的自然降尘量用重量法测定。

(一) 原理

空气中可沉降的颗粒物沉降在装有乙二醇水溶液的集尘缸内，样品经蒸发、干燥、称量后，计算降尘量。

（二）测定步骤

1. 瓷坩埚的准备

将 100mL 的瓷坩埚洗净、编号，置于干燥箱内在(105±5)℃下烘 3h，取出放入玻璃干燥器内，冷却 50min，在分析天平上称量。在同样温度下再烘 50min，冷却 50min，再称量，直至恒量(两次称量之差小于 0.4mg)。

2. 降尘量的测定

首先用尺子测量样品集尘缸的内径，方法是按不同方向测定 3 处，取其算术平均值。然后用镊子将落入缸内的树叶、昆虫等异物取出，并用水将附着在上面的细小尘粒冲洗下来，再用淀帚把缸内壁擦洗干净。将缸内溶液和尘粒全部转入 500mL 烧杯中，在电热板上蒸发，使溶液体积浓缩至 10～20mL。冷却后用水冲洗杯壁，并用淀帚把杯壁上的尘粒擦洗干净。将杯中溶液和尘粒全部转移入已恒量的 100mL 瓷坩埚中，在电热板上蒸干后，放入烘箱中于(105±5)℃烘干。再按上述方法称量至恒量。

在每批降尘总量样品测定的同时，取与采样操作等量的同一种批号乙二醇水溶液，按上述同样步骤进行操作，测定试剂空白。按下式计算降尘量：

$$M = \frac{W_1 - W_0 - W_a}{S \times n} \times 30 \times 10^4 \tag{6-6}$$

式中，M 为降尘总量，$t/(km^2 \cdot 30d)$；W_1 为降尘、瓷坩埚和乙二醇水溶液蒸干并在(105±5)℃恒量后的质量，g；W_0 为瓷坩埚于(105±5)℃烘干至恒量的质量，g；W_a 为于采样操作等量的乙二醇水溶液蒸发至干并在(105±5)℃烘干至恒量的质量，g；S 为集尘缸缸口面积，cm^2；n 为采样天数(精确至 0.1d)。

（三）说明

本方法的检出限为 $0.2t/(km^2 \cdot 30d)$。

集尘缸的高度不应低于 30cm，直径不应小于 15cm。集尘缸规格与集尘效率的关系很大，规格不同，集尘效果也不同。实验证实(表 6-1)，在同一放置高度，缸口直径相同，缸高增加，缸口直径与缸高的比值增加，则集尘量也增加。在同一高度，缸高相同，缸口直径增加，比值减小，则集尘量也减少。

表 6-1　不同规格集尘缸集尘效果比较

放置高度/m	缸口直径×缸高/(cm×cm)	缸口直径：缸高	平均尘粒沉降量/[mg/(m² · 30d)]
	10×10	1：1	16.93
1.5	10×20	1：2	27.07
	10×30	1：3	30.77
	10×10	1：1	17.17
3	10×20	1：2	25.92
	10×30	1：3	29.96
	10×10	1：1	18.82
5	10×20	1：2	23.66
	10×30	1：3	38.25

放置高度/m	缸口直径×缸高/(cm×cm)	缸口直径：缸高	平均尘粒沉降量/[mg/(m²·30d)]
10	10×10	1：1	17.89
	10×20	1：2	20.06
	10×30	1：3	34.31
1.5	15×15	1：1	14.78
	15×30	1：2	22.05
3	15×15	1：1	14.61
	15×30	1：2	22.06
5	15×15	1：1	13.12
	15×30	1：2	19.04
10	15×15	1：1	13.52
	15×30	1：2	21.81

干法和湿法采样的集尘效果不同。干法采样比湿法采样结果低。其原因与气象因素有关，可能是受空气中气旋的影响，已沉降的尘粒又飞出缸外，从而降低了集尘量。因此，集尘缸在放置期间应保持在湿式条件下采样，以更准确地反映大气中自然降尘的浓度。

集尘缸的放置高度对集尘效果也有影响。1.5m 高度的集尘量大多数比 3m、5m、10m 高度的集尘量要高。1.5m 高度的集尘量分别超过 3m、5m、10m 的集尘量的 64%、66%和 72%。距地面 1.5m 高度集尘量偏高，主要是地面扬尘影响的结果。

淀帚是在玻璃棒的一端套上一小段乳胶管，然后用螺旋夹夹紧，放在(105±50)℃的干燥箱中烘 3h 后，使乳胶管黏合在一起，剪掉未黏合的部分即成。

五、空气质量指数

空气质量指数(air quality index，AQI)是一种向社会公众公布的反映和评价空气质量状况的指标。它将常规监测的几种主要空气污染物浓度经过处理简化为单一的数值形式，分级表示空气污染程度和空气质量状况，适合于表示城市的短期空气质量状况和变化趋势。

AQI 是根据环境空气质量标准和各项污染物的生态环境效应及其对人体健康的影响，来确定污染指数的分级数值及相应的污染物浓度限值。根据我国城市空气污染的特点，以 SO_2、NO_2、CO、O_3、PM_{10} 和 $PM_{2.5}$ 作为计算 AQI 的项目(表 6-2)。

表 6-2　空气质量分指数及对应污染物的浓度限值

空气质量分指数(IAQI)	SO₂ 24h平均/(μg/m³)	SO₂ 1h平均/(μg/m³)[1]	NO₂ 24h平均/(μg/m³)	NO₂ 1h平均/(μg/m³)[1]	PM₁₀ 24h平均/(μg/m³)	CO 24h平均/(mg/m³)	CO 1h平均/(mg/m³)[1]	O₃ 1h平均/(μg/m³)	O₃ 8h滑动平均/(μg/m³)	PM₂.₅ 24h平均/(μg/m³)
0	0	0	0	0	0	0	0	0	0	0
50	50	150	40	100	50	2	5	160	100	35
100	150	500	80	200	150	4	10	200	160	75

续表

空气质量分指数(IAQI)	SO₂ 24h 平均/(μg/m³)	SO₂ 1h 平均/(μg/m³)⁽¹⁾	NO₂ 24h 平均/(μg/m³)	NO₂ 1h 平均/(μg/m³)⁽¹⁾	PM₁₀ 24h 平均/(μg/m³)	CO 24h 平均/(mg/m³)	CO 1h 平均/(mg/m³)⁽¹⁾	O₃ 1h 平均/(μg/m³)	O₃ 8h 滑动平均/(μg/m³)	PM₂.₅ 24h 平均/(μg/m³)
150	475	650	180	700	250	14	35	300	215	115
200	800	800	280	1200	350	24	60	400	265	150
300	1600	⁽²⁾	565	2340	420	36	90	800	800	250
400	2100	⁽²⁾	750	3090	500	48	120	1000	⁽³⁾	350
500	2620	⁽²⁾	940	3840	600	60	150	1200	⁽³⁾	500

注：(1)的 1h 平均浓度限值仅用于实时报；(2)的 1h 平均浓度值大于 800μg/m³ 的，不再计算其 IAQI，该指数按 24h 平均浓度计算的分指数报告；(3)的 8h 平均浓度值大于 800μg/m³ 的，不再计算其 IAQI，该指数按 1h 平均浓度计算的分指数报告。

AQI 级别根据表 6-3 的规定进行划分。由此表可见，AQI 越大，级别越高，说明污染越严重，对人体健康的影响也越明显。AQI 预报可以在严重的空气污染情况出现前提醒市民，特别是那些对空气污染敏感的人士，如患有心脏病或呼吸系统疾病者，在必要时采取预防措施。

表 6-3 AQI 及相关信息

AQI	AQI 级别	AQI 类别及表示颜色		对健康影响情况
0～50	一级	优	绿色	空气质量令人满意，基本无空气污染
51～100	二级	良	黄色	空气质量可接受，但某些污染物可能对极少数异常敏感人群健康有较弱影响
101～150	三级	轻度污染	橙色	易感人群症状有轻度加剧，健康人群出现刺激症状
151～200	四级	中度污染	红色	进一步加剧易感人群症状，可能对健康人群心脏和呼吸系统有影响
201～300	五级	重度污染	紫色	心脏病和肺病患者症状加剧，运动耐受力降低，健康人群普遍出现症状
>300	六级	严重污染	褐红色	健康人群耐受力降低，有明显强烈症状，提前出现某些疾病

AQI 的计算方法是，首先根据各种污染物的实测浓度和其 IAQI 分级浓度限值(表 6-2)计算各 IAQI，当各污染物项目的 IAQI 计算出来以后，其最大值即为该城市的 AQI。污染物项目 P 的空气质量分指数按下式计算：

$$IAQI_P = \frac{IAQI_{Hi} - IAQI_{Lo}}{BP_{Hi} - BP_{Lo}}(C_P - BP_{Lo}) + IAQI_{Lo} \tag{6-7}$$

式中，$IAQI_P$ 为污染物项目 P 的 IAQI；C_P 为污染物项目 P 的质量浓度值；BP_{Hi} 为表 6-2 中与 C_P 相近的污染物浓度限值的高位值；BP_{Lo} 为表 6-2 中与 C_P 相近的污染物浓度限值的低位值；$IAQI_{Hi}$ 为表 6-2 中与 BP_{Hi} 对应的 IAQI；$IAQI_{Lo}$ 为表 6-2 中与 BP_{Lo} 对应的 IAQI。

当 AQI 大于 50 时，IAQI 最大的污染物为首要污染物。若 IAQI 最大的污染物为两项或两项以上，将其并列为首要污染物。IAQI 大于 100 的污染物为超标污染物。

第二节　颗粒物中无机污染物的测定

一、样品预处理方法

在测定大气颗粒物中的无机污染物前，需要对所采样品进行预处理。预处理方法因所测组分不同而异，常用方法有湿式分解法、干式灰化法和水浸取法。前两种方法用于测定金属元素或非金属元素，后一种方法用于测定颗粒物中的水溶性成分，如硝酸盐、硫酸盐、氯化物等。

(一) 湿式分解法

分解大气颗粒物样品常用的消解体系有：硝酸、盐酸-硝酸、硝酸-过氧化氢、硝酸-氢氟酸、硝酸-高氯酸等。如果要测定颗粒物中所有存在形态的某一无机元素，则需要用加氢氟酸的消解体系将样品中的硅酸盐全部溶解，使与之结合的元素释放出来。除此之外，不宜使用氢氟酸消化样品。

对于降尘，在采样后经烘干、称量，可直接称取适量样品进行消化；对于 TSP 或更小粒径的颗粒物，应先选择空白本底低的有机材质滤膜采样，采样后对滤膜进行恒量、称量，然后根据采样量选取一定面积的滤膜，剪碎后与颗粒物一起消化。消化时既可在常压下用电热板加热的方式进行，也可用微波消解的方式。用微波炉消化时，消化罐内的气压可调至常压以上，使消解液的温度高于 100℃。微波消化罐的密封性好，可减少易挥发元素的损失。因此，与常压消解相比，微波消解既省时，又具有较高的回收率。该方法更适于微量样品的预处理。消化完毕后，试液应清澈透明，稍冷后加 2% HNO_3 或 HCl 溶解可溶盐。若有沉淀，应过滤，滤液冷至室温后用二次蒸馏水或去离子水定容，备用。

(二) 干式灰化法

将适量降尘样品或采样后的滤膜放入坩埚中，置于马弗炉内，在 450～550℃下灼烧至样品呈灰白色。取出坩埚，冷却，用适量 2% HNO_3 或 HCl 溶解灰分，过滤，滤液定容后供测定。

本方法不适于处理测定砷、汞、镉、硒、锡等易挥发组分的颗粒物样品。

(三) 水浸取法

取适量降尘样品或采样后的滤膜(剪碎)，置于 20mL 聚氯乙烯等有机材质的试管中，加入 20mL 去离子水，用力振摇，使滤膜与水充分接触。将试管放入超声振荡器中振荡提取 30min，离心，将上清液用 0.45μm 亲水滤膜过滤，备用。在相同条件下，不同粒度颗粒物中水溶性物质的提取效率存在差异，应根据具体情况选取合理的提取次数，以保证较高的提取效率。如果同一样品需要提取多次，可逐次适当减少去离子水用量，每次的提取液合并摇匀后供测定。

大气颗粒物中常含有铝、铁、钙、钴、镍、铜、铅、锌、镉、铬、锑、锰、砷等元素。其测定方法分为不需要样品预处理和需要样品预处理两类。前一类方法包括中子活化法、X 射线荧光光谱法等。这类方法测定速度快，且不破坏试样，能同时测定多种金属和非金属元素。后一类方法包括分光光度法、原子吸收分光光度法、原子荧光分光光度法、催化极谱法等，是目前广泛应用的方法。此外，ICP-AES 和 ICP-MS 也用于大气颗粒物中无机元素的测定，但仪器价格昂贵，使其应用受到限制。

二、铅的测定

铅不仅用于制造蓄电池、四乙醛、汽油防冻剂，还用于印刷、油漆、陶瓷、农药及塑料等工业。铅容易被水生物和农作物吸收积累，从而污染食品。铅不是人体必需的元素，可通过消化道和呼吸道进入人体，在体内积累后会引起铅中毒。

测定大气颗粒态铅的常用方法是原子吸收分光光度法和双硫腙比色法，也可用 ICP-AES 法、ICP-MS 法、波长色散 X 射线荧光光谱(WD-XRF)法等测定。

(一) 火焰原子吸收分光光度法

1. 原理

火焰原子吸收分光光度法是根据某元素的基态原子对该元素的特征波长辐射产生选择性吸收来进行测定。用石英纤维滤膜采集的颗粒物试样，经硝酸-过氧化氢溶液浸出制备成试样溶液，直接喷入空气-乙炔火焰中原子化，于波长 283.3nm 处测量铅的吸光度。在一定条件下，根据吸光度与待测样中金属浓度成正比进行定量。

原子吸收光谱仪主要由光源、原子化系统、分光系统及检测系统四个主要部分组成。原子吸收光谱仪结构见图 6-3。

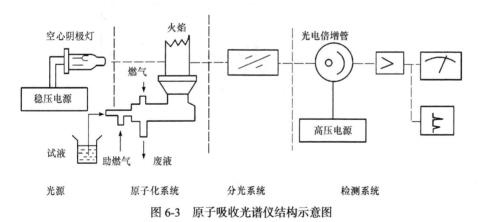

图 6-3　原子吸收光谱仪结构示意图

1) 光源——空心阴极灯

普通空心阴极灯是一种气体放电管，包括一个空心圆筒形阴极和一个阳极，阴极由待测元素材料制成，如图 6-4 所示。当正负两极间施加适当电压时，电子将从空心阴极内壁流向阳极，在电子通路上与惰性气体原子碰撞而使之电离。带正电荷的惰性气体离子在电场作用下，向阴极内壁猛烈轰击，使阴极表面金属原子溅射出来。溅射出来的金属原子再与电子、惰性气体原子及离子发生碰撞而被激发，从而发射出阴极物质的共振线。

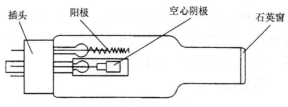

图 6-4 空心阴极灯示意图

2) 原子化系统

原子化系统是将待测元素转变成原子蒸气的装置，可分为火焰原子化系统和无火焰原子化系统。火焰原子化系统包括雾化器和燃烧器两个部分(图 6-5、图 6-6)。待测元素的溶液通过原子化系统喷成细雾，随载气进入燃烧器，在火焰中电离成基态原子。

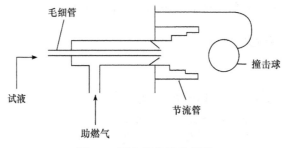

图 6-5 同心雾化器示意图

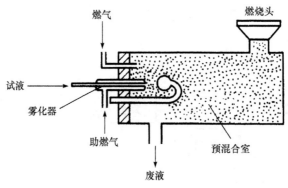

图 6-6 燃烧器示意图

燃烧器中的火焰可以分为三种状态：化学计量火焰(中性火焰)是指燃烧气和助燃气比例呈化学反应计量关系，是最常用的火焰，用于测定碱金属以外的元素；富燃火焰(还原性火焰)是指燃烧气和助燃气比例大于化学反应计量关系，火焰中存在大量的半分解产物，有较强的还原性，用于测定易形成难熔氧化物的元素，如 Mo、W、稀土元素等；贫燃火焰(氧化性火焰)是指燃烧气和助燃气比例小于化学反应计量关系，火焰温度较低，用于分析碱金属元素。

常用的无火焰原子化系统是电热高温石墨管原子化器，其原子化效率比火焰原子化器高得多，因此可大大提高测定灵敏度。此外，还有氢化物原子化器等。

3) 分光系统

原子吸收光谱仪的分光系统主要由色散元件、凹面镜和狭缝组成，也称为单色器。它的作用是将待测元素的共振线与邻近谱线分开。

4) 检测系统

检测系统主要由检测器(光电倍增管)、放大器、读数和记录系统等组成。原子吸收光谱仪中，常用光电倍增管作检测器，其作用是将经过原子蒸气吸收和单色器分光后的微弱光信号转换为电信号，再经过放大器放大后，在读数装置上显示出来。

2. 测定步骤

将已采样的石英纤维滤膜置于高型烧杯中，加入 10mL 硝酸-过氧化氢混合溶液(1+1)浸泡 2h 以上。微火加热至沸腾，保持微沸 10min。冷却后加入过氧化氢(30%)10mL，沸腾至微干。冷却，加硝酸溶液(1%)20mL，再沸腾 10min。热溶液以多孔玻璃过滤器过滤，收集于烧杯中。待滤液冷却后，转移到 50mL 容量瓶中，再用硝酸溶液(1%)稀释至标线，备用。取同批号等面积空白滤膜，按同样步骤操作，制备成空白溶液。

取 6 个 100mL 容量瓶，分别加入不等体积的铅标准溶液(0.100g/L)，然后用硝酸溶液(1%)稀释至标线，配制浓度分别为 0mg/L、0.50mg/L、1.00mg/L、2.00mg/L、4.00mg/L、8.00mg/L、10.00mg/L 的工作标准溶液，其浓度范围应包括试料中被测铅浓度。根据选定的原子吸收分光光度计工作条件，测定系列标准溶液的吸光度。以吸光度对铅浓度(mg/L)绘制标准曲线。

按标准曲线绘制时的仪器工作条件，吸入硝酸溶液(1%)，将仪器调零。吸入空白和试料溶液，记录吸光度值。根据所测的吸光度值，在标准曲线上查出试料溶液和空白溶液的浓度，并由下式计算颗粒物中铅的含量：

$$\rho = \frac{(\rho_1 - \rho_0) \times 50}{V_n \times 1000} \times \frac{S_t}{S_a} \tag{6-8}$$

式中，ρ 为环境空气中铅的浓度，$\mu g/m^3$；ρ_1 为试样溶液中铅浓度，$\mu g/L$；ρ_0 为空白试样溶液中铅的平均浓度，$\mu g/L$；50 为试样溶液体积，mL；S_t 为样品滤膜总面积，cm^2；S_a 为测定时所取样品滤膜的面积，cm^2；V_n 为标准状态下的采样体积，m^3。

3. 说明

本方法测定的铅指酸溶性铅及铅的氧化物。本方法检出限为 0.5$\mu g/mL$(1%吸收)。当采样体积为 50m^3 进行测定时，最低检出浓度为 5×10^{-4}mg/m^3。

(二) 石墨炉原子吸收分光光度法

1. 原理

用乙酸纤维或过氯乙烯等滤膜采集环境空气中的颗粒物样品，经消解后制备成试样溶液，用石墨炉原子吸收分光光度计测定试样溶液中铅的浓度。

2. 测定步骤

取适量样品滤膜剪成小块，置于聚四氟乙烯烧杯中，加入(1+1)硝酸-过氧化氢混合液 10mL，浸泡 2h 以上，加热至微沸，保持 10min，冷却。滴加 40%氢氟酸 2mL，加热蒸至近干，使氢氟酸挥发殆尽，冷却。加(1+9)硝酸溶液 5mL，加热使残渣溶解，冷却。将溶液转移至 50mL 容量瓶中，再用水稀释至标线。取同批号等面积滤膜两个，和样品同时处理操作，制备成空白试样。

取 7 个 50mL 容量瓶，用铅标准使用液配制浓度为 0.0～50.0$\mu g/L$ 的系列标准溶液。向石墨管中移入 20μL 标准工作溶液，按照选定的仪器工作条件(可参考表 6-4)，测定铅系列标准溶液的吸光度，并计算标准曲线的线性回归方程。

表 6-4　石墨炉原子吸收仪工作参数

参数	数值
波长	283.3nm
灯电流	8mA
狭缝	0.7nm
干燥温度与时间	两级干燥：90℃，15s；120℃，15s
灰化温度与时间	700℃，20s
原子化温度与时间	1900℃，5s
清洗温度与时间	2600℃，5s

按标准曲线绘制时的仪器工作条件和操作步骤，分别测定试样和空白试样的吸光度。根据所测的吸光度值，由线性回归方程计算出试样和空白试样中铅的浓度，并按式(6-8)计算环境空气中铅的浓度。

3. 说明

在样品预处理过程中，用硝酸-过氧化氢混合液加热后，若滤膜消解完全，可不加氢氟酸；若使用石英纤维滤膜，也不加氢氟酸。

当样品的背景很高时，可加 0.2mg 磷酸二氢铵($NH_4H_2PO_4$)作为基体改进剂，并适当提高灰化温度，消除基体干扰。高浓度的钙、硫酸盐、磷酸盐、碘化物、氟化物或者乙酸会干扰铅的测定，可通过标准加入法来校正。背景干扰可通过扣除背景的方式来消除。

当采样体积为 10m³(标准状态)，样品定容至 50mL 时，方法检出限为 0.009μg/m³，测定下限为 0.036μg/m³。

(三) 双硫腙分光光度法

1. 原理

双硫腙与某些金属离子形成的络合物能溶于氯仿、四氯化碳等有机溶剂。在一定 pH 下，双硫腙与不同金属离子结合呈现出不同的颜色。用过氯乙烯等滤膜采集环境空气中的颗粒物样品，用硝酸浸取铅及其化合物。在 pH 为 8.5~9.5 的氨性柠檬酸盐-氰化物的还原性介质中，铅离子与双硫腙反应生成红色的双硫腙铅螯合物。用三氯甲烷或四氯化碳萃取后，于 510nm 处测定吸光度，从而求出铅的含量。其显色反应式如下：

2. 测定步骤

取 8 个 250mL 分液漏斗，分别加入铅标准溶液(2.00μg/mL) 0mL、0.50mL、1.00mL、5.00mL、7.50mL、10.00mL、12.50mL、15.00mL，各加入适量无铅去离子水补充至 100mL，配成系列标准溶液。向系列标准溶液中各加入 10mL 硝酸(1+4)和 50mL 柠檬酸盐-氰化钾还原性溶液，摇匀后冷却至室温。加入 10mL 双硫腙氯仿溶液(40μg/mL)，塞紧后剧烈摇动分液漏斗 30s，然后静置分层。

在分液漏斗的茎管内塞入一小团无铅脱脂棉花，放出下层的有机相，弃去先流出的氯仿 1～2mL 后，再注入比色皿中。在 510nm 处用双硫腙氯仿溶液(40μg/mL)将仪器调零，然后测量萃取液的吸光度。据此求出铅含量和吸光度的线性回归方程。

按上述原子吸收分光光度法中介绍的方法消解大气颗粒物样品，并制备空白试样。取适量试样溶液于分液漏斗中，以测定系列标准溶液的步骤进行萃取和吸光度测量。根据所测的吸光度，由线性回归方程计算试样和空白试样中铅的浓度，据此求出空气中铅的浓度。

3. 说明

本法测定重金属的灵敏度很高，在分析前对所用的玻璃仪器要用稀硝酸浸泡，然后用水清洗干净。双硫腙可与 Fe^{3+}、Sn^{2+}、Cu^{2+}、Cd^{2+}、Zn^{2+}等 20 多种金属离子发生反应，应排除干扰离子，否则会影响测定效果。

本法测定铅的浓度范围是 0.01～0.30mg/L。当铅浓度高于 0.30mg/L 时，应当对样品溶液适当稀释后再测定。当采样体积为 $25m^3$，取 1/4 张滤膜测定时，本法的最低检出浓度为 $8\times10^{-5}mg/m^3$。

(四) 电感耦合等离子体原子发射光谱法

该方法以电感耦合等离子体(ICP)焰炬为激发光源，可同时测定数十种元素，具有检出限低、测定快速等优点，已广泛用于水、空气、土壤等环境样品中元素的测定。

1. 原理

ICP 焰炬温度可达 6000～8000K，当试样由进样器引入雾化器，并被载气(Ar)带入焰炬时，则试样中的组分被原子化、电离和激发。当被激发原子从激发态又回到基态时，则以光的形式释放出能量。不同元素的原子在激发时，发射不同波长的特征光，故根据特征光的波长可进行定性分析；元素的含量不同时，发射特征光的强弱也不同，据此可进行定量分析，其定量关系可用式(6-9)表示：

$$I = ac^b \tag{6-9}$$

式中，I 为发射特征谱线的强度；c 为被测元素的浓度；a 为与试样组成、形态及测定条件等有关的系数；b 为自吸系数，$b \leqslant 1$。

2. 仪器

ICP-AES 由 ICP 焰炬、进样器、分光器、控制和检测系统等组成(图 6-7)。ICP 焰炬由感应线圈、炬管、试样引进和供气系统组成(图 6-8)。高频电流发生器和感应线圈提供电磁能量。炬管由三个同心石英管组成，分别通入载气、冷却气、辅助气(均为氩气)。当用高频点火装置产生火花后，形成等离子体焰炬。由载气带入焰炬的气溶胶试样被原子化、电离、激发。进样器为利用气流提升和分散试样的雾化器。雾化后的试样送入 ICP 焰炬的载气流。分光器由透镜、光栅等组成，用于将各元素发射的特征光按波长依次分开。控制和检测系统由光电转换与测量部件、微型计算机和指示记录器件组成。

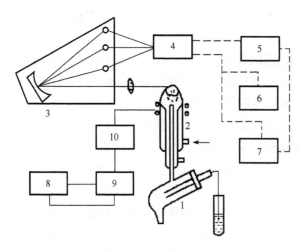

图 6-7　电感耦合等离子体原子发射光谱仪
1. 进样器；2.ICP 焰炬；3. 分光器；4. 光电转换与测量部件；
5. 微型计算机；6. 记录仪；7. 打印机；8. 高频电源；
9. 功率探测器；10. 高频整位器

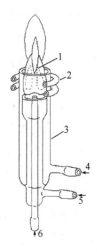

图 6-8　电感耦合等离子体焰炬
1. 等离子体；2. 感应线圈；3. 炬管；
4. 冷却气；5. 辅助气；6. 样品载气

3. 测定步骤

用微波消解法进行处理。消化时取 1/4 张已采样滤膜，用聚丙烯镊子将其放置在聚四氟乙烯消化罐底部。分别加入 8mL 硝酸(6%)和 2mL 过氧化氢(30%)，使样品滤膜完全淹没，盖上消化罐盖子以备消化。消化时首先在 0.5MPa 压力下消化 1min，然后把消化罐压力升高到 1.5MPa，并保持 15min。取出消化罐，使之在室温下自然冷却。打开消化罐，将消化完毕的样品溶液和滤膜残渣一起倒入 15mL 聚丙烯具盖离心管中。用 3mL 去离子水清洗消化罐一次，将清洗液与原样品消化液合并，用去离子水定容至 15mL，并使溶液保持 5%的硝酸酸度。将消化液离心(3000r/min)5min，把上清液移入洁净的同规格聚丙烯具盖离心管中，备用。以同样程序消化同批号的空白滤膜，制成空白溶液。

配制标准溶液。调节仪器工作参数，选两个标准溶液进行两点校正后，依次将试样溶液、空白溶液样喷入 ICP 焰炬测定。扣除空白值后的元素测定值即为试样溶液中该元素的浓度。据此可求出颗粒物或空气中该元素的浓度。一些元素的测定波长和检出限见表 6-5。

表 6-5　元素的测定波长和检出限

元素	波长/nm	检出限/(mg/L)	元素	波长/nm	检出限/(mg/L)
Al	308.21	0.1	Cd	226.50	0.003
	396.15	0.09	Co	238.89	0.005
As	193.69	0.1		228.62	0.005
Ba	233.53	0.004	Cr	205.55	0.01
	455.40	0.003		267.72	0.01
Be	313.04	0.0003	Cu	324.75	0.01
	234.86	0.005		327.39	0.01
Ca	317.93	0.01	Fe	238.20	0.03
	393.37	0.002		259.94	0.03
Cd	214.44	0.003	K	766.49	0.5

续表

元素	波长/nm	检出限/(mg/L)	元素	波长/nm	检出限/(mg/L)
Mg	279.55	0.002	Sr	407.77	0.001
	285.21	0.02	Ti	334.94	0.005
Mn	257.61	0.001		336.12	0.01
	293.31	0.02	V	311.07	0.01
Na	589.59	0.2	Zn	213.86	0.006
Ni	231.60	0.01			
Pb	220.35	0.05			

(五) 电感耦合等离子体质谱法

自 20 世纪 80 年代以来，ICP-MS 法已成为元素分析中最重要的技术之一。它以 ICP 火焰作为原子化器和离子化器。ICP-MS 使试样完全蒸发和电离，试样原子电离的百分比很高，而且产生的主要是一价离子。

溶液试样经过喷雾器雾化后直接导入 ICP 火焰，而固体试样也可以采用火花源、激光或辉光放电等方法气化后导入。ICP-MS 谱图比常规的 ICP 光学光谱简单，仅由元素的同位素峰组成，可用于试样中元素的分析。ICP-MS 可对试样中一种或多种元素进行定性、半定量和定量分析。可以测定的质量范围为 3～300 原子质量单位，分辨能力小于 1 原子质量单位，能测定元素周期表中 90% 的元素。大多数元素的检出限为 0.1～10μg/mL，且有效测量范围达 6 个数量级。每种元素的测定时间为 10s，非常适合于大气颗粒物中多元素的同时测定。

1. 原理

当试样由进样器导入雾化室，并被载气(Ar)带入 ICP 焰炬时，则试样组分在高温下被原子化、离子化。含试样元素离子的等离子气体中分子、原子被电离，正离子(一般为单电荷正离子)进入质谱计后按质荷比(m/z)分离，并分别检测其信号强度。不同元素会电离产生不同质荷比的离子，其信号强度与样品中元素的含量成正比。根据离子的质荷比进行定性分析，以信号强度定量。

2. 仪器

ICP-MS 主要由电离源、质量分析器、检测器和真空系统等四部分组成。ICP 焰炬即是试样中元素发生离子化的电离源；四极质量分析器是最常用的质量分析器；真空系统包括机械真空泵、涡轮分子泵、真空检测元件等。

四极质量分析器主要由四个作为电极的平行圆柱状电极杆组成。相对的两个电极杆相连，一对连接变化的直流电源正极，另一对接负极。此外，这两对电极杆分别加上了相差 180° 的射频交流电压。为了得到质谱图，用 5～10V 的电压加速离子引至电极杆的空隙。同时，加在电极杆的交流和直流电压同步增加，保持它们的比值不变。在任一给定时刻，除具有一定质荷比的离子外，所有离子将打到电极杆上，被转化为中性分子。因而，只有质荷比在一定范围内的离子能到达检测器。

ICP-MS 的关键部分是将 ICP 火焰中离子引入质谱计的接口(图 6-9)。ICP 焰炬周围为大气压力，而质谱计要求压力小于 10^{-2}Pa，因此必须使进入质谱计的气体由常压过渡为负压，即大量的气体必须通过接口装置排除，以免进入质谱计。典型的离子引入接口由采样锥和分离锥组成。ICP 炬的尾焰喷射到镍质采样锥的锥形挡板上，挡板用水冷却，采样锥中央有一个采样孔(0.1~0.2mm)，炽热的等离子气体经过此孔进入由机械泵维持压力为 100Pa 的区域。在此区域，气体因快速膨胀而冷却，小部分气体通过镍质锥形挡板(分离锥)上的微孔进入一个压力与质量分析器相同的空腔。在空腔内，正离子在一负电压的作用下与电子和中性分子分离并被加速，同时被一磁离子透镜聚焦到质谱计的入口微孔。经过离子透镜系统后产生的离子束具有圆柱形截面，所含离子的平均能量为 0~30eV，能量分散约为 5eV(半高宽度)，适合于四极杆质谱计进行质量分析。离开质量分析器出口狭缝的离子，用离子检测器检测。通常采用的是配置电子倍增管的脉冲计数检测器。

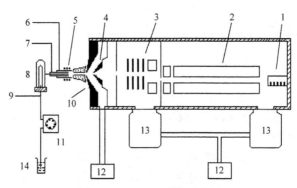

图 6-9 ICP-MS 系统示意图

1. 检测器；2. 四极质量分析器；3. 离子透镜；4. 分离锥；5.ICP 焰炬；6. 冷却气；
7. 辅助气；8. 喷雾室；9. 载气；10. 采样锥；11. 蠕动泵；12. 机械泵；13. 涡轮分子泵；14. 试样

3. 测定步骤

取 1/4 张已采样滤膜，用硝酸-过氧化氢进行微波消解，并用 5%硝酸定容试样溶液至 15mL。以同样方法消化同批号的空白滤膜，制成空白溶液。

配制多元素混合标准溶液。调节仪器工作参数。先对试样溶液进行定性分析，初步确定是否含有待测元素。再测定混合标准溶液，并根据试样溶液中某元素离子的信号强度与标准溶液中同一元素信号强度之比，对试样进行半定量。依此对试样溶液中待测元素按浓度高低进行分类，例如，把含量≤0.1μg/mL 的元素归为一类，把含量为 0.1~10μg/mL 的归为一类，把含量≥10μg/mL 的归为一类。在此基础上，对待测元素选择无干扰的同位素作为检测对象；对试样溶液进行再稀释，使各个元素浓度在仪器最适合的测定范围内。

对混合标准溶液进行测定，依检测器脉冲计数与各元素浓度，绘制标准曲线，求回归方程。对不同稀释倍数的试样溶液、滤膜空白溶液进行测定。扣除空白平均值后的测定结果即为试样溶液中该元素的真实浓度。

4. 说明

当等离子体中离子种类与分析物离子具有相同的 m/z 时，即产生光谱干扰。光谱干扰离子有四种：同质量类型离子、多原子离子、双电荷离子、难熔氧化物离子。应通过选择待测元素的无干扰同位素，调节仪器参数等方法消除这些干扰。

在进行多元素长时间扫描测定时，在每批次试样的分析过程中，应加入质量控制样品，以检查仪器的测定结果质量。如果发现分析数据的相对误差已超过允许范围(>20%)，应重新调节仪器工作参数，再进行测定。

(六) 波长色散 X 射线荧光光谱法

1. 原理

波长色散 X 射线荧光光谱法(WD-XRF)的原理是 X 射线管产生的初级 X 射线照射到平整、均匀的颗粒物样品表面时，被测元素释放出的特征 X 射线经晶体分光后，探测器在选择的特征波长相对应 2θ 角处测量 X 射线荧光强度。颗粒物负载量在一定范围内，采用薄样分析技术，X 射线荧光强度与被测元素含量成正比。

2. 仪器条件

参照仪器厂商提供的数据库选择最佳工作条件，主要包括 X 射线管电压和电流、元素的分析谱线及背景点、分光晶体、准直器、探测器、脉冲高度分布(PHA 或 PHD)和滤光片。分析谱线和背景测量时间可根据实际需要调整。

3. 样品制备

小流量采样器采集的颗粒物样品可直接放入样品杯。大、中流量采样器采集的石英滤膜颗粒物样品需用直径为 47mm 的圆刀或陶瓷剪刀裁剪成直径为 47mm 的滤膜圆片，待测。

4. 测定步骤

根据仪器操作手册在仪器软件相关界面上建立标准样品数据表。输入空白薄膜和薄膜标准样品中各元素的标准值。按照优化后的仪器条件测量上述系列标准样品。薄膜标准样品数为 2～4 个。标样含量大致范围为 $0.5～2\mu g/cm^2$、$3～8\mu g/cm^2$、$15～25\mu g/cm^2$、$40～60\mu g/cm^2$。根据所用仪器提供的线性回归校正模型和程序对系列薄膜标样含量和强度进行回归分析，建立标准曲线。

按照与标准样品相同的分析条件测量空白滤膜和样品滤膜。根据样品滤膜和空白滤膜中目标元素特征峰强度测定值和标准曲线斜率，计算样品滤膜中元素的含量。按式(6-10)计算颗粒物样品中元素的含量：

$$\rho = \frac{(I - I_0) \times A}{b \times V} \tag{6-10}$$

式中，ρ 为颗粒物样品中目标元素的含量，$\mu g/m^3$；A 为滤膜上负载有颗粒物的面积，cm^2；I 为样品滤膜中目标元素的 X 射线荧光强度，kcps；I_0 为空白滤膜中目标元素的 X 射线荧光强度，kcps；b 为标准曲线斜率，$kcps/(\mu g/cm^2)$；V 为标准状态下的采样体积，m^3。

5. 说明

采集在滤膜上的颗粒物负载量不宜超过 $100\mu g/cm^2$，负载的颗粒物要均匀分布在直径大于或等于 30mm 的范围。颗粒物负载量过多会导致样品基体效应，偏离薄样品假设，从而影响分析结果的准确性。可以通过控制采样时间调控滤膜上颗粒物的负载量。

除了铅，本方法还适用于测定环境空气和无组织排放颗粒物中的钠、镁、铝、硅、磷、硫、氯、钾、钙、钪、钛、钒、铬、锰、铁、钴、镍、铜、锌、砷、硒、锶、溴、镉、钡、锡、锑 27 种元素。

(七) 能量色散 X 射线荧光光谱法

1. 原理

能量色散 X 射线荧光光谱法(ED-XRF)的原理是当 X 射线管产生的初级 X 射线照射到平

整、均匀的颗粒物样品表面时，被测元素释放出的特征 X 射线荧光直接进入检测器，经电子学系统处理得到不同能量(元素)的 X 射线荧光能谱，采用全谱图拟合或特定峰面积积分的方式获取特征 X 射线荧光强度。颗粒物负载量在一定范围内，采用薄样品分析技术，被测元素的特征谱峰强度与其含量成正比。

2. 仪器条件

根据仪器操作手册，选择合适的测量条件建立分析方法。需要优化的主要参数有待测元素的分组、特征谱线及测量时间、滤光片或二次靶、X 射线管电压和电流、干扰元素及其干扰系数的测定等。

3. 样品制备

样品制备要求同 WD-XRF。

4. 测定步骤

本方法建立标准曲线的步骤与 WD-XRF 类似。不同之处是，在测定薄膜标准样品的分析条件下还要测量纯元素的特征谱线扫描谱图。所有标准样品中相关元素的强度及纯元素谱图应在同一批次测试中完成。

按照与标准样品相同的分析条件测量空白滤膜和样品滤膜。通常采用全谱图拟合或特定峰面积积分的方式获取特征 X 射线荧光强度。元素含量较低且无干扰时，可选区间谱峰净面积方式获取强度。目标元素存在干扰时，应采用全谱图拟合方法对重叠谱峰进行解析，扣除干扰峰的影响，得到目标元素的特征谱峰强度。根据样品滤膜和空白滤膜中目标元素的强度和标准曲线的斜率，计算滤膜样品中目标元素的含量。其计算公式同式(6-10)。

5. 说明

对采样滤膜上颗粒物负载量和分布范围的要求，与上述 WD-XRF 一致。除了铅，本方法还适用于测定环境空气和无组织排放颗粒物中其他 27 种元素。其种类与 WD-XRF 相同。

三、镉的测定

空气中的镉常用火焰原子吸收分光光度法、石墨炉原子吸收分光光度法、对-偶氮苯重氮氨基偶氮苯磺酸(ADAAS)分光光度法测定。

(一) 原子吸收分光光度法

1. 原理

采集在过氯乙烯滤膜上的镉及其化合物，经稀硝酸加热浸出，以离子形态定量地转移到溶液中。将试样溶液喷入空气-乙炔贫燃火焰中，于波长 228.8nm 处测定吸光度。根据特征谱线的光强度，可确定样品溶液中镉的浓度。

2. 测定步骤

取 6 个 50mL 容量瓶，以镉标准溶液制备浓度范围为 0～1.0μg/mL(火焰法)或 0～0.010μg/mL(石墨炉法)的系列标准溶液。将原子吸收分光光度计调至最佳工作状态，在镉的工作条件下(表 6-6)测定系列标准溶液的吸光度。以减去空白试样溶液的吸光度为纵坐标，镉浓度(μg/mL)为横坐标，绘制标准曲线，并求回归方程。

表 6-6　原子吸收分光光度法仪器工作条件

火焰法		石墨炉法	
参数	数值	参数	数值
波长	228.8 nm	波长	228.8nm
灯电流	4mA	灯电流	4mA
狭缝	0.5nm	狭缝	0.5nm
燃烧器高度	3mm	电流	15A
乙炔气流量	1.3L/min	干燥温度与时间	120℃, 30s
空气流量	10L/min	灰化温度与时间	700℃, 20s
		原子化温度与时间	2000℃, 10s

取总悬浮颗粒物采样滤膜 50cm^2，并取可吸入颗粒物采样滤膜的一半。将样品置于 50mL 刻度试管中，加 20mL 硝酸溶液(2mol/L)浸没样品，在沸水浴中加热 1h。取出放冷至室温，转移至 50mL 容量瓶内，再用水定容至标线。混匀，静置 1h，或离心分离，取上清液测定。同时用未采样的滤膜，按制备样品溶液的操作步骤，制备空白溶液。以测定系列标准溶液的仪器条件测定样品和空白溶液的吸光度。按式(6-11)计算空气中镉的浓度：

$$\rho = \frac{(\rho_1 - \rho_0) \times 50}{V_n \times 1000} \times \frac{S_t}{S_a} \qquad (6\text{-}11)$$

式中，ρ 为空气中镉浓度，μg/m^3；ρ_1 为试样溶液中镉浓度，μg/L：ρ_0 为空白试样溶液中镉的平均浓度，μg/L；50 为试样溶液体积，mL；S_t 为样品滤膜总面积，cm^2；S_a 为测定时所取样品滤膜的面积，cm^2；V_n 为标准状态下的采样体积，m^3。

3. 说明

当钙的浓度高于 1000mg/L 时，抑制镉的吸收。

该方法的检出限：火焰原子吸收分光光度法为 0.017μg/mL，石墨炉原子吸收分光光度法为 5.5×10^{-6}μg/mL。对于总悬浮颗粒物，当采气 60m^3 时，火焰原子吸收分光光度法的测定范围为 2.4×10^{-4}～4.8×10^{-3}mg/m^3，石墨炉原子吸收分光光度法为 3.5×10^{-6}～4.8×10^{-5}mg/m^3。对于可吸入颗粒物，当采气为 0.5m^3 时，石墨炉原子吸收分光光度法的测定范围为 1×10^{-4}～1.4×10^{-3}mg/m^3。

(二) 对-偶氮苯重氮氨基偶氮苯磺酸分光光度法

1. 原理

用过氯乙烯滤膜采样，将采集样品后的滤膜用硝酸-高氯酸消解制成样品溶液。在 pH 为 9.5～11.5 的弱碱性溶液中，非离子表面活性剂存在下，镉离子与 ADAAS 作用生成稳定的红色络合物。于波长 532nm 处有最大吸光度。

2. 测定步骤

取 6 支 25mL 具塞比色管，依次加入镉标准使用液(2.00μg/mL) 0mL、1.00mL、2.00mL、3.00mL、4.00mL、5.00mL，然后向各管中分别加入 2.0mL 氨水-氯化铵缓冲溶液(pH=10.0)、0.5mL 曲力通 X-100 溶液(2%)、1.0mL 氰化钾-酒石酸钾钠混合掩蔽剂，摇匀。片刻后，加入 1.5mL ADAAS 显色剂(0.04%)、1.0mL 甲醛溶液(2%)，加水至标线，摇匀。放置 10min 后，于

532nm 波长处，以试剂空白溶液为参比测定吸光度。以吸光度对镉含量(μg)绘制标准曲线，求回归方程。

　　将采样后的滤膜剪碎，放入 150mL 锥形瓶中，罩上玻璃漏斗，加 30mL 硝酸(1+1)溶液、5mL 高氯酸。将锥形瓶置于电热板上加热，待高氯酸冒白色浓烟至样品近干时，取下冷却。向锥形瓶中加入少量水，于电热板上继续加热，溶解盐类。将放冷的样品溶液过滤，收集于 150mL 锥形瓶中，蒸发至近干。移入 25mL 比色管中，加入氢氧化钠溶液(0.1mol/L)，调节 pH 至近中性。以测定系列标准溶液的步骤测定样品溶液的吸光度。此外，用同批号的滤膜，按样品消解步骤和条件进行处理，并测定空白值。按式(6-12)计算空气中镉含量：

$$\rho = \frac{(\rho_1 - \rho_0)V}{V_n \times 1000} \times \frac{S_t}{S_a} \tag{6-12}$$

式中，ρ 为空气中镉浓度，μg/m³；ρ_1 为试样溶液中镉浓度，μg/L；ρ_0 为空白试样溶液中镉的平均浓度，μg/L；V 为试样溶液体积，mL；S_t 为样品滤膜总面积，cm²；S_a 为测定时所取样品滤膜的面积，cm²；V_n 为标准状态下的采样体积，m³。

　　3. 说明

　　氨-氯化铵缓冲体系可掩蔽锌、铝、锰、铅、铁等离子，氰化钾可掩蔽汞、铜、银、钴、镍等离子，酒石酸钾钠可掩蔽钙、镁、铁、铝等离子，以防止在碱性介质中形成氢氧化物沉淀。但当分析含铁 5mg 以上样品时，上述掩蔽体系无法防止氢氧化物沉淀。此时，可采用萃取分离的方法消除干扰。

　　当采气体积为 2m³，定容体积为 25mL 时，该方法的最低检出浓度为 1.0×10^{-4} mg/m³。

　　以 ICP-AES 和 ICP-MS 测定镉的方法与测定铅类似。

四、铜、锌、铬、锰、镍的测定

　　将采集在过氯乙烯等材质滤膜上的颗粒物用硫酸-灰化法消解，制备成样品溶液，用火焰原子吸收分光光度法或石墨炉原子吸收分光光度法分别测定各元素的浓度。以 ICP-AES 和 ICP-MS 测定铜、锌、铬、锰、镍等金属元素的方法见铅的测定。

五、砷的测定

　　砷为非金属元素，最常见的砷化合物是三氧化二砷(俗称砒霜)。三氧化二砷为白色、无味无嗅的粉末。含量不纯的三氧化二砷为橘红色。砷的分布很广，如天然颜料、矿石和土壤中都含有砷。砷化物毒性很强，服用 0.005～0.05g 可引起急性中毒，服用 0.1～0.2g 可以致死。

　　空气中砷的常用测定方法有二乙基二硫代氨基甲酸银分光光度法、新银盐分光光度法、原子荧光法，也可用电感耦合等离子体原子发射光谱法测定。

(一) 二乙基二硫代氨基甲酸银分光光度法

　　1. 原理

　　用过氯乙烯滤膜采集颗粒物样品，所采集的样品用混合酸消解处理。在酸性溶液中，用碘化钾和氯化亚锡(KI-SnCl₂)将五价砷还原为三价砷，加锌粒与酸作用，产生新生态氢，使三价砷进一步还原为气态砷化氢(AsH₃)，与溶解在三氯甲烷中的二乙基二硫代氨基甲酸银

(Ag·DDC)作用，生成紫红色络合物，于 510nm 波长处测定吸光度。显色反应式如下：

$$H_3AsO_4 + 2KI + 2HCl \longrightarrow H_3AsO_3 + I_2 + 2KCl + H_2O$$

$$I_2 + SnCl_2 + 2HCl \longrightarrow SnCl_4 + 2HI$$

$$H_3AsO_4 + SnCl_2 + 2HCl \longrightarrow H_3AsO_3 + SnCl_4 + H_2O$$

$$H_3AsO_3 + 3Zn + 6HCl \longrightarrow AsH_3\uparrow + 3ZnCl_2 + 3H_2O$$

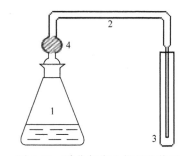

2. 测定步骤

根据砷含量，取适当面积滤膜样品置于 100mL 锥形瓶中，加入 10mL 硝酸，放置过夜。加 7mL 硫酸溶液(1+1)和 2mL 高氯酸，瓶口插入一漏斗，于电热板上加热，待剧烈反应停止后，取下漏斗，加热至冒浓厚高氯酸白烟。取下放冷，用水冲洗瓶壁，再加热至冒浓白烟，以驱尽硝酸。如果样品消解不完全，可加入少量硝酸继续加热至样品颜色变浅。冷却，加入少量水，用定量滤纸过滤，加水至 50mL。加入 5mL 碘化钾溶液(150g/L)和 3mL 氯化亚锡溶液(400g/L)，摇匀，放置 15min，使五价砷还原成三价砷。取同批号空白等面积滤膜至少两个，以同样方法进行消解，制备成空白试样溶液。

取 6 支砷化氢发生瓶，分别加入砷标准使用液(1.00μg/mL)，使溶液中含有 0.00μg、1.00μg、3.00μg、5.00μg、10.0μg、15.0μg 砷，加 7mL 硫酸溶液(1+1)，加水至 50mL，加 5mL 碘化钾溶液(150g/L)，加 3mL 氯化亚锡溶液(400g/L)，摇匀，放置 15min。向溶液中加入 3~4g 无砷锌粒，立即与装有乙酸铅棉的过滤器和装有 5.0mL Ag·DDC 吸收液(0.25%)的吸收管相连(图 6-10)，反应 1h 后，取下吸收管，分别补加四氯化碳至 5.0mL，摇匀，备测。在波长 510nm 处，以四氯化碳为参比，测定吸光度。以砷含量对减去空白后的吸光度绘制标准曲线。

图 6-10　砷化氢发生与吸收装置
1. 锥形瓶；2. 导气管；3. 吸收管；4. 乙酸铅棉

将试样溶液转移至砷化氢发生瓶，以绘制标准曲线的步骤测定试样溶液的吸光度。由标准曲线计算出试样溶液中的砷含量。按同样的方法测定和计算空白试样溶液中的砷含量。按式(6-13)计算空气中砷及其化合物的浓度：

$$\rho = \frac{m - m_0}{V_n} \times \frac{S_t}{S_a} \tag{6-13}$$

式中，ρ 为空气中砷及其化合物的浓度(以 As 计)，mg/m^3；m 为试样溶液中砷含量，μg；m_0 为空白滤膜中砷含量的平均值，μg；V_n 为标准状态下的采样体积，m^3；S_t 为样品滤膜总面积，cm^2；S_a 为测定时所取样品滤膜面积，cm^2。

3. 说明

硫化氢、锑化氢、磷化氢与 Ag·DDC 有类似的显色反应，对砷的测定产生正干扰。在样品消解时，硫、磷已被硝酸氧化分解，不再有影响。试剂中存在的少量硫化物产生的硫化氢可用乙酸铅棉除去，锑在 300μg 以下可用 KI-SnCl₂ 掩蔽。

用硫酸-硝酸-高氯酸消解样品时，必须将有机质分解完全，否则结果偏低。样品中有机质含量较多时应反复加硝酸加热消解至沉淀物变为灰白色，且液面平静，不再产生棕色 NOₓ 为止。

本方法将滤膜制备成 50mL 试样溶液时，检出限为 0.35μg/50mL(以 As 计)。当采样体积为 6m³ 时，检出限为 0.06μg/m³，测定下限为 0.24μg/m³(均以 As 计算)。

(二) 新银盐分光光度法

用过氯乙烯滤膜采集大气颗粒物，滤膜用混合酸消解制成样品溶液。加入硼氢化钾(钠)，产生新生态氢，将三价及五价砷还原为砷化氢气体。用硝酸-硝酸银-聚乙烯醇-乙醇混合溶液吸收，则砷化氢将吸收液中的银离子还原成单质胶态银，使溶液呈黄色，其颜色深度与生成氢化物的量成正比，于 400nm 处测定吸光度。显色反应式如下：

$$KBH_4 + 3H_2O + H^+ \longrightarrow H_3BO_3 + K^+ + 8[H]$$

$$3[H] + As^{3+}(As^{5+}) \longrightarrow AsH_3\uparrow$$

$$AsH_3 + 6AgNO_3 + 2H_2O \longrightarrow 6Ag^0 + HAsO_2 + 6HNO_3$$

(黄色胶态银)

图 6-11 为砷化氢发生及吸收装置示意图。其中，1 为反应管，试样溶液中的砷化物在此转变成 AsH₃；2 为 U 形管，装有二甲基甲酰胺-乙醇胺-三乙醇胺混合溶剂浸渍的脱脂棉，用以消除锑、铋、锡等元素的干扰；3 为脱胺管，内装吸有无水硫酸钠和硫酸氢钾混合粉的脱脂棉，用于除去有机胺的细沫或蒸气；4 为吸收管，装有吸收液，吸收 AsH₃ 并显色。吸收液中的聚乙烯醇是胶态银的良好分散剂，但在通入气体时，会产生大量的泡沫，在此加入乙醇作消泡剂。吸收液中加入硝酸，有利于稳定胶态银。

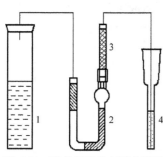
图 6-11　砷化氢发生与吸收装置

该方法的检出限为 0.0004mg/L，测定上限为 0.012mg/L。

(三) 原子荧光法

用过氯乙烯等材质的滤膜采样，用混合酸消解后，加入硫脲，将砷还原成三价。取适量试样溶液于酸性介质中，加入硼氢化钾溶液，三价砷转化生成砷化氢，由载气带入石英管原子化器，在氩氢火焰中原子化，产生的砷原子蒸气吸收相应元素空心阴极灯发射的特征光后，被激发而发射原子荧光。在一定实验条件下，荧光强度与试样溶液中的砷含量成正比，用标准曲线法定量。

原子荧光分析法所用的仪器为原子荧光分光光度计，主要包括三部分，即激发光源、原子化系统、分光与检测系统。为了避免激发光源的辐射被检测，光源与检测器成直角配置。其结构如图 6-12 所示。

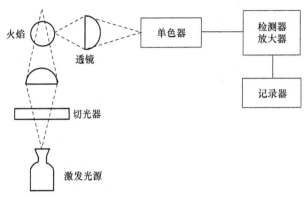

图 6-12　原子荧光光度计示意图

六、硒的测定

硒的测定方法有紫外分光光度法、荧光分光光度法和原子荧光法等。前一种方法适合于含硒量较高样品的测定，后两种方法适合于含硒量低的样品。

三种方法均用纤维素滤膜采样，样品经硝酸-高氯酸消解制备成样品溶液。在 pH 为 2 的酸性介质中，四价硒与 2,3-二氨基萘反应生成有色、发射强荧光的 4,5-苯并苤硒脑，用荧光分光光度计测定。激发光波长 378nm，发射荧光波长 520nm。当采样体积为 200m³ 时，最低检出浓度为 $5 \times 10^{-5} \mu g/m^3$。

用紫外分光光度法测定时，需在生成 4,5-苯并苤硒脑后，用环己烷萃取，于 378nm 处测定。当采气体积为 200m³ 时，最低检出浓度为 $5.5 \times 10^{-4} \mu g/m^3$。

原子荧光法需将高价硒在盐酸介质中用硼氢化钾还原为硒化氢，再由载气载入原子化器，在氢氩火焰中原子化，并被硒灯发射的特征光激发而发射荧光，通过测量荧光强度，用标准曲线法定量。

七、水溶性离子的测定

大气颗粒物中的水溶性离子是 PM_{10} 的主要成分。PM_{10} 及 $PM_{2.5}$ 中的水溶性硫酸盐、硝酸盐、铵盐等成分大多由化石燃料燃烧形成，也有一部分是在大气中经过各种化学反应形成的。这些物质不仅自身对环境、人体健康有影响，还与一些有害物质(砷、PAHs 等)有协同作用。可溶性组分也是影响大气沉降 pH 的主要因素。SO_4^{2-}、NO_3^- 是大气颗粒物中的主要致酸离子。

检测大气颗粒物中水溶性离子的方法主要是离子色谱法，原子吸收分光光度法可用于测定水溶性阳离子。

(一) F^-、Cl^-、NO_2^-、NO_3^-、SO_4^{2-} 的测定

1. 原理

F^-、Cl^-、NO_2^-、NO_3^-、SO_4^{2-} 用离子色谱法测定。其原理是，用石英玻璃纤维、聚四氟乙烯等材料滤膜采集的大气颗粒物样品，用水浸取后将提取液注入离子色谱仪，经离子交换柱分离后，以保留时间定性，以色谱峰面积定量。

2. 仪器条件

阴离子分析柱为 Metrosep A SUPP 4(250mm×4mm)，保持室温。淋洗液为(336mg NaHCO₃ +

106mg Na₂CO₃)/L 的水溶液，流量 1.2mL/min。进样量 20μL，以外标法定量。

3. 测定步骤

取 F⁻、Cl⁻、NO_2^-、NO_3^-、SO_4^{2-} 标准溶液配制成各阴离子浓度均为 1.00mg/L、5.00mg/L、10.00mg/L、20.00mg/L 的系列标准溶液。将离子色谱仪调至最佳工作状态，待基线平稳后测定混合标准，每个浓度的溶液重复测定 2 次。以色谱峰面积为纵坐标，各阴离子浓度为横坐标，绘制标准曲线，并求出线性回归方程。

用中流量或小流量采样器采集大气颗粒物。取 1/4 张已采样滤膜，剪碎后置于 20mL 聚乙烯试管中，加去离子水振荡提取 1~3 次。合并提取液，用 0.45μm 亲水滤膜过滤。以同样步骤处理同批号的空白滤膜至少 3 张，制成空白提取液。以测定系列标准溶液的仪器条件测定样品提取液和空白滤膜提取液。由标准曲线计算出试样溶液中 F⁻、Cl⁻、NO_2^-、NO_3^-、SO_4^{2-} 的含量。按下式计算空气中各阴离子的浓度：

$$\rho = \frac{\rho_1 - \rho_0}{V_n \times 1000} \times \frac{S_t}{S_a} \tag{6-14}$$

式中，ρ 为空气中 F⁻、Cl⁻、NO_2^-、NO_3^- 或 SO_4^{2-} 的浓度，μg/m³；ρ_1 为样品溶液中各阴离子浓度，μg/L；ρ_0 为空白试样溶液中各阴离子的平均浓度，μg/L；V 为试样溶液体积，mL；S_t 为样品滤膜总面积，cm²；S_a 为测定时所取样品滤膜的面积，cm²；V_n 为标准状态下的采样体积，m³。

4. 说明

对于环境空气颗粒物滤膜样品，当采样体积为 60m³(标准状态)，提取液体积为 100mL，进样体积为 25μL 时，本方法的检出限为 0.010~0.085μg/m³，测定下限为 0.040~0.340μg/m³。对于降尘样品，当取样量为 0.100g，提取液体积为 100mL，进样体积为 25μL 时，本方法的检出限为 0.006~0.051mg/g，测定下限为 0.024~0.204mg/g。

(二) K⁺、Na⁺、Ca^{2+}、Mg^{2+}、NH_4^+ 的测定

1. 离子色谱法

用离子色谱法测定阳离子的原理与测定阴离子是类似的。

1) 仪器条件

阳离子分析柱为 Metrosep C 2 250(250mm×4mm)。淋洗液为(167mg 吡啶-2,6-二羧酸+600mg 酒石酸)/L 的水溶液，流量 0.8mL/min。进样量为 20μL，用外标法定量。

2) 测定步骤

取 K⁺、Na⁺、Ca^{2+}、Mg^{2+}、NH_4^+ 标准溶液配制成各阳离子浓度均为 1.00mg/L、5.00mg/L、10.00mg/L、20.00mg/L 的系列标准溶液。将离子色谱仪调至最佳工作状态，待基线平稳后测定混合系列标准溶液，每个浓度的溶液重复测定 2 次。以色谱峰面积为纵坐标，各阳离子浓度为横坐标，绘制标准曲线，并求出线性回归方程。

以测定阴离子的步骤处理采样滤膜和空白滤膜，制成提取液。按测定系列标准溶液的仪器条件分析提取液。由标准曲线计算试样溶液中各阳离子的含量，并依此求出空气中各阳离子的浓度。

3) 说明

普通玻璃纤维滤膜中金属离子杂质含量较高，不适于采集测定大气颗粒物中的阳离子。在提取有机材料滤膜所采集颗粒物中水溶性离子时，为了增加水与有机滤膜的接触面积，可在去离子水中滴加适量乙醇。

对于环境空气颗粒物滤膜样品，当采样体积为 60m³(标准状态)，提取液体积为 100mL，进样体积为 25μL 时，本方法的检出限为 0.005～0.037μg/m³，测定下限为 0.020～0.148μg/m³。对于降尘样品，当取样量为 0.100g，提取液体积为 100mL，进样体积为 25μL 时，本方法的检出限为 0.003～0.022mg/g，测定下限为 0.012～0.088mg/g。

2. 火焰原子吸收分光光度法

颗粒物中的 K^+、Na^+、Ca^{2+}、Mg^{2+} 还可用火焰原子吸收分光光度法测定。采样滤膜用水提取后，将提取液喷入空气-乙炔火焰中，分别于波长 766.4nm 处测量钾、钠的吸光度，于波长 422.7nm 和 285.2nm 处测量钙、镁的吸光度，用标准曲线法进行定量。

八、有机碳和元素碳的测定

有机碳(OC)是大气颗粒物中以有机化合物形态存的在的碳的总称。元素碳(EC)是大气颗粒物中以单质碳形态存在的碳的总称。OC 和 EC 是气溶胶的重要组成部分，特别是在细粒子中，其含量可高达 40%以上。

颗粒态 OC 和 EC 的分析方法主要有热光反射法(TOR)、元素分析仪法、环境碳粒子监测仪法、黑碳计法、热光透射法(TOT)等。

(一) 热光反射法

1. 原理

对以玻璃纤维滤膜采集的颗粒态碳分步加热氧化，使之转化为二氧化碳。再将二氧化碳还原成甲烷后，以火焰离子化检测器检测定量。用 633nm 氦-氖激光监测滤膜的反射光强度变化，以区别 OC 和 EC。当 OC 转变为聚合碳(POC)时，滤膜的反射光强度会降低。反射光强度恢复到原来值的时点作为元素碳测定的起点。

2. 测定步骤

取适当面积的采样滤膜，放入热解吸室(图 6-13)，在纯氦气环境下按一定温度梯度加热(如 150℃—300℃—450℃—550℃)，使滤膜上的颗粒态 OC 解吸气化，然后依次被载气带入氧化室(以 MnO_2 催化)转化为二氧化碳。二氧化碳又进入还原炉内被转化为甲烷。最终甲烷被氦气载入气相色谱仪，用火焰离子化检测器进行检测。甲烷态碳即为不同温度下解吸的OC。

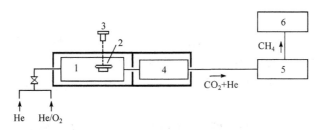

图 6-13　热光反射法仪器结构示意图
1. 热解吸室；2. 样品；3. 激光；4. 氧化室；5. 还原炉；6. GC-FID

将样品再在含 2%氧气的氦气环境下的一定温度梯度加热(如 600℃—800℃—900℃)，将样品中的 EC 氧化成 CO_2。CO_2 在还原炉内转化为甲烷后，用氢火焰离子化检测器检测。此时的甲烷态碳即为不同温度下氧化的 EC。

样品在加热过程中，部分 OC 可产生碳化现象而形成黑碳，使滤膜变黑，导致温谱图上的 OC 和 EC 峰不易区分。因此，在测量过程中，采用 633nm 的氦-氖激光监测滤膜的反射光强度，利用光强的变化指示 EC 氧化的起始点。OC 碳化过程中形成的碳化物称为热解有机碳(POC)。因此，当一个样品完成测试后，同时会得到有机碳和元素碳的 8 个组分(OC_1、OC_2、OC_3、OC_4、EC_1、EC_2、EC_3、POC)。该方法把 OC 规定为 OC_1、OC_2、OC_3、OC_4、POC 之和，将 EC 规定为 $EC_1+EC_2+EC_3-POC$。

(二) 元素分析仪法

1. 原理

元素分析仪法实质上也是热解方法。其原理是，以玻璃纤维滤膜采集大气颗粒物，将一定质量的采样滤膜在 340℃温度下加热 100min，蒸发去除 OC。放入 1000℃石英燃烧管(填充 CrO_3 作为催化剂)中，在定量氧的作用下瞬间燃烧。燃烧产生的混合气体由氦气带入气相色谱柱进行分离，用热导检测器定量测定 CO_2，测得的碳即为 EC。再取同样质量的采样滤膜，直接送入元素分析仪，测得的 CO_2 中碳为总碳量(TC)。TC 与 EC 之差为 OC。

2. 测定步骤

根据具体型号仪器的使用说明，选取一种纯有机化合物作为标准物质。称取 4 份不等质量的该物质，依次置于元素分析仪的石英燃烧管中，通入 He/O_2 混合气(9∶1)，在 1000℃瞬间燃烧。产生的气体由氦气带入气相色谱仪-热导检测器(GC-TCD)进行分离，对其中的 CO_2 进行测定。由分子式、分子量和所称质量计算标准物质的碳燃烧量。以碳燃烧量对 CO_2 色谱峰面积绘制标准曲线，求线性回归方程。

取 1/8 张已采样玻璃纤维滤膜，弃去空白边缘带，将采样部分剪成 $4mm^2$ 大小的碎片。称取 2mg 滤膜，用铝箔包裹，放入炉中在 340℃温度下加热 100min。从加热炉中取出滤膜，置于元素分析仪的石英燃烧管中，以测定标准物质的步骤进行氧化、检测，得到 CO_2 色谱峰面积。依标准曲线的线性回归方程计算 EC 的质量。另称取 2mg 采样滤膜，直接置于元素分析仪的石英燃烧管中，以同样条件氧化、测定所生成的 CO_2，计算 TC 值。取 3 张同批号的空白滤膜，均称取 2mg，以同样方法测定 EC 和 TC。按下式计算空气中 OC、EC 的浓度：

$$\rho = \frac{m_1 - m_0}{V_n} \times \frac{W_t}{W_a} \tag{6-15}$$

式中，ρ 为空气中 OC 或 EC 的浓度，$\mu g/m^3$；m_1 为测定时所取样品滤膜中 OC 或 EC 的质量，μg；m_0 为测定时所取空白滤膜中 OC 或 EC 的平均质量，μg；W_t 为样品滤膜有效采样部分总质量，mg；W_a 为测定时所取样品滤膜质量，mg；V_n 为标准状态下的采样体积，m^3。

3. 说明

该方法不能有效区分 OC 热分解产生的 EC 和原有的 EC，故 EC 的测定结果偏大，OC 偏小。

(三) 环境碳粒子监测仪法

环境碳粒子监测仪(ambient carbon particulate monitor, ACPM)是一种自动、实时的含碳物质测定仪器。其测定 OC 和 EC 的基本原理是热解分析。气溶胶的收集和含碳气溶胶的收集和含碳物质的分析是在一个管筒中进行的。管筒由粒子碰撞切割器和后燃室组成。切割器以 50% 的效率收集空气动力学直径大于 0.14μm 的气溶胶粒子。若换用了旋风式粒子切割器，则以 50% 的效率收集空气动力学直径大于 2.5μm 的气溶胶粗粒子。在样品收集的过程中，切割器收集盘加热到 50℃，使气态有机物对 OC 的影响减小到最低。采样间隔设置为 4h。在碳分析系统中，340℃ 或 350℃ 被氧化燃烧的碳被认为是 OC，在 750℃ 被氧化燃烧的碳是 EC。

(四) 黑碳计法

该方法利用光学原理对气溶胶中的含碳物质进行测定。它测量的是黑碳(BC)量，近似等于 EC。BC 计通过滤膜的光透射强度来判断 BC 的量。滤膜上阻留的气溶胶越多，透光度越小。当光透射度减小到预设值时，记录带自动往前移动，同时记录下 BC 的浓度。

(五) 热光透射法

该方法的测定原理与 TOR 法非常类似，都是利用两阶段热解方法区别 OC 和 EC。不同之处是，TOT 法利用采样滤膜对激光透射强度的变化将 OC 热解产生的 POC 与 EC 区分开来。

第三节　颗粒物中有机污染物的测定

大气颗粒物中有机组分种类繁多，来源复杂。例如，正构烷烃是一类重要的痕量有机污染物，一般被视为地球化学的生物标志物，根据其污染特征、化学组成可以识别气溶胶的化石燃料来源或植物来源。PAHs 是被发现和研究较早的一类化学致癌物，已经被多数国家列为环境监测的重要内容。美国 EPA 确定了 16 种优先控制 PAHs，我国则将苯并[a]芘等 7 种 PAHs 列为优先检测名单。相对于 PAHs，脂肪酸虽然生物危害较小，但因含量高、吸湿性以及与二次有机气溶胶形成有关，受到越来越多的关注。研究大气颗粒物中的有机组分，对城市空气质量监控与治理有重要意义。

一、有机化合物的提取与分离

大气颗粒物中的有机物组成十分复杂，含量极低，选择一种合适的前处理方法就显得尤为重要。对于不同样品及不同的分析对象都需要进行具体分析，找到最佳方案。大气气溶胶样品的前处理通常包括有机物的提取、分离和浓缩等步骤。目前使用的提取分离方法主要有溶剂萃取法、层析色谱法、衍生化法等。近年来又发展了固相萃取法、超临界流体萃取法、微波萃取法和加速溶剂萃取法等。

(一) 溶剂萃取法

溶剂萃取法包括索氏提取法、溶剂浸取法、超声振荡提取法等。索氏提取法是最经典的有机物提取方法，具有提取完全、纯度高、所需溶剂少等优点，但提取时间长。溶剂浸泡法操作简单，提取时间短，成本低，但提取不完全，溶剂耗量大。超声振荡提取法在环境样品分析中得到了广泛应用。其原理是利用超声空化作用，使固体样品在溶剂中容易分散、乳化，加速了样品在溶剂中的溶解速度。由于该方法萃取时间短，萃取效率较高，溶剂用量比索氏提取法少，目前基本代替索氏提取法用于处理大气颗粒物样品。超声振荡提取法的一般步骤是：将适量滤膜剪碎，置于试管、三角烧瓶等容器中；加入有机溶剂，使滤膜完全浸没，用超声波振荡提取 15～30min；更换溶剂，反复提取 2～3 次；合并萃取液，经过滤、浓缩后以备用。

提取剂根据"相似相溶"原理选择。对于非极性或弱极性化合物，如烷烃、多环芳烃等，用极性小的正己烷、二乙醚等提取；对于强极性化合物，如一元羧酸、二元羧酸、醛类等化合物，可采用高纯水、甲醇等强极性溶剂提取；欲同时提取不同极性的化合物，一般采用二氯甲烷、三氯甲烷等中等极性的溶剂，或者如二氯甲烷/丙酮、二氯甲烷/甲醇、苯/甲醇等混合溶剂。此外，还可用多种溶剂进行分级提取。为了防止提取过程中由产热造成的有机成分挥发，需要在水槽中加冰水或冰块。

(二) 层析色谱法

层析色谱法包括柱层析、纸层析和薄层层析色谱法等。其原理都是根据不同化合物在两相之间的分配系数或吸附能力的不同而进行分离。分离气溶胶中的有机成分，常用的是柱层析或薄层层析色谱法。

在大气气溶胶有机成分的分析中，通常采用中性氧化铝、硅胶或两者的混合物等无机材料吸附剂装填层析柱。装柱前吸附剂需要活化和去活化。装柱后将样品提取液滴加在层析柱顶端，然后选用不同极性的淋洗液将不同极性的有机成分分开并洗脱下来。

薄层层析色谱法实质上是一个开放的液相色谱体系。它分为制备、点样、分离、洗脱等步骤。该法操作复杂，分离时间长，但相对于高效液相色谱法而言，具有设备简单、分离效果好、样品和展开剂用量小等优点。使用最多的层析板是硅胶板。点样后选用正己烷作展开剂，可将非极性成分(脂肪烃和芳烃)与极性成分(酮、醇和酸等)分开；用正己烷和乙酸乙酯混合溶剂(9∶1)为展开剂，在硅胶板上得到四条化合物带：烃类(烷烃、烯烃和芳烃等)、羧酸类(衍生后以酯的形式存在)、酮类(包括醛类)和醇类。颗粒物样品的来源不同，各带中所含的化合物种类也不同。然后用小刀刮下各化合物带，分别用溶剂洗脱，得到各组分的样品溶液，浓缩后以备分析。

(三) 衍生化法

若目标化合物因测定灵敏度低、不稳定或极性强，不适合直接分析时，则需要衍生化后再测定。尤其在用气相色谱-质谱联用仪分析时，应把样品中的极性有机物衍生成非极性化合物，以便得到准确的测定结果。在大气气溶胶有机物分析中，衍生化法通常用于羧酸、醛类和醇类的测定，主要采用烷基化和硅烷化这两类衍生化方法。酯化是烷基化最普遍的方法。例如，有机酸和醛可以用 BF_3/甲醇来衍生化，使酸生成相应的酯，醛生成缩醛，酮酸和二羧酸生成二缩醛。烷基酸和酚类可在乙酸乙酯中用重氮甲烷甲基化。有机成分的总提取物用 KOH 皂化或用 BF_3/甲醇酯化。酯化的脂肪酸和中性化合物可根据不同极性，用层析色谱法分离成几类。硅烷化在 GC 分析中用途最广。含羟基(包括多元羟基，如甘油)和羰基的化合物可通过硅烷化反应，用 N,O-双(三甲基硅烷基)三氟乙酰胺(1%三甲基氯硅烷为催化剂)转化成相应的三甲基硅烷化衍生物。另外，含羰基的化合物可用苯肼，如用 2,4-二硝基苯肼来衍生化，生成相应的腙。

(四) 固相萃取法

固相萃取法实质上是一种简化的液相色谱法。在固相萃取中，吸附剂作为固定相，样品溶液作为流动相。当流动相与固定相接触时，目标物保留在吸附剂表面。用少量的选择性溶剂淋洗吸附剂，即可得到富集和纯化的目标物。分析大气气溶胶中有机物时最常用的吸附剂是键合硅胶，其中最具代表性的是键合硅胶 C_{18} 和键合硅胶 C_8，主要作为反相萃取剂使用。其目标分析物是非极性和弱极性物质，可使用的洗脱剂有乙腈、甲醇和二氯甲烷等。正相吸附剂包括硅酸镁、氧化铝，以及氨基、氰基、双醇基键合硅胶等。其目标分析物是极性物质，洗脱剂为非极性有机溶剂，如正己烷、四氯化碳等。该技术可以将大约 60% 的水溶性有机化合物从气溶胶样品中分离出来，具有操作简便、快速、溶剂用量少、重现性好等优点。

(五) 超临界流体萃取法

超临界流体是性质介于气体和液体之间的流体，具有类似于气体的较强穿透能力和类似于液体的较大密度和溶解度等性质。超临界流体萃取就是利用此特性，代替液体溶剂进行萃取的。操作压力和温度的变化会引起超临界流体对物质溶解能力的改变。通过改变萃取剂流体的压力或温度，就可以把样品中不同的组分按它们在流体中溶解度的大小顺序先后萃取分离。另外，在超临界流体中加入少量的极性溶剂(如甲醇、异丙醇等)，可改变萃取溶质的溶解能力，从而缩短萃取时间。该方法适合萃取大气颗粒物中的非极性和弱极性有机化合物，不适合萃取多环芳烃和强极性化合物。

(六) 微波萃取法

微波萃取法利用极性分子可迅速吸收微波能量来加热极性溶剂，如甲醇、乙醇、丙酮等。该方法萃取时间短，萃取溶剂用量小，且可实现多份样品同时萃取。对于热不稳定物质，避免了长时间高温下引起的分解，有助于被萃取物质从样品中解析出来。该方法已用于测定大气颗粒物中的多环芳烃。

(七) 加速溶剂萃取法

加速溶剂萃取法是利用升高温度和压力来处理固体、半固体样品中痕量有机物的溶剂萃取方法。其自动化程度高、溶剂用量少、萃取时间短。目前已被美国 EPA 列为处理环境固体、半固体样品的标准方法，也用于萃取大气颗粒物中的有机污染物。

二、有机化合物的定量分析方法

对大气颗粒物中有机化合物的分析，通常采用气相色谱仪、高效液相色谱仪、气-质联用仪、液-质联用仪等完成。用于定量测定的方法有归一化法、外标法和内标法。用归一化法仅能获得半定量浓度数据，能够求得准确定量结果的是外标法和内标法。

(一) 外标法

在样品所含目标化合物浓度范围内配制一系列浓度的相应化合物混合标准溶液。在相同的仪器分析条件下测定不同浓度标准样品的峰面积。在一定范围内，标样的浓度与仪器响应值之间存在线性关系。峰面积与浓度的变化曲线即为外标曲线。利用此曲线进行定量分析的方法，称为外标法。外标法的优点是操作简单，易于掌握，是常用的定量方法。

(二) 内标法

在一系列浓度的标准溶液中加入已知量的内标物，制成混合标样，注入色谱柱。这样在色谱图中每隔一些化合物的色谱峰就插入一个内标物质的色谱峰。根据每种标准物质的峰面积与保留时间最接近的内标物峰面积的比值来绘制内标曲线，即横坐标为已知标准物质与相近保留时间内标物的浓度比，纵坐标为已知标准物质与相近保留时间内标物的面积比。也就是以标准物质峰面积与内标物峰面积之比作为响应值，根据响应值与工作标样浓度之间存在的线性关系，制成标准曲线。

在测定未知样品时，将已知量的内标物加入未知样品，注入色谱柱，得到欲测组分的响应值。根据用内标曲线计算的已知响应系数，即可求出欲测组分的浓度。

用内标法定量时，样品溶液和内标物是混合在一起注入色谱柱的，只要混合溶液中被测组分与内标量的比值恒定，进样体积的变化就不会影响定量结果。因此，内标法定量比外标法更加精密、准确。但内标法的操作程序比较麻烦，每次分析时都要求准确称取内标物和试样。此外，有时获取合适的内标物也有困难。

三、降尘中可燃物的测定

将已测过降尘总量的瓷坩埚放入马弗炉，在 600℃灼烧 2h，待炉内温度降至 300℃以下时取出，放入干燥器中，冷却 50min，称量。再在 600℃下灼烧 1h，冷却 50min，称量至恒量。从中减去经 600℃灼烧至恒量的该瓷坩埚质量，以及等量乙二醇水溶液蒸发残渣于 600℃灼烧后的质量，即为降尘中可燃物燃烧后剩余残渣量。根据它与降尘总量之差和集尘缸面积、采样天数，便可计算出可燃物量(t/km^2·30d)。

四、烷烃的测定

大气颗粒物中的碳氢化合物主要来自石油炼制、焦化、化工等生产过程中逸散和排放的废气及汽车尾气，部分来自植物。其测定方法有气相色谱法和气相色谱-质谱联用法。

(一) 气相色谱法

1. 原理

大气颗粒物中的烷烃经超声振荡提取和柱层析分离后，将浓缩提取液注入非极性石英毛细管色谱柱，用火焰离子化检测器检测。以保留时间定性，以色谱峰面积定量。

2. 仪器条件

色谱柱：Agilent-5(30m×0.25mm×0.25μm)非极性石英毛细管色谱柱；气化室温度 300℃；GC 升温程序：初始温度 60℃，保持 5min，以 15℃/min 升至 160℃，再以 6℃/min 升至 300℃，恒温 30min；检测器温度 300℃；载气(N$_2$)流量 1mL/min；以外标法定量。

3. 测定步骤

取适量硅胶(80～100 目)，用二氯甲烷索氏抽提 72h，于 60℃下烘干。装柱前在 180℃下活化 12h，加入 3%的蒸馏水去活化。再取适量中性氧化铝(100～200 目)，用二氯甲烷索氏抽提 72h，于 60℃下烘干。使用前在 250℃下活化 12h，加入 3%的蒸馏水去活化。选取内径为 10mm，长 30～35cm 的碱式滴定管作层析柱，下端充填少许抽提过的脱脂棉。依次加入 6cm

去活化的氧化铝、12cm 硅胶，用湿法装填层析柱。

取 1/2 张已采样滤膜，剪碎后放入 50mL 具塞三角烧瓶中，先后加 30mL 二氯甲烷-甲醇混合液(2∶1，V/V)超声振荡提取 3 次，每次 30min。合并过滤萃取溶液，用旋转蒸发器浓缩至 2mL。将浓缩液滴加于层析柱上，用正己烷(20mL)洗脱饱和烃组分。把洗脱液用旋转蒸发器和氮吹仪浓缩。用正己烷定容至 0.5mL，供测定。

取一定浓度的(正构)烷烃混合标准溶液配制 4 个浓度水平的系列标准溶液。将气相色谱仪调节到最佳工作状态，对系列标准溶液进行测定。每次进样 1μL，每个浓度标样连续重复测定 3 次。以每种烷烃的色谱峰面积对相应浓度绘制标准曲线，计算线性回归方程。

对已定容的提取液按系列标准溶液的测定条件进行分析。根据系列标准溶液的保留时间对未知化合物定性。将色谱峰面积代入标准曲线的线性回归方程，计算提取液中某种烷烃的含量。

(二) 气相色谱-质谱联用法

1. 原理

大气颗粒物中的烷烃经提取、分离后，将浓缩提取液注入非极性石英毛细管色谱柱，用质量选择检测器检测。根据标准物质的保留时间和质谱图进行定性分析，以色谱峰面积定量。

2. 仪器条件

色谱柱：Agilent-5MS(30m×0.25mm×0.25μm)非极性石英毛细管色谱柱。气化室温度300℃。GC 升温程序：初始温度 60℃，保持 5min，以 15℃/min 升至 160℃，再以 6℃/min 升至 300℃，恒温 30min。界面温度 300℃，载气(He)流量 0.8mL/min。质谱条件：EI 源电离模式，电离能量 70eV；质量数扫描范围 45～550au。进样量 1μL，不分流进样。

3. 测定步骤

气相色谱-质谱联用法测定烷烃的步骤与气相色谱法基本相同。但该方法除了保留时间，还可利用标准质谱库中已知化合物的质谱图与所未知物质谱图的匹配度，进行定性分析。匹配度大于 90%的化合物定性较可靠，匹配度小于 60%可信度较差。此外，气相色谱-质谱联用法既可选用总离子色谱图定量，也可用选定离子的色谱图定量，而气相色谱法只能用一种色谱图定量。当存在干扰物时，气相色谱-质谱联用法的优越性就显得尤为突出。大气颗粒物中正构烷烃的总离子色谱图和正十四烷的质谱图分别见图 6-14、图 6-15。

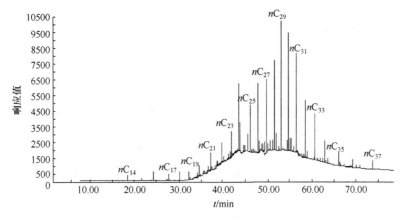

图 6-14　PM$_{2.5}$ 中正构烷烃的总离子色谱图

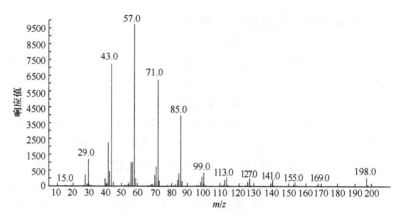

图 6-15　正十四烷的质谱图

五、醇和酸的测定

(一) 大气颗粒物中醇和有机酸的测定

大气颗粒物中的醇与有机酸的测定方法有气相色谱法和气相色谱-质谱联用法。与烷烃测定方法的主要区别在于，样品提取液经衍生后才能进行分析。具体而言，醇类用 BSTFA 试剂进行硅烷化衍生，脂肪酸用 BF₃/MeOH 试剂进行甲酯化衍生。衍生温度分别为 80℃和 60℃，衍生时间 2h。衍生完成后用氮吹仪吹干，定容至 0.2mL，待测定。

(二) 工作场所空气中有机酸的测定

1. 草酸

工作场所空气中的草酸(乙二酸)用溶液吸收-离子色谱法检测。

1) 原理

空气中蒸气态和雾态的草酸用装有水的多孔玻板吸收管采集。直接进样，经离子色谱柱分离，电导检测器检测。以保留时间定性，以峰高或峰面积定量。

2) 仪器条件

色谱柱：250mm×4mm，阳离子色谱柱和阳离子保护柱；色谱柱温和检测室温度均为 40℃；流动相为邻苯二甲酸溶液(415μg/mL，pH 为 3.4)；流动相流量为 1.0mL/min。

3) 测定步骤

取 4～7 支容量瓶，加入 0.0～10.0mL 标准溶液，各加水至 10.0mL，配成 0.0～10.0μg/mL浓度范围的草酸系列标准溶液。参照仪器操作条件，将离子色谱仪调节至最佳测定状态。进样 50.0μL，分别测定系列标准溶液各浓度的峰高或峰面积。以测得的峰高或峰面积对相应的草酸浓度(μg/mL)绘制标准曲线。

用测定系列标准溶液的操作条件测定样品溶液和样品空白溶液，测得的峰高或峰面积值由标准曲线得样品溶液中草酸的浓度(μg/mL)。若样品溶液中草酸浓度超过测定范围，用水稀释后测定，计算时乘以稀释倍数。按下式计算空气中草酸的浓度：

$$c = \frac{c_0 V}{V_0} \tag{6-16}$$

式中，c 为空气中草酸的浓度，mg/m³；c_0 为测得的样品溶液中草酸的浓度，μg/mL；V 为样品溶液的体积，mL；V_0 为标准状态下的采样体积，L。

4) 说明

本法的检出限为 0.04μg/mL，定量测定范围为 0.13～10μg/mL；以采集 7.5L 空气样品计，最低检出浓度为 0.03mg/m³，最低定量浓度为 0.1mg/m³；平均采样效率为 100%。

2. 对苯二甲酸

空气中的对苯二甲酸用溶剂洗脱-紫外分光光度法测定。

1) 原理

工作场所空气中的气溶胶态对苯二甲酸用微孔滤膜采集，以氢氧化钾溶液洗脱后，用紫外分光光度计在 238nm 波长处测量吸光度，进行定量。

2) 测定步骤

向装有微孔滤膜的具塞比色管中加 10.0mL 氢氧化钾溶液(10g/L)，振摇 1min 后，样品溶液供测定。

取 5～8 支具塞比色管，加入 0.0～5.0mL 对苯二甲酸标准溶液(20.0μg/mL)，各加氢氧化钾溶液(10g/L)至 10.0mL，配成 0.0～10.0μg/mL 浓度范围的对苯二甲酸系列标准溶液。用紫外分光光度计于 238nm 波长下，分别测定系列标准溶液各浓度的吸光度。以测得的吸光度和对应的对苯二甲酸浓度(μg/mL)绘制标准曲线。

用测定系列标准溶液的操作条件测定样品溶液和样品空白溶液。测得的吸光度值由标准曲线得样品溶液中对苯二甲酸的浓度。若样品溶液中待测物的浓度超过测定范围，用氢氧化钾溶液稀释后测定，计算时乘以稀释倍数。按下式计算空气中对苯二甲酸的浓度：

$$c = \frac{10c_0}{V_0} \tag{6-17}$$

式中，c 为空气中对苯二甲酸的浓度，mg/m³；10 为样品溶液的体积，mL；c_0 为测得的样品溶液中对苯二甲酸的浓度，μg/mL；V_0 为标准状态下的采样体积，L。

3) 说明

本法的定量测定范围为 0.3～10μg/mL；以采集 30L 空气样品计，最低定量浓度为 0.1mg/m³；平均采样效率>96%，平均洗脱效率>91%。

3. 对甲苯磺酸

工作场所空气中对甲苯磺酸的浓度用溶剂洗脱-高效液相色谱法测定。

1) 原理

空气中的气溶胶态和蒸气态对甲苯磺酸用浸渍超细玻璃纤维滤纸采集，异丙醇溶液洗脱后，经 C₁₈ 液相色谱柱分离，紫外检测器检测，以保留时间定性，以峰高或峰面积定量。

2) 仪器条件

浸渍滤纸：将超细玻璃纤维滤纸在浸渍液(8.0g/L 氢氧化钠溶液)中浸渍 10min，取出沥干，于 60～80℃烘干，密闭保存。

高效液相色谱仪，配紫外检测器或二极管阵列检测器，测定波长 222nm；色谱柱：250mm×4.6mm×5μm，C₁₈；柱温 30℃；流动相：乙腈：四丁基硫酸氢铵溶液(0.005mol/L)=20：80(V/V)；流动相流量 1.0mL/min。

3) 测定步骤

向装有浸渍滤纸的溶剂解吸瓶中加入 5.0mL 解吸液(2%异丙醇溶液)，超声洗脱 10min。

样品溶液经针头过滤器过滤，供测定。

取 4～7 支容量瓶，用解吸液稀释标准溶液配成 0.0～1000.0μg/mL 浓度范围的对甲苯磺酸系列标准溶液。参照仪器操作条件，将高效液相色谱仪调节至最佳测定状态，进样 10.0μL，分别测定系列标准溶液各浓度的峰高或峰面积。以测得的峰高或峰面积对相应的对甲苯磺酸浓度绘制标准曲线。

用测定系列标准溶液的操作条件测定样品溶液及样品空白溶液，测得的峰高或峰面积值由标准曲线得样品溶液中对甲苯磺酸的浓度。按下式计算空气中对甲苯磺酸的浓度：

$$c = \frac{5c_0}{V_0} \tag{6-18}$$

式中，c 为空气中对甲苯磺酸的浓度，mg/m³；5 为样品溶液的体积，mL；c_0 为测得的样品溶液中对甲苯磺酸的浓度，μg/mL；V_0 为标准状态下的采样体积，L。

4) 说明

本法的检出限为 1.0μg/mL，定量测定范围为 3.3～1000μg/mL；以采集 30L 空气样品计，最低检出浓度为 0.2mg/m³，最低定量浓度为 0.6mg/m³；采样效率为 92.9%～98.9%，平均洗脱效率>96%。

当现场共存物较多时可采用梯度洗脱的方法对样品进行分离。工作场所空气中常见苯磺酸类及苯磺酸酯类物质(如对氨基苯磺酸、间氨基苯磺酸、邻氨基苯磺酸、苯磺酸、对甲苯亚磺酸、间硝基苯磺酸、2,4-二硝基苯磺酸、对甲苯磺酸甲酯和对甲苯磺酸乙酯等)，可通过梯度洗脱分离，不影响对甲苯磺酸的测定。其梯度洗脱程序见表 6-7。

表 6-7　流动相梯度洗脱程序

时间/min	四丁基硫酸氢铵溶液/%	乙腈/%
0～4	79	21
4～22	70	30
22～27	10	90
30～40	79	21

本方法的色谱分离图见图 6-16。

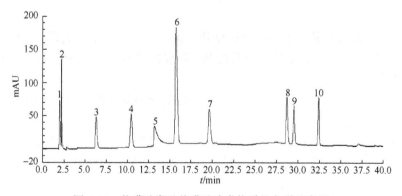

图 6-16　苯磺酸类及苯磺酸酯类物质的色谱分离图
1. 对氨基苯磺酸；2. 间氨基苯磺酸；3. 邻氨基苯磺酸；4. 苯磺酸；5. 对甲苯亚磺酸；
6. 对甲苯磺酸；7. 间硝基苯磺酸；8.2,4-二硝基苯磺酸；9. 对甲苯磺酸甲酯；10. 对甲苯磺酸乙酯

六、多环芳烃的测定

PAHs 广泛存在于大气颗粒物 PM_{10} 上，是一类持久性有机污染物。它们通常是燃料和其他有机物不完全燃烧的产物。机动车行驶、工业生产、动植物焚烧、家庭取暖、固体废物焚烧、烟草燃烧等均会产生 PAHs。由于 16 种未取代的 PAHs 具有致癌和致畸变性，美国 EPA 已经将这些 PAHs 列为优先控制的污染物。PAHs 是空气污染中重要的检测对象。我国也将苯并[a]芘纳入环境空气质量标准中，规定其日平均浓度限值为 $0.01\mu g/m^3$。

通常采用高效液相色谱法和气相色谱-质谱联用法测定大气颗粒物中的 PAHs。

(一) 高效液相色谱法

1. 原理

气相和颗粒物中的 PAHs 分别收集于采样筒和玻璃(或石英)纤维滤膜(或筒)中。用有机溶剂提取分离后，试样溶液被流动相载入 C_{18} 反相色谱柱。各组分在柱内被分离后，用荧光或紫外检测器进行测定。以保留时间定性，以色谱峰面积定量。

2. 仪器条件

C_{18} 反相色谱柱，柱温 30℃；流动相：水∶甲醇=95∶5；流量 0.5mL/min；紫外检测器工作波长 220nm、230nm、254nm 和 290nm；进样量 5~10μL。

3. 试样制备

五环以上的 PAHs 主要存在于颗粒物中，可用玻璃(或石英)纤维滤膜/滤筒采集。二环和三环的 PAHs 主要存在于气相，可用 XAD-2 树脂和 PUF 采集。四环的 PAHs 在两相中同时存在，必须用前述纤维滤料、树脂和 PUF 采集。

将玻璃纤维滤膜、装有树脂和 PUF 的玻璃采样筒放入索氏提取器中。在 PUF 上加入 0.1mL 十氟联苯溶液(40mg/mL)，在圆底烧瓶中加入 40mL 环己烷，并加入 2~3 粒沸石。将圆底烧瓶置于水浴中，连接提取装置。打开冷却水阀门，于 98℃水浴温度下连续回流 18~24h。将环己烷提取液用硅胶柱或硅胶-氧化铝层析柱分离。用 70mL 正己烷∶二氯甲烷(7∶3，V/V)洗脱液以 2mL/min 的流量淋洗层析柱。将全部洗脱液浓缩至 0.5mL，供测试。

4. 测定步骤

将仪器调解到最佳工作状态，按上述分析条件测定系列标准溶液，得到 PAHs 标样色谱图和工作曲线。在相同仪器条件下分析样品浓缩液。比较标样色谱图和样品色谱图，以保留时间定性，根据峰面积按外标法计算样品溶液中各种 PAHs 的浓度。按下式计算大气中 PAHs 各组分的浓度：

$$\rho = \frac{(\rho_1 - \rho_0)V}{V_n \times 1000} \times \frac{S_t}{S_a} \tag{6-19}$$

式中，ρ 为空气中目标化合物的浓度，$\mu g/m^3$；ρ_1 为样品溶液中目标化合物的浓度，$\mu g/L$；ρ_0 为空白试样溶液中目标化合物的浓度，$\mu g/L$；V 为试样溶液体积，mL；S_t 为样品滤膜总面积，cm^2；S_a 为测定时所取样品滤膜的面积，cm^2；V_n 为标准状态下的采样体积，m^3。

(二) 气相色谱-质谱联用法

1. 原理

气相和颗粒物中的 PAHs 经有机溶剂提取分离后，将浓缩提取液注入非极性石英毛细管色谱柱，用质量选择检测器检测。根据保留时间和质谱图匹配度进行定性，以色谱峰面积定量。

2. 仪器条件

色谱柱：DB-5MS(30m×0.32mm×0.25μm)非极性石英毛细管色谱柱；气化室温度 300℃；GC 升温程序：初始温度 80℃，保持 2min，以 10℃/min 升至 290℃，保持 10 min；界面温度 280℃；扫描范围 50～500au；载气(He)流量 1mL/min；进样量 1μL，无分流进样。

3. 测定步骤

用超声振荡法或索氏提取法萃取玻璃纤维滤膜、XAD-2 树脂和 PUF 中的 PAHs。将仪器调节到最佳工作状态，按上述分析条件测定系列标准溶液，得到 PAHs 色谱图，计算工作曲线。以相同条件测定样品浓缩液。根据标准物质和实际样品色谱图中，各预测组分的保留时间和质谱图匹配度定性，依峰面积按外标法计算样品溶液中各种 PAHs 的浓度。如果试样溶液中 PAHs 含量较高，其实际测定质谱图完整，可根据其匹配度定性，否则可选用质谱图中 3 个响应较高的离子，以其峰高比值是否与标准物质质谱图中的相应比值一致来定性。进行定量分析时，根据试样中 PAHs 含量情况，可选用总离子色谱峰面积，或者响应较高离子的色谱峰面积。

美国 EPA 优先控制的 16 种多环芳烃包括萘(Nap)、苊(Acy)、二氢苊(Ace)、芴(Flu)、菲(Phe)、蒽(Ant)、荧蒽(Flua)、芘(Pyr)、苯并[a]蒽(BaA)、䓛(Chr)、苯并[b]荧蒽(BbF)、苯并[k]荧蒽(BkF)、苯并[a]芘(BaP)、茚并[1,2,3-cd]芘(IcdP)、二苯并[a,h]蒽(DahA)、苯并[ghi]苝(BghiP)，它们的出峰顺序见图 6-17。

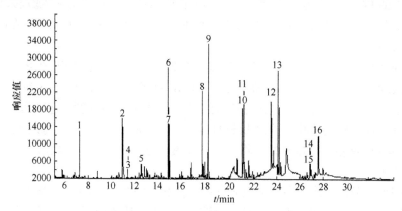

图 6-17　颗粒物中 16 种 PAHs 的总离子色谱图

该方法对上述 16 种 PAHs 的检出限为 0.03～1.6ng/mL。

七、酞酸酯的测定

酞酸酯(PAEs)又称邻苯二甲酸酯，一般呈无色油状黏稠液体，难溶于水，易溶于有机溶剂和类脂，常温下不易挥发。PAEs 在环境中广泛存在，大剂量下对人和动物具有致突变、致畸和致癌作用。PAEs 是塑料、树脂和合成橡胶等生产过程中不可缺少的增塑剂，也是纤维素、香料的溶剂、润滑剂和稳定剂。在生产与使用过程中会有一定量的 PAEs 转移到环境中，造成大气等环境介质的污染。

PAEs 在大气中以气溶胶和颗粒物形态存在。气溶胶态的最佳采集方法是固体吸附法，可用颗粒状吸附剂和玻璃纤维滤膜。在颗粒状吸附剂中高分子多孔微球具有较大的比表面积、一定的机械强度和疏水性等特点，不失为一种较好的吸附剂。但采集后高分子多孔微球的解吸过程复杂，而玻璃纤维滤膜由于能简单地用有机溶剂浸取采集到上面的被测物，故被普遍采用。

环境中 PAEs 的测定方法主要是气相色谱-质谱联用法和高效液相色谱法。

(一) 气相色谱-质谱联用法

1. 原理

本方法适用于环境空气中气相和颗粒物中 PAEs 的测定。其原理是，用中流量或大流量采样器将环境空气中的 PAEs 采集到玻璃(或石英)纤维滤膜、PUF 和 XAD-2 树脂上，用乙醚-正己烷混合溶液提取。提取液经浓缩、净化后，用气相色谱-质谱仪分离测定。根据保留时间和特征离子丰度比定性，内标法定量。

2. 仪器条件

色谱柱：DB-5MS 石英毛细管柱($30m \times 0.25mm \times 0.25\mu m$)；载气(He)流量 1.0mL/min；进样口温度 280℃，不分流进样 1.0μL；色谱柱升温程序：初始温度 80℃，保持 1min，以 8℃/min升温到 270℃，保持 5min。

传输线温度 280℃，离子源温度 250℃；离子源电子能量 70eV，质量范围 35～500amu；扫描方式为选择离子监测。

3. 试样的制备

将滤膜和玻璃采样筒(填充了 PUF 和 XAD-2 树脂)放入索氏提取器中，于 XAD-2 树脂上添加 250μL 替代物使用液(80.0μg/mL 的邻苯二甲酸二苯酯)。加入 500mL 乙醚-正己烷混合溶液(1+9)，回流 16h 以上。提取完毕后冷却至室温，加入少许无水硫酸钠至其颗粒可自由流动。放置 30min 脱水干燥。用旋转蒸发器将样品提取液浓缩至 2mL，加入 50mL 正己烷进行溶剂转换，浓缩至 1mL。

将提取的样品浓缩液转移至硅酸镁层析柱(10g，60～100 目)上。用 40mL 正己烷淋洗层析柱，弃去流出液。用 200mL 乙醚-正己烷混合溶液(2+8)洗脱层析柱，洗脱流量为 2～5mL/min，收集洗脱液。将洗脱液浓缩至 1.0mL 以下，定容至 1.0mL。加入 10.0μL 内标使用液(1000μg/mL，含苊-D_{10}、菲-D_{10})，转移至样品瓶中待分析。

4. 测定步骤

用包含邻苯二甲酸二甲酯(DMP)、邻苯二甲酸二乙酯(DEP)、邻苯二甲酸二异丁酯(DIBP)、邻苯二甲酸二丁酯(DBP)、邻苯二甲酸双(2-甲氧基乙基) 酯(DMEP)、邻苯二甲酸二(4-甲基-2-戊基)酯(BMPP)、邻苯二甲酸双(2-乙氧基乙基)酯(DEEP)、邻苯二甲酸二戊酯(DPP)、邻苯二甲酸二己基酯(DHP)、邻苯二甲酸丁基苄基酯(BBP)、邻苯二甲酸双(2-正丁氧基乙基)酯(DBEP)、邻苯二甲酸二环己酯(DCHP)、邻苯二甲酸二(2-乙基己基)酯(DEHP)、邻苯二甲酸二正辛酯(DOP)和邻苯二甲酸二壬酯(DINP)15 种酞酸酯组分的标准溶液(1000μg/mL)，配制浓度分别为 0.2mg/L、0.4mg/L、0.8mg/L、1.6mg/L 和 2.0mg/L 的混合系列标准溶液。在每 1.0mL标准溶液中准确加入 10.0μL 内标使用液(1000μg/mL，含苊-D_{10}、菲-D_{10})。按仪器条件对该系列标准溶液进行测定，以目标化合物浓度与内标化合物浓度的比值为横坐标，目标化合物和内标化合物定量离子峰面积比值为纵坐标，用最小二乘法绘制标准曲线，并计算线性回归方程。

以测定系列标准溶液的条件分析样品浓缩液。以保留时间和特征离子色谱峰高比值定性。根据定量离子的峰面积，采用内标法定量。

5. 说明

当采样体积为 144m³(标准状态下)，浓缩定容体积为 1.0mL，采用全扫描方式时，本方法的检出限为 0.003～0.004μg/m³，测定下限为 0.012～0.016μg/m³。

(二) 高效液相色谱法

1. 原理

本方法适用于环境空气中气相和颗粒物中 PAEs 的测定。其原理是，用中流量或大流量采样器将环境空气中的 PAEs 采集到玻璃(或石英)纤维滤膜、PUF 和 XAD-2 树脂上，用乙醚-正己烷混合溶液提取。提取液经浓缩、净化后，用配有紫外检测器的高效液相色谱仪分离测定，根据酞酸酯各组分的保留时间、不同波长下的吸收比，以及样品组分与标准样品的紫外光谱比较定性，外标法定量。

2. 仪器条件

色谱柱：ODS-C₁₈(250mm×4.6mm)。柱箱温度 35℃，进样量 10μL。紫外检测器检测波长 235nm，参考波长为 225nm。流动相为乙腈和水，流量为 1.0mL/min。乙腈体积分数在 20min 内由 60%梯度变化到 100%，或乙腈体积分数在 25min 内由 45%梯度变化到 100%。

3. 试样制备

样品提取和净化的大多数步骤与上述气相色谱-质谱联用法完全相同。唯一的差别是，通过硅酸镁层析柱净化的试样提取液，经浓缩后最终要把溶剂转换为乙腈。

4. 测定步骤

用 2000mg/L 酞酸酯类标准储备液配制系列标准溶液，该系列标准溶液包含邻苯二甲酸二甲酯、邻苯二甲酸二乙酯、邻苯二甲酸二正丁酯、邻苯二甲酸二正辛酯、邻苯二甲酸二丁基苄酯、邻苯二甲酸双(2-乙基-己基)酯 6 种组分。按上述仪器条件分析系列标准溶液，得到标准物质色谱图。以各组分的色谱峰面积对相应浓度绘制标准曲线，求线性回归方程。

在相同仪器条件下测定实际样品溶液，根据标准曲线回归方程计算待测组分的浓度。

5. 说明

当采样体积为 144m³(标准状态下)，浓缩定容体积为 1.0mL 时，方法的检出限为 0.002～0.006μg/m³，测定下限为 0.008～0.024μg/m³。

八、二噁英和多氯联苯的测定

二噁英是多氯代二苯并-对-二噁英(PCDDs)和多氯代二苯并呋喃(PCDFs)的合称，与 PCBs 合称为二噁英类化合物。二噁英和 PCBs 的化学结构式如下：

PCDDs　　　　　　　　PCDFs　　　　　　　　PCBs

PCDDs 和 PCDFs 是两组结构和性质相似，含 1~8 个氯原子的二环芳香族化合物。PCBs 是联苯上含有 1~10 个氯原子的芳香族化合物。根据氯原子在苯环上所取代的位置和取代数目的不同，PCDDs 和 PCDFs 分别有 75 种和 135 种共 210 种化合物异构体。这些化合物中的个体称为同系物，而具有相同氯原子数的同族异构体则称为同族体。PCBs 有 209 种同族体化合物，但到目前为止仅发现了约 130 种。国际纯粹与应用化学联合会(IUPAC)已经按氯原子在苯环上的个数和位置，从 1 到 209 对 209 种 PCBs 进行了顺序编号。PCDDs 和 PCDFs 在常温下为无色固体，熔点高，蒸气压低，脂溶性好，水溶性差，易于生物富集，在自然条件下难降解。

除森林大火和用于实验室化学分析的生产外，自然界不会产生 PCDDs 和 PCDFs。虽然 PCDDs/PCDFs 并非人们有意合成的产物，但是环境介质中的 PCDDs/PCDFs 却是人类生产和生活活动产生的。一般而言，它们的产生有两个途径，一是在燃烧过程中形成，当存在含氯原料时各种燃烧过程都可产生和释放 PCDDs/PDFFs；二是在氯代芳香族化合物的生产、使用和不适当处理过程中产生。燃烧被认为是西方国家环境中 PCDDs/PDFFs 残存的主要污染源，而在我国由于受生产技术的限制，PCDDs/PDFFs 的来源以工业生产过程释放为主。PCDDs/PDFFs 来源主要包括以下几个方面：城市生活垃圾、市政固体废弃物、医疗垃圾和工业废物等的大量焚烧；各种工业热处理过程，如高温炼钢、熔铁、烧结和炼焦；煤、石油和木材等的工业燃烧和生活供热燃烧；汽车尾气排放；某些工业生产的副产品，如皮革制造、石油化工生产、氯碱工业、纸浆和织物的漂白以及农药的生产和使用，这些生产过程中由于使用或涉及含氯的工艺过程，都会形成 PCDDs/PCDFs 并向环境中排放；微生物作用，在合适的环境条件下，微生物可以通过降解氯代酚而产生 PCDDs/PDFFs(如堆肥)；作为防腐剂涂在木材上的五氯酚(PCP)在阳光照射下可以转化成八氯代二苯并-对-二噁英(OCDD)，水中的 PCPs 在紫外光照射下也能转化成 OCDD。由于 PCDDs/PDFFs 具有难降解及低水溶性，因此容易积聚在土壤、沉积物、废水池和垃圾填埋场达几十到上百年，甚至更长的时间。这些存在于"蓄积库"中的 PCDDs/PDFFs 由于挥发和再悬浮等过程会随大气进行远距离传输，从而产生二次环境污染。

(一) 二噁英的测定

环境空气中的二噁英类化合物，采用同位素稀释高分辨气相色谱-高分辨质谱(HRGC-HRMS)法测定。

1. 原理

利用滤膜和吸附材料对环境空气中的二噁英类进行采样，采集的样品加入同位素标记内标。分别对滤膜和吸附材料进行处理得到样品提取液，再经过净化和浓缩转化为最终分析试样。用高分辨气相色谱-高分辨质谱法进行定性和定量分析。

2. 仪器条件

色谱柱：DB-5MS(60m×0.25mm×0.25μm)。升温程序：初始温度 140℃，保持 1min；以 20℃/min 升温至 200℃，保持 1min；以 5℃/min 升温至 220℃，保持 16min；以 5℃/min 升温至 235℃，保持 7min；以 5℃/min 升温至 310℃，保持 10min。进样口温度 270℃，不分流进样 1μL，色质接口温度 270℃。

使用选择离子监测法选择待测化合物的两个离子进行监测，如表 6-8 所示($^{37}Cl_4$-T_4CDD 仅有一个监测离子)。

表 6-8　监测离子和锁定质量数

同类物	M+	(M+2)+	(M+4)+
T₄CDDs	319.89	321.89	
P₅CDDs		355.85	357.85*
H₆CDDs		389.81	391.81*
H₇CDDs		423.77	425.77
O₈CDD		457.73	459.73
T₄CDFs	303.90	305.90	
P₅CDFs		339.85	341.85
H₆CDFs		373.82	375.82
H₇CDFs		407.78	409.78
O₈CDF		441.74	443.74
$^{13}C_{12}$-T₄CDDs	331.93	333.93	
$^{37}Cl_4$-T₄CDD	327.88		
$^{13}C_{12}$-P₅CDDs		367.89	369.89
$^{13}C_{12}$-H₆CDDs		401.85	403.85
$^{13}C_{12}$-H₇CDDs		435.81	437.81
$^{13}C_{12}$-O₈CDD		469.77	471.77
$^{13}C_{12}$-T₄CDFs	315.94	317.94	
$^{13}C_{12}$-P₅CDFs		351.90	353.90
$^{13}C_{12}$-H₆CDFs	383.84	385.86	
$^{13}C_{12}$-H₇CDFs	417.82	419.82	
$^{13}C_{12}$-O₈CDF	451.78	453.78	
PFK (锁定质量)		292.98(四氯代二噁英类定量用) 354.97(五氯代二噁英类定量用) 392.97(六氯代二噁英类定量用) 430.97(七氯代二噁英类定量用) 442.97(八氯代二噁英类定量用)	

*可能存在 PCBs 干扰。

3. 测定步骤

1) 样品采集与提取

使用石英纤维滤膜和 PUF，按图 6-18 所示的采样装置采集空气样品。采样前添加采样内标，每个样品的添加量为 0.5～2.0ng，要求采样内标物质的回收率为 30%～70%，超过此范围要重新采样。

在对已采样滤膜进行提取前先添加提取内标。每个样品的添加量一般为四氯～七氯代化合物 0.4～2.0ng，八氯代化合物 0.8～4.0ng，以不超过定量线性范围为宜。添加完毕后将滤膜放入索氏提取器中，用甲苯提取 16～24h；将 PUF 放入索氏提取器中，用丙酮提取 16～24h。对两部分提取液分别进行浓缩，溶剂转换为正己烷，再次浓缩后合并，作为该环境空气样品的试样溶液。

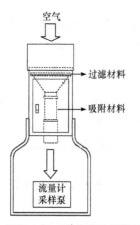

图 6-18　环境空气二噁英类采样装置示意图

2) 样品净化

将试样溶液用浓缩器浓缩至 1~2mL。在层析填充柱底部垫一小团石英棉，用 10mL 正己烷冲洗内壁。依次装填无水硫酸钠 4g，硅胶 0.9g，2%氧化钾硅胶 3g，硅胶 0.9g，44%硫酸硅胶 4.5g，22%硫酸硅胶 6g，硅胶 0.9g，10%硝酸银硅胶 3g，无水硫酸钠 6g。用 100mL 正己烷淋洗硅胶柱。将试样溶液浓缩液定量转移到多层硅胶柱上。用 200mL 正己烷淋洗，淋洗速度约为 2.5mL/min(约 1 滴/s)。将洗出液浓缩至 1~2mL。

为了进一步去除样品中可能存在的干扰成分，须用氧化铝柱再次净化经多层硅胶柱净化的洗出浓缩液。在层析填充柱底部垫一小团石英棉，用 10mL 正己烷冲洗内壁。在烧杯中加入 10g 氧化铝和 10mL 正己烷，用玻璃棒缓缓搅动驱逐气泡，倒入层析填充柱，待氧化铝层稳定后，再充填约 10mm 厚的无水硫酸钠，用正己烷冲洗管壁上的硫酸钠粉末。用 50mL 正己烷淋洗氧化铝柱。将经过初步净化的洗出液浓缩液转移到氧化铝柱上。首先用 100mL 的 2%二氯甲烷-正己烷溶液淋洗，淋洗速度约为 2.5mL/min(大约 1 滴/s)，洗出液为第一组分。然后用 150mL 的 50%二氯甲烷-正己烷溶液淋洗氧化铝柱，淋洗速度约为 2.5mL/min，得到的洗出液为第二组分，该组分含有分析对象二噁英类。将第二组分洗出液浓缩至 1~2mL，再用高纯氮吹除多余的溶剂，浓缩至近干。

向每个浓缩至近干的样品中添加 0.4~2.0ng 进样内标，加入壬烷(或癸烷、甲苯)定容至适当体积，使进样内标浓度与制作相对响应因子的标准曲线进样内标浓度相同，封装后作为上机试样。

3) 相对响应因子的计算

对 5 种以上浓度的标准溶液序列进行测定，对每个浓度应重复测定 3 次。标准溶液浓度序列中最低浓度的化合物信噪比应大于 10，化合物对应的两个监测离子的丰度比应与理论离子丰度比一致(表 6-9)，其变化范围应小于 15%。

表 6-9　根据氯原子同位素丰度比推算的理论离子丰度比

	M	M+2	M+4	M+6	M+8	M+10	M+12	M+14
T_4CDDs	77.43	100.00	48.74	10.72	0.94	0.01		
P_5CDDs	62.06	100.00	64.69	21.08	3.50	0.25		
H_6CDDs	51.79	100.00	80.66	34.85	8.54	1.14	0.07	
H_7CDDs	44.43	100.00	96.64	52.03	16.89	3.32	0.37	0.02
O_8CDD	34.54	88.80	100.00	64.48	26.07	6.78	1.11	0.11
T_4CDFs	77.55	100.00	48.61	10.64	0.92			
P_5CDFs	62.14	100.00	64.57	20.98	3.46	0.24		
H_6CDFs	51.84	100.00	80.54	34.72	8.48	1.12	0.07	
H_7CDFs	44.47	100.00	96.52	51.88	16.80	3.29	0.37	0.02
O_8CDF	34.61	88.89	100.00	64.39	25.98	6.74	1.10	0.11

注：M 表示质量数最低的同位素；以最大离子丰度作为 100%。

由下式计算与各浓度点待测化合物相对应的提取内标的相对响应因子(RRF_{es})，并计算其平均值和相对标准偏差。相对标准偏差应在±20%以内，否则，应重新制作标准曲线。

$$RRF_{es} = \frac{Q_{es}}{Q_s} \times \frac{A_s}{A_{es}} \tag{6-20}$$

式中，Q_{es} 为标准溶液中提取内标物质的绝对量，pg；Q_s 为标准溶液中待测化合物的绝对量，pg；A_s 为标准溶液中待测化合物的监测离子峰面积之和；A_{es} 为标准溶液中提取内标物质的监测离子峰面积之和。

用式(6-21)和式(6-22)分别计算进样内标相对于提取内标，以及提取内标相对于采样内标的相对响应因子 RRF_{rs} 和 RRF_{ss}：

$$RRF_{rs} = \frac{Q_{rs}}{Q_{es}} \times \frac{A_{es}}{A_{rs}} \tag{6-21}$$

式中，Q_{rs} 为标准溶液中进样内标物质的绝对量，pg；Q_{es} 为标准溶液中提取内标物质的绝对量，pg；A_{es} 为标准溶液中提取内标物质的监测离子峰面积之和；A_{rs} 为标准溶液中进样内标物质的监测离子峰面积之和。

$$RRF_{ss} = \frac{Q_{es}}{Q_{ss}} \times \frac{A_{ss}}{A_{es}} \tag{6-22}$$

式中，Q_{es} 为标准溶液中提取内标物质的绝对量，pg；Q_{ss} 为标准溶液中采样内标物质的绝对量，pg；A_{ss} 为标准溶液中采样内标物质的监测离子峰面积之和；A_{es} 为标准溶液中提取内标物质的监测离子峰面积之和。

4) 样品测定

选择中间浓度的标准溶液，按一定周期或频次(每 12h 或每批样品测定至少 1 次)测定。浓度变化不应超过 ±35%，否则应查找原因，重新测定计算相对响应因子。

设置高分辨气相色谱-质谱联用仪分析条件。注入质量校准物质(PFK)，待响应稳定后进行仪器调谐与质量校正。分析空白样品和所采试样，得到二噁英类各监测离子的色谱图。

5) 定性分析

二噁英类物质：两监测离子同时存在于指定保留时间窗口内，且其离子丰度比与理论离子丰度比一致，相对偏差小于 15%。同时满足此条件的色谱峰即为二噁英类物质。

2,3,7,8-氯代二噁英类：除了满足上述要求外，色谱峰的保留时间应与标准溶液一致(±3s 以内)，同内标物质的相对保留时间也与标准溶液一致(±0.5%以内)。同时满足上述条件的色谱峰定性为 2,3,7,8-氯代二噁英类。

6) 定量分析

采用内标法计算试样中二噁英类化合物的绝对量(Q)，按下式计算 2,3,7,8-位有氯取代的二噁英类的 Q。对于非 2,3,7,8-位有氯取代的二噁英类，采用具有相同氯原子取代数的 2,3,7,8-位有氯取代的二噁英类 RRF_{es} 均值计算。

$$Q = \frac{A}{A_{es}} \times \frac{Q_{es}}{RRF_{es}} \tag{6-23}$$

式中，Q 为试样中待测化合物的量，ng；A 为色谱图上待测化合物的监测离子峰面积之和；A_{es} 为提取内标物质的监测离子峰面积之和；Q_{es} 为提取内标物质的添加量，ng；RRF_{es} 为待测化合物相对提取内标物质的相对响应因子。

根据计算得到的各同类物的 Q，用式(6-24)计算气体样品中待测化合物的浓度：

$$\rho = \frac{Q}{V_{sd}} \tag{6-24}$$

式中，ρ 为样品中待测化合物的浓度，pg/m³；Q 为试样中待测化合物的总量，ng；V_{sd} 为标准状态下的采样体积，m³。

4. 说明

2,3,7,8-T$_4$CDD 的仪器检出限应低于 0.1pg。当空气采样量为 1000m³(标准状态)时，本方法对 2,3,7,8-T$_4$CDD 的最低检出限应低于 0.003pg/m³。

2,3,7,8-位氯代二噁英类包括 7 种四～八氯代二苯并-对-二噁英类，以及 10 种四～八氯代二苯并呋喃，共有 17 种，见表 6-10。

表 6-10 2,3,7,8-氯代二噁英类化合物

序号	异构体名称	简称
1	2,3,7,8-四氯代二苯并-对-二噁英	2,3,7,8-T$_4$CDD
2	1,2,3,7,8-五氯代二苯并-对-二噁英	1,2,3,7,8-P$_5$CDD
3	1,2,3,4,7,8-六氯代二苯并-对-二噁英	1,2,3,4,7,8-H$_6$CDD
4	1,2,3,6,7,8-六氯代二苯并-对-二噁英	1,2,3,6,7,8-H$_6$CDD
5	1,2,3,7,8,9-六氯代二苯并-对-二噁英	1,2,3,7,8,9-H$_6$CDD
6	1,2,3,4,6,7,8-七氯代二苯并-对-二噁英	1,2,3,4,6,7,8-H$_7$CDD
7	八氯代二苯并-对-二噁英	O$_8$CDD
8	2,3,7,8-四氯代二苯并呋喃	2,3,7,8-T$_4$CDF
9	1,2,3,7,8-五氯代二苯并呋喃	1,2,3,7,8-P$_5$CDF
10	2,3,4,7,8-五氯代二苯并呋喃	2,3,4,7,8-P$_5$CDF
11	1,2,3,4,7,8-六氯代二苯并呋喃	1,2,3,4,7,8-H$_6$CDF
12	1,2,3,6,7,8-六氯代二苯并呋喃	1,2,3,6,7,8-H$_6$CDF
13	1,2,3,7,8,9-六氯代二苯并呋喃	1,2,3,7,8,9-H$_6$CDF
14	2,3,4,6,7,8-六氯代二苯并呋喃	2,3,4,6,7,8-H$_6$CDF
15	1,2,3,4,6,7,8-七氯代二苯并呋喃	1,2,3,4,6,7,8-H$_7$CDF
16	1,2,3,4,7,8,9-七氯代二苯并呋喃	1,2,3,4,7,8,9-H$_7$CDF
17	八氯代二苯并呋喃	O$_8$CDF

二噁英类内标为浓度已知的同位素(^{13}C 或 ^{37}Cl)标记的二噁英类标准物质壬烷(或癸烷、甲苯等)溶液，见表 6-11。

表 6-11 可供选用的二噁英类内标

氯取代数	PCDDs	PCDFs
四氯	^{13}C$_{12}$-1,2,3,4-T$_4$CDD	^{13}C$_{12}$-2,3,7,8-T$_4$CDF
	^{13}C$_{12}$-2,3,7,8-T$_4$CDD	^{13}C$_{12}$-1,2,7,8-T$_4$CDF
	^{37}Cl$_4$-2,3,7,8-T$_4$CDD	^{13}C$_{12}$-1,3,6,8-T$_4$CDF
五氯	^{13}C$_{12}$-1,2,3,7,8-P$_5$CDD	^{13}C$_{12}$-1,2,3,7,8-P$_5$CDF
		^{13}C$_{12}$-2,3,4,7,8-P$_5$CDF

氯取代数	PCDDs	PCDFs
六氯	$^{13}C_{12}$-1,2,3,4,7,8-H$_6$CDD	$^{13}C_{12}$-1,2,3,4,7,8-H$_6$CDF
	$^{13}C_{12}$-1,2,3,6,7,8-H$_6$CDD	$^{13}C_{12}$-1,2,3,6,7,8-H$_6$CDF
	$^{13}C_{12}$-1,2,3,7,8,9-H$_6$CDD	$^{13}C_{12}$-1,2,3,7,8,9-H$_6$CDF
		$^{13}C_{12}$-2,3,4,6,7,8-H$_6$CDF
七氯	$^{13}C_{12}$-1,2,3,4,6,7,8-H$_7$CDD	$^{13}C_{12}$-1,2,3,4,6,7,8-H$_7$CDF
		$^{13}C_{12}$-1,2,3,4,7,8,9-H$_7$CDF
八氯	$^{13}C_{12}$-1,2,3,4,6,7,8,9-O$_8$CDD	$^{13}C_{12}$-1,2,3,4,6,7,8,9-O$_8$CDF

(二) 多氯联苯的测定

PCBs 具有较好的热稳定性、化学稳定性、高脂溶性、高绝缘性、高黏性和高的介电常数等理化特性。曾作为热交换剂、润滑剂、变压器和电容器内的绝缘介质、增塑剂、黏合剂等化工产品，广泛用于电力、塑料加工、化工和印刷等工业。PCBs 还具有难降解性、生物毒性、生物蓄积性和远距离迁移性，能够在大气环境中长距离迁移并沉积到地球表层，影响人和动物的生殖和发育，干扰内分泌系统，并具有致癌作用。PCBs 已于 20 世纪 70 年代停止生产和使用。环境中的 PCBs 主要来源于受其污染的废弃物的泄漏和挥发。此外，燃料燃烧过程、钢铁冶炼等都是大气颗粒物中 PCBs 的潜在释放源。

PCBs 在环境中的浓度很低，对检测要求比较高。PCBs 的测定方法很多，有气相色谱法、气相色谱-质谱联用法、生物分析法、免疫分析法等，但常用的是前两种方法。

1. 气相色谱法

气相色谱法是发展较早的 PCBs 测定方法。早期是单柱单 ECD 检测法，后来随着对定性和定量要求的提高，又发展了双柱双 ECD 检测法。

1) 单柱单 ECD 检测法

被测样品经预处理后进样分析，得到色谱图。如果标样是单体化合物，利用内标法或外标法，即可计算出被测样品中目标化合物的含量。这种方法简洁明了，但有较大的局限性。在分析介质复杂的样品时，容易产生假阳性。由于样品基体复杂，基线被严重干扰，检测器的信号非常强，以至于样品中目标化合物的峰被基线部分或完全覆盖，同样会产生误差。

2) 双柱双 ECD 检测法

相对于单柱单 ECD 法，双柱双 ECD 检测法在很大程度上避免了假阳性现象，从而可以得到更为准确、可靠的分析结果。样品在第一根色谱柱上的响应峰，通过第二根色谱柱加以确认。如果在第二根柱上没有出现第一根柱上相应的色谱峰，那么就可以认为这个化合物不存在。只有响应峰在两根柱上都存在，才认为这个化合物存在，从而避免了将第一根柱上的峰误判为特征峰。该方法用外标法定量，有两种方法可供选择。第一种方法是以一根色谱柱上的标准曲线计算值为最后结果。这种定量方法比较简便，但也有局限性。在样品较为复杂的情况下，计算柱上的特征峰峰高或峰面积可能有一部分是干扰物质贡献的，因而得到的结果往往偏大。第二种方法是在两根色谱柱上同时计算，得到两个结果，以小的一个为准。相对于前一种计算方法，这种方法更为精确。

3) 仪器分析条件

双色谱柱：DB-1701(30m×0.32mm×0.25μm)，HP-5(30m×0.32mm×0.25μm)；进样口温度 270℃；不分流进样，进样量 1μL；载气流量 1mL/min；尾吹气流量 5mL/min；检测器温度

270℃；升温程序：初始温度 100℃，保持 2min，以 20℃/min 速率升至 230℃，保持 2min，以 5℃/min 升至 270℃保持 5min。

4) 样品预处理

将采过样的玻璃纤维滤膜和 PUF 置于索氏提取器中，用丙酮：正己烷混合溶剂(体积比为 1：1)回流萃取 16h 以上。每小时回流 3～4 次。用旋转蒸发仪将萃取液浓缩至 2mL，并转移至试管中。用氮吹仪把提取液再浓缩至 1mL，再依次经过复合硅胶柱、碱性氧化铝柱和弗罗里土柱净化分离。用 20mL 正己烷淋洗层析柱，将层析后所得溶液再次浓缩，定容至 1mL 后待测定。部分 PCBs 的色谱出峰顺序见图 6-19。

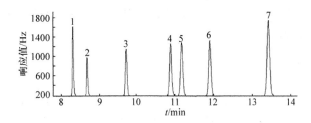

图 6-19　7 种 PCBs 的标准色谱图

1. PCB-028；2. PCB-052；3. PCB-101；4. PCB-118；5. PCB-138；6. PCB-153；7. PCB-180

2. 气相色谱-质谱联用法

在测定 PCBs 时，多选用相对便宜的低分辨质谱仪，价格昂贵的二级质谱仪和高分辨质谱仪主要应用在超痕量分析中，在对 PCBs 的准确定性上发挥主要作用。在用 GC 法不能把 PCBs 与干扰物及同系物分离开时，可用 GC-MS 法测定。

GC-MS 分析条件：色谱柱为 DM-5MS(30m×0.25mm×0.25μm)。进样口温度 250℃，接口温度 280℃。升温程序：初始温度为 70℃，保持 2min，然后以 30℃/min 的速率升温至 130℃，再以 5℃/min 的速率升温至 280℃。采用选择离子监测扫描方式，部分 PCBs 的选择离子见表 6-12。

表 6-12　部分 PCBs 的选择离子

目标化合物	选择离子	理论丰度比
PCB-028	256、258	1.03
PCB-052	290、292	0.78
PCB-101、PCB-118	324、326	0.62
PCB-138、PCB-153	358、360	0.52
PCB-180	394、396	1.04

对于不同 PCBs 单体，该法的检出限有较大差异。总体上随着氯原子数的增加，PCBs 灵敏度逐渐升高，检出限逐渐降低。当采用电子电离源(EI)时，各单体的检出限比较接近。

九、内分泌干扰物的测定

(一) 内分泌干扰物的分类

已有研究证实，有些人工合成的化学物质可通过多种方式干扰人体内分泌系统，如阻碍激素作用或加速激素分解等，影响机体正常的激素水平，致使机体内分泌出现异常。因此，将这些外环境来源的内分泌干扰物质统称为环境内分泌干扰物(EDCs)。这些外源性化合物进入机体后，激活或抑制内分泌系统的功能，干扰体内正常内分泌物质的合成、释放、转运、代谢和结合等过程，从而破坏内分泌系统维持和调节机体内环境平衡的作用，故这些物质也称为环境激素。

EDCs 总体上可分为两大类：农药类和工业化合物类，其中大多数为有机化合物。农药类约占 60%，包括除草剂、杀虫剂、杀真菌剂、重蒸剂等；工业化合物类包括树脂原料及增塑剂、表面活性剂降解物、绝缘油、防腐剂、阻燃剂、工业副产品及其他重金属。

EDCs 可以通过食品、水、空气等进入人体。其毒性持久且协同效应强、危害潜伏期长、范围广，直接威胁人类的生存。

(二) 测定方法简介

针对空气样品中内分泌干扰物的检测方法，主要分为样品前处理和检测分析两大部分。但目前其操作面临着环境基质复杂和检出限低的难题。EDCs 的检测方法可分为气相色谱法、气相色谱-质谱联用法、高效液相色谱法、毛细管电泳(EC)法、生物学分析法等。

1. 气相色谱法

气相色谱法是检测有机类 ECDs 的最常用方法，具有高选择性、高分辨率、高灵敏度、良好的准确度和精密度等优点。它的不断发展，如高速气相色谱法(HSGC)、多维气相色谱法(GCXGC)、现场携带式气相色谱法等技术的出现，不仅极大地增加了色谱系统的分离容量，也拓展了 GC 的应用范围。

毛细管气相色谱法是分析杀虫剂类 EDCs 的最常用技术。一般优先采用不分流进样，柱上进样和程序升温气化进样口(PTV)进样也有使用。不同的检测器对 EDCs 分析对象也具有一定的选择性，例如，电子捕获检测器适用于分析卤代农药，氮磷检测器适用于分析三嗪类，火焰光度检测器则适用于分析有机锡。

2. 气相色谱-质谱联用法

GC-MS 法以其高灵敏度、高通用性和高选择性而成为检测痕量 EDCs 的重要手段。经选择离子监测可以获得更高的灵敏度，并能确证化合物的结构。利用离子阱串联质谱、飞行时间质谱等技术可以进一步改善 GC-MS 的选择性和灵敏度，更有利于分析环境样品中的 EDCs。

3. 高效液相色谱法

高效液相色谱法用于检测一些极性、非挥发性的 EDCs 时优于 GC 法。它无需费时耗力的衍生化步骤，尤其是与电化学检测器(ED)、荧光检测器(FLD)和 MS 联用时，更具有高选择性、高灵敏度和高精密度等特点。

当前，采用 LC-MS 法分析环境样品日趋增多，而 GC-MS、LC-UV 或 LC-FLD 技术的使用率在下降。检测灵敏度由高至低的色谱-质谱联用技术为：LC-MS-MS＞GC-MS-MS＞LC-MS。

4. 毛细管电泳法

毛细管电泳法可在单流程中分离不同大小和电荷水平的 EDCs。环糊精(CD)修饰的毛细管电动色谱(CD-MEKC)法则能提高分析效率，减少分析时间，改善选择性。在天然 CD 结构上添加羟丙基基团后可以改善其水溶性，同时增强分离结构相近的疏水性化合物的选择性。

5. 生物学分析法

生物学分析法以简易、快速、有效、特异性强等特点，在筛查与检测 EDCs 的研究中独树一帜。其用于筛查和检测环境样品中 EDCs 的主要方法包括体内实验、体外实验、免疫分析法、生物传感器法等。

6. 其他方法

铅、镉和汞等重金属也已被列为 EDCs，其检测方法以原子吸收法、原子荧光法为基本方法。ICP-AES 和 ICP-MS 等方法为发达国家测定重金属类 EDCs 的标准方法。

思考题和习题

1. 怎样用重量法测定空气中 TSP 和 PM_{10}？

2. 简述压电晶体差频法测定 PM_{10} 的原理和影响测定准确度的因素。

3. 以气相色谱-质谱联用法测定 PM_{10} 苯并[a]芘为例，说明测定多环芳烃的几个主要步骤及其原理。

4. 以测定 PM_{10} 中的铅为例，说明用原子吸收分光光度法和 ICP-AES 法测定颗粒物中金属元素的原理和主要步骤。

5. 说明 ICP-AES 法和 ICP-MS 法在仪器工作原理和测定程序上的异同点及优点。

6. 比较热光反射法、元素分析仪法、碳粒子监测仪法、黑碳计法测定有机碳和元素碳的原理，这些方法的测定结果有无系统误差？

7. 简述衍生化法在测定颗粒物中有机污染物时的作用及常用的衍生化方法。

8. 内标法和外标法的定量原理及其优缺点各是什么？

9. 以测定烷烃为例，说明气相色谱法和气相色谱-质谱联用法各自的优缺点。

10. 说明二噁英的测定原理和主要测定步骤。

第七章 降水监测

空气中的污染物质可以通过干、湿沉降迁移到地表。重力沉降，与植物、建筑物(构筑物)或土壤等相碰撞而被吸收或吸附的过程，统称为干沉降。干沉降的采样和监测目前尚不成熟，处于研究之中。湿沉降是指发生降水事件时，高空雨滴吸收大气中的污染物降到地面的沉降过程，包括雨、雪、雹、雾等。湿沉降监测即通常说的降水监测。

酸雨就是由酸性物质的湿沉降而形成的。酸雨会对森林、湖泊等生态系统造成危害并引起材料、建筑等的腐蚀。随着全球酸雨区的扩大与酸雨的频繁发生，酸雨已成为世界普遍关注的环境问题。对酸雨的监测与研究成为降水监测的重要内容。

第一节 监测点布设与样品采集

一、监测点的布设

(一) 监测点的布设原则

降水监测的监测点数目，应根据研究目的和需要及区域实际情况具体确定。我国国家标准规定，对降水常规监测，可按区域人口确定采样点布设数目。人口在五十万以上的城市布设三个采样点，五十万以下的城市布设两个点，一般县城可设一个采样点。

监测点的布设位置要兼顾城区、郊区和清洁对照(远郊)。如果只设两个点，则设置城区点和郊区点。郊区点应设置在该城市的主导风上风向位置，一般应离开城市中心区 20km 以上，如受条件限制而无法满足时，应尽可能选择受到本城市污染影响较小的地点。远郊点应位于人为活动影响甚微的地方，一般应距主要人口居住中心、主要公路、热电厂、机场 50km 以上，宜以省为单位考虑。监测点的位置尽量与现有雨量观测站相结合。

(二) 监测点的环境要求

(1) 监测点应位于开阔、平坦地区，不应设在受局地气象条件影响大的地方，如山顶、山谷、海岸线等。

(2) 受地热影响的火山地区和温泉地区、石子路、易受风蚀影响的耕地、受到与畜牧业和农业活动影响的牧场和草原等都不适于选作监测点。

(3) 监测点应尽可能避免局部污染源的影响，如废物处置地、焚烧炉、停车场、农产品的室外储存场、室内供热系统等，与这些污染源的距离应大于 100m。

(4) 监测点的选择应适于安放采样器，能够提供采样器使用的电源，便于采样器的操作和维护。

(三) 采样器放置点的选择

(1) 采样点四周(25m×25m)无遮挡雨(雪)的高大树木和建筑物，较大障碍物与采样器之间的水平距离不得小于障碍物高度的两倍，即从采样点仰望障碍物顶端，其仰角不大于30°。也可将采样器安在楼顶上，但周围 2m 范围内不应有障碍物。

(2) 采样器周围基础面要坚固，或有草覆盖，避免大风扬尘给采样带来影响。

(3) 采样器应固定在支撑面上，使接雨器的开口边缘处于水平，离支撑面的高度大于 1.2m，以避免雨大时泥水溅入试样中。

(4) 采样器与其上方的电线、电缆线等之间的距离应保证不影响试样的采集。

(5) 若有多个采样器，采样器之间的水平距离应大于 2m。

二、采样时间和频率

(1) 原则上，应逢雨必采，采集每次降水自开始到结束的全过程样品。

(2) 当一天中有几次降水过程，可合并为一个样品测定。

(3) 当连续数天降雨时，可每隔 24h 采集一次降水样品(每天上午 9：00 至次日上午 9：00)。

三、样品的采集

(一) 样品类型

降水样品可分为雨样和雪样，也可分为混合样和分段样。混合样是指将整个降雨过程中采集到的雨水保存在一个容器内而得到的样品。分段样是将降雨过程中的雨水，按时间、降雨量或降雨的场次进行分割，分别装入不同容器中得到的样品。

(二) 降水采样器

降水采样宜优先选用自动采样器，如不能用自动采样器，可用手动采样器替代。降水自动采样器由五部分构成：雨水传感装置、动力装置、防尘结构、接雨器和样品容器(图 7-1)。下雨时，雨滴落在雨水传感装置(最低能感应到降水强度为 0.05mm/h 或 0.5mm 直径的雨滴)上，使原来栅条电路断路的间隔处有雨水浸湿而形成通路，接通电流，动力系统工作使防尘盖打开，接雨器接受雨水。雨停时，传感器因加热使栅片面上的水分立即蒸发，栅条间隔又恢复原来断路状态，传动装置将防尘盖关闭，停止采样。防尘盖必须在降雨开始 1min 内打开，在降雨结束后 5min 内关闭。这样既可保证及时采集到完整的降水样品，又可防止不下雨时雨水样品或采集器暴露在空气中受到沾污。采样器的密封性好，采样器内的接水容器在未打开防尘盖前不应受到大气和气溶胶污染。接雨器和样品容器应由对降水化学组分惰性的材料组成，如聚乙烯、聚四氟乙烯涂层的金属桶。

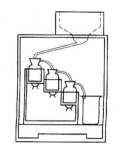

图 7-1 雨水自动采样器

对于没有自动采样器的监测点，可进行手动采样。手动采样器为上口直径 30cm，高度不小于 30cm 的聚乙烯塑料桶或玻璃筒。聚乙烯桶适用于无机项目监测的采样，玻璃筒适用于有机项目监测的采样。

降雪采样器可使用上口直径 50cm 以上，高度不低于 50cm 的聚乙烯塑料容器。

(三) 降水采样器的准备和清洗

降水采样器和样品容器在每次使用前需用 10%(V/V)盐酸或硝酸溶液浸泡 24h，用自来水洗至中性，再用去离子水冲洗多次，然后用离子色谱法检查水中的 Cl⁻ 含量，若和去离子水相同，即为合格；或者测其电导率，电导率小于 0.15m S/m 视为合格。倒置晾干，安装在自动采样器上。如果是手动采样，则放置在室内密封保存。如连续多日没下雨(雪)，则降水自动采样应 3～5 日清洗一次。

(四) 降水量的测定

降水量的测定应使用标准自动雨量计，与降水采样器同步、平行进行。雨量计测量最小分度 0.1mm。雨量计安装在采样器旁固定架子上，距采样器距离不小于 2m，器口保持水平，距地面高 70cm。冬季积雪较深地区，应配有一个较高的备用架子。

(五) 采样方法

(1) 每次降雨(雪)开始(不得在降水前打开采样盖，以防干沉降的影响)，立即将备用的采样器放置在选定的采样点支架上，开始采样，并记录采样起始时间。

(2) 采集降水全过程水样(降水开始到结束)。若 24h 内有几次降水过程，可合并为一个样品测定。若连续几天降水，可收集每天上午 8h 到次日 8h(即 24h 连续样品)作为一个样品。

(3) 样品量应满足监测项目与采用分析方法所需水样量及备用量的要求。

(4) 为防止地面效应影响，采样器应放置在相对基础面高 1.2m 以上。

(5) 采集的样品应立即移入洁净干燥的样品瓶中，密闭保存，并贴上标签、编号，记录采样地点、时间、起止时间、降水量、降水类型、采样工具、气温、风向、风速等。

四、样品运输、保存与预处理

(一) 样品运输

为保持样品的稳定性，应尽快将样品送至实验室。运输过程中样品应处于低温状态(3～5℃)，尽量避免振荡，并防止溢出和沾污。样品容器应足够结实而不至于破损和渗漏。

(二) 样品处理

由于降水中含有尘埃、微生物等微粒，故除测定 pH 和电导率的降水样品不需过滤外，测定金属离子、非金属离子、有机酸的样品均须尽快用 0.45μm 的有机微孔滤膜过滤，以提高水样的稳定性，以利于保存。滤液收集到洁净的瓶中，加盖后，贴上标签并编号。

滤膜在加工、运输、保存等过程中可能会沾污少量的污染物，给样品带来影响。因此，滤膜使用前须放入去离子水中充分浸泡，并用去离子水洗涤数次，干燥。

降雪样品应该在室温下自然融化完全后，按普通降雨样品处理。不得在雪样完全融化前取样测定。

(三) 样品保存

降水中各种组分的含量一般都较低。为减缓由于物理作用(如挥发作用和吸收空气中的酸碱气体等)、化学作用(如 SO_2 氧化成 SO_4^{2-})和生物作用(如某些微生物吸收 NH_4^+)导致样品中组分及含量的改变，采样后应在 24h 内测量或妥善保存。

降水样品预处理后，将滤液装入干燥清洁的样品瓶中，一般不加添加剂，密封后放入冰箱中冷藏保存。降水中主要组分的保存容器、保存方法和保存期限见表 7-1。

表 7-1 降水组分保存要求

测定项目	保存容器	保存方法	保存期限
电导率	聚乙烯塑料瓶	冷藏(3~5℃)	24h
pH	聚乙烯塑料瓶	冷藏(3~5℃)	24h
NO_2^-	聚乙烯塑料瓶	冷藏(3~5℃)	24h
NO_3^-	聚乙烯塑料瓶	冷藏(3~5℃)	24h
NH_4^+	聚乙烯塑料瓶	冷藏(3~5℃)	24h
F^-	聚乙烯塑料瓶	冷藏(3~5℃)	一个月
Cl^-	聚乙烯塑料瓶	冷藏(3~5℃)	一个月
SO_4^{2-}	聚乙烯塑料瓶	冷藏(3~5℃)	一个月
K^+	聚乙烯塑料瓶	冷藏(3~5℃)	一个月
Na^+	聚乙烯塑料瓶	冷藏(3~5℃)	一个月
Ca^{2+}	聚乙烯塑料瓶	冷藏(3~5℃)	一个月
Mg^{2+}	聚乙烯塑料瓶	冷藏(3~5℃)	一个月
甲酸	硬质玻璃瓶或聚乙烯塑料瓶	冷藏(3~5℃)	48h
乙酸	硬质玻璃瓶或聚乙烯塑料瓶	冷藏(3~5℃)	48h
草酸	硬质玻璃瓶或聚乙烯塑料瓶	冷藏(3~5℃)	48h

注：甲酸、乙酸等有机酸样品若用氢氧化钠溶液调节 pH 至 8~10，冷藏保存，可在 7d 内测定。

当样品不能用冰箱保存时，可使用防腐剂，推荐使用百里酚(2-异丙基-5-甲基酚)，按 400mg 百里酚(分析纯)和 1000mL 样品的比例投加。

第二节 降水组分的测定

测定项目应根据监测目确定。降水例行监测的项目有：pH、电导率、K^+、Na^+、Ca^{2+}、Mg^{2+}、NH_4^+、SO_4^{2-}、NO_2^-、NO_3^-、F^-、Cl^-。有条件的情况下可加测有机酸(甲酸、乙酸、草酸)。

监测方法应优先选用国家标准方法，也可根据实验室和监测人员等实际条件采用与国家标准方法具有可比性的等效方法。

阴离子的分析建议用离子色谱法；金属阳离子的分析建议用离子色谱法或原子吸收分光光度法；NH_4^+的分析建议用离子色谱法或纳氏试剂光度法；有机酸的分析使用离子色谱法。

一、pH 的测定

降水 pH 是降水监测的必测项目，也是评判酸雨的最重要指标。清洁的雨水在降落过程中被二氧化碳饱和，理论 pH 在 5.6~5.7。雨水中若存在其他酸性物质则会导致 pH 小于 5.6，即为酸雨。

测定降水 pH 的常用方法是玻璃电极法。

(一) 原理

以玻璃电极为指示电极，饱和甘汞电极为参比电极，与待测溶液组成原电池(图 7-2)。在 25℃下，溶液中每变化一个 pH 单位，电位差变化 59mV。在仪器上直接以 pH 的读数表示。

$$Ag，AgCl \mid HCl \mid 玻璃 \mid 试液 \parallel KCl(饱和) \mid Hg_2Cl_2，Hg$$

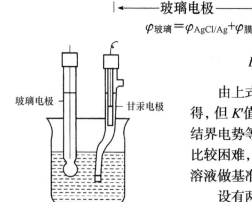

$$\varphi_{玻璃} = \varphi_{AgCl/Ag} + \varphi_{膜} \qquad \varphi_L = \varphi_{Hg_2Cl_2/Hg}$$

图 7-2　pH 测量的原电池示意图

$$E = \varphi_{Hg_2Cl_2/Hg} - \varphi_{玻璃} + \varphi_L = K' + \frac{2.303RT}{F}pH$$

由上式可知，E 与 pH 呈线性关系。E 值通过电位计可测得，但 K' 值除包括参比电极电势外，还包括不对称电势、液体结界电势等难以测量的指标。在实际测定中，准确求得 K' 值比较困难，故不采用计算法，而是用一种已知 pH 的标准缓冲溶液做基准进行校准，用 pH 计直接测出被测溶液的 pH。

设有两种溶液 X 和 S，其中 X 代表待测溶液，S 代表 pH 已知的标准缓冲溶液，其相应原电池的电动势分别为 E_X、E_S，则在 25℃时：

$$E_S = K' + 0.059pH_S$$
$$E_X = K' + 0.059pH_X$$
$$pH_X = pH_S + \frac{E_X - E_S}{0.059}$$

在 25℃下，每变化 1 个 pH 单位，电位差变化 59mV，将电位表的刻度变为 pH 刻度，便可直接读出溶液 pH。

(二) 测定步骤

开启仪器电源(仪器测量精度为 0.02pH)，预热大约 0.5h。用两种标准缓冲溶液(溶液 pH 与待测雨水样品接近)对仪器进行定位和校正，玻璃电极误差小于 0.1pH 即可使用。

用去离子水冲洗电极 2~3 次，用滤纸把水吸干。然后将电极插入待测样品中，用磁力搅拌器搅动样品至少 1min，停止搅拌，读数稳定后，记录 pH。重复三次，取其平均值作为测定结果。

(三) 说明

温度影响电极的电位和水的电离平衡，测量过程中应尽量保持温度恒定。温度差异可通过仪器上补偿装置进行校正。

为减少误差，应选用 pH 与待测雨水样品接近的标准缓冲溶液，并同时进行测定。

玻璃电极在使用前应在蒸馏水中浸泡 24h 以上。用毕，冲洗干净，浸泡在水中。

校正 pH 计和配制标准 pH 缓冲溶液时，可用计量部门出售的 pH 标准物质直接溶解定容而成，也可以按表 7-2 进行配制。配制标准溶液的去离子水的电导率应小于 2μs/cm。用前煮沸数分钟，放冷。

表 7-2　标准 pH 缓冲溶液

标准缓冲溶液浓度	pH(25℃)
0.05mol/L 邻苯二甲酸氢钾	4.008
0.025mol/L 磷酸二氢钾 + 0.025mol/L 磷酸氢二钠	6.865
0.01mol/L 四硼酸钠	9.180

用于测定 pH 和电导率的降水样品，要先测电导率，再测 pH。因为 pH 计参比电极中的饱和 KCl 溶液会渗漏到水样中而改变其电导率。同理，测过 pH 的样品也不能用于降水离子的测定。

二、电导率的测定

大气降水中常含有各种阴阳离子(Ca^{2+}、Na^+、K^+、NH_4^+、NO_3^-、Cl^-、SO_4^{2-} 等)。当它们的浓度较低时，降水电导率随离子浓度的增大而增加。通过测定雨水的电导率能够快速地推测雨水中溶解离子总量。雨水电导率一般用电导率仪测定。

(一) 原理

大气降水的电阻随温度和溶解离子浓度的增加而减少，电导是电阻的倒数。把电导电极(通常为铂电极或铂黑电极)插入溶液中，可测出两电极间的电阻 R。根据欧姆定律，温度、压力一定时，电阻与电极的间距 L(cm)成正比，与电极截面积 A(cm^2)成反比。即

$$R=\frac{\rho L}{A}$$

由于电极的 L 和 A 是固定不变的，即是常数，称电导池常数，以 Q 表示。其比例常数 ρ 称为电阻率，ρ 的倒数为电导率，以 K 表示：

$$K=\frac{Q}{R}$$

式中，Q 为电导池常数，cm^{-1}；R 为电阻，Ω；K 为电导率，μS/cm。

当已知电导池常数 Q，并测出样品的电阻值 R 后，即可算出电导率。

(二) 测定步骤

用 0.0100mol/L 氯化钾标准溶液冲洗电导池三次。将电导池注满标准溶液，放入恒温水浴恒温 0.5h。测定溶液电阻 R_{KCl}。以公式 $Q=KR_{KCl}$ 计算电导池常数。对于 0.0100mol/L 氯化钾溶液，在 25℃时 $K=1413$μS/cm。

用去离子水冲洗电导池，再用降水样品冲洗数次后，测定样品的电阻 R_s。同时记录样品温度。

当测试样品的温度为 25℃时，按下式计算其电导率：

$$K=\frac{1413R_{KCl}}{R_s}$$

式中，K 为降水的电导率，μS/cm；R_{KCl} 为 0.0100mol/L 氯化钾标准溶液的电阻，Ω；R_s 为降水的电阻，Ω。

当测定降水样品的温度不是 25℃时，按下式计算 25℃的电导率：

$$K_s=\frac{K_t}{1+\alpha(t-25)}$$

式中，K_s 为 25℃时降水样品的电导率，μS/cm；K_t 为测定时 t 温度下样品的电导率，μS/cm；α 为各离子电导率平均温度系数，取值为 0.022；t 为测定时溶液的温度，℃。

(三) 说明

氯化钾溶液配制须采用重蒸蒸馏水(去除水中溶解的 CO_2，电导率小于 1μS/cm)。

如使用已知电导池常数的电极，不需要测定电导池常数，可调节好仪器直接测定，但需经常用标准氯化钾溶液校准仪器。

电导率测定受温度、电极极化现象、电容等因素影响，可采用电导仪上的补偿或消除措施。

三、水溶性离子的测定

(一) 硫酸盐

不同地区降水中 SO_4^{2-} 的含量差别很大，一般浓度范围小于 100mg/L。除了来自岩石风化作用及土壤中有机物分解过程之外，降水中的硫酸盐主要来源于燃煤排放的颗粒物和大气中 SO_2 转化产物，其污染对降水酸化起着重要作用。该指标主要用来反映空气被含硫化合物污染的状况。

硫酸盐的测定方法主要有离子色谱法、铬酸钡-二苯碳酰二肼分光光度法、硫酸钡浊度法等。

1. 离子色谱法

1) 原理

离子色谱法是一种将分离和测定结合于一体的分析技术，一次进样可连续测定多种离子。其原理是利用离子交换剂与试液中离子亲和力的差异对共存多种阴离子或阳离子进行连续分离后，导入检测装置，根据各离子色谱峰的保留时间进行定性分析，根据峰高或峰面积进行定量测定。

用离子色谱法既能测定降水中的 SO_4^{2-}，也能同时测定 F^-、Cl^-、NO_2^-、NO_3^- 等阴离子。分离柱可选用 R-N$^+$HCO$_3^-$ 型阴离子交换树脂，抑制柱选用 RSO$_3$H 型阳离子交换树脂。以 0.003mol/L 碳酸钠与 0.0025mol/L 碳酸氢钠混合溶液为淋洗液，分离柱和抑制柱上分别发生如下离子交换反应。

分离柱：$\qquad\qquad$ R—N$^+$HCO$_3^-$ + Na$^+$X$^-$ $\longleftrightarrow$ R—N$^+$X$^-$ + NaHCO$_3$

抑制柱：$\qquad\qquad$ RSO$_3^-$H$^+$ + NaHCO$_3$ $\longleftrightarrow$ RSO$_3^-$Na$^+$ + H$_2$CO$_3$

$\qquad\qquad\qquad\quad$ 2RSO$_3^-$H$^+$ + Na$_2$CO$_3$ $\longleftrightarrow$ 2RSO$_3^-$Na$^+$ + H$_2$CO$_3$

$\qquad\qquad\qquad\quad$ RSO$_3^-$H$^+$ + Na$^+$X$^-$ $\longleftrightarrow$ RSO$_3^-$Na$^+$ + HX$^-$

式中，X$^-$为 F^-、Cl^-、NO_2^-、NO_3^-、SO_4^{2-} 等离子。

由柱上反应可见，淋洗液(背景溶液)转变成低电导的碳酸，而在抑制柱中待测离子以盐的形式转换为等量的酸，分别进入电导池中测定。根据测得的各离子的峰高或峰面积与混合标准溶液的相应峰高或峰面积比较，即可得知水样中各种离子的浓度。

2) 仪器条件

阴离子色谱柱：250mm × 4mm，填料为聚二乙烯基苯/乙基乙烯苯/聚苯乙烯醇基质，键合烷基季铵或烷醇季铵官能团，配相应的阴离子保护柱。柱温 35℃。

碳酸盐淋洗液：碳酸钠浓度 2.5mmol/L，碳酸氢钠浓度 3.0mmol/L，流速 1.0mL/min。连续自循环再生抑制器。抑制型电导检测器。进样体积 50μL。

氢氧化钠淋洗液：氢氧化钠浓度100mmol/L，流速1.2mL/min。连续自循环再生抑制器。抑制型电导检测器。进样体积50μL。

3) 测定步骤

根据降水样品中各离子的相对含量，配制 5 种离子的混合系列标准溶液。按仪器工作条件开动仪器，待基线稳定后，注入系列标准溶液样品。根据标准溶液中各离子的浓度和相应的峰高或峰面积绘制标准曲线。

按绘制标准曲线的仪器条件测定样品。由样品峰高或峰面积从标准曲线上查得相应浓度。按下式计算降水中硫酸盐(以 SO_4^{2-} 计)、氟化物(以 F^- 计)、氯化物(以 Cl^- 计)、亚硝酸盐(以 NO_2^- 计)或硝酸盐(以 NO_3^- 计)的浓度：

$$c = M \times D$$

式中，c 为样品中待测离子的浓度，mg/L；M 为由标准曲线上查得样品中待测离子的浓度，mg/L；D 为样品稀释倍数。

4) 说明

所用的水应为电导率小于 0.5μs/cm 的去离子水。淋洗液应经 0.45μm 滤膜过滤后使用。

测定标准溶液时，应按浓度由高到低的顺序，否则有可能影响第一个样品的分析结果。也可以从低到高进行，但在分析样品前应用去离子水作一空白样，以降低其可能对样品测定带来的影响。

对保留时间相近的两种阴离子，当其浓度相差较大而影响低浓度离子测定时，可通过稀释、调节流速、改变淋洗液(碳酸钠和碳酸氢钠)配比、选用氢氧根淋洗等方式消除或减少干扰。

当选用碳酸钠和碳酸氢钠淋洗液，水负峰干扰 F^- 的测定时，可在样品与标准溶液中分别加入适量相同浓度和等体积的淋洗液，以减少水负峰对 F^- 的干扰。

当进样体积为 50μL 时，F^-、Cl^-、NO_2^-、NO_3^- 和 SO_4^{2-} 的检出限分别为 0.03mg/L、0.03 mg/L、0.05mg/L、0.10mg/L 和 0.10mg/L，测定下限分别为 0.12mg/L、0.12mg/L、0.20mg/L、0.40mg/L 和 0.40mg/L。阴离子标准溶液的色谱图见图 7-3。

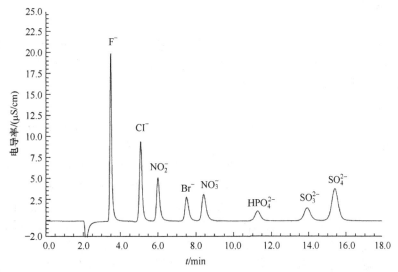

图 7-3 阴离子标准溶液的色谱图(碳酸盐体系)

2. 铬酸钡-二苯碳酰二肼分光光度法

1) 原理

在弱酸性溶液中(去除碳酸根的干扰)，硫酸根与铬酸钡悬浊液发生下述交换反应：

$$BaCrO_4 + SO_4^{2-} \longrightarrow BaSO_4\downarrow + CrO_4^{2-}$$

在乙醇-氨溶液介质中，分离去除硫酸钡和过量的铬酸钡，反应释放出的 CrO_4^{2-} 用二苯碳酰二肼显色，生成紫红色产物，于特征吸收波长 545nm 处测定吸光度，间接确定 SO_4^{2-} 的浓度。

2) 测定步骤

取 25mL 比色管 7 支，分别加入一定量(0mL、0.50mL、1.00mL、2.00mL、4.00mL、6.00mL、10.00mL)的 10mg/L 硫酸盐标准使用液，加入去离子水至 10mL，再准确加入 2.5g/L 铬酸钡悬浮液 2mL，氨-氯化钙溶液 1.0mL，95%乙醇 10mL，加入去离子水至标线。置于 15℃冷水中冷却 10min，取出，滤膜过滤，弃去 2～3mL 初滤液，吸取 5mL 滤液于 10mL 比色管中，加入 5g/L 的二苯碳酰二肼溶液 1.0mL，2mol/L 盐酸溶液 1.0mL，加水至标线，摇匀，显色 10min 后。用 1cm 比色皿，于 545nm 波长处，以空白实验溶液为参比，测定吸光度。以硫酸盐浓度为横坐标，吸光度为纵坐标，建立标准曲线。

根据降水中硫酸盐的含量，准确吸取一定量(1～10mL)的样品，按标准曲线的条件和步骤，进行样品的测定。从标准曲线上查得或根据回归方程计算硫酸盐含量。降水中硫酸盐(以 SO_4^{2-} 计)的浓度以 mg/L 表示，按下式计算：

$$c = \frac{M}{V}$$

式中，c 为降水样品中硫酸盐浓度，mg/L；M 为从标准曲线上查得的硫酸盐含量，μg；V 为取样体积，mL。

3) 说明

本方法的最低检出浓度为 0.1mg/L，测定范围为 0.5～10mg/L。

滤膜上的铬酸钡毒性大，应留作专门处理，防止对环境造成污染。

若没有过滤装置，也可采用离心机分离 5min(转速 3000r/min)，溶液清亮即可。

3. 硫酸钡浊度法

1) 原理

降水中所含的硫酸盐和加入的钡离子生成细的悬浮颗粒物。以明胶作为分散剂和稳定剂时，所生成的硫酸钡悬浮液其浑浊程度与样品中硫酸盐的含量成比例。测定硫酸钡悬浮液的吸光度，即可由标准曲线求出硫酸盐的含量。

2) 测定步骤

取 50mL 平底烧杯 10 个，分别加入一定量(0mL、0.10mL、0.20mL、0.60mL、1.00mL、1.50mL、2.00mL、3.00mL、4.00mL、5.00mL)的 100mg/L 硫酸盐标准使用液，加入一定量(9.00mL、8.90mL、8.80mL、8.40mL、8.00mL、7.50mL、7.00mL、6.00mL、5.00mL、4.00mL)去离子水，再准确加入稳定剂 3g/L 的明胶溶液 1.0mL，得到配制好的系列标准溶液。将各溶液逐个放在电磁搅拌器上，搅拌 10s，迅速加入氯化钡(2%，m/V)-明胶(3g/L)溶液 2mL，同时用秒表准确计时，搅拌 2min。静置 1.5min 后，用 2cm 比色皿，于 420nm 波长处，以蒸馏水作参比，测定吸光度。以硫酸盐浓度为横坐标，吸光度为纵坐标，建立标准曲线。

根据降水中硫酸盐的含量，准确吸取一定量的样品，按标准曲线的条件和步骤，进行样品的测定。从标准曲线上查得或根据回归方程计算硫酸盐含量。降水中硫酸盐(以 SO_4^{2-} 计)的浓度以 mg/L 表示，按下式计算：

$$c = \frac{M}{V}$$

式中，c 为降水样品中硫酸盐浓度，mg/L；M 为从标准曲线上查得的硫酸盐含量，μg；V 为取样体积，mL。

3) 说明

硫酸钡浊度法最低检出浓度为 0.4mg/L，测定范围为 1.0~70mg/L。

硫酸钡浊度法是一种经典方法，操作条件要求严格，技术熟练可获得较好结果。但标准曲线在低浓度段弯曲，故逐渐被其他方法所取代。

(二) 硝酸盐

NO_x 一部分来自人为污染源排放，另一部分来自空气放电。空气中的 $NO_x(NO、NO_2)$ 经过一系列复杂的自由基反应，最终生成硝酸盐和亚硝酸盐，是导致降水 pH 降低的因素之一。降水中硝酸根浓度一般在几 mg/L 以内。该指标可反映大气被氮氧化物污染的状况。

雨水中硝酸盐的测定方法有紫外分光光度法、镉柱还原光度法、离子色谱法等。离子色谱法见本节降水中硫酸盐的测定部分。

1. 紫外分光光度法

1) 原理

利用硝酸根离子对 220nm 波长的紫外光有强烈吸收而定量测定硝酸盐。因为溶解性有机物在 220nm 波长处也有吸收，产生正干扰，故须引入一个经验校正值，以校正有机物对硝酸盐测定的影响。该校正值为 275nm 处测得吸光度的两倍，而硝酸盐在 275nm 处没有吸收。这种经验校正值大小与有机物的性质和浓度有关，不宜分析对有机物吸光度需作准确校正的样品。

2) 测定步骤

取 25mL 比色管 7 支，分别加入硝酸盐标准使用液(10μg/mL)0mL、1.00mL、2.00mL、4.00mL、5.00mL、10.00mL、20.00mL。向各管中加 0.1mL 氨磺酸水溶液(10g/L)、1mL 盐酸溶液(1+11)，用水稀释至标线，摇匀。用 10mm 石英吸收池，于 220nm 和 275nm 波长处，以水作参比，分别测量其吸光度。以 $\Delta A = A_{220} - 2A_{275}$ 对硝酸盐含量作图，绘制标准曲线。

根据降水中硝酸盐含量，吸取 10.0~20.0mL 样品于 25mL 比色管中，按绘制标准曲线的步骤进行操作，测定吸光度。从标准曲线上查出硝酸盐的含量。按下式计算降水中硝酸盐(以 NO_3^- 计)的浓度：

$$c = \frac{M}{V}$$

式中，c 为降水样品中硝酸盐浓度，mg/L；M 为从标准曲线上查得硝酸盐含量，μg，V 为取样体积，mL。

3) 说明

亚硝酸盐干扰测定，可添加氨磺酸消除。碳酸盐干扰测定，可添加盐酸消除。玻璃容器需用(1+2)的盐酸-乙醇混合溶液洗涤，不能用硝酸溶液洗涤，以免带来沾污。

本方法的最低检出浓度为 0.2mg/L，测定范围为 0.4~10mg/L。

2. 镉柱还原光度法

1) 原理

在 pH 为 8~10 的条件下，硝酸盐经镉柱(铜-镉、汞-镉或海绵状镉)被还原成亚硝酸盐。

亚硝酸盐与对氨基苯磺酸重氮化，再与 N-(1-萘基)-乙二胺盐酸盐偶合，形成红色偶氮染料，于 540nm 波长处进行吸光度测量。经镉柱还原测得的是硝酸盐和亚硝酸盐的总量，减去不经过镉柱还原而直接测得的亚硝酸盐含量，即可得出硝酸盐含量。

2) 测定步骤

取 100mL 容量瓶 6 个，分别加入硝酸盐标准使用液(10μg/mL)0mL、0.50mL、1.00mL、1.50mL、2.00mL、2.50mL，再分别加入 2.0mL 氯化铵(20g/100mL)，用水稀释至标线，摇匀。将第一份溶液倒入镉还原柱中，控制流速，用 25mL 具塞比色管接收还原液。弃去开始流出液 30mL。接收随后流出的 25.0mL 还原液，待显色测定。当溶液流至填料表面时，倒入第二份溶液，按上述步骤继续进行第二份标准溶液的还原操作，以此类推。

在上述 25mL 溶液中，分别加入 0.5mL 对氨基苯磺酸溶液(10g/L)，摇匀后，放置 2～8min，加 1.0mL 的 N-(1-萘基)-乙二胺盐酸盐溶液(1g/L)，立即摇匀。至少放置 10min，但不要超过 2h。以水作参比，用 10mm 吸收池，在 540nm 波长处测量吸光度。绘制标准曲线。

根据降水中硝酸盐的含量，吸取 20.0～50.0mL 样品于 100mL 容量瓶中，按绘制标准曲线的步骤进行还原和显色反应。由测得的吸光度从标准曲线上查得硝酸盐的含量。按下式计算降水中硝酸盐(以 NO_3^- 计)的浓度：

$$c = \frac{M}{V} \times 1000 - 1.292 c_{NO_2^-}$$

式中，c 为样品中硝酸盐浓度，mg/L；M 为从标准曲线上查得的硝酸盐含量，μg；V 为取样体积，mL；$c_{NO_2^-}$ 为水样中原有亚硝酸根离子浓度，mg/L；1.292 为 NO_2^- 折合成 NO_3^- 浓度的换算因子。

3) 说明

镉柱还原光度法的最低检出浓度为 0.004mg/L，测定范围为 0.01～0.2mg/L。

镉柱的还原效果受多因素影响，应经常校正，且操作繁琐，现在已很少应用。

(三) 亚硝酸盐

测定降水中的亚硝酸盐的常用方法有 N-(1-萘基)-乙二胺分光光度法、离子色谱法等。以下对 N-(1-萘基)-乙二胺分光光度法进行介绍。

1. 原理

在 pH 小于 1.7 的酸性介质中，亚硝酸盐与对氨基苯磺酸发生反应生成重氮盐，再与 N-(1-萘基)-乙二胺偶联生成红色偶氮染料，于 540nm 波长处测量吸光度。根据试样吸光度和亚硝酸盐浓度成正比的关系，进行定量，相关反应如下：

$NH_2SO_2C_6H_4NH_2 \cdot HCl + HNO_2 \xrightarrow{\text{重氮化}} NH_2SO_2C_6H_4N \equiv NCl + 2H_2O$

$NH_2SO_2C_6H_4N \equiv NCl + C_{10}H_7NHCH_2CH_2NH_2 \cdot 2HCl \xrightarrow{\text{偶联}}$

$\qquad\qquad NH_2SO_2C_6H_4N \equiv NNHCH_2CH_2(C_{10}H_7) \cdot 2HCl + HCl$

(红色染料)

$NH_2SO_2C_6H_4N \equiv NCl + C_{10}H_7NHCH_2CH_2NH_2 \cdot 2HCl \xrightarrow{\text{偶联}}$

$\qquad\qquad NH_2SO_2C_6H_4N \equiv NC_{10}H_6NHCH_2CH_2NH_2 \cdot 2HCl + HCl$

(红色染料)

2. 测定步骤

取 25mL 比色管 6 支，分别加入亚硝酸盐标准使用液(10μg/mL)0mL、0.50mL、1.00mL、2.50mL、5.00mL、10.0mL，用水稀释至标线。各加入 1.0mL 对氨基苯磺酸溶液(10g/L)，摇匀后放置 2～8min。加 1.0mL 的 N-(1-萘基)-乙二胺溶液(1g/L)，摇匀。以水作参比，用 10mm 吸收池，在 540nm 波长处测量吸光度，绘制标准曲线。

根据降水中亚硝酸盐含量，吸取 10.0～15.0mL 样品于 25mL 比色管中，加水至 25mL。以绘制标准曲线的步骤进行操作，测量试样的吸光度，从标准曲线上查得亚硝酸盐的含量。按下式计算降水中亚硝酸盐(以 NO_2^- 计)的浓度：

$$c = \frac{M}{V}$$

式中，c 为降水样品中亚硝酸盐浓度，mg/L；M 为从标准曲线上查得亚硝酸盐含量，μg，V 为取样体积，mL。

3. 说明

N-(1-萘基)-乙二胺溶液不稳定，应储存于棕色瓶中，在低温下保存。如变成深棕色则弃去，重新配制。

实验用水均为不含亚硝酸盐的水。于蒸馏水中加入少量高锰酸钾，使呈红色，再加入氢氧化钙使呈碱性。置于全玻璃蒸馏器中蒸馏，弃去 50mL 初馏液。用该蒸馏水配制的吸收液不呈现浅红色，且对 540nm 光的吸光度不超过 0.005。

本方法最低检出浓度为 0.04mg/L，测定范围为 0.10～0.20mg/L。

实验中所使用的亚硝酸钠等化学试剂对人体健康有害，操作时应按规定要求佩戴防护器具，避免接触皮肤和衣物。

(四) 氯化物

氯化物是衡量大气中氯化氢导致降水 pH 降低的标志，也是判断海盐粒子影响的标志，其浓度一般在每升几毫克以内，但有时高达每升几十毫克。

降水中氯化物的测定方法有硫氰酸汞-高铁分光光度法、离子色谱法等。以下对硫氰酸汞-高铁分光光度法进行介绍。

1. 原理

氯离子与硫氰酸汞反应，生成难电离的二氯化汞分子，交换出的硫氰酸根离子与三价铁离子反应，生成橙红色硫氰酸铁络合物，于波长 460nm 处进行吸光度测定。

2. 测定步骤

取 10mL 干燥比色管 8 支，分别加入氯化物标准使用液(10μg/mL)0mL、0.30mL、0.50mL、1.00mL、1.50mL、2.00mL、2.50mL、3.00mL，各加水至 10mL，再向各管加入 2.00mL 硫酸铁铵溶液(60g/L)，加入硫氰酸汞溶液(40g/L)1.00mL，混匀。室温下放置 20min。于波长 460nm 处，用 20mm 吸收池，以水作参比测量吸光度。绘制氯化物的标准曲线。

根据降水中氯化物的含量，吸取 5.00mL 样品于 10mL 干燥比色管中，加水至 10mL，按绘制标准曲线的步骤进行操作。由测得的吸光度，从标准曲线上查得氯化物含量。用下式计算降水中氯化物(以 Cl^- 计)的浓度：

$$c = \frac{M}{V}$$

式中，c 为样品中氯化物的浓度，mg/L；M 为从标准曲线上查得氯化物的含量，μg；V 为取样体积，mL。

3. 说明

本法所使用的玻璃容器均需用(1+1)硝酸溶液洗涤，再用蒸馏水充分洗涤。不能用自来水冲洗，以防止氯化物沾污。测定时一定要注意实验室环境的清洁，注意防尘。

本方法的最低检出浓度为 0.03mg/L，测定范围为 0.4～6.0mg/L。

(五) 氟化物

降水中氟化物的浓度通常较低，为 0.01～1mg/L，主要来自工业污染、燃料及空气颗粒物中可溶性氟化物。监测降水中氟化物的浓度可反映局部地区氟污染的状况。

测定降水中氟化物的方法有氟离子选择电极法、氟试剂分光光度法、离子色谱法等。氟离子选择电极法参见本书第五章第一节氟化物的测定。以下对氟试剂分光光度法进行介绍。

1. 原理

氟试剂即茜素络合剂(ALC)，化学名称为 1,2-二羟基蒽醌-3-甲胺-N,N-二乙酸。在 pH 为 4.1 的乙酸盐缓冲介质中，氟离子与氟试剂和硝酸镧反应，生成蓝色的三元络合物，络合物颜色的深度与氟离子浓度成正比，于波长 620nm 处测定吸光度。

(ALC，黄色)　　　　　　(ALC-La螯合物，红色)

(ALC-La-F络合物，蓝色)

2. 测定步骤

取 25mL 比色管 6 支，分别加入氟化物标准使用液(10μg/mL)0mL、0.20mL、0.30mL、0.50mL、1.00mL、2.00mL，各加水至 10.00mL，摇匀。再向各管加 10mL 混合显色剂(0.001mol/L 氟试剂溶液：pH 4.1 的乙酸-乙酸钠缓冲溶液：丙酮：0.001mol/L 硝酸镧溶液=3：1：3：3)，用水稀释至标线，摇匀。放置 0.5h，于波长 620nm 处，用 30mm 吸收池，以氟化物空白实验溶液作参比，测量吸光度。以吸光度对氟化物含量作图，绘制标准曲线。

根据降水中氟化物的含量，吸取 5.00～10.0mL 样品于 25mL 比色管中，加水至 10mL，摇匀。以绘制标准曲线的步骤进行操作，由测得的吸光度从标准曲线上查得氟化物的含量。按下式计算降水中氟化物(以 F⁻计)的浓度：

$$c = \frac{M}{V}$$

式中，c 为样品中氟化物的浓度，mg/L；M 为从标准曲线上查得氟化物的含量，μg；V 为取样体积，mL。

3. 说明

降水中共存离子不干扰氟离子的测定。温度对显色有影响，因此样品测定要与标准曲线绘制的条件一致。

本方法最低检出浓度为 0.05mg/L，测定范围为 0.06~1.5mg/L。如果用含有有机胺的醇溶液萃取后测定，则检测浓度可低至 5ppb。

(六) 铵盐

氨是某些工业的排放物，也是含氮有机物生物分解的产物，含氮化肥分解也会释放氨。大气中的氨进入降水中形成铵离子。它们能中和酸雾，对抑制酸雨是有利的。然而，其随降水进入河流、湖泊后，会导致水富营养化。降水中铵离子的浓度冬天较低、夏天较高，一般在每升几毫克以下。

降水中铵离子的测定方法常用纳氏试剂分光光度法、次氯酸钠-水杨酸分光光度法、离子色谱法等。

1. 纳氏试剂分光光度法

1) 原理

在碱性溶液中，铵离子与纳氏试剂(碘化汞和碘化钾的溶液)反应生成黄棕色胶态络合物，其颜色深度与铵离子含量成正比。此络合物在较宽的波长范围内具有强烈吸收，通常使用 410~425nm 范围波长光比色。反应式如下：

$$2K_2[HgI_4] + 3KOH + NH_3 \Longrightarrow NH_2Hg_2IO(黄色) + 7KI + 2H_2O$$

2) 纳氏试剂的配制

称取 10.0g 碘化钾，溶于 10.0mL 水中。另称取 5.0g 氯化汞溶于 20mL 热水中。将氯化汞溶液缓慢加到碘化钾溶液中，不断搅拌，直到形成的红色沉淀(HgI_2)不溶为止。冷却后，加入氢氧化钾溶液(30.0g 氢氧化钾溶于 60mL 水)，用水稀释至 200mL，再加入 0.5mL 氯化汞溶液，静置 1d。将上清液储于棕色细口瓶中，可使用一个月。

3) 测定步骤

取 25mL 比色管 6 支，分别吸取铵标准使用液(10μg/mL)0mL、0.40mL、0.80mL、1.60mL、2.00mL、2.40mL 于 25mL 比色管中，加水至 25mL，摇匀。在各管中加入 0.1mL 酒石酸钾钠溶液(0.5g/mL)，摇匀，再加入 0.5mL 纳氏试剂，摇匀。放置 10min 后，用 30mm 吸收池于波长 420nm 处，以水作参比，测量吸光度。以吸光度对铵含量作图，绘制标准曲线。

根据降水中铵的含量，吸取 10.0mL 样品于 25mL 比色管中，加水至 25mL，摇匀。按绘制标准曲线的步骤测定吸光度，从标准曲线上查得铵的含量。按式计算降水中铵(以 NH_4^+ 计)的含量：

$$c = \frac{M}{V}$$

式中，c 为样品中铵的浓度，mg/L；M 为从标准曲线上查得的铵含量，μg；V 为取样体积，mL。

4) 说明

当降水样品浑浊时，应先将样品预处理：于 100mL 样品中，加入 1mL 硫酸锌溶液和 25% 氢氧化钠溶液 0.1～0.2mL，调节 pH 约为 10，混匀即生成白色沉淀，放置 10min，过滤。弃去初滤液 10～20mL，再取滤液分析。

在强碱中 Ca^{2+}、Mg^{2+} 等会析出氢氧化物沉淀，干扰测定，可用少量酒石酸钾钠掩蔽。

汞盐有剧毒，使用过程中应小心。使用后的玻璃器皿用稀硫酸清洗后，再用自来水和蒸馏水冲洗，比色管切勿在烘箱中烘干。废液应集中收集，不可倒入水槽。

本方法的最低检出浓度为 0.05mg/L，测定范围为 0.06～1.5mg/L。

2. 次氯酸钠-水杨酸分光光度法

1) 原理

在碱性介质中，有亚硝基铁氰化钠存在条件下，氨与次氯酸盐、水杨酸反应生成一种稳定的蓝色化合物，于波长 698nm 处进行比色测定。反应过程如下：

$$NH_3 + HOC \longrightarrow NH_2Cl + H_2O$$
$$(氯胺)$$

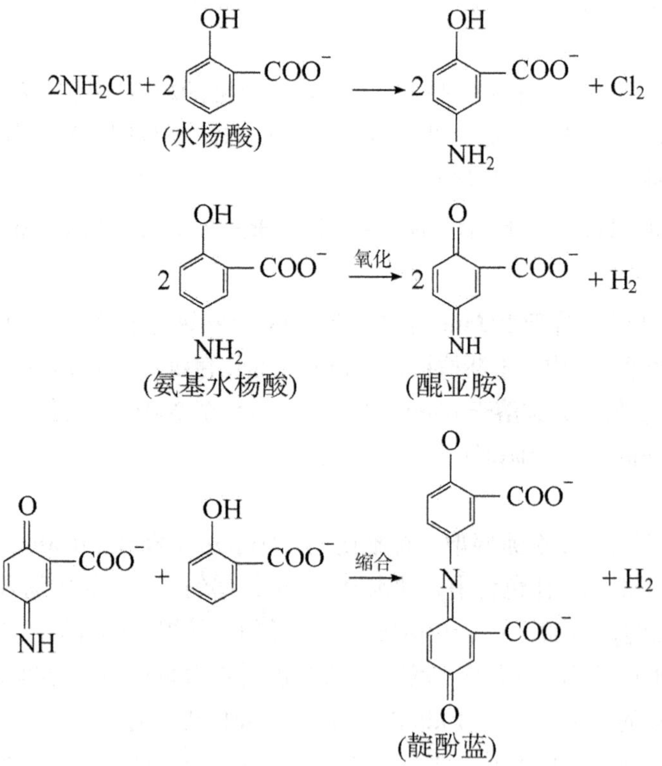

2) 测定步骤

取 10mL 比色管 7 支，分别加铵标准使用液(10μg/mL)0mL、0.20mL、0.40mL、0.60mL、0.80mL、1.00mL、1.20mL，在各管中加入 1mL 水杨酸-酒石酸钾钠溶液，2 滴硝普钠溶液 (10g/L)，用水稀释至约 9mL，摇匀。加 2 滴次氯酸钠溶液，加水至标线，摇匀，放置 30min。用 10mm 吸收池，于波长 698nm 处，以水作参比，测量吸光度。以吸光度对铵含量作图，绘制标准曲线。

准确吸取降水样品 1.00～5.00mL 于 10mL 比色管中，按制作标准曲线的步骤测定吸光度，从标准曲线上查得铵的含量。按下式计算降水中铵(以 NH_4^+ 计)的含量：

$$c = \frac{M}{V}$$

式中，c 为样品中铵的浓度，mg/L；M 为由标准曲线上查得的铵的含量，μg；V 为取样体积，mL。

3) 说明

所有试剂均用无氨水配制。无氨水可用蒸馏法制备，加入硫酸至 pH<2，使水中各种形态的氨或胺均转变成不挥发的盐类。弃去 50mL 初馏液，收集馏出液即得，也可用离子交换法制备。

本法的最低检出浓度为 0.01mg/L，测定范围为 0.02～1.2mg/L。

3. 离子色谱法

用离子色谱法测定降水中铵盐的原理参见降水中硫酸盐的测定，具体测定步骤也与之类似。不同之处是在测定前，需要把离子色谱仪中的阴离子分离柱更换为阳离子分离柱，洗脱液也要更换。

1) 仪器条件

阳离子色谱柱Ⅰ：250mm×4mm，填料为聚丙烯酸、聚苯乙烯/二乙烯基苯等，键合羧酸基或磷酸基等官能团，配相应的阳离子保护柱。柱温 35℃；甲磺酸淋洗液：浓度 0.02mol/L，流速 1.0mL/min。阳离子电解再生抑制器。抑制型电导检测器。进样体积 25μL。

阳离子色谱柱Ⅱ：250mm×4mm，填料为硅胶等，键合羧酸基等官能团，配相应的阳离子保护柱。柱温 35℃；硝酸淋洗液：浓度 4.5mmol/L，流速 0.9mL/min。非抑制型电导检测器。进样体积 25μL。

2) 测定步骤

用去离子水配制混合系列标准溶液。参照仪器条件，由低浓度到高浓度依次测定系列标准溶液。以目标离子的质量浓度为横坐标，峰高或峰面积均值为纵坐标，绘制标准曲线。

按照与绘制标准曲线相同的条件和步骤，以保留时间定性、仪器响应值定量进行样品的测定。如果样品浓度高于标准曲线最高点，可将样品适当稀释后测定，同时记录稀释倍数 D。

从标准曲线上查得或根据回归方程计算待测离子含量，按下式计算降水中离子的浓度：

$$c = M \times D$$

式中，c 为样品中待测离子的含量，mg/L；M 为由标准曲线上查得或根据回归方程计算得到的样品中待测离子的含量，mg/L；D 为样品稀释倍数。

3) 说明

保留时间相近的两种离子，当浓度相差较大而影响低浓度离子测定时，可通过稀释、调节流速、改变淋洗液配比等方式消除干扰。

样品应于 4℃下冷藏密封保存。其中，NH_4^+ 应于 24h 内完成测定，Na^+、K^+、Mg^{2+}、Ca^{2+} 于 28d 内完成测定。

当进样体积为 25μL 时，Na^+、NH_4^+、K^+、Mg^{2+}、Ca^{2+} 的检出限分别为 0.02mg/L、0.02 mg/L、0.03mg/L、0.02mg/L、0.03mg/L，测定下限分别为 0.08mg/L、0.08mg/L、0.12mg/L、0.08mg/L、0.12mg/L。

5 种阳离子的离子色谱出峰顺序见图 7-4。

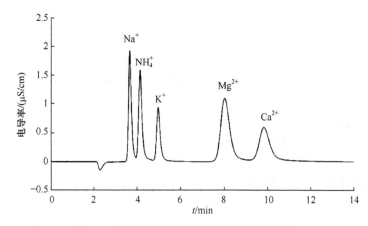

图 7-4　阳离子标准溶液色谱图(抑制电导法)

(七) 钾、钠

降水中 K⁺、Na⁺的浓度一般在每升几毫克以下,可用火焰原子吸收分光光度法、离子色谱法测定。

1. 火焰原子吸收分光光度法

1) 原理

火焰原子吸收分光光度法是根据某元素的基态原子对该元素的特征波长辐射产生选择性吸收来进行测定的分析方法。将降水试样喷入空气-乙炔火焰中,分别于波长 766.4nm 处测量钾、钠的吸光度,用标准曲线法进行定量。

2) 测定步骤

根据原子吸收分光光度计说明书,选择最佳仪器参数。开机预热,待仪器稳定后,进行测量。选用贫燃型空气-乙炔火焰,并选择合适的测量高度。

取 10mL 比色管 8 支,加入钠、钾混合标准使用液(均为 10μg/mL)0mL、0.20mL、0.50mL、1.00mL、2.00mL、3.00mL、4.00mL,加水至 10.0mL,再加入 0.50mL 硝酸铯溶液,摇匀。顺次喷入空气-乙炔火焰中,测量吸光度。分别以钾、钠的吸光度对相应的含量作图,绘制标准曲线。

吸取 10.0mL 样品于干燥的 10mL 比色管中,加 0.5mL 硝酸铯溶液,摇匀。按绘制标准曲线的步骤测量吸光度,从标准曲线上查出钾、钠的含量。按下式计算降水中钠、钾的浓度:

$$c = \frac{M}{V}$$

式中,c 为样品中钠(钾)的浓度,mg/L;M 为从标准曲线上查得的钠(钾)含量,μg;V 为取样体积,mL。

3) 说明

K⁺、Na⁺采用空气-乙炔火焰(贫燃)激发。由于钾、钠易电离,有干扰,在试样中加入消电离剂(氯化铯和硝酸铯)即可消除。

玻璃器皿均须用 5%硝酸溶液浸泡,用去离子水冲洗,并做空白实验。

本方法的最低检出浓度:钾为 0.013mg/L,钠为 0.008mg/L。测定范围:钾为 0.08～4mg/L,

钠为 0.02～0.04mg/L。

2. 离子色谱法

见铵离子的测定。

(八) 钙、镁

Ca^{2+}是降水中的主要阳离子之一，其浓度一般在每升几至数十毫克，它对降水中酸性物质起着重要的中和作用。Mg^{2+}在降水中的含量一般在每升几毫克以下。

降水中 Ca^{2+} 和 Mg^{2+} 的常用测定方法有火焰原子吸收分光光度法和离子色谱法。

1. 火焰原子吸收分光光度法

1) 原理

火焰原子吸收分光光度法根据元素的基态原子对该元素的特征光谱辐射产生选择性吸收来进行测定。将降水试样喷入空气-乙炔火焰中，分别于波长 422.7nm 和 285.2nm 处测量钙、镁的吸光度，用标准曲线法进行定量。

2) 测定步骤

取 10mL 比色管 7 支，加入钙、镁混合标准使用液(均为 50μg/mL)0～1.00mL，在各管中加水至标线，再加硝酸镧溶液 0.2mL，摇匀。顺次喷入空气-乙炔火焰中，测量吸光度。分别以钙、镁的吸光度对相应的含量作图，绘制标准曲线。

吸取 10.0mL 降水样品于干燥的 10mL 比色管中，若降水样品中钙、镁浓度分别超过 5.0mg/L 和 0.5mg/L，可酌情少取样品，然后加水到 10mL，加 0.2mL 硝酸镧溶液，摇匀。按绘制标准曲线的步骤测量吸光度，从标准曲线上查得钙、镁含量。按下式计算降水中钙、镁的浓度：

$$c = \frac{M}{V}$$

式中，c 为样品中钙、镁的浓度，mg/L；M 为从标准曲线上查得的钙镁的含量，μg；V 为取样体积，mL。

3) 说明

样品中若有 Al、Be、Ti 等元素存在，会产生负干扰，可加入释放剂氯化镧、硝酸镧或氯化锶予以消除。

玻璃器皿均须用(1+1)硝酸溶液浸泡 24h，用去离子水冲洗，并做空白检验。

本方法最低检出浓度：钙为 0.02mg/L，镁为 0.0025mg/L。测定范围：钙为 0.2～7.0mg/L，镁为 0.02～0.50mg/L。

2. 离子色谱法

见铵离子的测定。

3. 偶氮氯膦Ⅲ光度法测定钙

1) 原理

在 pH 为 2.2 的酸性介质中，钙离子与偶氮氯膦Ⅲ反应生成蓝紫色络合物，根据吸光度和钙离子含量成正比的关系，进行定量。

2) 测定步骤

取 7 支 25mL 比色管，分别加入一定量(0mL、0.5mL、1.0mL、2.0mL、3.0mL、4.0mL、5.0mL)的 5mg/L 钙离子标准使用液，再在各管中加 1%(m/V)邻硝基苯酚指示剂 1 滴，滴入 0.02mol/L 的氢氧化钠溶液至出现黄色，再滴入 0.01mol/L 的盐酸溶液至黄色刚好消失，然后加入 0.10mol/L 盐酸，0.050mol/L Na₂-EDTA 溶液 2.0mL，混匀后加入 200mg/L 的偶氮氯膦Ⅲ溶液 5.00mL，用水稀释至标线。用 3cm 比色皿，于波长 664nm 处，以蒸馏水作参比，测定吸光度。以钙离子含量为横坐标，吸光度为纵坐标，建立标准曲线。

根据降水中离子的含量，准确吸取一定量的样品于 25mL 比色管中，按标准曲线的条件和步骤，进行样品的测定。从标准曲线上查得或根据回归方程计算钙离子含量。按下式计算降水中钙的浓度：

$$c = \frac{M}{V}$$

式中，c 为样品中钙的浓度，mg/L；M 为从标准曲线上查得钙(镁)的含量，μg；V 为取样体积，mL。

3) 说明

降水中共存离子干扰测定时，可用掩蔽剂 0.05mol/L 的 Na₂-EDTA 消除干扰。

本方法钙的最低检出浓度为 0.007mg/L，测定范围为 0.1～1.2mg/L。

四、有机酸的测定

有机酸是大气的重要组成成分之一。大气有机酸主要是甲酸(HCOOH)和乙酸(CH₃COOH)，其次为丙酸(CH₃CH₂COOH)、草酸(HOOC₂COOH)和丙酮酸(CH₃COCOOH)等低分子羧酸。与无机酸(硫酸和硝酸等)相比，有机酸的种类较多，来源复杂，而且广泛地存在于大气对流层中。有机酸在大气中性质稳定且易溶于水，从而使大气降水成为研究有机酸的理想载体。虽然有机酸的酸性比无机酸弱，但它们对酸雨的形成同样具有重要的贡献，这尤其表现在非工业区和远离人类活动的地区。有研究表明，在边远地区有机酸对降雨酸度贡献率达 60%，在一般地区对降水酸度贡献率可达 10%～30%。

降水中的有机酸主要是利用离子色谱法测定。

(一) 仪器条件

阴离子色谱柱：250mm × 4mm，填料为聚苯乙烯/二乙烯基苯或聚乙烯醇等，键合烷基季铵或烷醇基季铵等官能团，配相应阴离子保护柱。柱温 30℃。

碳酸盐淋洗液：$c(Na_2CO_3)=4.0mmol/L$，$c(NaHCO_3)=1.2mmol/L$，流速 1.0mL/min。

电导检测器：电导池温度 30℃。

(二) 测定步骤

用去离子水配制混合有机酸的系列标准溶液。参照仪器条件，进样 200μL，测定系列标准溶液。每个浓度重复测定 3 次。以峰高或峰面积均值对相应待测有机酸浓度，建立标准曲线。

按照与标准曲线的建立相同的条件和步骤，进行样品的测定。如果样品浓度高于标准曲线最高点，可将样品稀释后测定，同时记录稀释倍数 D。

从标准曲线上查得或根据回归方程计算待测离子含量，按下式计算降水中离子的浓度：

$$c = M \times D$$

式中，c 为样品中待测有机酸的含量，mg/L；M 为由标准曲线上查得或根据回归方程计算得样品中待测有机酸的含量，mg/L；D 为样品稀释倍数。

(三) 说明

氟离子和乙酸的保留时间相近，不易有效分离，需选用填料亲水性较强的离子色谱柱，且适当降低淋洗液浓度。

当进样体积为 200μL 时，甲酸、乙酸和草酸的检出限分别为 0.005mg/L、0.004 mg/L 和 0.005mg/L，测定下限分别为 0.020mg/L、0.016mg/L 和 0.020mg/L。

7 种有机酸根离子与无机阴离子的分离结果见图 7-5。

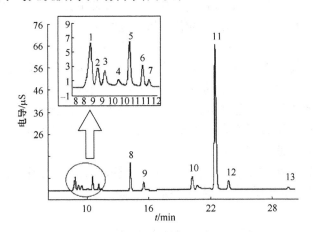

图 7-5　有机酸根离子与无机阴离子的离子色谱图

1. F^-；2. $CH_3CHOHCOO^-$；3. CH_3COO^-；4. $CH_3CH_2COO^-$；5. $HCOO^-$；6. $CH_3SO_3^-$；

7. CH_3COCOO^-；8. Cl^-；9. NO_2^-；10. NO_3^-；11. SO_4^{2-}；12. $^-OOCCOO^-$；13. PO_4^{3-}

思考题和习题

1. 为什么要进行降水监测？一般测定哪些项目？

2. 比较降雨样品和降雪样品的采集和处理的异同点。

3. 简述大气降水采样点数目及位置的确定原则。

4. 降水样品有哪几种保存方法？其与水和废水样品的保存方法有何异同？

5. 用氟离子选择电极法测定雨水中的氟离子，电极插入 0.001mol/L 的氟离子标准溶液中，测得的电动势为 0.226V。插入被测雨水样品中，测得的电动势为 0.344V。两份溶液的离子强度一致，计算被测样品中氟离子的浓度(25℃)。

6. 用 pH 计测量样品 pH 时，为什么可以从 pH 计直接读出 pH？

7. 简述降水中铵离子测量中所用的无氨水的几种制备方法。

8. 用离子色谱法分析雨水中的阴阳离子时，宜选用何种分离柱、抑制柱、淋洗液和检测器？

9. 待测量雨水 pH 在 4.0～5.0 时，该选择何种标准缓冲溶液校准？为什么？

10. 测定雨水电导率有何意义？

11. 简述火焰原子吸收分光光度法测定雨水中钾离子的原理及步骤。

12. 根据离子色谱分离基本原理，试分析雨水中常见有机酸甲酸、乙酸、丙酸、草酸的出峰次序。

13. 分析比较硫酸钡浊度法、分光光度法和离子色谱法测定雨水中硫酸盐的优缺点。

14. 试分析用分光光度法测量雨水中亚硝酸根时干扰的主要来源，如何消除？

第八章　空气污染源监测

空气污染源包括人为污染源和自然污染源。本章所指的空气污染源是人为污染源，主要是工业企业、生活炉灶和交通运输工具等。空气污染源又可分为固定污染源和流动污染源。固定污染源指燃煤、燃油、燃气的锅炉和工业炉窑以及石油化工、冶金、建材等生产过程中产生的废气通过排气筒(烟道、烟囱)向空气中排放的污染源。固定污染源又分为有组织排放源和无组织排放源。有组织排放源指烟道、烟囱、排气筒等排放设施。无组织排放源指生产装置在生产过程中产生的废气不通过排气筒等设施，而直接无规律向外排放的污染源。它们排放的废气中既包含固态的烟尘和粉尘，也包含气态、蒸气态和气溶胶态的多种有害物质。流动污染源指汽车、火车、轮船、飞机等燃油交通运输工具，它们排放的废气中也含有烟尘和其他有害物质。

与环境空气相比，污染源排放的废气中有害物质浓度高、排放量大，因此监测过程中采样方法和分析方法与环境空气质量监测存在一定的差异。

第一节　固定污染源监测

一、监测目的与要求

(一) 监测目的

检查污染源排放废气中的有害物质是否符合国家或地方排放标准和总量控制的要求；评价环境保护设施的性能和运行情况，以及污染防治措施的效果；为污染源的管理提供技术依据。

(二) 监测内容

废气排放量(m^3/h)、废气中有害物质的排放浓度(mg/m^3)、有害物质的排放量(kg/h)、烟尘排放浓度和排放量。

(三) 监测要求

对污染源的日常监督性监测，采样期间的工况应与平时的正常运行工况相同。建设项目竣工环境保护验收监测时应在工况稳定、生产负荷达到设计生产能力的 75%及以上的情况下进行。对因生产过程而引起排放情况发生变化的污染源，应根据变化特点和周期进行系统监测。对无组织排放源进行监测时，通常在监控点采集空气样品，捕捉污染物的最高浓度。

在计算废气排放量和污染物质排放浓度时，要使用标准状态下的干气体体积。

二、采样位置和采样点

固定污染源排放有害物质监测的准确性很大程度上取决于抽取烟气样品的代表性。确定适当的采样点数目，正确地选择采样位置，是尽可能地节约人力物力和获得有代表性废气样品的一项很重要的工作。应在对污染源和排污状况充分调查研究的基础上,结合监测目的和要求综合分析后确定。

由于烟道内同一断面上各点的烟尘浓度和气流速度的分布通常是不均匀的,因此要获取具有代表性的样品,必须按照一定的原则在同一断面进行多点采样。采样点的位置和数目主要根据烟道断面的形状、截面积大小和流速分布情况确定。

(一) 采样断面位置

采样位置应避开对测试人员操作有危险的场所。采样位置应优先选择在气流分布均匀稳定的垂直管段。应避开烟道弯头、变径管、三通管及阀门等易产生涡流的阻力构件和断面急剧变化的部位。一般原则是按照废气流向,将采样断面设在距弯头、阀门、变径管下游方向不小于6倍直径处,或距上述部件上游方向不小于3倍直径处。对横截面呈矩形的烟道,可用当量直径确定采样位置,其当量直径为

$$D=2AB/(A+B)$$

式中,A、B为边长。

当测试现场空间位置有限,很难满足上述要求时,可选择比较适宜的管段采样,但采样断面与弯头等的距离至少是烟道直径的1.5倍,并应适当增加测试点的数量和采样频次。采样断面的气流速度最好在5m/s以上。对于气态污染物,由于混合比较均匀,其采样位置可不受上述规定限制,但应避开涡流区。如果同时测定排气流量,采样位置仍然按第二条原则选取。必要时应设置采样平台。采样平台应有足够的工作面积使工作人员安全、方便操作。

(二) 采样孔

在能满足测压管和采样管到达各采样点位置的情况下,尽可能地少开采样孔,一般开两个互成90°的孔。在选定的测定位置开设采样孔,采样孔内径一般应不小于80mm。采样孔管长不大于50mm。当采样孔仅用于采集气态污染物时,其内径应不小于40mm。不使用时应该用盖板、管堵或管帽封闭。对正压下输送高温或有毒气体的烟道,应当采用带有闸板阀的密封采样孔(图8-1)。对于圆形烟道,采样孔应设在包括各测定点在内的相互垂直的直径线上(图8-2)。对于矩形烟道,采样孔应设在包括各测定点在内的延长线上(图8-3)。

(三) 采样点数目及位置

烟道内同一断面各点的气流速度和烟尘浓度分布通常是不均匀的。因此,必须按照一定原则在同一断面内进行多点测量,才能取得较为准确的数据。

对于圆形烟道,首先将烟道断面分成一定数量的同心等面积圆环,各采样点选在各环等面积中心线与呈垂直相交的两条采样孔直径线的交点上,如图8-2所示。在预期浓度变化最大的平面内应设置其中一条直径线。若采样断面上气流速度分布较均匀,可只设一个采样孔,采样点数减半。当烟道直径小于0.3m,且流速分布比较均匀、对称时,可只在烟道中心设一个采样点。不同直径圆形烟道的等面积环数、测量直径数、采样点数的确定见表8-1,原则上采样点不超过20个。采样点距烟道内壁的距离按表8-2和图8-4确定。当测点距烟道内壁的距离小于25mm时,取25mm。

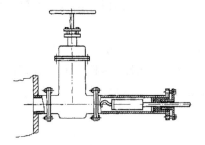

图 8-1 带有闸板阀的密封采样孔

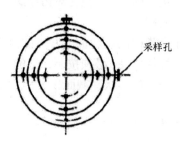

图 8-2 圆形断面的采样孔及采样点

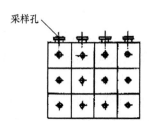

图 8-3 矩形断面采样孔及采样点

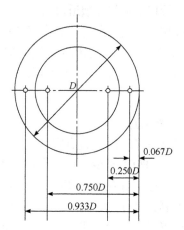

图 8-4 采样点距烟道内壁距离

表 8-1 圆形烟道的分环及采样点数

烟道直径/m	等面积环数	测量直径数	采样点数
<0.3			1
0.3~0.6	1~2	1~2	2~8
0.6~1.0	2~3	1~2	4~12
1.0~2.0	3~4	1~2	6~16
2.0~4.0	4~5	1~2	8~20
>4.0	5	1~2	10~20

表 8-2 采样点距烟道内壁的距离(以烟道直径 D 计)

采样点	环数				
	1	2	3	4	5
1	0.146	0.067	0.044	0.033	0.026
2	0.854	0.250	0.146	0.105	0.082
3		0.750	0.296	0.194	0.146
4		0.933	0.704	0.323	0.226
5			0.854	0.677	0.342
6			0.956	0.806	0.658

采样点	环数				
	1	2	3	4	5
7				0.895	0.774
8				0.967	0.854
9					0.918
10					0.974

对于矩形烟道,将烟道断面分成适当数目的等面积矩形小块,各小块中心即为采样点位置。小块的数目可根据烟道断面面积大小确定,原则上采样点不超过 20 个(表 8-3)。当烟道断面面积小于 0.1m²,且流速分布比较均匀、对称时,可取断面中心作为测点。矩(方)形烟道的采样孔应设在包括各采样点在内的延长线上。

表 8-3 矩(方)形烟道的分块和测点数

烟道断面面积/m²	等面积小块长边长度/m	测点数
<0.1	<0.32	1
0.1~0.5	<0.35	1~4
0.5~1.0	<0.50	4~6
1.0~4.0	<0.67	6~9
4.0~9.0	<0.75	9~16
>9.0	≤1.0	16~20

对于拱形烟道,由于这种烟道的上部为半圆形,下部为矩形,故可分别按圆形和矩形烟道的布点方法确定采样点的位置及数目。

当水平烟道积灰时,应从总断面面积中扣除积灰断面面积,按有效面积设置采样点。

(四) 采样频次和采样时间

正常情况下,排气筒中废气的采样以连续 1h 的采样获取平均值,或在 1h 内,以等时间间隔采集 3~4 个样品,并计算平均值。若排气筒的废气排放为间断性排放,排放时间小于 1h,应在排放时段内实行连续采样,或在排放时段内等间隔采集 2~4 个样品,并计算平均值;若排气筒的排放为间断性排放,但排放时间大于 1h,则应在排放时段内按正常情况的要求采样。

建设项目竣工环境保护验收监测的采样时间和频次,按国家环境保护行政主管部门发布的相关建设项目竣工环境保护验收技术规范执行。当进行污染事故排放监测时,应按需要设置采样时间和采样频次,不受上述要求的限制。

一般污染源的监督性监测每年不少于 1 次。被国家或地方环境保护行政主管部门列为重点监管的排污单位,每年监督性监测不少于 4 次。

三、基本状态参数的测量

我国的有关排放标准规定,以除去水蒸气后标准状态下的干烟气为基准,表示烟气的测定结果。因此,在计算有害物质排放浓度和废气排放量时,需要采用气体状态方程将待测气体体

积换算为标准状态下(0℃、101.3kPa)的干气体积。换算方程如下:

$$V_0 = \frac{T_0}{P_0} \cdot \frac{P_1 V_1}{T_1}$$

式中,V_0 为标准状态下的干气体积(L);T_0 为标准状态下的干气温度(273K);P_0 为标准状态下的干气压力(101.3kPa);V_1、T_1 和 P_1 分别为采样时干气的体积、温度和压力。

完成换算需要测定以下基本参数:烟气的温度、烟气的压力、烟气的平均流速、烟气的体积、烟气的含湿量。通过这几个基本参数,可计算出烟气流速、烟尘及有害物质浓度。其中,

烟气体积 V=采样流量 Q×采样时间 t

采样流量 Q=测点烟道断面面积 S×烟气流速 v

而烟气流速又由烟气温度和压力决定。所以,只要测量得到烟气的温度和压力数值,即可计算出其他参数。

(一) 温度

1. 仪器

排气温度的测量仪器主要是长杆水银玻璃温度计和热电偶温度计或热电阻温度计。实测温度应在温度计全量程 10%~90%。长杆水银玻璃温度计精确度应不低于 2.5%,最小分度值应不大于2℃。热电偶温度计或热电阻温度计,其示值误差应不大于±3℃。

2. 原理

热电偶温度计的测温原理是将两根不同的金属导线连成闭合回路,当两接点(冷端接点和热端焊接点)处于不同温度环境时,便产生热电势,两接点温差越大,所产生的热电势越大。热电偶冷端接点温度保持恒定,称为自由端,热端焊接点称为测量端或工作端,其电势差由毫伏计测出以温度值表示。用毫伏计测出热电偶的热电势,可得知工作端所处的环境烟气温度。热电偶温度计的结构见图8-5。

热电阻温度计是利用某些导体的电阻值随温度变化的性质来测定温度的,由电阻、显示仪表和连接导线组成。

3. 测量步骤

排气温度测量位置和测点按上述要求确定,一般情况下可在靠近烟道中心的一点测定。

长杆玻璃水银温度计适用于直径小、温度较低的烟道。测量时,将温度计球部放在烟道中心位置,其刻度应该暴露在烟道壁外。封闭测孔,待读数稳定不变时,开始读数。读数时不要将温度计抽出烟道外。长杆玻璃水银温度计精确度应不低于 2.5%,最小分度值应不大于2℃。

对直径大、温度高的烟道,要用热电偶测温毫伏计或电阻温度计测量。使用热电偶温度计时,首先将两个接头分别接到测温毫伏计的"+"、"−"两个接线柱上,打开短

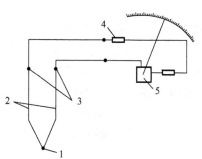

图 8-5　热电偶温度计的结构
1. 工作端;2. 热电偶;3. 自由端;
4. 调整电阻;5. 测温毫伏计

路锁,将热电偶头部擦拭干净,插到烟道中心部位,待指针读数稳定时再读数。如果使用带冷端自动补偿的数显温度计,其读数即为实际烟气温度。如没有自动温度补偿装置,测前将毫伏计指针调至零刻度,测得的烟气温度再加上环境温度,才是烟气的实际温度。

4. 说明

可根据需测温度的高低，选用不同材料的热电偶。测量 800℃以下的烟气用镍铬-康铜热电偶；测量 1300℃以下的烟气用镍铬-镍铝热电偶；测量 1600℃以下的烟气用铂-铂铑热电偶。铂热电阻温度计通常用于 500℃以下的烟气测量。

(二) 压力

烟气的压力分为全压(P_t)、静压(P_s)和动压(P_v)三种。静压是单位体积气体所具有的势能，表现为气体在各个方向上作用于烟道壁的压力。动压是单位体积气体具有的动能，是使气体流动的压力。动压仅作用于气体流动的方向，恒为正值。全压是气体在管道中流动具有的总能量。在管道中任意一点上，三者的关系为

$$P_t=P_s+P_v$$

所以只要测出三项中任意两项，即可求出第三项。测量烟气压力常用测压管和压力计。

1. 测压管

常用的测压管有两种，即标准型皮托管和 S 型皮托管。它们都可以同时测出全压和静压。

(1) 标准型皮托管的构造见图 8-6，它是一根弯成 90°的双层金属同心圆管。前端呈半圆形，正前方有一开孔，与内管相通，用来测量全压；外管的管口封闭，在距前端 6 倍直径处外管壁上开有一圈孔径为 1mm 的小孔，通至后端的侧出口，用来测定排气静压。标准型皮托管具有较高的测量精度，其校正系数近似等于 1，不需校正。标准型皮托管的测孔很小，当烟气中颗粒物浓度高时，易被堵塞，因此只适用于测量含尘量少的烟气，或用来校准其他类型的皮托管和流量测量装置。

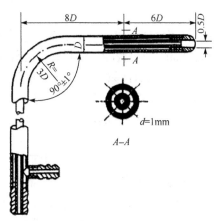

图 8-6　标准型皮托管
D. 直径；*A*. 管外壁开孔位置；*R*. 半径；*d*. 小孔直径

(2) S 型皮托管的构造见图 8-7，它由两根相同的金属管并联组成。其测量端有两个大小相等、方向相反的开口。测量烟气压力时，一个开口面向气流，测定气流的全压，另一个开口背向气流，测定气流的静压。在低流速的情况下，由于其断面较大，测量易受到气体绕流的影响，测得的静压比实际值小，因此，在使用前必须用标准型皮托管进行校正。S 型皮托管开口较大，减少了被尘粒堵塞的可能性，适用于测烟尘含量较高的烟气。

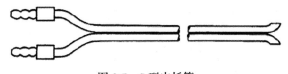

图 8-7　S 型皮托管

2. 压力计

常用的压力计有 U 型压力计、斜管式微压计和大气压力计。

(1) U 型压力计是一个内装一定量工作液体的 U 型玻璃管。常充装的工作液体有水、乙醇或汞，可根据被测压力范围而选择。U 型压力计可同时测全压和静压，使用时应该保持垂直，

其最小分压值不得大于10Pa。压力计与皮托管相连，测得压力(*P*)用下式计算：

$$P=\rho \cdot g \cdot h$$

式中，*P* 为测得压力，Pa；ρ 为工作液体的密度，kg/m³；*g* 为重力加速度，m/s²；*h* 为两液面高度差，m。

虽然上式中压力的单位为Pa，但在实际工作中常用毫米液柱表示。U 型压力计的误差可达 1～2mm 水柱，不适宜测量微小压力。

(2) 斜管式微压计由一截面积较大的容器和一截面积很小的、可调角度的玻璃管两部分组成(图 8-8)。微压计内装工作溶液，玻璃管上有刻度，以指示压力读数。斜管将读数放大，便于微小压差的测量。测压时，将微压计容器开口与测压系统压力较高的一端连接，斜管口与压力较低的一端连接，则作用在两液面上的压力差使液柱沿斜管上升，指示出所测压力。斜管上的压力刻度是由斜管内液柱长度、斜管截面积、斜管与水平面夹角及容器截面积、工作溶液密度等参数计算得知的。测得压力(*P*)按下式计算：

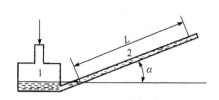

图 8-8　斜管式微压计
1. 容器；2. 玻璃管

$$P = L \cdot \left(\sin \alpha + \frac{f}{F} \right) \cdot \rho \cdot g$$

式中，*P* 为测得压力，Pa；*L* 为斜管内液柱长度，m；α 为斜臂与水平面夹角，度；*f* 为斜管截面积，mm²；*F* 为容器截面积，mm²；ρ 为工作液密度，kg/m³；*g* 为重力加速度，m/s²。

斜管式微压计只能测动压，测量范围 0～2000Pa，精度不低于 2%，其最小分度值应不大于 2Pa。当斜管与水平面夹角小于 3°时，测量精度会下降。

(3) 大气压力计的最小分度值应不大于 0.1kPa。

3. 测定步骤

测量前，先把仪器调整到水平位置，检查液柱内是否有气泡，微压计和皮托管是否漏气，并将液面调至零点，然后将皮托管与压力计连接，把测压管的测压口伸进烟道内测点上，并对准气流方向，其偏差不得超过 10°。从 U 型压力计上读出液面差，或从微压计上读出斜管液柱长度，按相应公式计算所测压力。图 8-9(a)为标准皮托管和 S 型皮托管与斜管式微压计测量烟气压力的连接方法。图 8-9(b)为标准型皮托管和 S 型皮托管与 U 型压力计测量烟气压力的连接方法。

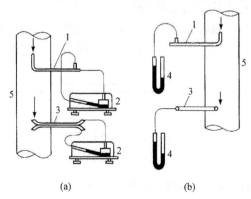

(a)　　　　　　　　　　　(b)

图 8-9　动压及静压的测定装置
1. 标准型皮托管；2. 斜管式微压计；3. S 型皮托管；4. U 型压力计；5. 烟道

大气压力直接使用大气压力计测出。

4. 漏气检验

微压计漏气检验：向微压计的正压端(或负压端)入口吹气(或吸气)，迅速封闭该入口，如果微压计的液柱位置不变，表示不漏气。

皮托管漏气检验：用橡皮管将全压管的出口与微压计的正压端连接，静压管的出口与微压计的负压端连接。由全压管测孔吹气后，迅速堵严该测孔，如果微压计的液柱位置不变，则表明全压管不漏气。再将静压测孔用橡皮管密封，然后打开全压测孔，此时微压计液柱将跌落至某一位置，如液面不继续跌落，则表明静压管不漏气。

测量大气压力时，用大气压力计直接测出。

(三) 流速和流量的计算

1. 测点流速

根据流体力学基本原理，气体的流速与其动压的平方根成正比。根据所测得某测点处的动压、静压以及温度等参数，可由下式计算出各测点的烟气流速：

$$v_s = K_p \cdot \sqrt{\frac{2P_v}{\rho_s}}$$

式中，v_s 为烟气流速，m/s；K_p 为皮托管校正系数；P_v 为烟气动压，Pa；ρ_s 为烟气密度，kg/m³。

标准状态下的烟气密度(ρ_{nd})和测量状态下的烟气密度(ρ_s)分别按下式计算：

$$\rho_{nd} = \frac{M_s}{22.4}$$

$$\rho_s = \rho_{nd} \times \frac{273}{273+t_s} \times \frac{B_a+P_s}{101325}$$

将 ρ_s 代入烟气流速(v_s)计算式后得下式：

$$v_s = 128.9K_p\sqrt{\frac{(273+t_s)P_v}{M_s(B_a+P_s)}}$$

式中，M_s 为烟气的摩尔质量，kg/kmol；t_s 为烟气温度，℃；B_a 为大气压，Pa；P_s 为烟气静压，Pa。

当干烟气成分与空气近似，烟气露点温度为 35~55℃，烟气绝对压力为 97~103kPa 时，v_s 可按下式简化式计算：

$$v_s = 0.076K_p\sqrt{273+t_s} \times \sqrt{P_v}$$

烟气流速也可直接用流速测定仪直接测量。按照仪器使用说明书的要求进行操作，由流速测定仪自动测定烟道断面各测点的排气温度、动压、静压和环境大气压，根据测得的参数仪器自动计算出各点的流速。

2. 平均流速

烟道断面上各测点烟气平均流速按下式计算：

$$\bar{v}_s = \frac{v_1+v_2+\cdots+v_n}{n}$$

或者

$$\bar{v}_s = 128.9 K_p \sqrt{\frac{273+t_s}{M_s(B_a+P_s)}} \cdot \sqrt{P_v}$$

式中，$\bar{v}_s$ 为烟气平均流速，m/s；v_1、v_2、$\cdots$、v_n 为断面上各测点烟气流速，m/s；n 为测点数；$\sqrt{P_v}$ 为各测点动压平方根的平均值。

3. 烟气流量

通过测定断面的湿烟气平均流速和测定断面面积，得到工况下的湿烟气流量。由工况下的湿烟气流量、大气压力、烟气静压、烟气温度、烟气中水分含量体积分数，可计算得到标准状态下干烟气流量。

工况下湿烟气流量按下式计算：

$$Q_s = 3600\bar{v}_s \cdot S$$

式中，Q_s 为湿烟气流量，m³/h；S 为测定断面面积，m²；$\bar{v}_s$ 为测定断面烟气平均流速，m/s。

标准状态下干烟气流量按下式计算：

$$Q_{nd} = Q_s \cdot (1 - X_w) \cdot \frac{B_a+P_s}{101325} \cdot \frac{273}{273+t_s}$$

式中，Q_{nd} 为标准状态下烟气流量，m³/h；P_s 为烟气静压，Pa；B_a 为大气压，Pa；X_w 为烟气含湿量体积分数，%。

四、含湿量的测定

与大气相比，烟气中的水蒸气含量通常较高，变化较大。为便于比较，监测方法规定以除去水蒸气后标准状态下的干烟气为基准，表示烟气中有害物质的测定结果。含湿量一般情况下可在靠近烟道中心的一点测定。烟气含湿量一般以烟气中水蒸气的体积分数表示：

$$烟气中水蒸气的体积分数 = \frac{烟气水蒸气的体积(标准状态下)}{烟气总体积(标准状态下)}$$

含湿量的测定方法有重量法、冷凝法、干湿球法等。

(一) 重量法

1. 原理

从烟道采样点抽取一定体积的烟气，使之通过装有吸湿剂的吸湿管，则烟气中的水蒸气被吸湿剂吸收。测定烟气通过吸收管前后吸收管增加的质量，计算单位体积烟气中水蒸气的含量。

2. 仪器设备

重量法测定含湿量采样系统由烟尘过滤器、吸湿管、温度计、压力计、流量计和抽气泵等组成。其测定装置如图 8-10 所示。

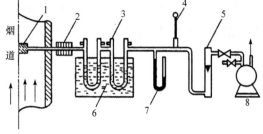

图 8-10　重量法测定烟气含湿量装置
1. 过滤器；2. 加热器；3. 吸湿管；4. 温度计；
5. 转子流量计；6. 冷却槽；7. 压力计；8. 抽气泵

装置中的过滤器用以阻止烟气中的颗粒物进入采样管。保温或加热装置可防止水蒸气冷凝。吸湿管装有粒状吸湿剂，常用的吸湿剂有氯化钙、氧化钙、硅胶、氧化铝、五氧化二磷、过氯酸镁等。应注意选用只吸收污染源气体中水汽而不吸收其他组分的吸湿剂。吸湿剂进出口两端填充少量玻璃棉，以防止吸湿剂随气流带出。常用的吸湿管有 U 型吸湿管(图 8-11)和雪菲尔德型吸湿管(图 8-12)。

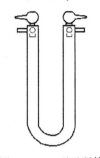 

图 8-11 U 型吸湿管　　　　图 8-12 雪菲尔德型吸湿管

3. 测定步骤

测定前先将粒状吸湿剂装入吸湿管,关闭吸湿管阀门,用天平称量。按图 8-10 连接系统,检查系统是否漏气。

将装有滤料的采样管由采样孔插入烟道中心后,封闭采样孔,对采样管进行预热。打开吸湿管阀门,以一定流量抽气,同时记录采样时间、气体温度、压力和流量计读数。采样时间视排气的水分含量大小而定,应保证采集的水分含量不小于 10mg。采样结束后,关闭抽气泵,关闭吸湿管阀门,取下吸湿管。擦去吸湿管表面的附着物后,用天平称量。

烟气中的含湿量按下式计算:

$$X_w = \frac{1.24 G_w}{V_d \cdot \frac{273}{273 + t_r} \cdot \frac{B_a + P_r}{101325} + 1.24 G_w} \times 100\%$$

式中,X_w 为烟气中水蒸气的体积分数,%;G_w 为吸湿管采样后增量,g;V_d 为测量状态下抽取干烟气体积,L;t_r 为流量计前烟气温度,℃;B_a 为大气压,Pa;P_r 为流量计前烟气表压,Pa;1.24 为标准状态下 1g 水蒸气的体积,L。

(二) 冷凝法

1. 原理

由烟道中抽出一定体积的烟气,使之通过冷凝器。测定烟气通过冷凝器前后所得到的冷凝水的量,同时测定通过冷凝器后烟气的温度,查出该温度下水的饱和蒸气压,计算从冷凝器出口排出烟气中的含水量。冷凝水质量与冷凝器出口排出烟气中的含水量之和即为烟气中水蒸气的含量。

2. 仪器设备

该方法测定装置是将重量法测定装置中的吸湿管换成专制的冷凝器,其他部分相同(图 8-13)。

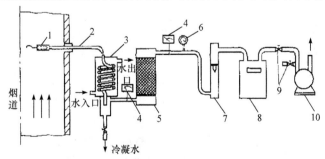

图 8-13 冷凝法测定烟气水分含量装置

1. 滤筒;2. 采样管;3. 冷凝器;4. 温度计;5. 干燥器;6. 真空压力表;7. 转子流量计;8. 累积流量计;9. 调节阀;10. 抽气泵

冷凝器总体积应不小于 5L，冷凝管有效长度应不小于 1500mm。储存冷凝水容器的有效体积应不小于 100mL。

3. 测定步骤

将冷凝器装满冷水，或在冷凝器进出管上接冷却水。连接仪器，检查系统是否漏气。

打开采样孔，清除孔中积灰。将装有滤筒的采样管插入烟道中心位置，封闭采样孔。开动抽气泵，以一定流量抽气，同时记录采样时间、气体温度、压力和流量计读数。抽取的排气量应使冷凝器中冷凝水量在 10mL 以上。采样结束，将采样管出口向下倾斜，取出采样管，将凝结在采样管和连接管内的水倾入冷凝器中。用量筒测量冷凝水量。

含湿量按下式计算：

$$X_w = \frac{1.24G_w + V_s \cdot \dfrac{P_z}{B_a + P_r} \cdot \dfrac{273}{273 + t_r} \cdot \dfrac{B_a + P_r}{101325}}{1.24G_w + V_s \cdot \dfrac{273}{273 + t_r} \cdot \dfrac{B_a + P_r}{101325}} \times 100\%$$

$$= \frac{461.4(273 + t_r)G_w + P_z V_s}{461.4(273 + t_r)G_w + (B_a + P_r)V_s} \times 100\%$$

式中，G_w 为冷凝器中的冷凝水量，g；V_s 为测量状态下抽取烟气的体积，L；P_z 为冷凝器出口烟气中饱和水蒸气压，Pa，可根据冷凝器出口气体温度(t_r)从"不同温度下水的饱和蒸气压"表中查知；其他项含义同前式。

(三) 干湿球法

干湿球温度计由两支完全相同的温度计组成，其中一支温度计的球部用一浸入水的棉织物包住，使它经常处于润湿状态，称为湿球温度计；另一支为干球温度计。

1. 原理

干湿球法是依据湿球中水分蒸发速率与被测气体湿度相关的原理建立的一种测量方法。水分的蒸发需要吸收湿球的热量，又导致湿球温度下降，因此湿球温度下降值与气体湿度大小有关。当气体以一定速度流经干湿球温度计时，由于湿球表面水分的蒸发，湿球温度计读数下降，产生干湿球温度差。根据干、湿球温度计读数及采样点处的压力，计算烟气中水分含量。

2. 仪器设备

干湿球法测定烟气水分含量装置由采样管、干湿球温度计、真空压力表、流量计和抽气泵组成(图 8-14)。

干湿球温度计的精确度应不低于 1.5%，最小分度值应不大于 1℃。真空压力表用于测量流量计前气体压力，其精确度应不低于 4%。转子流量计的精确度应不低于 2.5%。抽气泵其抽气能力应能克服烟道及采样系统阻力。当流量计量装置放在抽气泵出口时，抽气泵应不漏气。

3. 测定步骤

检查湿球温度计的湿球表面纱布是否包好，然后将水注入盛水容器中。

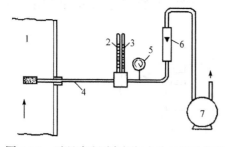

图 8-14 干湿球法测定烟气水分含量示意图
1. 烟道；2. 干球温度计；3. 湿球温度计；4. 保温采样管；5. 真空压力表；6. 转子流量计；7. 抽气泵

打开采样孔，清除孔中的积灰。将采样管插入烟道中心位置，封闭采样孔。当排气温度较低或水分含量较高时，采样管应保温或加热数分钟后，再开动抽气泵，以 15L/min 流量抽气。当干、湿球温度计读数稳定后，记录干球和湿球温度。记录真空压力表的压力。

排气中水分含量按下式计算：

$$X_{sw} = \frac{P_{bv} - 0.00067(t_c - t_b)(B_a + P_b)}{B_a + P_s} \times 100$$

式中，X_{sw} 为烟气含湿量，%；P_{bv} 为温度为 t_b 时饱和水蒸气压力，Pa；t_b 为湿球温度，℃；t_c 为干球温度，℃；P_b 为通过湿球温度计表面的气体压力，Pa；B_a 为大气压，Pa；P_s 为测点处排气静压，Pa。

4. 说明

使用该法时应注意检查湿球温度计的湿球表面纱布是否包好，并清除孔中的积灰。当烟气温度较低或水分含量较高时，采样管应保温或加热数分钟。

当被测气体处于饱和状态，湿球水分不再蒸发时，不宜用干湿球法测量气体的含湿量。当被测气体温度过高，致使湿球温度升至 100℃，这时湿球温度不再受气体湿度的影响，因此不能用该法测量这种状态下气体的含湿量。湿球水分蒸发殆尽后，湿球温度会明显上升，必须给湿球补充水后再进行测量。连续对多源进行测量时，需要待湿球温度与环境温度平衡后再进行下一个源的测量。

五、烟尘浓度的测定

(一) 原理

将烟尘采样管由采样孔插入烟道中，使采样嘴置于测点上，正对气流。按颗粒物等速采样原理，抽取一定体积的含尘烟气，使之通过一个已知质量的滤尘装置，烟气中的烟尘被阻留在滤尘装置的滤料上。称量滤尘装置的质量，根据滤尘装置采样前后的质量差和采样体积，求出单位体积烟气中的含尘量。

(二) 采样装置

烟尘采样系统通常由采样管、颗粒物捕集器、干燥器、流量计量和控制装置、抽气泵等组成。当采集的烟气含有二氧化硫等腐蚀性气体时，在采样管出口应设置腐蚀性气体的净化装置，以防仪器受腐蚀。

1. 普通采样管

采样管是采样时插入污染源气体管道的导管，其直径要求以不使尘粒在采样管内沉积及不产生太大阻力为原则。普通采样管由采样嘴、滤筒夹、滤筒及连接管组成。采样嘴的内径不小于 4mm，入口角度不大于 45°，与前弯管连接的一端的内径应与连接管内径相同，不得有急剧的断面变化和弯曲，采样嘴的弯管半径应大于等于内径 1.5 倍。采样嘴及前弯管应由钛或不锈钢等高强度材质制成(图 8-15)。

图 8-15　采样嘴与前弯管

为防止烟气中水汽在采样管内冷凝，采样管外部装有加热导管。头部有填料过滤器，以防尘粒进入吸收瓶。滤筒是一种捕集效率高、阻力小、便于放入烟道内采样的捕尘装置，有玻璃纤维滤筒(图 8-16)和刚玉滤筒两种(图 8-17)。玻璃纤维滤筒由超细玻璃纤维制成，对 0.5μm 以上尘粒的捕集效率达 99.9%以上，适用于 500℃以下烟气采样。刚玉滤筒用刚玉砂加有机填料在 1280℃下烧结而成。能承受高温，对 0.5μm 以上尘粒的捕集效率不低于 99%，宜在 500～800℃高温烟气中使用。

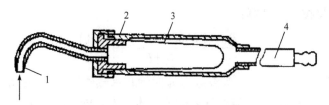

图 8-16　玻璃纤维滤筒采样管

1. 采样嘴；2. 滤筒夹；3. 玻璃纤维滤筒；4. 连接管

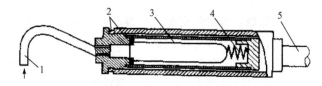

图 8-17　刚玉滤筒采样管

1. 采样嘴；2. 密封垫；3. 刚玉滤筒；4. 耐高温弹簧；5. 连接管

2. 组合采样管

组合采样管由普通采样管和与之平行放置的 S 型皮托管、热电偶温度计固定在一起而成。三者之间的相对位置见图 8-18。

3. 流量计量和控制装置

图 8-18　组合采样管

流量计量和控制装置是指示和控制采样流量的装置，由冷凝水收集器、干燥器、温度计、压力计等组成。在等速采样管采样系统中，还装有控制等速的压力指示装置。在自动调节流量采样器中，还装有自动调节流量系统。

(三) 采样类型

烟尘的采集可分为移动采样、定点采样、间断采样三种类型。

移动采样是用一个滤筒在已确定的采样点上移动采样，各点的采样时间相同，计算出采样断面的平均浓度。这是目前普遍使用的方法。

定点采样是为了解烟道内烟尘的分布状况和确定烟尘的平均浓度，在每个测点上采一个样，求出采样断面的平均浓度，并可了解烟道断面上颗粒物浓度的变化情况。

间断采样对有周期性变化的排放源，根据工况变化及其延续时间，分段采样，然后求出其时间加权平均浓度。

(四) 等速采样方法

等速采样方法可以避免采样速度(v_n)大于或小于烟气流速(v_s)时产生的测定误差。图 8-19 展示了不同采样速度下尘粒的运动状况。当采样速度(v_n)大于采样点的烟气流速(v_s)时，处于采样管边缘的一些大颗粒，由于本身的惯性作用大，不能随改变了方向的气流进入采样管，使采样所得的浓度低于实际浓度，导致测量结果偏低。当采样速度(v_n)小于采样点烟气流速(v_s)时，情况正好相反，处于采样管边缘的一些大颗粒，本应随流线绕过采样管，但由于惯性作用，继续按原来的方向前进,进入采样管内,使采样所得的浓度高于实际浓度,测定结果偏高。只有 v_n 等于 v_s 时,气体和尘粒才会按照它们在采样点的实际比例进入采样嘴,采集的烟气样品中烟尘浓度与烟气实际浓度相同。

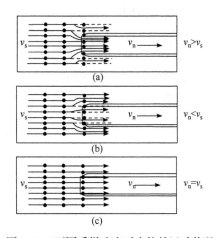

气体进入采样嘴的速度大于或小于采样点的烟气速度都将使采样结果产生偏差。为了从烟道中取得有代表性的烟尘样品,避免采样速度与烟气流速不等时产生的测定误差,需等速采样,即气体进入采样嘴的速度应与采样点的烟气速度相等,其相对误差应控制在 10%以内。

维持颗粒物等速的具体采样方法有普通采样管法(预测流速法)、皮托管平行测速采样法、动压平衡型

图 8-19　不同采样速度时尘粒的运动状况

等速管采样管法和静压平衡型等速管采样管法四种。可根据不同测量对象状况,选用其中的一种方法。有条件的情况下,应尽可能采用自动调节流量烟尘采样仪,以减少采样误差,提高工作效率。

1. 预测流速法

该方法的原理是在采样前预先测出采样点的烟气温度、压力、含湿量,从而计算出烟气流速,再根据所选用采样嘴的直径计算出各采样点的采样流量。采样时用流量计控制流量。在流量计前装有冷凝器和干燥器的等速采样流量按下式计算:

$$Q'_r = 0.00047d^2 \cdot V_s \cdot \left(\frac{B_a + P_s}{273 + t_s} \right) \cdot \left[\frac{M_{sd} \cdot (273 + t_r)}{B_a + P_r} \right]^{1/2} \cdot (1 - X_w)$$

式中, Q'_r 为等速采样所需转子流量计指示流量,L/min; d 为采样嘴内径,mm; V_s 为采样点烟气流速,m/s; B_a 为大气压力,Pa; P_r 为转子流量计前烟气的表压,Pa; P_s 为烟气静压,Pa; t_s 为烟气温度,℃; t_r 为转子流量计前烟气温度,℃; M_{sd} 为干烟气的摩尔质量,kg/kmol; X_w 为烟气含湿量体积分数,%。

预测流速法的烟尘采样装置如图 8-20 所示。该法适用于工况比较稳定的污染源采样,尤其是在烟道气流速度低、高温、高湿、高粉尘浓度的情况下,均有较好的适应性。

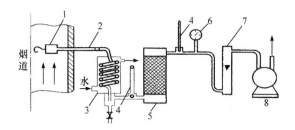

图 8-20　预测流速法烟尘采样装置

1、2. 滤筒采样管;3. 冷凝器;4. 温度计;5. 干燥器;6. 压力表;7. 转子流量计;8. 抽气泵

2. 皮托管平行测速采样法

该方法将普通采样管、S 型皮托管和热电偶温度计固定在一起。采样时将三个探头同

时插入烟道内同一采样点，根据预先测得的烟气静压、含湿量和当时测得的动压、温度等烟气参数，结合选用的采样嘴直径，由编有程序的计算器及时算出等速采样流量(等速采样流量的计算和预测流速法相同)。迅速调节流量调剂装置至所要求的读数，使实际流量与计算的采样流量相等，从而保证了烟尘自动等速采样。皮托管平行测速自动烟尘采样仪的组成见图 8-21。

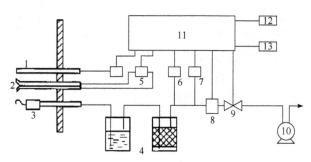

图 8-21　皮托管平行测速自动烟尘采样仪

1. 热电偶或热电阻温度计；2. 皮托管；3. 采样管；4. 除硫干燥器；5. 微压传感器；6. 压力传感器；7. 温度传感器；8. 流量传感器；9. 流量调节装置；10. 抽气泵；11. 微处理系统；12. 微型打印机或接口；13. 显示器

此法与预测流速采样法不同之处在于测定流量和采样几乎同时进行，从而减小了烟气流速改变而带来的采样误差。平行采样法适用于烟气工况不太稳定的情况。采样时可根据温度和压力的变化情况，随时调节采样流量，维持等速采样，减小由于烟气流速改变带来的采样误差。

　　3. 动压平衡型等速管采样法

　　该方法利用特制的压力平衡型等速采样管中的孔板在采样抽气时产生的压差，与采样管平行放置的 S 型皮托管所测出的烟气动压相等，来实现等速采样。当烟气发生变化时，根据双联斜管微压计的指示，可及时调整采样流量，随时保持等速采样条件。其采样装置如图 8-22 所示。该方法不需要预先测出烟气流速、状态参数和计算等速采样流量，仅通过调节测速装置的压差即可进行等速采样。该法不但操作简便，而且能跟踪烟气速度变化，随时保持等速采样条件。

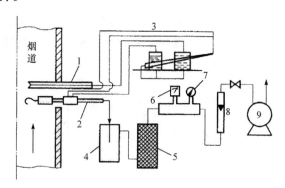

图 8-22　动压平衡型等速管法采样装置

1. S 型皮托管；2. 等速采样管；3. 双联压力计；4. 冷凝管；5. 干燥器；6. 温度计；7. 压力计；8. 转子流量计；9. 抽气泵

　　4. 静压平衡型等速管采样法

　　静压平衡型等速管采样法是在采样管入口配置专门的采样嘴，该采样嘴的内外壁上分别开有测量静压的条缝。手动或自动调节采样流量使采样嘴内、外条缝处静压相等。此法用于测量低含尘的排放源，操作简单、方便，但不适于高含尘及尘粒黏结性强的污染源。该法的采样装置见图8-23和图8-24。

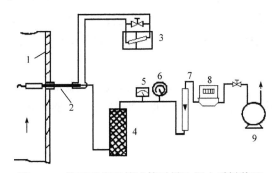

图8-23　静压平衡型等速管采样法烟尘采样装置
1. 烟道；2. 采样管；3. 压力偏差指示器；4. 除硫干燥器；5. 温度计；6. 真空压力表；7. 转子流量计；
8. 累积流量计；9. 抽气泵

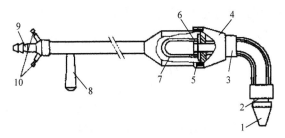

图8-24　静压平衡型等速管采样法采样管结构
1. 采样嘴；2. 内套管；3. 取样座；4. 紧固联结套；5. 垫片；6. 滤筒压环；7. 滤筒；8. 手柄；
9. 采样管出口接头；10. 静压管出口接头

5. 注意事项

烟道内烟尘浓度的分布是不均匀的。为了测出具有代表性的含尘浓度，监测时必须在烟道断面按一定的规则多点采样，求平均值确定烟尘浓度。

颗粒物具有一定的质量，在烟道中由于本身运动的惯性作用，不能完全随气流改变方向。为了从烟道中取得有代表性的烟尘样品，须等速采样，即气体进入采样嘴的速度应与采样点的烟气速度相等，其相对误差应在10%以内。气体进入采样嘴的速度大于或小于采样点的烟气速度都将使采样结果产生偏差。

(五) 采样

采样前用铅笔将滤筒编号，在105～110℃烘烤1h，取出放入干燥器中，在恒温恒湿的天平室中冷却至室温，用感量0.1mg天平称量，两次称量质量之差应不超过0.5mg。当滤筒在400℃以上高温排气中使用时，为了减少滤筒本身减重，应预先在400℃高温箱中烘烤1h，然后放入干燥器中冷却至室温，称量至恒量。将滤筒装入采样管，检查所有测试仪器功能是否正常，检查系统是否漏气，如发现漏气，应再分段检查，堵漏，直至合格。

用橡胶管将组合采样管的皮托管与主机的相应接嘴连接，将组合采样管的烟尘取样管与洗涤瓶和干燥瓶连接，再与主机的相应接嘴连接仪器接通电源，将各采样点的位置在采样管上做好标记。打开烟道的采样孔，清除孔中的积灰。

仪器压力测量进行零点校准后，将组合采样管插入烟道中，测量各采样点的温度、动压、静压、全压及流速，选取合适的采样嘴。将采样管插入烟道，测定烟气中水分含量。将已称量的滤筒装入采样管内，旋紧压盖，注意采样嘴与皮托管全压测孔方向一致。将组合采样管插入烟道中，密封采样孔。使采样嘴及皮托管全压测孔正对气流，位于第一个采样点。启动抽气泵，开始采样。

采样完毕后，从烟道中小心地取出采样管，注意不要倒置。用镊子将滤筒取出，轻轻敲打前弯管，并用细毛刷将附着在前弯管内的颗粒刷到滤筒内，将滤筒用纸包好，放入专用的容器中保存。

(六) 烟尘浓度计算

把采样后的滤筒放入 105℃烘箱中烘烤 1h，取出放入干燥器中，在恒温恒湿的天平室中冷却至室温，用感量 0.1mg 天平称量至恒量。计算出采样滤筒采样前后质量之差 G(烟尘质量)。

根据采样类型不同，用不同的公式计算出标准状态下的采样体积。在采样装置的流量计前装有冷凝器和干燥器的情况下，干烟气的采样体积按下式计算：

$$V_{nd} = 0.27Q' \sqrt{\frac{B_a + P_r}{M_{sd}(273 + t_r)}} \cdot t$$

式中，V_{nd} 为标准状态下的干烟气体积，L；Q' 为采样流量，L/min；M_{sd} 为干烟气气体摩尔质量，kg/kmol；t_r 为转子流量计前气体温度，℃；t 为采样时间，min。

当干烟气的气体摩尔质量近似于空气时，V_{nd} 计算式可简化为

$$V_{nd} = 0.05Q' \sqrt{\frac{B_a + P_r}{273 + t_r}} \cdot t$$

移动采样时：

$$c = \frac{G}{V_{nd}} \times 10^6$$

式中，c 为烟气中烟尘浓度，mg/m³；G 为测得烟尘质量，g；V_{nd} 为标准状态下干烟气体积，L。定点采样时：

$$\bar{c} = \frac{c_1 v_1 S_1 + c_2 v_2 S_2 + \cdots + c_n v_n S_n}{v_1 S_1 + v_2 S_2 + \cdots + v_n S_n}$$

式中，$\bar{c}$ 为烟气中烟尘的平均浓度，mg/m³；v_1、v_2、$\cdots$、v_n 为各采样点烟气流速，m/s；c_1、c_2、$\cdots$、c_n 为各采样点烟气中烟尘浓度，mg/m³；S_1、S_2、$\cdots$、S_n 为各采样点所代表的截面积，m²。

六、烟气黑度的测定

烟气黑度是以人的视觉检测烟气中烟尘相对浓度的指标。尽管难以确定这一指标与烟气中有害物质含量之间直接的精确定量关系，其也不能取代污染物排放量和排放浓度的实际检测，但其测定方法简单易行、成本低廉、检测迅速，适合反映燃煤类烟气中烟尘的排

放情况。

测定烟气黑度的主要方法有林格曼烟气黑度图法、烟气望远镜法、光电测烟仪法。目前国家标准方法为第一种。

(一) 林格曼烟气黑度图法

1. 原理

该方法是由具有资质的观察者,用目视观察来比较放在适当位置上的林格曼烟气黑度图与烟气的黑度,从而确定固定污染源排放烟气的黑度。林格曼烟气黑度图法适用于对固定污染源排放的灰色或黑色烟气在排放口黑度的监测,不适合其他颜色烟气的监测。

我国使用的标准林格曼烟气黑度图由规格为 14cm×21cm 的不同黑度图片组成, 见图 8-25。除全白和全黑分别代表林格曼黑度 0 级和 5 级外, 其余 4 个级别是根据黑色条格占整块图片面积的百分数来确定的。不同级别黑度烟气的含尘量列于表 8-4 中。

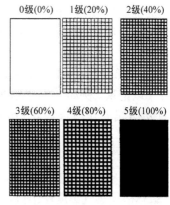

图 8-25　林格曼烟气黑度图

表 8-4　林格曼烟气黑度表

级别	黑色条格占整块面积/%	烟气特点	烟气的含尘量/(g/m³)
0	0	全白	0
1	20	微灰	0.25
2	40	灰	0.70
3	60	深灰	1.20
4	80	灰黑	2.30
5	100	全黑	4.5~5.0

2. 观测步骤

观测应该在白天进行, 且在比较均匀的天空光照条件下。观察者与烟囱的距离应该足以保证对烟气排放情况清晰的观察。林格曼烟气黑度图安置在固定支架上, 图片面向观察者。尽可能使图位于观察者与烟囱顶部的连线上, 并使图与烟气有相似的天空背景(图 8-26)。

观察烟气的部位应该选择在烟气黑度最大的地方, 该部位应没有冷凝水蒸气存在。当烟气中有可见的冷凝水蒸气存在时, 应选择在离开排气口一段距离且看不到水蒸气的部位观察。观察者不宜一直盯着烟气观测, 而应看几秒钟然后停几秒钟, 每次观测(包括观看和间歇时间)约 15s 记录一个数据, 连续观测烟气黑度时间为 30min。

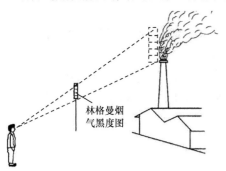

图 8-26　用林格曼烟气黑度图法观测烟气

统计 120 次观测数据中每一黑度级别出现的累积次数和时间，烟气黑度按在 30min 内出现累计时间超过 2min 的最大林格曼烟气黑度级计。如果 30min 内出现超过 4 级以上林格曼烟气黑度时，烟气的林格曼烟气黑度按 5 级计。

3. 说明

用林格曼烟气黑度图法检测烟气黑度的准确性取决于观察者的观察力和判断力，观测人员的矫正视力应不小于 1.0，且必须经过技术培训，持证上岗。

不同观察者读数之间的误差一般不超过 0.5 林格曼烟气黑度级数。凭视觉所检测的烟气黑度是反射光作用的结果。它不仅取决于烟气本身的黑度，同时还与天空的均匀性和亮度、风速、排气筒的结构大小及观测时照射光线和角度有关。在现场观测时，对这些因素应充分注意并予以记录。例如，在阴天的情况下观察，由于天空背景较暗，在读数时应根据经验取稍偏低的级数(减去 0.25 级或 0.5 级)。雨雪天、雾天及风速大于 4.5m/s 时不应进行观察。

(二) 烟气望远镜法

测烟望远镜是在望远镜内安装了一个圆形光屏板，光屏板的一半是透明玻璃，一半是 0～5 级林格曼烟气黑度图(图 8-27)。观测时，在同一天空背景下，根据观测烟囱出口烟气的颜色与光屏另一半的黑度图对比，确定烟气黑度的级别。

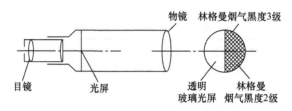

图 8-27　测烟望远镜

该方法对观测条件的要求和计算黑度级别的方法同林格曼烟气黑度图法。

(三) 光电测烟仪法

该方法使用测烟仪内的光学系统收集烟气的图像，把烟气的透光率与仪器内安装的标准黑度板透光率(黑度板透光率是根据林格曼烟气黑度分级定义确定的)比较，经光学系统处理后，用光电检测系统把光信号转换成电信号，自动显示和打印烟气的林格曼烟气黑度级数。利用该仪器测定烟气黑度，可以排除人视力因素的影响。

七、石棉尘的测定

石棉尘是指温石棉、青石棉、铁石棉、透石棉等石棉尘中能够被吸入并沉着于肺泡中的呼吸性石棉，具体指宽度小于 3μm，长度大于 5μm，长宽比大于 3∶1 的石棉纤维。

石棉尘的测定方法为镜检法。方法原理是，抽取烟道中一定量的含石棉尘气体，使之通过采样滤膜。阻留在滤膜上的石棉尘经过透明固定后，在显微镜下计数。根据采样体积计算出单位体积排气中石棉尘的根数。

八、烟气组分的测定

烟道排气组分包括主要气体组分和微量有害气体组分。主要气体组分为氮、氧、二氧化碳和水蒸气等。测定这些组分的目的是考察燃料燃烧情况，并为烟尘测定提供计算烟气密度、分子量等参数。有害气体组分为一氧化碳、氮氧化物、硫氧化物和硫化氢等。

(一) 采样位置和采样点

采样位置原则上应符合上述的规定。由于气态和蒸气态物质分子在烟道内分布一般是比较均匀的，故不需要多点采样，可在靠近烟道中心的一点采样。

(二) 采样方法

气体分子质量极小，可不考虑惯性作用，故不需要等速采样。采样时采样管入口可与气体方向垂直或背向气流。烟气中气态污染物的含量通常比较高，可采用化学采样法和仪器直接测试法。

1. 化学采样法

1) 原理

通过采样管将样品抽到装有吸收液的吸收瓶或装有固体吸收剂的吸收管、真空瓶、注射器或气袋中。样品溶液或气态样品经化学分析或仪器分析测定污染物含量。

2) 吸收瓶或吸附管采样系统

吸收瓶或吸附管采样系统由采样管、连接导管、吸收瓶或吸附管、流量计量箱和抽气泵等部件组成，见图 8-28 和图 8-29 。

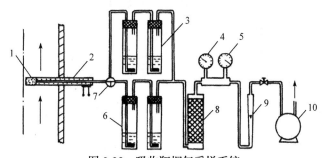

图 8-28　吸收瓶烟气采样系统

1. 烟道；2. 加热采样管；3. 旁路吸收瓶；4. 温度计；5. 真空压力表；
6. 吸收瓶；7. 三通阀；8. 干燥器；9. 流量计；10. 抽气泵

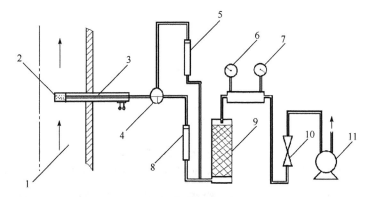

图 8-29　吸附管烟气采样系统

1. 排气管道；2. 玻璃棉过滤头；3. 采样管；4. 三通阀；5. 旁路吸附管；
6. 温度计；7. 压力表；8. 吸附管；9. 干燥器；10. 恒流控制器；11. 抽气泵

　　采样前应清洗并干燥采样管。更换采样管滤料，滤料填充长度在 20~40mm。吸收瓶、吸收液按实验室化学分析操作要求进行准备，吸收瓶装入规定量的吸收液，准备两个吸收瓶或吸附管作为旁路吸收瓶或吸附管使用。

　　用连接管将采样管、吸收瓶或吸附管、流量计量箱进行连接。连接管应尽可能短，吸收瓶或吸附管应尽量靠近采样管出口处，当吸收液温度较高而对吸收效率有影响时，应将吸收瓶放入冷水槽中冷却。采样管出口至吸收瓶或吸附管之间的连接管要用保温材料保温，若管线长，须采取加热保温措施。进行漏气实验，如发现漏气，要重新检查、安装，再次检漏，确认系统不漏气后方可采样。

　　将采样管插入烟道近中心位置，固定在采样孔上。预热采样管到所需温度，正式采样前，令排气通过旁路吸收瓶或吸附管采样 5min，将吸收瓶前管路内的空气置换干净。接通采样管路，调节采样流量至所需流量进行采样，采样期间应保持流量恒定。采样时间视待测污染物浓度而定，但每个样品一般不少于 10min。采样结束，切断采样管至吸收瓶之间气路，防止烟道负压将吸收液与空气抽入采样管。

　　采样时应详细记录采样时工况条件、环境条件和样品采集数据(采样流量、采样时间、流量计前温度、流量计前压力、累计流量计读数等)。采样后应再次进行漏气检查，如发现漏气，应修复后重新采样。

　　3) 真空瓶或注射器采样系统

　　真空瓶或注射器采样系统由采样管、真空瓶(容积为 2L)或注射器(容积不小于 100mL)、洗涤瓶或过滤器和抽气泵等组成，分别见图 8-30、图 8-31。

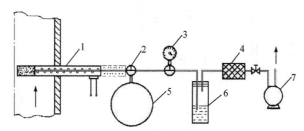

图 8-30　真空瓶采样系统

1. 加热采样管；2. 三通阀；3. 真空压力表；4. 过滤器；5. 真空瓶；6. 洗涤瓶；7. 抽气泵

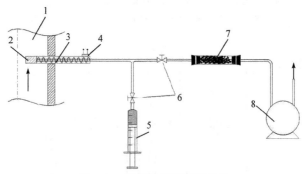

图 8-31　玻璃注射器采样系统

1. 排气管道；2. 玻璃棉过滤头；3. Teflon 连接管；4. 加热套管；5. 注射器；6. 阀门；7. 活性炭过滤器；8. 抽气泵

　　真空瓶与注射器在安装前要进行漏气检查。将除湿定容后的真空瓶与真空压力表连接，抽气减压到绝对压力为 1.33kPa，放置 1h 后，如果瓶内绝对压力不超过 2.66kPa，则真空瓶视为不漏气。否则不能使用，需更换真空瓶。注射器漏气检查方法是用水将注射器活栓润湿后，吸入空气至刻度 1/4 处，用橡皮帽堵严进气孔，反复把活栓推进拉出几次，如活栓每次都回到原来的位置，可视为不漏气。

在真空瓶内放入适量的吸收液，用真空泵将真空瓶减压，直至吸收液沸腾，关闭旋塞，用真空压力表测量并记下真空瓶内绝对压力。取 100mL 的洗涤瓶，内装洗涤液。连接真空瓶或注射器与其他部件。

采样系统漏气检查。按图所示连接系统，关上采样管出口三通阀，打开抽气泵抽气，使真空压力表负压上升到 13kPa，关闭抽气泵一侧阀门，如压力在 1min 内下降不超过 0.15kPa，则视为系统不漏气。如发现漏气，要重新检查、安装，再次检漏，确认系统不漏气后方可采样。

采样前，打开抽气泵以 1L/min 流量抽气约 5min，置换采样系统的空气。打开真空瓶旋塞，使气体进入真空瓶，然后关闭旋塞，将真空瓶取下。使用注射器时，打开注射器阀门，抽动活栓，将气样一次抽入预定刻度，关闭注射器进口阀门，取下注射器倒立存放。记下采样的工况、环境温度和大气压力。

4) 气袋采样系统

气袋采样系统由采样管、采样气袋、真空箱、过滤器、快速接头、抽气泵等组成(图 8-32)。

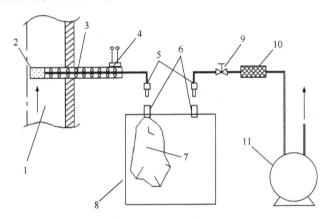

图 8-32 气袋烟气采样系统

1. 排气管道；2. 玻璃棉过滤头；3. Teflon 连接管；4. 加热采样管；5. 快速接头阳头；6. 快速接头阴头；7. 采样气袋；
8. 真空箱；9. 阀门；10. 活性炭过滤器；11. 抽气泵

玻璃棉过滤头加装在采样管前端，填装实验用清洁玻璃棉，用于过滤排气中颗粒物。采样管内径应大于 6 mm，具备加热功能，内壁应为不锈钢或内衬聚四氟乙烯材料。采样气袋应采用低吸附性和低气体渗透率，不释放干扰物质的材质，容积不小于 1L，根据分析方法所需的最少样品体积来选择采样气袋的容积规格，使用前需用样品气清洗至少 3 次。真空箱可采用具备足够强度的透明有机玻璃或有观察孔的不锈钢材质，真空箱上盖可开启，盖底四边有密封条。

连接安装采样系统，系统连接好后，应对采样系统进行气密性检查。如发现漏气应进行分段检查，找出漏气点，及时解决。

采样前将气袋直接连到抽气泵，将气袋中的气体抽去后装入真空箱，并关闭密封真空箱。将加热采样管伸入采样孔内，进气口位置应尽量靠近排放管道中心位置，如果排气筒内废气温度高于环境温度，则开启加热采样管电源，将采样管加热到(120±5)℃。开启抽气泵持续抽气一段时间，将采样管内的气体置换成排气管道内的气体。将采样管连接到真空箱接入气袋的接口，开始采样。观察真空箱内的气袋，当气袋内采样体积达到气袋最大容积的 80% 左右时采样结束，关闭抽气泵。

2. 仪器直接测试法

1) 原理

通过采样管、颗粒物过滤器、除湿器，用抽气泵将气样送入分析仪器中，直接测定气态污染物的含量。

2) 采样系统

采样系统由采样管、颗粒物过滤器、除湿器、抽气泵、分析仪和标准气瓶等部分组成，见图 8-33。

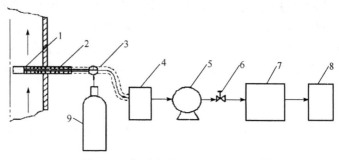

图 8-33　仪器直接测试法采样系统

1. 颗粒物过滤器；2. 加热采样管；3. 三通阀；4. 除湿器；5. 抽气泵；6. 调节阀；7 分析仪；8. 记录器；9. 标准气瓶

3) 样品采集

将采样管置于环境空气中，接通仪器电源，仪器自检并校正零点后，自动进入测定状态。将采样管插入烟道中，将采样孔堵严使之不漏气，为置换管路中的空气和洗涤与饱和滤料，需抽取烟气 30~60min 后再进行测定，待仪器读数稳定后即可记录测试数据。读数完毕将采样管从烟道取出置于环境空气中，抽取干净空气直至仪器示值符合要求后，将采样管插入烟道进行第二次测试。

3. 采样装置

烟气采样装置与大气采样装置基本相同，不同之处是由于烟道气温度高、湿度大，烟尘及有害气体浓度大并具有腐蚀性，故在采样管头部要安装烟尘过滤器(滤料)，采样管需要加热或保温并且要耐腐蚀，以防止水蒸气冷凝而引起被测组分损失。

(a) 型采样管适用于不含水雾的气态污染物的采样(图 8-34)。(b)型采样管在气体入口处装有斜切口的套管，同时装滤料的过滤管也进行加热，套管的作用是防止排气中水滴进入采样管内，过滤管加热是防止近饱和状态的排气将滤料浸湿。(c)型采样管适用于既有颗粒物又有气态污染物的低湿烟气的采样，滤筒采集颗粒物，串联在系统中的吸收瓶采集气态污染物。

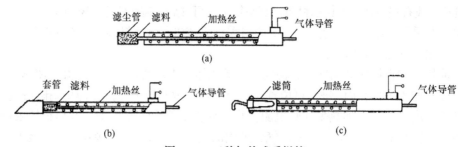

(a)

(b)　　　　　　　　　　　　　　(c)

图 8-34　三种加热式采样管

采样管的材质应该选择耐高温，不吸收且不与待测污染物反应，不被排气中腐蚀成分腐蚀且有足够机械强度的材料，多采用不锈钢材料。

为了防止采集的气体中的水分在采样管内冷凝，避免待测污染物溶于水中产生误差，须将采样管加热。16 种污染物的最低加热温度见表 8-5。加热可用电加热或蒸气加热。使用电加热时，为安全起见，宜采用低压电源，并保证其有良好的绝缘性能。保温材料可选用石棉或矿渣棉。

表 8-5 污染物所需加热的最低温度

气体种类	最低加热温度/℃	备注
二氧化硫	120	
氮氧化物	140	
硫化氢	120	
氟化物	120	
氯化物	120	
溴	120	
酚	120	
氨	120	考虑到温度对气体成分转化的影响，以及防止连接管的损坏，加热温度不应超过 160℃
光气	120	
丙烯醛	120	
氰化氢	120	
硫醇	20~30	
氯	常温	
一氧化碳	常温	
二氧化碳	常温	
苯	常温	

采样管、连接管和滤料应该选择不吸收且不与待测污染物起化学反应并便于连接的材料。16 种气态污染物的采样材质列于表 8-6 中。

表 8-6 气态污染物采样材质

气体种类	采样管和连接管	滤料
二氧化硫	1, 2, 3, 4, 5, 6, 7, 8	9, 10
氮氧化物	1, 2, 3, 4, 5, 8	9
硫化氢	1, 2, 3, 4, 5, 6, 7, 8	9, 10
氟化物	1, 5	10
氯化物	1, 2, 3, 4, 5, 6, 7, 8	9, 10
溴	2, 3, 5, 8	9
酚	1, 2, 3, 5, 8	9
氨	1, 2, 3, 4, 5, 6	9, 10
光气	1, 2, 3, 5	9

续表

气体种类	采样管和连接管	滤料
丙烯醛	1, 2, 5, 8	9
氰化氢	1, 2, 3, 4, 5	9, 10
硫醇	1, 2, 3, 5	9
氯	2, 3, 4, 5, 6	9, 10
一氧化碳	1, 2, 3, 4, 5, 8	9, 10
二氧化碳	2, 3, 5, 8	9
苯	2, 3, 5, 8	9

注：1. 不锈钢；2. 硬质玻璃；3. 石英；4. 陶瓷；5. 氟树脂；6. 氯乙烯树脂；7. 聚氟橡胶；8. 硅橡胶；9. 无碱玻璃棉；10. 金刚砂。

在使用仪器直接监测污染物时，为防止采样气体中的水分在连接管线和仪器之间冷凝，干扰测定，须进行除湿。除湿可采用冷却除湿或干燥剂除湿。除湿后气体污染物损失不超过 5%。

此外，还有烟气自动采样装置，用于烟气组分连续自动监测仪中，对烟气组分进行连续自动监测。

(三) 主要组分的测定

烟气中的氮、氧、二氧化碳、一氧化碳等主要组分，可采用奥氏气体分析器吸收法和仪器分析法测定。

1. 奥氏气体分析器吸收法

1) 原理

奥氏气体分析器吸收法的原理是，用不同的吸收液分别对烟气中各组分逐一进行吸收，根据吸收前后烟气体积的变化，计算各组分在烟气中所占体积分数。奥氏气体分析器的构成如图 8-35 所示。

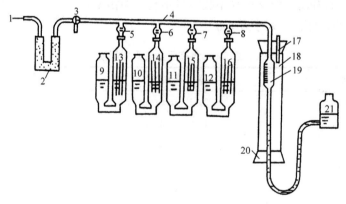

图 8-35　奥氏气体分析器

1. 进气管；2. 干燥器；3. 三通旋塞；4. 梳形管；5~8. 旋塞；9~12. 缓冲瓶；
13~16. 吸收瓶；17. 温度计；18. 水套管；19. 量气管；20. 胶塞；21. 水准瓶

2) 气体吸收

CO_2：酸性气体，可被氢氧化钠和氢氧化钾溶液吸收。通过测量吸收前后气体体积的差值，

可测定 CO_2 的含量。但是 H_2S 和 SO_2 也能被碱性吸收剂吸收，应预先消除，以免干扰 CO_2 的测定，涉及反应如下：

$$CO_2 + 2NaOH == Na_2CO_3 + H_2O$$

$$CO_2 + 2KOH == K_2CO_3 + H_2O$$

O_2：焦性没食子酸(邻苯三酚)的碱性溶液可吸收 O_2，生成六氧基联苯钾，据此测定气体中的 O_2 含量。首先焦性没食子酸在碱性溶液中生成焦性没食子酸钾：

$$C_6H_3(OH)_3 + 3KOH == C_6H_3(OK)_3 + 3H_2O$$

焦性没食子酸钾再与 O_2 发生反应，吸收 O_2。其反应式如下：

$$2C_6H_3(OK)_3 + \frac{1}{2}O_2 == (OK)_3C_6H_2 + C_6H_2(OK)_3 + H_2O$$

为了避免溶液与空气接触被氧化，可在焦性没食子酸钾溶液缓冲瓶中加入少量液体石蜡。

CO：采用氯化亚铜的氨性溶液吸收。但该吸收剂还能吸收 O_2、乙烯等气体，故在吸收测定 CO 之前应先将 O_2 除去。另外，吸收后的混合气中含有大量 NH_3，影响剩余气体体积测定。应让气体通过 H_2SO_4 溶液除去氨气，才能准确测定剩余气体体积。

当烟气中的 CO_2、O_2、CO 被吸收后，剩余的气体主要是 N_2。

用奥氏气体分析器测定烟气成分时，由于 O_2 的吸收液既能吸收 O_2 也能吸收 CO_2，故应按 CO_2、O_2、CO 的顺序进行测定，不得反向操作，并及时记录操作程序。当烟气中 CO 的含量低于 0.5% 时，不宜用此法。

2. 测氧仪测定氧气

1) 电化学法

(1) 原理。被测气体中的氧气，通过传感器半透膜充分扩散进入铅镍合金-空气电池内。经电化学反应产生电能，其电流大小遵循法拉第定律，与参加反应的氧原子摩尔数成正比，放电形成的电流经过负载形成电压，测量负载上电压大小得到氧含量数值。氧传感器化学反应如下：

阴极：
$$O_2 + 2H_2O + 4e^- \longrightarrow 4OH^-$$

阳极：
$$2Pb + 4OH^- \longrightarrow 2PbO + 2H_2O + 4e^-$$

总反应：
$$2Pb + O_2 \longrightarrow 2PbO$$

当被测气体中含有 Cl_2、H_2S、HF 时对传感器有干扰，应避免使用。

(2) 仪器设备。电化学测定氧的仪器设备由采样管、气样预处理器、测氧仪等组成。

(3) 测定步骤。按仪器使用说明书的要求连接气路，并对气路系统进行漏气检查。开启仪器气泵，当仪器自检完毕，表明工作正常后，将采样管插入被测烟道中心或靠近中心处，抽取烟气进行测定，待氧含量读数稳定后，读取数据。

2) 热磁式氧分析仪法

(1) 原理。氧受磁场吸引的顺磁性比其他气体强许多，当顺磁性气体在不均匀磁场中，且具有温度梯度时，就会形成气体对流，这种现象称为热磁对流，或称为磁风。磁风的强弱取决于混合气体中含氧量多少。通过把混合气体中氧含量的变化转换成热磁对流的变化，再转换成电阻的变化，测量电阻的变化，就可得到氧的百分含量。

(2) 仪器设备。热磁式氧分析仪法测定氧的仪器设备由采样管、气样预处理器和热磁式氧分仪组成。

(3) 测定步骤。按仪器使用说明书的要求连接气路，并对气路系统进行漏气检查。开启仪器气泵，当仪器自检完毕，表明工作正常后，将采样管插入被测烟道中心或靠近中心处，抽取烟气进行测定，待指示稳定后读取氧含量数据。

3) 氧化锆氧分析仪法

(1) 原理。利用氧化锆材料添加一定量的稳定剂后，通过高温烧成，在一定温度下成为氧离子固体电解质。在该材料两侧焙烧上铂电极，一侧通气样，另一侧通空气，当两侧氧气分压不同时，两电极间产生浓差电动势，构成氧浓差电池。两电极反应如下。

高含氧一侧：$\qquad\qquad\qquad\qquad$ $O_2 + 4e^- \longrightarrow 2O_2^-$

另一侧：$\qquad\qquad\qquad\qquad$ $2O_2^- \longrightarrow O_2 + 4e^-$

浓差电势符合能斯特方程：

$$E = \frac{RT}{nF} \ln \frac{P_0}{P}$$

由氧浓差电池的温度和参比气体的氧分压 P_0，便可通过测量仪表测量电动势，换算出被测气体含氧量。

(2) 仪器设备。氧化锆氧分析仪法测定氧的仪器设备由采样管、气样预处理器和氧化锆氧分仪组成。

(3) 测定步骤。按仪器使用说明书的要求连接气路，并对气路系统进行漏气检查。接通电源，加热升温。开启仪器气泵，当仪器自检完毕，表明工作正常后，将采样管插入被测烟道中心或靠近中心处，抽取烟气进行测定，待指示稳定后读取氧含量数据。

测氧仪至少每季度检查校验一次，使用高纯氮检查其零点，用干净的环境空气应能调整其示值为 20.9%(在高原地区应按照当地空气含氧量标定)。

(四) 有害组分的测定

烟气中有害组分测定方法的选择根据组分的含量而定。当含量较高时，一般选用化学容量分析方法，例如，烟气中 SO_2 的测定多选用碘量法，烟气中 NO_x 的测定多选用中和滴定法。当含量较低时，可选用各种仪器分析方法，如分光光度法、电化学分析法、气相色谱法等，其方法原理大多与测定空气中气态有害组分的相同。烟气中部分有害组分的测定方法列于表 8-7 中。

表 8-7　烟气中部分有害组分的测定方法

污染物	测定方法
二氧化硫	碘量法、甲醛缓冲溶液吸收-盐酸副玫瑰苯胺分光光度法、定电位电解法
氮氧化物	中和滴定法、紫外分光光度法、盐酸萘乙二胺分光光度法
氯化氢	硫氰酸汞分光光度法、离子色谱法
硫酸雾	铬酸钡分光光度法、离子色谱法
氟化物	离子选择电极法、氟试剂分光光度法
氯气	甲基橙分光光度法

续表

污染物	测定方法
溴化氢	离子色谱法
氰化氢	异烟酸-吡唑啉酮分光光度法
光气	苯胺紫外分光光度法
一氧化碳	非色散红外吸收法
二氧化碳	非分散红外吸收法
氨	纳氏试剂分光光度法
总磷	喹钼柠酮滴定法
铬酸雾	二苯碳酰二肼分光光度法
镉、铅	原子吸收分光光度法、双硫腙分光光度法
汞	冷原子吸收分光光度法、双硫腙分光光度法
铍	石墨炉原子吸收分光光度法
砷	二乙基二硫代氨基甲酸银分光光度法
颗粒物中砷、硒、铋、锑	原子荧光法
颗粒物中金属元素	电感耦合等离子体发射光谱法、电感耦合等离子体质谱法
碱雾中钠元素	电感耦合等离子体发射光谱法
甲醇、氯乙烯、乙醛、丙烯醛、丙烯腈	气相色谱法
苯可溶物	索氏提取-重量法
苯系物、氯苯类、苯胺类	气相色谱法
硫化氢	碘量法(用于仅含 H_2S 的废气)、亚甲基蓝分光光度法
硫醇、硫醚	气相色谱法
挥发酚	4-氨基安替比林分光光度法
挥发性有机物	固相吸附-热脱附／气相色谱-质谱法
挥发性卤代烃、酞酸酯类	气相色谱法
总烃、甲烷和非甲烷总烃	气相色谱法
多环芳烃	高效液相色谱法、气相色谱-质谱法
三甲胺	抑制型离子色谱法、气相色谱法
酰胺类	液相色谱法
沥青烟	重量法
油烟和油雾	红外分光光度法
二噁英类	同位素稀释高分辨气相色谱-高分辨质谱法

九、烟尘组分的测定

测定烟尘(包括气溶胶)中的有害组分时,先用烟尘采样装置将烟尘捕集在滤筒上,再采用适当的方法对滤尘装置阻留下来的烟尘进行预处理,将被测组分提取出来,制成溶液,再根据不同组分的测定方法分别进行测定。例如，在测定烟气中的硫酸雾和铬酸雾时，先将其采集在玻璃纤维滤筒上，再将阻留在滤筒上的烟尘用水浸取，用铬酸钡分光光度法或离子色谱法测定硫酸雾，用二苯碳酰二肼分光光度法测定铬酸雾。铅、铍等烟尘用酸浸溶后，分别采用双硫腙分光光度法和原子吸收分光光度法测定。

如果要测定烟尘和气体中某种有害组分的总量，应在烟尘采样系统中串接捕集气态组分的吸收瓶，然后将二者合并，经处理制备成样品溶液后测定。例如，测定烟气中氟化物总量时，应将烟尘和吸收液于酸溶液中加热蒸馏分离后测定；用玻璃纤维滤筒和冲击式吸收瓶串联采集气溶胶态和蒸气态的沥青烟，用有机溶剂提取后测定。

第二节　流动污染源监测

流动污染源指汽车、柴油机车等交通运输工具。其排放的废气污染物数量大，排放相对集中，是造成城市空气污染的一个主要因素。

一、污染物的来源

汽车排放污染物的来源有三个方面。一是排气，即由排气管排出的废气，其中含有 CO、烃类(HC)、NO_x、硫化物等污染物；二是窜缸混合气，它是从活塞环与气缸的间隙漏入曲轴箱，再由曲轴箱通风管排出的未燃烧的燃料混合物，其主要成分是 HC；三是燃油蒸发，从油箱、浮子室、油管接头等处挥发的燃油进入大气，其主要成分也是 HC。排气污染约占汽车总排放污染物的 55%，窜缸混合气占 25%，剩余 20%为蒸发掉的燃料。

二、机动车运行状态及排气特点

汽车排气中污染物含量与汽车行驶状态(运行工况)有关。当汽车处于怠速、匀速、加速、减速等不同运行工况时，污染物的排放量变化很大。

(一) 怠速

怠速是指汽车发动机无负荷状态下，以最低供油量进行运转的工况。当汽车处于怠速工况时，汽车发动机在运转而汽车是静止不动的。

发动机怠速运转时，新鲜混合气少，气缸内的残余废气相对较多，对燃烧不利。为保证发动机运转平稳，必须加浓混合气，因此 CO 的排放量较高。同时还由于气体温度低，燃烧室和气缸冷壁面淬冷层加厚，其内燃油不可能燃烧，从而导致较多的碳氢化合物排放。

(二) 匀速

汽车发动机转速升高，既可增强气缸中的扰流混合与涡流扩散，又可增强排气的扰流和混合。前者改善了混合气的燃烧，增进了冷熄区的后氧化；后者促进了排气系统的氧化，使 HC 排放量随发动机转速的升高很快下降。

发动机低速运转时 CO 排放量较高，当转速增加时很快降低，至中速后变化不大。这是因为化油器供给发动机的空燃比随流量的增加接近于理论空燃比。

随着发动机转速的提高，气缸中气体的扰动加强，加大了火焰传播速度，同时也减少了热损失，使 NO_x 的排放量有所增加。

(三) 加速

进行加速时，在整个工况过程中应尽可能使加速度恒定。当踩下油门加速时，由于要求发动机输出较大的功率，需提高气缸内燃气的温度，因此会产生大量的NO_x。而且由于加速装置工作，混合气很浓，引起不完全燃烧，导致CO、HC的排放量也增加。

(四) 减速

突然松开油门时，节气门急速关闭，在进气管内产生瞬时的强真空，吸入过量的燃料，结果一方面造成节气门关小，进气量减少，另一方面燃料迅速增多，形成过浓混合气。此外，气缸内压缩压力降低，燃烧温度也降低，燃料燃烧不完全，CO生成量增加，而且冷熄区加大，HC生成量也增加，但几乎无NO_x排放。

三、排气样品采集

(一) 机动车运行状态调节

急速：离合器处于接合位置，变速器置空挡(对于配置自动变速箱的汽车，应处于停车或P挡)。采用化油器的供油系统，其阻风门处于全开位置。油门踏板与手油门处于松开位置。

加速：在发动机急速下，迅速但不猛烈地踏下油门踏板，并保持此位置。在整个工况过程中，应尽可能使加速度恒定。

减速：在所有减速工况时间内，应使油门踏板完全松开，离合器结合；当车速降至10km/h时，使离合器脱开，但不操作变速杆。

等速：应保持油门踏板位置不变，避免关闭节气门。

高急速：指满足急速条件(油门控制器位置除外，对自动变速器的车辆，驱动轮应处于自由状态)的情况下，通过调整油门控制器，将发动机转速稳定控制在50%额定转速或制造厂技术文件规定的高急速转速时的工况。

自由加速：在发动机急速转速下，迅速但不猛烈地踏下油门踏板，使发动机达到调速器允许的最大转速前，保持此位置，一旦达到最大转速，立即松开油门踏板，使发动机恢复至急速的测试工况。

加载减速：指发动机油门处于全开位置，通过对汽车驱动轮强制加载迫使车减速运行的工况。

(二) 采样位置

汽油车污染物测定要求采样管插入排气管深度不小于300mm，头侧排气管应加连接管。取样探头与排气管的横截面之比不应小于0.05。

柴油机车烟度测量采样时，要求排气管的连接管有一段直管，采样头前方的直管长度不小于连接管内径的6倍，后方直管长度不小于连接管内径的3倍。

取样探头插入排气管后，应保证取样探头基本居于排气管中间位置，且与汽车排气管基本保持平行。

(三) 样品采集

排气采样采用定容取样系统(CVS)。该系统是为测量车辆排气中的真实排放物质量而设计的。CVS如图8-36所示。

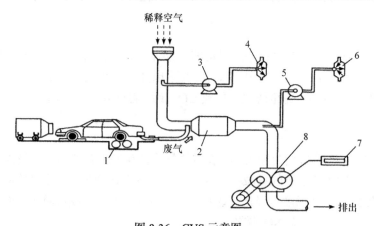

图 8-36 CVS 示意图

1. 底盘测功机；2. 混合室；3、5. 泵；4、6. 袋；7. 测量器；8. 鼓风机

CVS 的工作原理：从汽车排气管中排出的废气在混合室中被空气稀释，稀释空气由鼓风机抽进混合室。稀释的废气和吸进的空气量由测量器测定。大部分废气与空气的混合物被排出取样器，并由测量器测量排出气体的体积。仅有一小部分混合物被收集在袋中。

四、排气中气态污染物的测定

根据 CO 和碳氢化合物对红外光有特征吸收的原理(见自动连续监测章节内容)测定排气中的这两种污染物。一般使用非色散红外吸收监测仪，可直接显示 CO 和碳氢化合物的测定结果(体积比)。氮氧化物用化学发光法或非扩散紫外线谐振吸收法测定。总碳氢化合物(THC)和非甲烷碳氢化合物(NMHC)采用气相色谱法测定。

五、机动车排气烟度的测定

碳烟是机动车燃料不完全燃烧的产物。其组分复杂，但主要由直径 0.1～10μm 的多孔碳聚合体(占 85%以上)组成，它往往吸附有 SO_2、多环芳烃等有害物质。由于燃烧机理不同，柴油机在扩散燃烧阶段容易产生碳烟，而汽油机产生的碳烟比柴油机少得多。

排气烟度是描述由汽车发动机燃烧产生，并经排气管排出的气体和固体混合物颜色黑暗程度的物理量。排气烟度的测量分为滤纸烟度法、不透光烟度法和林格曼黑度法。以下对滤纸烟度法进行介绍。

(一) 原理

在规定的时间内，用一支活塞式抽气泵从柴油机排气管中抽取一定体积的排气，让其通过一定面积的白色滤纸，排气中的炭粒被阻留附着在滤纸上，将滤纸染黑，其烟度与滤纸被染黑的强度相关。用光电测量装置测量洁白滤纸和染黑滤纸对同强度入射光的反射光强度，依据下式确定排气的烟度值[以波许烟度单位(BSU)表示]。

烟度指滤纸烟度，即滤纸的染黑程度，用 0～10BSU 表示，即清洁滤纸为 0 BSU，全黑滤纸为 10BSU，在 0～10 均匀分度，用下式计算：

$$R_b = (1 - \rho_v) \times 10$$

式中，R_b 为烟度，BSU；ρ_v 为被染黑后滤纸相对于清洁滤纸的反射因数之比；10 为烟度计的满量程。

(二) 烟度卡

由于烟度卡的质量会直接影响烟度测定结果,所以要求烟度卡表面涂层的光谱反射因数在380~780nm 即可见光范围内应保持中性,漫反射因数应不小于 0.80,反射均匀性应不小于 0.99。

烟度卡表面涂层的化学性能应稳定,在自然条件下,其光谱反射因数的年变化量应不超过±0.5%。

烟度卡的纤维及微孔应均匀(当量孔径 45μm),机械强度好、厚度 0.18~0.20mm、通气性良好(透气度 3000mL/cm² · min)、工作面积大(有效工作面积 36mm×36mm)以保证烟气中的碳粒能均匀分布在滤纸上,提高测定精度。

烟度卡使用时应避免机械损伤,同时应避免用手触及涂层表面。若烟度卡表面涂层有明显污染或划痕应报废。

烟度卡不使用时应放入包装袋内保存,并应避免潮湿环境和阳光直射。烟度卡标定周期为一年。

(三) 测定步骤

滤纸式烟度计由取样探头、抽气装置、光电检测系统及清洗装置组成(图 8-37)。当抽气泵活塞受脚踏开关的控制而上行时,排气管中的排气依次通过取样探头、取样软管及一定面积的滤纸被抽入抽气泵,排气中的黑烟被阻留在滤纸上。用步进电机(或手控)将已提取黑烟的滤纸送到光电检测系统测量,由仪表直接指示烟度值。在一定时间间隔测量三次,取其平均值。完成测量后,用压缩空气清洗采样管路。

(四) 不透光烟度计法

不透光烟度计法的测定原理是,被测气体封闭在一个内表面不反光的容器内,发射光通过一定长度的烟,用入射光通过并到达接收器的比例来判定介质的遮光性能。

不透光烟度计和取样系统的主要组成部件至少应包括取样探头、取样软管、光发射器、光接收器、电磁阀、测量气室及其温度调节装置、校准室、气样入口通道、环境空气入口通道、发动机转速传感器端口(可选件)等。取样系统应具有气冷却或水冷却装置,以保证排气温度降至烟度计能处

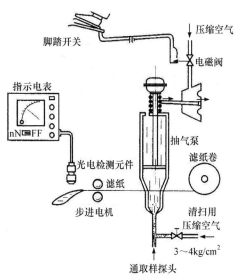

图 8-37　滤纸式烟度计工作原理示意图

理的温度范围。不透光烟度计的光通道有效长度一般应为 430mm。采样频率应至少为 10Hz。从烟气开始进入气室到完全充满气室所经历的时间应不超过 0.4s。

六、机动车燃油蒸发污染物的测定

燃油蒸发污染物是指在车辆的燃料(汽油)系统中蒸发损失的碳氢化合物。它不同于排气中的碳氢化合物,包括昼夜换气损失和热浸损失两种。昼夜换气损失(燃油箱呼吸损失)是指由于

温度变化从燃油系统排放的碳氢化合物(用 $C_1H_{2.33}$ 当量表示)。热浸损失是指机动车行驶一段时间后，静止时从燃油系统排放的碳氢化合物(用 $C_1H_{2.20}$ 当量表示)。

蒸发污染物排放用密闭室测量。密闭室是一间矩形测量室，实验时可用来容纳汽车，并能使检测人员从各个侧面方便地接近汽车。密闭室封闭时应能达到一定的气密性，其内表面应不渗透碳氢化合物并与之不发生化学反应。实验期间，温度调节系统应能控制密闭室内部的空气温度，使其随规定的温度-时间曲线变化，且在整个实验期间平均误差在±1K 内。密闭室的壁面应有良好的散热性。

(一) 昼夜换气损失实验

将油箱内的燃油放干净，并注入实验用燃油至油箱标称容积的 50%±2.5%。测试前燃油的温度应低于 15.5℃，密闭室内温度控制在(298±5)K[(25±5)℃]。在实验开始前，清洗密闭室几分钟，直至得到一个稳定的环境背景值。打开混合风扇。发动机处于熄火状态，将机动车推进密闭室。打开油箱盖，启动温度记录仪，加热油箱。最后的燃油温度为(302.3±0.5)K[(29.3±0.5)℃]。测定密闭室内起始和最终时刻的碳氢化合物浓度。

(二) 热浸损失实验

在预处理运行完成之前对密闭室进行若干分钟的清洗，直至获得稳定的碳氢化合物背景值。此时应打开密闭室内的混合风扇。预处理完毕后 7min 内，在发动机熄火的情况下，将机动车推进密闭室内，并密封密闭室。分析密闭室内空气中在起始和最终时刻的碳氢化合物浓度。

思考题和习题

1. 烟道废气需测定的基本参数有哪些？测定这些基本参数的目的是什么？
2. 比较标准皮托管和 S 型皮托管测量烟气压力的基本原理及异同。
3. 什么是等速采样？测定烟尘浓度时为什么要采用等速采样法采样？简述等速采样的保证措施。
4. 简述烟气中含湿量的监测方法原理及其适用条件。
5. 烟气测量时，用标准皮托管测得动压为 7.95mm 水柱，静压为-10mm 汞柱，烟气温度为 250℃，烟气常数 2.24mmHg·m³/kg·K，大气压为 760mmHg，求烟气流速。
6. 某排气烟道为矩形平直烟道，长和宽分别为 2m 和 1.5m，烟道积灰 12%，测得烟气平均流速 22.3m/S，烟气温度 450K，烟气静压-1450Pa，大气压力为 1 个大气压，烟气中含湿体积分数为 15%，求标准状态下的烟气流量。
7. 说明奥氏气体分析器吸收法测量烟气组分的基本原理。
8. 说明烟气采样系统的基本组成和各部分作用。
9. 试分析烟尘浓度与烟气黑度之间的关系。
10. 说明林格曼烟气黑度图法测量烟气黑度的原理及注意事项。
11. 如何测定烟尘中的多环芳烃？
12. 简述汽车加速状态排气污染物排放实验对尾气污染物的监测原理。
13. 试分析机动车运行状态与尾气排气特征之间的关系。
14. 简述有组织排放的高温含湿烟气中气态污染物氨的测定步骤。

第九章 空气中放射性污染监测

在环境空气中，由于自然原因或人为原因，存在着放射性辐射。随着原子能工业的迅速发展，放射性废物排放量不断增加，核爆炸试验和核事故时有发生，放射性物质在国防、医学、科研和民用等领域的应用不断扩大，有可能使大气中放射性水平超过标准规定的剂量限值，导致放射性污染，危害人体和其他生物。对大气环境进行放射性监测，已成为环境保护中的一项重要内容。

第一节 基 础 知 识

一、放射性

(一) 放射性核衰变

原子是由原子核和围绕原子核按一定能级运行的电子组成的。原子核由质子和中子组成，它们又称为核子。有些原子核是不稳定的，能自发地改变核结构，这种现象称核衰变。在核衰变过程中总是放射出具有一定动能的带电或不带电的粒子，即 α、β 和 γ 射线，这种现象称为放射性。例如，核素 ^{226}Ra 和 ^{60}Co 的衰变可用图 9-1 表示。图中数字分别表明核衰变过程的半衰期($T_{1/2}$)、分枝衰变的强度百分数和以百万电子伏特(MeV)为单位的发射粒子能量。

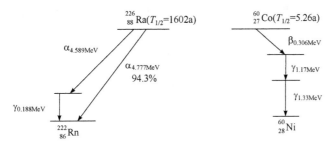

图 9-1 ^{226}Ra 和 ^{60}Co 的核衰变

天然不稳定核素能自发放出射线的特性称为"天然放射性"；通过核反应由人工制造出来的核素的放射性称为"人工放射性"。决定放射性核素性质的基本要素是放射性衰变类型、放射性活度和半衰期。

(二) 放射性衰变的类型

1. α 衰变

α 衰变是不稳定重核(一般原子序数大于82)自发放出 ^{4}He 核(α 粒子)的过程，如 ^{226}Ra 的 α 衰变可写成：

$$^{226}\text{Ra} \longrightarrow {}^{222}\text{Rn} + {}^4\text{He}$$

不同核素所放出的 α 粒子的动能不等，一般为 2~8MeV。^{222}Rn、^{218}Po、^{210}Po 等核素在衰变时放出单能 α 射线；^{231}Pa、^{226}Ra、^{212}Bi 等核素在衰变时放出几种能量不同的 α 射线和能量较低的 γ 射线。图 9-1 所示的 ^{226}Ra 衰变有两种方式(分枝衰变)：一种方式是 ^{226}Ra 放射出 4.777MeV 的 α 粒子后变成基态的 ^{222}Rn，这种方式的概率占 94.3%；另一种方式是 ^{226}Ra 放射出 4.589MeV 的 α 粒子后变成激发态的 ^{222}Rn，然后很快地跃迁至基态 ^{222}Rn 并放射出 0.188MeV 的 γ 射线，这种衰变方式的概率占 5.7%。

α 粒子的质量大，速度小，照射物质时易使其原子、分子发生电离或激发，但穿透能力小，只能穿过皮肤的角质层。

2. β 衰变

β 衰变是放射性核素放射 β 粒子(即快速电子)的过程，它是原子核内质子和中子发生互变的结果。β 衰变可分为 β⁻衰变、β⁺衰变和电子俘获三种类型。

1) β⁻衰变

β⁻衰变是核素中的中子转变为质子并放出一个 β⁻粒子和中微子的过程。β⁻粒子实际上是带一个单位负电荷的电子。许多 β 衰变的放射性核素只发射 β 粒子，不伴随其他射线，如 ^{14}C、^{32}P 等，但更多的 β 衰变的核素常常伴有 γ 射线，如 ^{60}Co 衰变时除放射出 β 粒子外，还放射两种 γ 射线。

β 射线的电子速度比 α 射线高 10 倍以上，其穿透能力较强，在空气中能穿透几米至几十米才被吸收。与物质作用时可使其原子电离，也能灼伤皮肤。

2) β⁺衰变

核素中质子转变为中子并发射正电子和中微子的过程。

3) 电子俘获

不稳定的原子核俘获一个核外电子，使核中的质子转变成中子并放出一个中微子的过程。因靠近原子核的 K 层电子被俘获的概率远大于其他壳层电子，故这种衰变又称为 K 电子俘获。例如

$$^{55}\text{Fe} \xrightarrow{\text{K俘获}} {}^{55}\text{Mn}$$

当 K 壳层电子被俘获后，该壳层产生空位，则更高能级的电子可来填充空位，同时放射特征 X 射线。

3. γ 衰变

γ 射线是原子核从较高能级跃迁到较低能级或者基态时所放射的电磁辐射。这种跃迁对原子核的原子序数和原子质量数都没影响，所以称为同质异能跃迁。某些不稳定的核素经过 α 或 β 衰变后仍处于高能状态，很快(约 10^{-13}s)再发射出 γ 射线而达稳定态。

γ 射线是一种波长很短的电磁波(0.007~0.1nm)，故穿透能力极强，它与物质作用时产生光电效应、康普顿效应、电子对生成效应等。

(三) 放射性活度和半衰期

1. 放射性活度(强度)

放射性活度指单位时间内发生核衰变的数目，可表示为

$$A = -\frac{\text{d}N}{\text{d}t} = \lambda N$$

式中，A 为放射性活度，s^{-1}，活度单位的专门名称为贝可，用符号 Bq 表示，$1Bq=1s^{-1}$；N 为某时刻的核素数；t 为时间，s；λ 为衰变常数，表示放射性核素在单位时间内的衰变概率。

2. 半衰期

当放射性核素因衰变而减少到原来的一半时所需的时间称为半衰期($T_{1/2}$)。衰变常数(λ)与半衰期有下列关系：

$$T_{1/2} = \frac{0.693}{\lambda}$$

半衰期是放射性核素的基本特性之一。不同核素的 $T_{1/2}$ 不同，如 ^{212}Po 的 $T_{1/2}=3.0\times10^{-7}$s，而 ^{238}U 的 $T_{1/2}=4.5\times10^{9}$ 年。因为放射性核素每一个核的衰变并非同时发生，而是有先有后，所以对一些 $T_{1/2}$ 长的核素，一旦发生核污染，要通过衰变令其自行消失，需时是十分长久的。例如，^{90}Sr 的 $T_{1/2}=29$ 年，一定质量的 ^{90}Sr 衰变 99.9%所需时间可由下式算出：

$$\lambda = \frac{0.693}{T_{1/2}} = 2.39\times10^{-2}\,(\mathrm{a}^{-1})$$

$$A = -\frac{\mathrm{d}N}{\mathrm{d}t} = \lambda N$$

则

$$N = N_0\mathrm{e}^{-\lambda t}$$

$$\lg\frac{N_0}{N} = \frac{\lambda \cdot t}{2.303}$$

$$t = 2.303\times\frac{1}{2.39\times10^{-2}}\times\lg\frac{1}{0.001} = 289\,(\mathrm{a})$$

(四) 核反应

所谓核反应是指用快速粒子打击靶核而产生新核(核产物)和另一粒子的过程。进行核反应的方法主要有：用快速中子轰击发生核反应；吸收慢中子的核反应；用带电粒子轰击发生核反应；用高能光子照射发生核反应等。其中，最重要的是重核裂变反应，如可作为裂变材料的 ^{235}U、^{239}Pu、^{232}U 被装载在反应堆或原子弹中，经热中子轰击后释放出大量原子能，其本身同时裂成各种碎片(^{131}I、^{90}Sr、^{137}Cs 等)。

二、照射量和剂量

照射量和剂量都是表征放射性粒子与物质作用后产生的效应及其量度的术语。

(一) 照射量

照射量被定义为

$$X = \frac{\mathrm{d}Q}{\mathrm{d}m}$$

式中，dQ 为 γ 或 X 射线在空气中完全被阻止时，引起质量为 dm 的某一体积单元的空气电离所产生的带电粒子(正的或负的)的总电量值，C；X 为照射量，C/kg(SI 单位)或 R(暂时并用单位，称为伦琴)，$1R=2.58\times10^{-4}$C/kg，伦琴单位的定义是：凡 1 伦琴 γ 或 X 射线照射 $1cm^3$ 标准状态下(0℃、101.325kPa)的空气，能引起空气电离而产生 1 静电单位正电荷和 1 静电单位负电荷的带电粒子。这一单位仅适用于 γ 或 X 射线透过空气介质的情况，不能用于其他类型的辐射和介质。

(二) 吸收剂量

它用于表示在电离辐射与物质发生相互作用时单位质量的物质吸收电离辐射能量大小的物理量。其定义用下式表示：

$$D = \frac{\mathrm{d}\overline{E}_D}{\mathrm{d}m}$$

式中，D 为吸收剂量，J/kg(SI 单位)、Gy(称为戈瑞)或 rad(称为拉德)；$\mathrm{d}\overline{E}_D$ 为电离辐射给予质量为 dm 的物质的平均能量。

$$1Gy = 1J/kg$$
$$1rad = 10^{-2}Gy$$

吸收剂量单位可适用于内照射和外照射，已广泛应用于放射生物学、辐射化学、辐射防护等学科。

吸收剂量有时用吸收剂量率($\dot{D}$)来表示。它定义为单位时间内的吸收剂量，即

$$\dot{D} = \frac{\mathrm{d}D}{\mathrm{d}t}$$

其单位为 Gy/s 或 rad/s。

(三) 剂量当量

剂量当量定义为在生物机体组织内所考虑的一个体积单元上吸收剂量、品质因数和所用修正因数的乘积，即

$$H = DQN$$

式中，H 为剂量当量，J/kg(SI 单位)、Sv(称为希沃特)或 rem(雷姆)；D 为吸收剂量，Gy；Q 为品质因数，其值取决于导致电离的粒子的初始动能、种类及照射类型等(表 9-1)；N 为所有其他修正因数的乘积。

$$1Sv = 1J/kg$$
$$1rem = 10^{-2}Sv$$

表 9-1 品质因数与照射类型、射线种类的关系

照射类型	射线种类	品质因数
外照射	x、γ、e	1
	热中子及能量小于 0.005MeV 的中能中子	3
	中能中子(0.02MeV)	5
	中能中子(0.1MeV)	8
	快中子(0.5~10MeV)	10
	重反冲核	20
内照射	β⁻、β⁺、γ、e、x	1
	α	10
	裂变碎片、α 发射中的反冲核	20

在表 9-1 中, 外照射是指宇宙射线及地面上天然放射性核素发射的 β 和 γ 射线对人体的照射; 内照射是指通过呼吸和消化系统进入人体内部的放射性核素造成的照射。

应用剂量当量来描述人体所受各种电离辐射的危害程度, 可以表达不同种类的射线在不同能量及不同照射条件下所引起生物效应的差异。在计算剂量当量时, 也就必须预先指定这些条件。对 β 粒子或 γ 射线来说, 以 rem 为单位的剂量当量和以 rad 为单位的剂量在数值上是相等的。

单位时间内的剂量当量称为剂量当量率, 其单位为 Sv/s 或 rem/s。

此外, 还有累积剂量、最大容许剂量、致死剂量等。

第二节　大气环境中的放射性

一、大气中放射性的来源及分布

(一) 天然放射性的来源

1. 宇宙射线及其产生的放射性核素

宇宙射线是一种从宇宙空间射到地面的射线, 由初级宇宙射线和次级宇宙射线组成。初级宇宙射线指从宇宙空间射到地球大气层的高能辐射, 主要成分为质子(83%～89%)、α 粒子(10%～15%), 以及原子序数 ≥ 3 的轻核和高能电子(1%～2%)。这种射线能量很高, 可达 10^{20}MeV 以上。次级宇宙射线是初级宇宙射线进入大气层后与空气中的原子核相互碰撞, 引起核反应并产生一系列其他粒子, 通过这些粒子自身转变或进一步与周围物质发生作用, 就形成次级宇宙射线。在海平面上所观察到的次级宇宙射线由介子(约 70%)、核子和电子(约 30%)组成, 其强度在不同纬度和海拔高度有所不同。次级宇宙射线能量比初级宇宙射线低。

由宇宙射线与大气层中的核素发生反应产生的放射性核素有多种, 其中具有代表性的有 $^{14}N(n, T)^{12}C$ 反应产生的 $^3H(T)$, $^{14}N(n, P)^{14}C$ 反应产生的 ^{14}C。天然的 ^3H 中有四分之一是宇宙射线中的中子与 ^{14}N 作用产生的, 其余的是大气中原子核被宇宙射线中的高能粒子击碎后形成的。天然存在的 ^{14}C 是宇宙射线中的中子和天然存在的 ^{14}N 作用得到的核反应产物。

2. 天然系列放射性核素

多数天然放射性核素在地球形成时期就存在于地壳中, 经过地球漫长的演化, 母体与子体之间已达到放射性平衡, 从而建立了放射性核素系列。该系列有三个, 即铀系, 其母体是 ^{238}U; 锕系, 其母体是 ^{235}U; 钍系, 其母体是 ^{232}Th。这些母体具有极长的半衰期; 每一系列中部含有放射性气体 Rn 核素。

自然环境中天然存在的放射性称为天然放射性本底, 它是判断大气环境是否受到放射性污染的基准。天然放射性本底对人体的照射约 80%是外照射。

(二) 人为放射性污染的来源

引起大气环境放射性污染的主要来源是生产和应用放射性物质的单位所排出的放射性废气, 以及核武器爆炸、核事故等产生的放射性物质。

1. 核试验及航天事故

核试验及航天事故包括大气层核试验、地下核试验冒顶事故, 以及外层空间核动力航天器事故等。其核裂变产物包括 200 多种放射性核素，如 ^{90}Sr、^{137}Cs、^{131}I、^{239}Pu 等。核爆炸过程中产生的中子与大气中的核素发生核反应形成中子活化产物，如 ^{3}H、^{14}C、^{32}P 等，以及剩余未起反应的核素如 ^{235}U、^{239}Pu 等。

核爆炸尤其是发生在大气层中的核爆炸，会形成百万度的高温火球，使其中的裂变碎片及卷进火球的尘埃等变为蒸气，在随火球膨胀和上升过程中，因与大气混合和热辐射损失，温度逐渐降低，便凝结成微粒或附着在其他尘粒上而形成放射性气溶胶。粒径＞0.1mm 的粒子在核爆炸后一天内即可在当地降落；粒径＜25μm 的气溶胶粒子，可长期飘浮在大气中，称为放射性尘埃。放射性尘埃在大气平流层的滞留时间为 0.3～3 年，其主要放射性核素是长寿命的 ^{90}Sr、^{137}Cs 和 ^{14}C 等。对流层中的气溶胶粒子沉降时间为几天到几个月。对流层中的裂变产物含大量半衰期为数日至数十日的核素，如 ^{89}Sr、^{95}Zr、^{131}I、^{40}Ba 等。

2. 核工业

原子能反应堆、核电站等设施在运行过程中要排放含核裂变产物的"三废"，特别是在发生事故时，将会有大量放射性物质泄漏到环境中去，造成严重的污染事故，如苏联的切尔诺贝利核事故等。

3. 放射性矿产的开采和冶炼

在铀、稀土金属等矿产开采、提炼过程中，其排放的"三废"中含有铀、钍、氡等放射性核素，将对局部地区的大气造成污染。

(三) 放射性核素的分布

大多数放射性核素均可出现在大气中，但主要是氡的同位素，特别是 ^{222}Rn。氡是镭的衰变产物，能从含镭的岩石、土壤、水体和建筑材料中逸散到大气。其衰变产物是金属元素，极易附着于气溶胶颗粒上。

大气中氡的浓度与气象条件有关，日出前浓度最高，日中较低，二者间可相差十倍以上。一般情况下，陆地和海洋上的近地面大气中氡的浓度范围分别为 $1.11×10^{-3}$～$9.6×10^{-3}$Bq/L、$1.9×10^{-5}$～$2.2×10^{-3}$Bq/L。

室内空气中的放射性主要来自建筑材料、装饰装修材料等中的放射性元素，如镭、钍、钾在衰变中产生的氡及其子体。

二、放射性污染的危害

(一) 放射性物质进入人体的途径

放射性物质可通过呼吸道、消化道、皮肤或黏膜等三种途径进入人体。由呼吸道吸入的放射性物质，其吸收程度与放射性核素的性质、状态有关，易溶性的吸收较快，气溶胶吸收较慢；被肺泡膜吸收后，可直接进入血液流向全身。由消化道食入的放射件物质，被肠胃吸收后，经肝脏随血液进入全身。可溶性的放射性物质易被皮肤吸收，特别是由伤口侵入时，吸收率很高。

(二) 放射性的危害

α、β、γ 射线照射人体后，常引起肌体细胞分子、原子电离，使组织的某些大分子结构被破坏，如使蛋白质及核糖核酸或脱氧核糖核酸分子链断裂等而造成组织破坏。

人体一次或短期内接受大剂量照射，将引起急性辐射损伤，如核爆炸、核反应堆事故等造成的损伤。全身大剂量外照射会严重伤害人体的各组织、器官和系统,轻者出现发病症状,重者造成死亡。例如,全身吸收剂量达 5Gy 时,1～2h 即出现恶心、呕吐、腹泻等症状,一周后出现咽炎、体温上升、迅速消瘦等症状,第二周就会死亡,且死亡率达 100%,此为致死剂量;当吸收剂量为 4Gy 时,数小时后出现呕吐,两周内毛发脱落,体温上升,三周内出现紫斑,咽喉感染,四周后有 50%受照射者死亡,存活者六个月后才能恢复健康,此为半致死剂量;当吸收剂量为 2Gy 时,经过大约一周的潜伏期,出现毛发脱落、厌食等症状;吸收剂量为 1Gy 时,将有 20%～25%的受照射者发生呕吐等轻度急性放射病症状;0.5Gy 的剂量可使人体血象发生轻度变化。

辐射损伤还会产生远期效应、驱体效应和遗传效应。远期效应指急性照射后若干时间或较低剂量照射后数月或数年才发生病变。驱体效应指导致受照射者发生白血病、白内障、癌症及寿命缩短等损伤效应。遗传效应指在下一代或几代后才显示损伤效应。

三、放射性辐射的防护标准

自然环境中的宇宙射线和天然放射性物质构成的辐射称为天然放射性本底,它是判定环境是否受到放射性污染的基准。为防止放射性污染对人体的辐射损伤,保护环境,各国都制定了放射性防护标准。下面简要介绍我国制定的有关标准和其他一些国家的部分标准。

(一) 空气中放射性辐射的限制值

表 9-2 列出了放射性核素在放射性工作场所空气中的最大容许浓度限值。

表 9-2 放射性核素在放射性工作场所空气中的最大容许浓度

放射性同位素	最大容许浓度/(Bq/L)[①]	放射性同位素	最大容许浓度/(Bq/L)[①]
氚 ^{3}H	1.9×10^2	氪 ^{85}Kr	3.7×10^2
铍 ^{7}Be	3.7×10	锶 ^{90}Sr	3.7×10^{-2}
碳 ^{14}C	1.5×10^2	碘 ^{131}I	3.7×10^{-1}
硫 ^{35}S	1.1×10	氙 ^{131}Xe	3.7×10^2
磷 ^{32}P	2.6	铯 ^{137}Cs	3.7×10^{-1}
氩 ^{41}Ar	7.4×10	氡 ^{220}Rn[②]	1.1×10
钾 ^{42}K	3.7	^{222}Rn[②]	1.1
铁 ^{55}Fe	3.3×10	镭 ^{226}Ra	1.1×10^{-3}
钴 ^{60}Co	3.3×10^{-1}	铀 ^{235}U	3.7×10^{-3}
镍 ^{59}Ni	1.9×10	钍 ^{232}Th	7.4×10^{-3}
锌 ^{65}Zn	2.2		

①该值是为职业放射性工作人员规定的,工作时间每周按 40h 计算;②矿井下 ^{222}Rn 的最大容许浓度为 3.7Bq/L,但 ^{222}Rn 子体或 ^{220}Rn 子体的 α 潜能值不得大于 4×10^4MeV/L。

放射性核素在放射性工作场所以外地区空气中的限制浓度,按表 9-2 的最大容许浓度乘以表 9-3 所列的比值进行控制。

表 9-3　控制比值

放射性同位素	比值	
	放射性工作场所相邻及附近地区	广大居民区
^3H、^{35}S、^{41}Ar、^{85}Kr、^{131}Xe	1/30	1/300
^{14}C、^{55}Fe、^{59}Ni、^{65}Zn、^{90}Sr、^{226}Ra	1/30	1/200
其他同位素	1/30	1/100

(二) 放射性辐射防护标准

制定放射性辐射防护标准的目的是为了保障放射性工作人员和公众的安全和健康，保护环境。我国《电离辐射防护与辐射源安全基本标准》(GB18871—2002)中，规定了对电离辐射防护和辐射源安全的基本标准，也规定了职业照射和公众照射的剂量限值。国际放射委员会建议的个人剂量限值列于表 9-4 中。

表 9-4　国际放射委员会建议的个人剂量限值

人员类别		基本极限值/(mSv · a^{-1})	
职业性个人	非随机效应	眼晶体	150
		其他组织	500
	随机效应	全身均匀照射	50
		不均匀照射	$\leqslant 50$
公众个人	非随机效应	任何组织	50
	随机效应	全身均匀照射	5
		不均匀照射	$\leqslant 50$
群体		不做规定	

第三节　大气放射性监测

一、放射性检测仪器

放射性检测仪器种类繁多，需根据监测目的、试样形态、射线类型、强度及能量等因素进行选择。表 9-5 列举了不同类型的常用放射性检测器。

表 9-5　各种常用的放射性检测器

射线种类	检测器	特点
α	闪烁检测器	检测灵敏度低，探测面积大
	正比计数管	检测效率高，技术要求高
	半导体检测器	本底小，灵敏度高，探测面积小
	电流电离室	测较大放射性活度

续表

射线种类	检测器	特点
β	正比计数管	检测效率较高，装置体积较大
	盖革计数管	检测效率较高，装置体积较大
	闪烁检测器	检测效率较低，本底小
	半导体检测器	探测面积小，装置体积小
γ	闪烁检测器	检测效率高，能量分辨能力强
	半导体检测器	能量分辨能力强，装置体积小

放射性测量仪器检测放射性的基本原理是基于射线与物质间相互作用所产生的各种效应，包括电离、发光、热效应、化学效应和能产生次级粒子的核反应等。最常用的检测器有三类，即电离型检测器、闪烁检测器和半导体检测器。

(一) 电离型检测器

电离型检测器是利用射线通过气体介质时，使气体发生电离的原理制成的探测器。应用气体电离原理的检测器有电流电离室、正比计数管和盖革(GM)计数管三种。电流电离室是测量由于电离作用而产生的电离电流，适用于测量强放射性；正比计数管和盖革计数管则是测量由每一入射粒子引起电离作用而产生的脉冲式电压变化，从而对入射粒子逐个计数，适于测量弱放射性。以上三种检测器之所以有不同的工作状态和不同的功能，主要是因为对它们施加的工作电压不同，从而引起电离过程不同。

1. 电流电离室

这种检测器用来研究由带电粒子所引起的总电离效应，也就是测量辐射强度及其随时间的变化。由于这种检测器对任何电离都有响应，所以不能用于辨别射线类型。

电流电离室的工作原理(图 9-2)是，A、B 是两块平行的金属板，加于两板间的电压为 V_{AB}(可变)，室内充空气或其他气体。当有射线进入电离室时，则气体电离产生的正离子和电子在外加电场作用下，分别向异极移动，电阻 R 上即有电流通过。α、β 粒子电离作用与外加电压关系如图 9-3 所示。开始时，随电压增大电流不断上升，待电离产生的离子全部被收集后，相应的电流达到饱和值，如进一步有限地增加电压，则电流不再增加，达到饱和电流时对应的电压称为饱和电压，饱和电压范围(BC 段)称为电流电离室的工作区。

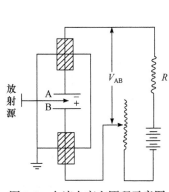

图 9-2　电流电离室原理示意图

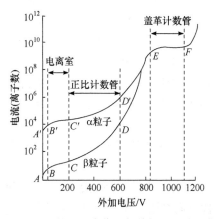

图 9-3　α、β 粒子电离作用与外加电压关系曲线

由于电离电流很微小，通常在 10^{-12}A 左右或更小，所以需要用高倍数的电流放大器放大后才能测量。

2. 正比计数管

这种检测器在电流-电压关系曲线中的正比区(CD 段)工作(图 9-3)。在此段，电离电流突破饱和值，随电压增加继续增大。这是由于在这样的工作电压下，初级电离产生的电子在收集极附近高度加速，并在前进过程中与气体碰撞发生次级电离，而次级电子又可能再与气体碰撞发生三级电离，如此形成"电子雪崩"，使电流放大倍数达 10^4 左右。由于输出脉冲大小正比于入射粒子的初始电离能，故定名为正比计数管。

正比计数管内充甲烷(或氩气)和碳氢化合物气体，充气压力同大气压；两极间电压根据充气的性质选定。这种计数管普遍用于 α 和 β 粒子计数，具有性能稳定、本底响应低等优点。因为给出的脉冲幅度正比于初级致电离粒子在管中所消耗的能量，所以还可用于能谱测定，但要求的条件是初级粒子必须将它的全部能量损耗在计数管的气体之内。因此，正比计数管多用于低能 γ 射线的能谱测量和鉴定放射性核素用的 α 射线的能谱测定。

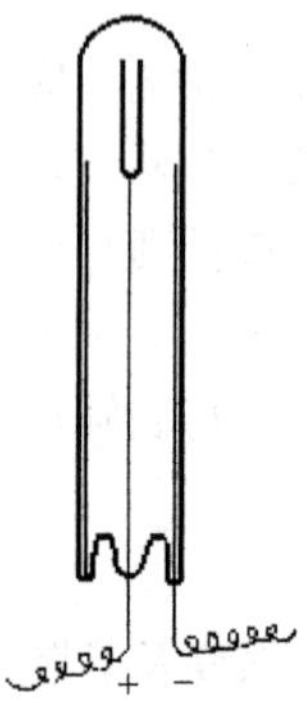

3. 盖革计数管

盖革计数管是目前应用最广泛的放射性检测器，普遍用于检测 β 射线和 γ 射线。这种计数器对进入灵敏区域的粒子有效计数率接近 100%。它对不同射线都给出大小相同的脉冲(图 9-3 中盖革计数管工作区段 EF 线的形状)，因此不能用于区别不同的射线。

常见盖革计数管的结构如图 9-4 所示。在一密闭玻璃管中间固定一条细丝作为阳极，管内壁涂一层导电物质或另放进一金属圆筒作为阴极，内充约 1/5 大气压的惰性气体和少量猝灭气体(如乙醇、二乙醚、溴等)。猝灭气体的作用是防止计数管在一次放电后发生连续放电。

为了减少本底计数和达到防护目的，一般将计数管放在铅或生铁制成的屏蔽室中，其他部件装配在一个仪器外壳内，合称定标器。

图 9-4　盖革计数管

(二) 闪烁检测器

闪烁检测器是利用射线与物质作用发生闪光的仪器。它具有一个受带电粒子作用后其内部原子或分子被激发而发射光子的闪烁体。当射线照在闪烁体上时，便发射出荧光光子，利用光导和反光材料等将大部分光子收集在光电倍增管的光阴极上。光子在阴极上打出光电子，经过倍增放大后在阳极上产生电压脉冲。此脉冲很小，需再经电子线路放大和处理后记录下来。这种检测器测量装置的工作原理见图 9-5。

闪烁体的材料可用 ZnS、NaI、萘、蒽、芘等物质。探测 α 粒子时，通常用 ZnS 粉末；探测 γ 射线时，可选用 NaI 晶体；蒽等有机材料发光持续时间短，可用于高速计数和测量短寿命核素的半衰期。

闪烁检测器以其高灵敏度和高计数率的优点而被用于测量 α、β、γ 射线的辐射强度。由于它对不同能量的射线具有很

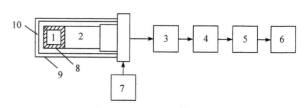

图 9-5　闪烁检测器测量装置

1. 闪烁体；2. 光电倍增管；3. 前置放大器；4. 主放大器；
5. 脉冲幅度分析器；6. 定标器；7. 高压电源；8. 光导材料；
9. 暗盒；10. 反光材料

高的分辨率,所以可用测量能谱的方法鉴别放射性核素。这种仪器还可以测量照射量和吸收剂量。

(三) 半导体检测器

半导体检测器的工作原理(图 9-6)与电离型检测器相似,但其检测元件是固态半导体。当放射性粒子射入这种元件后,产生电子-空穴对,电子和空穴受外加电场的作用,分别向两极运动,并被电极所收集,从而产生脉冲电流,再经放大后,由多道分析器或计数器记录。

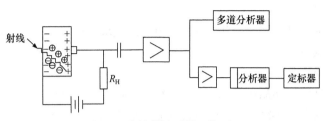

图 9-6　半导体检测器工作原理

半导体检测器可用作测量 α、β 和 γ 辐射。与前两类检测器相比,在半导体元件中产生电子-空穴所需能量要小得多。例如,对硅型半导体是 3.6eV,对锗型半导体是 2.8eV,而对 NaI 闪烁探测器来说,从其中发出一个光电子平均需能量 3000eV,也就是说,在同样外加能量下,半导体中生成电子-空穴对数比闪烁探测器中生成的光电子数多近 1000 倍。因此,前者输出脉冲电流大小的统计涨落比较小,对外来射线有很好的分辨率,适于进行能谱分析。其缺点是由于制造工艺等方面的影响,检测灵敏区范围较小。但因为元件体积很小,较易实现对组织中某点进行吸收剂量测定。

硅半导体检测器可用于 α 计数和测定 α 能谱及 β 能谱。对 γ 射线一般采用锗半导体作检测元件,因为它的原子序数较大,对 γ 射线吸收效果更好。在锗半导体单晶中渗入锂制成锂漂移型锗半导体元件,具有更优良的检测性能。因渗入的锂不取代晶格中的原有原子,而是夹杂其间,从而大大增大了锗的电阻率,使其在探测 γ 射线时有较大的灵敏区域。应用锂漂移型半导体元件时,因为锂在室温下容易逃逸,所以要在液氮制冷(-196℃)条件下工作。

二、监测对象与内容

1. 监测对象

放射性监测按照监测对象可分为:①现场监测,即对放射性物质生产或应用单位内部工作区域所进行的监测;②个人剂量监测,即对放射性专业工作人员或公众所进行的内照射和外照射的剂量监测;③环境监测,即对放射性生产和应用单位外部空气环境所进行的监测。

根据主要测定的放射性核素可把监测对象划分为:①α 放射性核素,即 ^{239}Pu、^{226}Ra、^{224}Ra、^{222}Rn、^{210}Po、^{222}Th、^{234}U 和 ^{235}U;②β 放射性核素,即 ^3H、^{90}Sr、^{89}Sr、^{134}Cs、^{137}Cs、^{131}I 和 ^{60}Co。这些核素在环境中出现的可能性较大,毒性也较大。

2. 监测内容

对放射性核素具体测量的内容有:①放射源强度、半衰期、射线种类及能量;②大气环境中放射性物质含量、放射性强度、空间照射量或电离辐射剂量。

三、放射性监测方法

大气环境放射性监测方法有定期监测和连续监测两类。定期监测的一般步骤是采样、样品预处理、样品总放射性或放射性核素的测定；连续监测是在现场安装放射性自动监测仪器，实现采样、预处理和测定自动化。

对大气环境样品进行放射性测量和对非放射性环境样品监测过程一样，包括样品采集、样品预处理和选择适宜方法、仪器测定三个过程。

(一) 样品采集

1. 放射性沉降物的采集

沉降物包括干沉降物和湿沉降物，主要来源于大气层核爆炸所产生的放射性尘埃，小部分来源于人工放射性微粒。

1) 干沉降物的采集

对于放射性干沉降物样品可用水盘法、黏纸法、高罐法等方法采集。水盘法是用不锈钢或聚乙烯塑料制圆形水盘采集沉降物，盘内装有适量稀酸，沉降物过少的地区再酌加数毫克硝酸锶或氯化锶载体。将水盘置于采样点暴露 24h，应始终保持盘底有水。采集的样品经浓缩、灰化等处理后，进行总 β 放射性测量。黏纸法是用涂一层黏性油(松香加蓖麻油等)的滤纸贴在圆形盘底部(涂油面向外)，放在采样点暴露 24h，然后再将黏纸灰化，进行总 β 放射性测量，也可以用蘸有三氯甲烷等有机溶剂的滤纸擦拭落有沉降物的刚性固体表面(如道路、门窗、地板等)，以采集沉降物。高罐法是用一不锈钢或聚乙烯圆柱形罐暴露于空气中采集沉降物，因罐壁高，故不必放水，可用于长时间收集沉降物。

2) 湿沉降物的采集

湿沉降物是指随雨(雪)降落的沉降物。其采集方法除上述方法外，常用一种能同时对雨水中核素进行浓集的采样器(图 9-7)。这种采样器由一个承接漏斗和一根离子交换柱组成。交换柱上下层分别装有阳离子交换树脂和阴离子交换树脂，欲收集核素被离子交换树脂吸附浓集后，再进行洗脱，收集洗脱液进一步作放射性核素分离，也可以将树脂从柱中取出，经烘干、灰化后制成干样品，进行总 β 放射性测量。

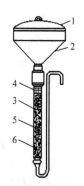

图 9-7　离子交换树脂湿沉降物采集器
1. 漏斗盖; 2. 漏斗; 3. 离子交换柱; 4. 滤纸浆;
5. 阳离子交换树脂; 6. 阴离子交换树脂

2. 放射性气溶胶的采集

放射性气溶胶包括核爆炸产生的裂变产物，各种来源于人工放射性物质以及氡、钍射气的衰变子体等天然放射性物质。这种样品的采集常用滤料阻留采样法，其原理与大气中颗粒物的采集相同。对于被 ^3H 污染的空气，因其在空气中主要存在形态是 HTO，所以除吸附法外，还常用冷阱法收集空气中的水蒸气作为试样。

(二) 样品预处理

对样品进行预处理的目的是将样品处理成适于测量的状态，将样品的欲测核素转变成适于测量的形态并进行富集，以及去除干扰核素。

常用的样品预处理方法有衰变法、有机溶剂溶解法、蒸馏法、灰化法、溶剂萃取法、离子交换法、共沉淀法、电化学法等。

1. 衰变法

采样后，将其放置一段时间，让样品中一些短寿命的非欲测核素衰变除去，然后再进行放射性测量。例如，测定大气中气溶胶的总 α 和总 β 放射性时常用这种方法，即用过滤法采样后，放置 4～5h，使短寿命的氡、钍子体衰变除去。

2. 共沉淀法

用一般化学沉淀法分离环境样品中放射性核素，因核素含量很低，达不到溶度积，故不能达到分离目的，但如果加入毫克数量级与欲分离放射性核素性质相近的非放射性元素载体，则由于二者之间发生同晶共沉淀或吸附共沉淀作用，载体将放射性核素载带下来，达到分离和富集的目的。例如，用 ^{59}Co 作载体共沉淀 ^{60}Co，则发生同晶共沉淀。这种分离富集方法具有简便、实验条件容易满足等优点。

3. 灰化法

对于大气颗粒物样品，可在瓷坩埚内于 500℃马弗炉中灰化，冷却后称量，再转入测量盘中检测其放射性。

4. 电化学法

该方法是通过电解将放射性核素沉积在阴极上，或以氧化物形式沉积在阳极上。如 Ag^+、Bi^{2+}、Pb^{2+}等可以金属形式沉积在阴极；Pb^{2+}、Co^{2+}可以氧化物的形式沉积在阳极。其优点是分离核素的纯度高。

若使放射性核素沉积在惰性金属片电极上，可直接进行放射性测量；若将其沉积在惰性金属丝电极上，可先将沉积物溶出，再制备成样品源。

5. 其他预处理方法

蒸馏法、有机溶剂溶解法、溶剂萃取法、离子交换法的原理和操作与非放射物质没有本质差别，在此不再介绍。

大气样品经用上述方法分解和对欲测放射性核素分离、浓集、纯化后，有的已成为可供放射性测量的样品源，有的尚需用蒸发、悬浮、过滤等方法将其制备成适于测量要求状态(液态、气态、固态)的样品源。蒸发法是指将样品溶液移入测量盘或承托片上，在红外灯下徐徐蒸干，制成固态薄层样品源；悬浮法是将沉淀形式的样品用水或适当有机溶剂进行混悬，再移入测量盘用红外灯徐徐蒸干。过滤法是将待测沉淀抽滤到已称量的滤纸上，用有机溶剂洗涤后，将沉淀连同滤纸一起移入测量盘中，置于干燥器内干燥后进行测量。还可以用电解法制备无载体的 α 或 β 辐射体的样品源；用活性炭等吸附剂富集放射性惰性气体，再进行热解吸并将其导入电离室或正比计数管等探测器内测量；将低能 β 辐射体的液体试样与液体闪烁剂混合制成液体源，置于闪烁瓶中测量等。

(三) 大气中放射性监测

1. 氡的测定

^{222}Rn 是 ^{226}Ra 的衰变产物，为一种放射性惰性气体。它与空气作用时，能使之电离，因而可用电离型探测器通过测量电离电流测定其浓度；也可用闪烁探测器记录由氡衰变时所释放出的 α 粒子计算其含量。

用电离型探测器测量 ^{222}Rn 时，先用由干燥管、活性炭吸附管及抽气动力组成的采样器以一定流量采集空气样品，使气样中的 ^{222}Rn 被活性炭吸附，再将采过样的活性炭吸附管置于解吸炉中，于 350℃解吸，并将解吸的氡导入电离室。因 ^{222}Rn 与空气作用而使之电离，用经过

^{226}Ra 标准源校准的静电计测量产生的电离电流，按下式计算空气中 ^{222}Rn 的含量：

$$A_{Rn} = \frac{K(J_c - J_b)}{V} \cdot f$$

式中，A_{Rn} 为空气中 ^{222}Rn 的含量，Bq/L；J_b 为电离室本底电离电流，格/min；J_c 为引入 ^{222}Rn 后的总电离电流，格/min；V 为采气体积，L；K 为检测仪器格值，Bq·min/格；f 为换算系数，据 ^{222}Rn 导入电离室后静置时间而定。

2. 氚的测定

氚(^{3}H)的主要存在形态是 HTO，也有少量以 HT 形态存在。可用硅胶吸附或冷凝的方法，将 HTO 以氚水形态分离出来，再用液体闪烁技术测定其放射性活度，也可以将气样经过滤除去气溶胶粒子后，引入电流电离室或正比计数管测定。

测定空气中的 HT 和以蒸气状态存在的有机氚化合物时，可将它们氧化成 HTO 后，再用上述方法测定。

3. ^{131}I 的测定

碘的同位素很多，除 ^{127}I 是天然存在的稳定同位素外，其余都是放射性同位素。^{131}I 是裂变产物之一，它的裂变产额较高，半衰期较短，可作为反应堆中核燃料元件包壳是否保持完整状态的环境监测指标，也可以作为核爆炸后有无新裂变产物的信号。

大气中的 ^{131}I 呈元素、化合物等各种化学形态，以蒸气、气溶胶等不同状态存在，因此采样方法各不相同，图 9-8 为一种能收集各种形态 ^{131}I 的采样器示意图。该采样器由粒子过滤器、元素碘吸附器，次碘酸吸附器、甲基碘吸附器和炭吸附床组成。对例行大气环境监测，可在低流速下连续采样一周或一周以上，然后用 γ 谱仪定量测定各种化学形态的 ^{131}I。

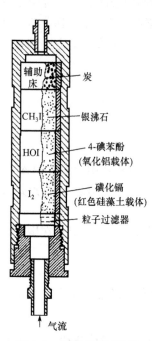

图 9-8　多形态碘采样器

辅助床
炭
CH$_3$I
银沸石
HOI
4-碘苯酚（氧化铝载体）
I$_2$
碘化镉（红色硅藻土载体）
粒子过滤器
气流

思考题和习题

1. 放射性核衰变有哪几种形式？各有什么特点？
2. 什么是放射性活度、半衰期、照射量和剂量？它们的单位及物理意义是什么？
3. 造成大气放射性污染的原因有哪些？放射性污染对人体会产生哪些危害？
4. ^{42}K 是一种 β 放射源，其半衰期为 12.36h，计算 2h、30h 和 60h 后残留的百分率。
5. 常用于测量放射性的检测器有哪几种？分别说明其工作原理和适用范围。
6. 测定某一受 ^{210}Po 放射性污染的试样，由盖革计数管测得的计数率为 256 次/s，经过 276d 再测，其计数率为 64 次/s，求 ^{210}Po 的半衰期；再过 276d 后的计数率应为多少？
7. 试比较放射性大气颗粒物样品的采集方法与非放射性大气颗粒物的采集方法，指出它们的不同之处。
8. 怎样测定空气中的氡？

第十章 连续自动监测技术

空气污染是由污染源排放的污染物经扩散而形成的。无论是空气质量监测还是污染源监测，均可采用定时定点现场人工采样，实验室分析的传统方式。但空气中或污染源排放的污染物是随时间、空间、气象条件及工况条件而不断变化的。传统方式存在着监测频率低，时间代表性差，测定结果不能准确反映污染物质的动态变化规律的不足。为及时获取大气环境质量现状，随时监控企业生产过程中污染物排放状况，必须采用连续自动监测系统对大气环境及污染源进行长期的、连续的监测。

第一节 环境空气质量连续自动监测系统

自 20 世纪 70 年代以来，发达国家相继建立起了环境空气质量自动监测系统，使大气环境监测工作向自动化方向发展。我国自 1984 年北京市环境监测中心建立中国第一个环境空气质量连续自动监测系统以来，已有 330 多个地级以上城市建成了 1400 多座空气质量连续自动监测站。自动监测已成为我国环境空气质量监测的主要技术手段。

环境空气质量连续监测是指在监测点位，采用连续自动监测仪器对环境空气进行连续的样品采集、处理、分析的过程。连续自动监测是以自动监测仪器为核心的技术。自动监测仪器可分为点式分析仪和开放光程分析仪两种类型。在固定监测点上通过采样系统将环境空气采入并测定空气污染物浓度的监测分析仪器称为点式分析仪。开放光程分析仪是指采用从发射端发射光束经开放环境到接收端的方法测定该光束光程上平均空气污染物浓度的仪器。目前，点式连续监测系统和开放光程连续监测系统在我国环境空气质量监测中均有广泛应用。

一、目的

掌握区域环境空气质量状况，判断是否符合国家和地方制订的环境质量标准；判断污染源造成的污染影响，评价防治措施的效果，为控制污染、环境管理和决策提供支持；掌握监测系统覆盖区域内空气污染最严重的地点和时间，区域内人群暴露水平；收集空气背景及其趋势数据，由所积累的长期监测数据，结合流行病学调查，为保护人类健康、生态平衡，制定和修改环境标准提供可靠的科学依据；研究验证空气扩散的数学模式，为污染危险天气以及空气污染短期、长期预报提供信息资料。

二、系统的组成与功能

大气污染自动监测系统是一整套区域性空气质量的实时监测网络。它的组成有各种形式，自动化、实时化和标准化程度可有所不同，但基本结构是相似的。一般由一个中心计算机室、若干个监测子站、质量保证实验室和系统支持实验室四部分组成(图 10-1)。该系统是在严格的质量控制下连续运行的，无人值守。

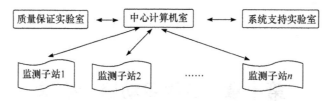

图 10-1　大气污染自动监测系统基本构成框图

(一) 中心计算机室

中心计算机室是整个系统的心脏部分，是各个监测子站的网络指挥中心，也是数据信息处理中心。

1. 主要功能

定时或随时向各监测子站发出各种工作指令，采集各监测子站的监测数据和设备工作状态信息，并对所收取的数据进行自动判别，有疑问时可指令监测子站重发数据；对各监测子站的监测数据进行存储、统计处理、分析，打印各种报表，绘制各种图形、输出各类监测数据报告；对全系统运行实时控制。例如，对监测子站的监测仪器进行远程控制和诊断，包括校零、校跨度、控制开关、流量等；又如，向污染源所在地的有关管理部门发出污染指数或趋近超标的污染警报，以便其采取相应的对策。

2. 基本要求与配置

中心计算机室大小应该能保证操作人员正常工作。

中心计算机室应采用密封窗结构，并设置缓冲间，防止灰尘和泥土带入室内。

中心计算机室应配置两台以上服务器，一台作为数据库服务器，一台作为应用服务器，服务器配置应满足数据处理工作需要。

中心计算机室应配置数据采集与监测子站控制软件。数据采集软件能够定时自动和随时手动采集各监测子站的监测数据、校准记录、设备运行状态及子站停电复电等事件记录。监测子站控制软件能够定时自动和随时手动控制监测子站监测仪器进行零点校准、跨度校准、多点校准、性能审核，并自动对校准时的监测数据进行状态标注。

中心计算机室应配置数据处理和报表输出软件。数据处理软件能够对环境空气质量监测数据和气象参数设置异常值判断条件，并对异常值进行标注。报表输出软件可生成并存储基本统计报表。

采用有线或无线通信方式连接中心计算机室和各监测子站，通信网络带宽应满足数据传输要求。

(二) 质量保证实验室

质量保证实验室是系统质量保证工作的核心，担负着监督和改进整个系统运行的重任。

1. 主要功能

对系统所用监测仪器和设备进行量值传递、校准和审核；对系统使用的标准样品进行追踪标定和保管；对检修后的监测仪器和设备进行校准和性能测试；参与对监测数据的检查、检验、确认和对系统运行情况进行分析；制定和落实系统有关监测质量控制措施；参与监测子站运行状况的检查、审核及记录的汇总归档保存。

2. 基本要求与配置

质量保证实验室大小应该能保证操作人员正常工作。

质量保证实验室应采用密封窗结构，并设置缓冲间，防止灰尘和泥土带入实验室。

质量保证实验室应安装温度和湿度控制设备。温度控制在 20～30℃,相对湿度控制在 80% 以下。

质量保证实验室应该配备与子站监测项目相同的监测分析仪器、标准气体、零气发生器、动态气体校准仪、标准温度计、压力计、流量标准传递设备等质量保证与控制相关仪器、设备与材料。

质量保证实验室应该配置有害气体泄露报警装置。

(三) 系统支持实验室

系统支持实验室是整个系统的支持保障中心。

1. 主要功能

根据系统仪器设备的运行要求定期对其进行日常保养、维护；及时对发生故障的仪器设备进行检修、更换；负责系统的仪器设备、备用备件和有关器材的保管和发放。

2. 基本要求与配置

系统支持实验室应配备通用及专用的仪器测试、维修用设备和工具(如双踪示波器、数字万用表、数字频率计、逻辑测试笔和维修用稳压电源等)，用于系统各种仪器设备的日常维护、定期检查和故障排除等工作。

系统支持实验室还应该配备必要的备用监测仪器和零配件，备用监测仪器数量一般不少于在用监测仪器总数的四分之一。

(四) 监测子站

监测子站是整个系统的基础，它是获得准确数据的关键。

1. 主要功能

对环境空气质量和气象状况进行连续自动监测；采集、处理和短期存储监测数据；按中心计算机室指令定时或随时向其传输监测数据和设备工作状态信息。

2. 基本要求与配置

监测子站主要由子站站房、采样装置、监测仪器、校准设备、数据采集与传输设备、辅助设备等组成。监测子站基本要求与配置见下文。

三、子站布设

(一) 监测点位

监测点位数一般根据空气环境质量连续自动监测网络覆盖区域面积、人口数量及分布、该区域污染程度及发展趋势、所在气象条件和地形地貌、城市规模、经济建设发展情况等来确定。

子站监测点位置的确定应首先进行周密的调查研究,采用间断性的监测,对本地区空气污染状况有粗略的了解后,再选择监测点的位置。通常选择既有代表性可反映一定地区大气环境质量,又能满足相关技术规范要求的位置。子站监测点的位置一经确定后应能长期使用,不宜轻易变动,以保证监测资料的连续性和可比性。

子站监测点周围环境应符合下列要求。

(1) 监测点周围应无高大建筑物、树木或其他障碍物阻碍环境空气流通。从监测点采样口到附近最高障碍物之间的水平距离,至少是该障碍物高出采样口垂直距离的两倍以上。监测点 50m 范围内不能有明显的污染源。

(2) 监测点周围建设情况应相对稳定,尽量选择在规划建设完成的区域,以避免新建筑工地出现影响监测。

(3) 满足仪器设备正常运转所需其他条件。如附近无强电磁干扰,有稳定可靠的电力供应,通信线路方便安装和检修,有防水防潮保暖和和散热设施,防盗防火防雷有保障。开放光程监测系统应远离振动源。

(4) 监测点周围应有适合的车辆通道以满足站点建设、设备运输和安装维护需要。

(二) 监测站房及辅助设施

监测站房房顶应为平面结构,坡度不大于 10°,房顶安装防护栏,并预留采样总管安装孔。应配备通往房顶的 Z 字形梯或旋梯,房顶承重要求不小于 250kg/m²。

站房室内使用面积应不小于 15m²。监测站房应做到专室专用。站房应为无窗或双层密封窗结构,有条件时,门与仪器房之间可设有缓冲间,以保持站房内温湿度恒定,防止将灰尘和泥土带入站房内。

采样装置抽气风机排气口和监测仪器排气口的位置,应设置在靠近站房下部的墙壁上,排气口离站房内地面的距离应在 20cm 以上。

使用开放光程监测系统的站房,开放光程监测系统的光源发射端和接收端应固定在安装基座上。基座应离地高度 0.6~1.2m,长度和宽度尺寸应比发射端和接收端底座四个边缘宽 15cm 以上。应在墙面预留圆形通孔,通孔直径应大于光源发射端的外径。

站房供电系统应采用三相五线供电,应配有电源过压、过载保护装置;站房应有防水、防潮、隔热、保温措施;站房应配有防雷和防电磁干扰的设施,并配备自动灭火装置。

站房应配有空调,以保持站房内温湿度恒定,温度保持 15~35℃;相对湿度≤85%;空调机出风口不能正对仪器和采样总管。

(三) 点式连续监测系统

点式连续监测系统由采样装置、校准设备、分析仪器、数据采集和传输设备等组成,结构如图 10-2 所示。

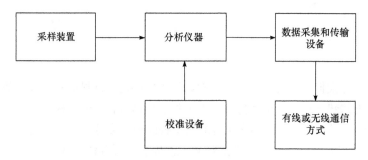

图 10-2　点式连续监测系统组成示意图

1. 采样装置

采样装置由采样头、采样总管、抽气风机、支管接头等组成。点式连续监测系统采样装置结构示意图见图 10-3。

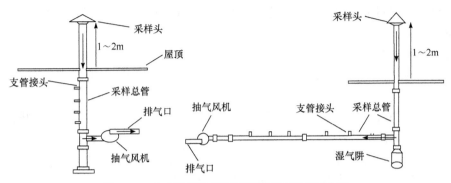

图 10-3 点式连续监测系统采样装置结构示意图

气态污染物的监测可共用一套多支路空气采样装置进行样品采集。颗粒物的监测常需单独采样，空气样品由采样口进入，通过具有不同粒径粒子分离功能的切割器将环境空气颗粒物进行切割分离，并将目标颗粒物输送到样品分析仪器。

采样装置应选用不与被监测污染物发生化学反应和不释放有干扰物质的材料制作。一般选用聚四氟乙烯或硼硅酸盐玻璃等；对于只用于监测 NO_2 和 SO_2 的采样总管，也可选用不锈钢材料。采样装置各部分应连接紧密，避免漏气。

采样口离地面的高度应在 3～15m 范围。采样口离建筑物墙壁、屋顶等支撑物表面的距离应大于 1m。针对道路交通的污染监控点，其采样口离地面的高度应在 2～5m 范围。

采样头设置在采样总管户外的采样气体入口端，可采用伞形或倒"U"形，采样口四周采用不锈钢细丝网焊牢，不但可以防止雨水和粗大的颗粒物落入采样总管，同时也可以避免鸟类、小动物和大型昆虫进入采样总管。

采样头的设计应保证在采样口周围 270°捕集空间范围内采样气流不受风向影响，可稳定进入采样总管。

当设置多个采样口时，为防止其他采样口干扰颗粒物样品的采集，颗粒物采样口与其他采样口之间的水平距离应大于 1m。

采样总管应竖直安装，内径选择在 1.5～15cm，采样总管内的气流应保持层流状态，采样气体在总管内的滞留时间应小于 20s。同时采样总管进口至抽气风机出口之间的压降要小，所采集气体样品的压力应接近大气压。

采样总管与屋顶法兰连接部分密封防水。采样总管支撑部件与房顶和采样总管的连接应牢固、可靠。

支管接头应设置于采样总管的层流区域内，各支管接头之间间隔距离大于 8cm。

为了防止室内外空气温度差异导致采样总管内壁结露对监测物质吸附，需要对总管和影响较大的管线外壁加装保温套或加热器，加热温度一般控制在 30～50℃。

采样总管每年至少清洁 1 次，每次清洁后，应进行检漏测试。采样支管每半年至少清洁 1 次，必要时更换。

2. 校准设备

设置校准设备的目的是为了使分析仪器正常工作，保证获得准确的测量值。校准设备主要由零气发生器和多气体动态校准仪等组成。监测系统的校准设备应具备自动校准功能，每隔一定时间采用动态校准的方法校正分析仪器零点、量程。

3. 分析仪器

分析仪器用于对采集的环境空气样品进行测量。可根据监测的实际需要而配备多种相应的监测设备。

分析仪器应水平安装在机柜内或平台上，有必要的防震措施。

分析仪器与支管接头连接的管线应选用不与被监测污染物发生化学反应和不释放有干扰物质的材料。

为防止颗粒物进入气态污染物分析仪器，应在分析仪器与支管气路之间安装孔径不大于 $5\mu m$ 的聚四氟乙烯滤膜。

环境空气颗粒物监测时，在规定膜面流速下，PM_{10} 采样滤膜要求对 $0.3\mu m$ 颗粒物的截留效率≥99%，$PM_{2.5}$ 采样滤膜要求对 $0.3\mu m$ 颗粒物的截留效率≥99.7%。

为防止结露水流和管壁气流波动的影响，分析仪器与支管接头连接的管线长度不应超过 3m，连接采样总管时应伸向总管接近中心的位置，同时应避免空调机的出风直接吹向采样总管和支管。

分析仪器的排气口应通过管线与站房的总排气管连接。

4. 数据采集和传输设备

数据采集和传输设备用于采集、处理和存储监测数据，并按中心计算机室的指令传输监测数据和设备工作状态信息。设备需具备三个月以上数据的存储能力，仪器停电后，能自动保存数据。

(四) 开放光程连续监测系统

开放光程连续监测系统由开放测量光路、校准单元、分析仪器、数据采集和传输设备等组成，结构如图 10-4 所示。

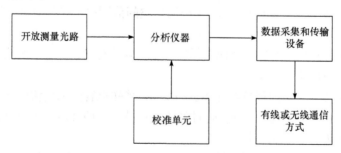

图 10-4 开放光程连续监测系统组成示意图

1. 开放测量光路

开放测量光路即光源发射端到接收端之间的路径。开放光程连续监测系统点位选取的代表性对于监测结果影响较大。不同的点位光束经过的光程不同，测量结果就有所差异，因此监测点位选取要求较为苛刻。

监测光束离地面的高度一般应在 3~15m。

在保证监测点具有空间代表性的前提下，若所选点位周围半径 300~500m 建筑物平均高度在 20m 以上，其监测光束离地面高度可以在 15~25m 选取。

监测光束能完全通过的情况下，允许监测光束从日平均机动车流量少于 10000 辆的道路上空、对监测结果影响不大的小污染源和少量未达到间隔距离要求的树木或建筑物上空穿过，穿过的合计距离不能超过监测光束总光程的 10%。

2. 校准单元

运用等效浓度原理，通过在测量光路上架设不同长度的校准池，来等效不同浓度的标准气体，以完成校准工作。校准单元的结构如图 10-5 所示。

在仪器测量光路中放置校准池，通入标准气体，根据测量光程和校准池的比例将标准气体浓度转化为实际校准浓度值，该浓度为等效浓度。

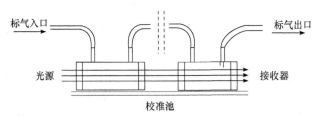

图 10-5 开放光程连续监测系统的校准单元结构示意图

标准气体的等效浓度可按下式计算：

$$c_e = c_t \times \frac{L_c}{L}$$

式中，c_e 为标准气体等效浓度，ppb；c_t 为标准气体浓度标称值，ppm；L 为光程，m；L_c 为标准池长度，mm。

等效校准装置应至少配备 4 种不同长度的校准池，校准池材质应选用紫外透过率高的材质。标定架与光源发射装置应连接牢固。

3. 分析仪器

分析仪器用于对开放光路上的环境空气气态污染物进行测量。

分析仪器应安装在机柜内或平台上，确保仪器后方有 0.8m 以上的操作维护空间。

分析仪器光源发射、接收装置应与站房墙体密封。

分析仪器光程大于等于 200m 时，光程误差应不超过±3m；当光程小于 200m 时，光程误差应不超过±1.5%。

光源发射端和接收端(反射端)应在同一直线上，与水平面之间俯仰角不超过 15°。

光源接收端(反射端)应避光安装，同时注意尽量避免将其安装在住宅区或窗户附近以免造成杂散光干扰。

光源发射端、接收端(反射端)应在光路调试完毕后固定在基座上。

开放光程监测仪器每周至少进行 1 次系统自动检查、光路检查、氙灯风扇和光强检查，若发现光强明显偏低，应立即查明原因并及时排除故障。发射/接收端的前窗玻璃窗镜至少每 3 个月清洁 1 次，清洁时应避免损坏镜头表面的镀膜。一般情况下氙灯每 6 个月更换 1 次，最长更换周期不得超过 1 年。

4. 数据采集和传输设备

数据采集和传输设备用于采集、处理和存储监测数据，并能按中心计算机室的指令传输监测数据和设备工作状态信息。设备需具备三个月以上数据的存储能力，仪器掉电后，能自动保存数据。

四、监测项目

环境空气质量自动监测的监测项目包括污染参数和气象参数两大类型。国控网络城市的污染参数必测项目为二氧化硫、氮氧化物、一氧化碳、PM_{10} 和 $PM_{2.5}$，选测项目为臭氧和总烃。省控网站的自动监测系统的监测项目由各地视具体情况而定。气象参数包括气温、气压、湿度、风速、风向、太阳辐射等。

五、自动分析仪器

环境空气质量连续自动监测系统的自动分析仪器是获取准确污染信息的关键设备，必须具备连续运行能力强、灵敏、准确、易维修、维修频次低等特性。目前用于自动分析的技术主要类型如下。

湿化学法：例用，测定 SO_2 经过 H_2O_2 溶液吸收后的电导率变化来间接测定 SO_2。

传统光学法：属于用得较早的成熟光学分析方法，如 SO_2 用紫外荧光法、NO_x 用化学发光法、CO 用非分散红外吸收法、O_3 用紫外吸收法等。目前我国主要采用此类技术。

长光程差分吸收光谱法(DOAS)：新型光学分析方法，可同时测定光程中多种污染物的平均浓度。

PM_{10} 和 $PM_{2.5}$：多用 β 射线吸收法或石英振荡天平法进行自动监测。

各国所选用的仪器类型不尽一致，即使在同一个国家也未做到完全统一。湿化学法装置较便宜，但故障率高，维护工作量大，现已不再作为国家标准方法，很少使用。传统光学法结构简单，测定准确可靠，维护量小，已逐步取代湿化学法。长光程差分吸收光谱法能够同时测定多种污染物，是未来环境空气质量自动监测的发展方向。

环境空气质量自动连续监测系统配置分析仪器的分析方法见表 10-1。

表 10-1　环境空气质量自动连续监测系统配置分析仪器的分析方法

监测项目	监测方法	方法类型
SO_2	紫外荧光法	点式连续监测
	差分吸收光谱法	开放光程连续监测
NO_x	化学发光法	点式连续监测
	差分吸收光谱法	开放光程连续监测
O_3	紫外光度法	点式连续监测
	差分吸收光谱法	开放光程连续监测
CO	非分散红外吸收法	点式连续监测
	气体滤波相关红外吸收法	点式连续监测
PM_{10} 和 $PM_{2.5}$	β 射线吸收法	点式连续监测
	微量振荡天平法	点式连续监测
VOCs	气相色谱法	点式连续监测

(一) 紫外荧光法二氧化硫测定仪

1. 原理

样品空气以恒定的流量通过颗粒物过滤器,进入仪器反应室,用波长 200~220nm 的紫外光照射待测样品空气,样品空气中的 SO_2 分子被紫外光激发至激发态,即

$$SO_2 + hv_1 \longrightarrow SO_2^*$$

激发态的 SO_2^* 分子不稳定,瞬间返回基态,同时发出波长 240~420nm 的荧光,即

$$SO_2^* \longrightarrow SO_2 + hv_2$$

当样品空气中 SO_2 的浓度较低,且激发光的光程很短时,荧光强度和样品空气中的 SO_2 浓度成正比,用光电测量系统测量荧光强度,并与标准气样发射的荧光强度比较,即可得知样品空气中 SO_2 的浓度。

该法响应快、选择性好、灵敏度高、不消耗化学试剂,且对温度、流量的波动不敏感,稳定性好,作为连续监测仪器较为可靠,被世界卫生组织推荐在全球监测系统中采用。

紫外荧光法二氧化硫测定仪也是目前我国点式空气质量自动监测系统中应用最广泛的二氧化硫监测仪。

2. 仪器设备

紫外荧光法二氧化硫自动测量系统由进样管路、颗粒物过滤器和二氧化硫测定仪等组成,如图 10-6 所示。

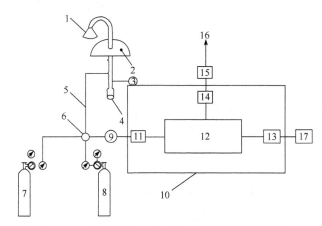

图 10-6 紫外荧光法二氧化硫自动测量系统示意图

1. 进气口;2. 房顶;3. 风机;4. 除湿装置;5. 进样管路;6. 四通阀;7. 零气;8. 标准气体;9. 颗粒物过滤器;10. 二氧化硫测定仪;11. 碳氢化合物去除器;12. 反应室;13. 信号输出;14. 流量控制器;15. 泵;16. 排空口;17. 数据输出

进样管路应选择对二氧化硫惰性的材料制成,如聚四氟乙烯、氟化聚乙烯丙烯、不锈钢或硼硅酸盐玻璃等材质。空气样品在进样管路中停留时间应尽可能短。

颗粒物过滤器安装在采样总管与仪器进样口之间。滤膜材质为聚四氟乙烯,孔径≤5μm。颗粒物过滤器除滤膜外的其他部分也应为不与二氧化硫发生化学反应的材质。

碳氢化合物去除器即除烃器,主要作用是在样品空气进入反应室前去除烃类干扰物质。除烃器一般采用"渗透"技术,由两个同心管组成,内部管由特殊的渗透聚合材料制成。碳氢化合物会从内部管中含量较高的一侧渗透到外部管含量低的一侧,再由外部管排空。

如果二氧化硫测定仪的紫外光源以脉冲方式工作,则称为紫外脉冲荧光法。

3. 分析步骤

仪器运行过程中需要进行零点检查、量程检查和线性检查。如果检查结果不合格，需对仪器进行校准，必要时对仪器进行维修。

将不含二氧化硫的零气通入仪器，读数稳定后，调整仪器输出值等于零。再将浓度为量程80%的标准气体通入仪器，读数稳定后，调整仪器输出值等于标准气体浓度值。然后，再次通入零气清洗气路，当仪器输出值等于零后，即可进行样品测定。

将样品空气通入仪器，进行自动测定并记录二氧化硫的体积浓度。二氧化硫的质量浓度按照下列公式计算：

$$\rho = \frac{64}{V_m} \times \varphi$$

式中，ρ 为二氧化硫质量浓度，$\mu g/m^3$；64 为二氧化硫摩尔质量，g/mol；V_m 为二氧化硫摩尔体积，标准状态下为 22.4L/mol，参比状态下为 24.5L/mol；φ 为二氧化硫体积浓度，nmol/mol。

4. 干扰与消除

芳香烃在 190～230nm 紫外光激发下也能发射荧光造成测量值偏大，可通过除烃器去除。

样品空气中含有 2155$\mu g/m^3$ 甲烷时，对二氧化硫测定结果产生 3$\mu g/m^3$ 影响，正常情况下环境空气中甲烷的干扰可以忽略不计。

样品空气中含有 6939$\mu g/m^3$ 硫化氢时，对二氧化硫测定结果影响不高于 1$\mu g/m^3$，正常情况下环境空气中硫化氢的干扰可以忽略不计。

样品空气中含有 123$\mu g/m^3$ 一氧化氮时，对二氧化硫测定结果产生 3$\mu g/m^3$ 影响，正常情况下环境空气中一氧化氮的干扰可以忽略不计。

空气中的水分也会产生干扰，一方面是二氧化硫溶于水会造成损失，另一方面是二氧化硫遇水产生荧光猝灭会造成负误差，采样管路中的除湿装置可除去水分的干扰。

5. 检出限和测定下限

当使用仪器量程为 0～500nmol/mol 时，本方法参比状态下检出限为 3$\mu g/m^3$，测定下限为 12$\mu g/m^3$；标准状态下检出限为 3$\mu g/m^3$，测定下限为 12$\mu g/m^3$。

6. 注意事项

颗粒物过滤器的滤膜支架每半年至少清洁一次；滤膜一般每两周更换一次，颗粒物浓度较高的地区或时段，应视滤膜实际污染情况增加更换频次。

进样管路每月应进行气密性检查，每半年清洗一次，必要时更换。

更换采样系统部件和滤膜后，应以正常流量采集至少 10min 样品空气，进行饱和吸附处理，期间产生的测定数据不作为有效数据。

由于使用紫外灯会产生臭氧，在气体排空前可经过活性炭吸收器除去臭氧。

(二) 化学发光法氮氧化物测定仪

1. 原理

化学发光反应是指某些化合物分子吸收化学能后，激发到高能态，再由高能态返回基态时，能量以光量子形式释放出来，这种化学反应称化学发光反应。利用测量化学发光强度对物质进行分析测定的方法，称为化学发光分析法。

化学发光法氮氧化物测定仪是基于 NO 发生化学发光反应的原理设计的。在反应室内 NO

与过量的臭氧发生反应生成激发态 NO_2^*，其在回到基态过程中放出光量子，在一定浓度范围内样品空气中 NO 的浓度与发光强度成正比。化学发光法反应式为

$$NO + O_3 \longrightarrow NO_2^* + O_2$$

$$NO_2^* \longrightarrow NO_2 + h\nu$$

把样品空气分成两路，一路直接进入反应室，测定一氧化氮；另一路通过催化剂转化器(钼催化)将二氧化氮转化为一氧化氮后进入反应室，测定氮氧化物。二氧化氮的浓度通过氮氧化物和一氧化氮的浓度差值进行计算。

该方法灵敏度高、选择性好、响应快、检出限低，是我国环境空气质量自动监测的标准方法。

2. 仪器设备

氮氧化物自动测量系统由进样管路、颗粒物过滤器和氮氧化物测定仪组成。

进样管路应选择不与氮氧化物发生化学反应的聚四氟乙烯、氟化聚乙烯丙烯、不锈钢或硼硅酸盐玻璃等材质。

颗粒物过滤器安装在采样总管与仪器进样口之间。滤膜材质为聚四氟乙烯，孔径≤5μm。颗粒物过滤器除滤膜外的其他部分也应为不与氮氧化物发生化学反应的材质。

钼催化转换炉是一个可加热且恒温的炉子，由不锈钢、钼、纯碳组成。钼催化转化炉可在不超过 4000℃ 的温度下，把至少 96% 的二氧化氮转化为一氧化氮。

产生臭氧的方法通常是用紫外照射法或高压静电放电法。如果是通过高压放电使环境空气中的氧气变成臭氧，环境空气在进入发生器前必须过滤和干燥。如果利用压缩钢瓶中的氧气放电产生，则钢瓶中的氧气可以直接导入臭氧发生器，但需保持流量稳定。

气体经过反应室后，需通过装有活性炭的臭氧过滤器以去除气体中过量的臭氧。

为降低光电检测装置的噪声，可使用半导体制冷器使光电倍增管工作在较低的温度下。

氮氧化物测定仪按反应室和检测器数量可分为双反应室双检测器型(图 10-7)、双反应室单检测器型氮氧化物测定仪和单反应室单检测器型氮氧化物测定仪(图 10-8)。

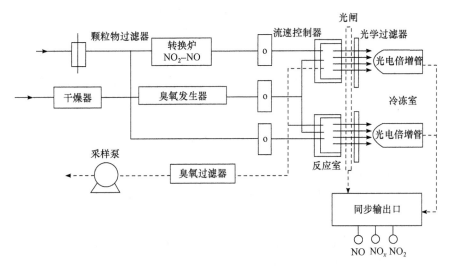

图 10-7 双反应室双检测器型氮氧化物测定仪

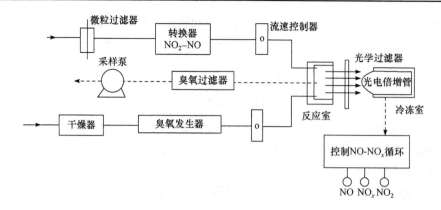

图 10-8　单反应室单检测器型氮氧化物测定仪

3. 分析步骤

仪器运行过程中需要进行零点检查、量程检查、线性检查和催化转换器转换效率检查。如果检查结果不合格，需对仪器进行校准，必要时对仪器进行维修。

将零气通入仪器，读数稳定后，调整仪器输出值等于零。再将浓度为量程80%的标准气体通入仪器，读数稳定后，调整仪器输出值等于标准气体浓度值。然后，再次通入零气清洗气路，当仪器输出值等于零后，即可进行样品测定。

将样品空气通入仪器，进行自动测定并记录一氧化氮和氮氧化物的体积浓度。

一氧化氮、二氧化氮和氮氧化物(结果以二氧化氮计)的质量浓度分别按照下列公式计算：

$$\rho_{NO} = \frac{30}{V_m} \times \varphi_{NO}$$

式中，ρ_{NO} 为一氧化氮质量浓度，$\mu g/m^3$；30 为一氧化氮摩尔质量，g/mol；V_m 为一氧化氮摩尔体积，标准状态下为 22.4L/mol，参比状态下为 24.5L/mol；φ_{NO} 为一氧化氮体积浓度，nmol/mol。

$$\rho_{NO_2} = \frac{46}{V_m} \times \left[\frac{\varphi_{NO_x} - \varphi_{NO}}{\eta} \right]$$

式中，ρ_{NO_2} 为二氧化氮质量浓度，$\mu g/m^3$；46 为二氧化氮摩尔质量，g/mol；V_m 为二氧化氮摩尔体积，标准状态下为 22.4L/mol，参比状态下为 24.5L/mol；φ_{NO_x} 为氮氧化物体积浓度，nmol/mol；φ_{NO} 为一氧化氮体积浓度，nmol/mol；η 为二氧化氮转换效率。

$$\rho_{NO_x} = \frac{46}{V_m} \times \varphi_{NO_x}$$

式中，ρ_{NO_x} 为氮氧化物质量浓度，$\mu g/m^3$；46 为二氧化氮摩尔质量，g/mol；V_m 为氮氧化物摩尔体积，标准状态下为22.4，参比状态下为 24.5L/mol；φ_{NO_x} 为氮氧化物体积浓度，nmol/mol。

4. 干扰与消除

在测定过程中，钼催化转换器除了能将二氧化氮转化为一氧化氮外，也会将氨等气态含氮化合物部分或完全转化为一氧化氮，对结果产生正干扰。

对于水的干扰，可以通过采样管路中的除湿装置来消除。

5. 检出限和测定下限

当使用仪器量程为 0～500nmol/mol 时，该方法参比状态下一氧化氮、二氧化氮和氮氧化物检出限分别为 $1\mu g/m^3$、$3\mu g/m^3$ 和 $2\mu g/m^3$，测定下限分别为 $4\mu g/m^3$、$12\mu g/m^3$ 和 $8\mu g/m^3$；标准状态下一氧化氮、二氧化氮和氮氧化物检出限分别为 $2\mu g/m^3$、$3\mu g/m^3$ 和 $2\mu g/m^3$，测定下限分别为 $8\mu g/m^3$、$12\mu g/m^3$ 和 $8\mu g/m^3$。

6. 注意事项

颗粒物过滤器的滤膜支架每半年至少清洁一次；滤膜一般每两周更换一次，颗粒物浓度较高的地区或时段，应视滤膜实际污染情况加大更换频次。

进样管路每月应进行气密性检查，每半年清洗一次，必要时更换。

更换采样系统部件和滤膜后，应以正常流量采集至少 10min 样品空气，进行饱和吸附处理，期间产生的测定数据不作为有效数据。

至少每半年检查一次二氧化氮钼催化转换炉的转换效率，如果低于 96%时需要更换、维修或再生。

(三) 紫外光度法臭氧测定仪

1. 原理

当样品空气以恒定的流速通过除湿器和颗粒物过滤器后，进入仪器的气路系统时被分成两路，一路为样品空气，一路通过选择性臭氧洗涤器成为零空气，样品空气和零空气在电磁阀的控制下交替进入样品吸收池(或分别进入样品吸收池和参比池)，低压汞灯发出稳定的波长为 253.7nm 的紫外光照射到样品吸收池(或参比池)，臭氧对该波长紫外光有特征吸收，且吸收程度与臭氧浓度之间的关系符合朗伯-比尔定律，根据吸光度与臭氧浓度的关系确定空气中臭氧的浓度。

2. 仪器设备

紫外光度法臭氧自动测量系统由进样管路、颗粒物过滤器和臭氧测定仪组成。典型的紫外光度臭氧自动测量系统组成见图 10-9。

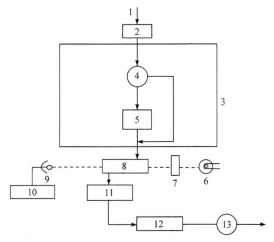

图 10-9　紫外光度法臭氧自动测量系统示意图

1. 空气输入；2. 颗粒物过滤器和除湿器；3. 臭氧分析仪；4. 旁路阀；5. 涤气器；6. 紫外光源灯；7. 光学镜片；8. UV 吸收池；
9. UV 检测器；10. 信号处理器；11. 空气流量计；12. 流量控制器；13. 泵

臭氧化学性质活泼，不稳定，与很多物质接触易分解，采样管线须采用玻璃、聚四氟乙烯等不与臭氧起化学反应的惰性材料。为了缩短样品空气在管线中的停留时间，采样管线需尽可能的短。样品空气在管线中停留时间应少于 5s，臭氧损失应小于 1%。

颗粒物过滤器安装在采样总管与仪器进样口之间。过滤器由滤膜及其支架组成，其材质应选用聚四氟乙烯等不与臭氧起化学反应的惰性材料。滤膜孔径≤5μm。

臭氧测定仪主要由紫外光源、紫外吸收池、紫外检测器、采样泵、旁路阀、涤气器、空气流量计等部分组成。

紫外光源通常采用低压汞灯，其发射的紫外单色光集中在 253.7nm，而 185nm 的紫外光(照射氧气会产生臭氧)可通过石英窗屏蔽去除。光源发出的紫外辐射应稳定，能够满足分析要求。

样品空气进入仪器的气路系统时被旁路阀分成两路，一路为样品空气，一路通过选择性臭氧洗涤器成为零空气，样品空气和零空气交替进入样品紫外吸收池。

紫外吸收池应由不与臭氧起化学反应的惰性材料制成，并具有良好的机械稳定性，以致光学校准不受环境温度变化的影响。吸收池温度控制精度为±0.5℃，吸收池中样品空气压力控制精度为±0.2kPa。

紫外检测器能定量接收波长为 253.7nm 辐射的 99.5%，其电子组件和传感器的响应稳定。

带旁路阀的涤气器的活性组分能在环境空气样品流中选择性地去除臭氧。

采样系统中采样泵安装在气路的末端，流量控制器紧接在采样泵的前面，空气流量计安装在紫外吸收池的后面。系统可适当调节空气流量并保持在 1~2L/min。

温度指示器能测量紫外吸收池中样品空气的温度，准确度为±0.5℃。压力指示器能测量紫外吸收池内的样品空气的压力，准确度为±0.2kPa。

3. 分析步骤

仪器运行过程中需要进行零点检查、量程检查和线性检查。如果检查结果不合格，须对仪器进行校准，必要时对仪器进行维修，

将零气通入仪器，读数稳定后，调整仪器输出值等于零。再将浓度为量程 80%的标准气体通入仪器，读数稳定后，调整仪器输出值等于标准气体浓度值。然后，再次通入零气清洗气路，当仪器输出值等于零后，即可进行样品测定。

将样品空气通入仪器，进行自动测定并记录臭氧的浓度。

4. 干扰及消除

一般环境空气中常见的质量浓度低于 $0.2mg/m^3$ 的污染物不会干扰臭氧的测定。但当空气中二氧化氮和二氧化硫的质量浓度分别为 $0.94mg/m^3$ 和 $1.3mg/m^3$ 时，会对臭氧的测定分别产生约 $2μg/m^3$ 和 $8μg/m^3$ 的正干扰。

当被测环境空气中颗粒物浓度超过 $100μg/m^3$ 时，会在采样管路中累积破坏臭氧，使得测定结果偏低。故在采样总管与仪器进样口之间加颗粒物过滤器，并定期更换。

样品空气在采样管线中停留期间，其中的一氧化氮与臭氧会发生一定程度的反应。此影响可通过测得的管线中臭氧和一氧化氮的浓度、气体在管线中停留时间和两者的反应常数来计算消耗的臭氧浓度校正。

极少数有机物如甲苯、苯乙烯、苯甲醛等，在 253.7nm 处吸收紫外光，对臭氧的测定产生正干扰。

5. 检出限和测定下限

本方法的检出限为 $0.005mg/m^3$，适用于测定环境空气中臭氧的浓度范围是 0.003~

$2mg/m^3$。

6. 注意事项

颗粒物过滤器滤膜应视环境空气中颗粒物的浓度定期更换。一片滤膜最长使用时间不得超过14d。当发现在5~15min臭氧含量递减5%~10%时，应立即更换滤膜。

(四) 一氧化碳测定仪

环境空气中一氧化碳的自动连续测定方法有非分散红外吸收法和气体滤波相关红外吸收法。

1. 原理

样品空气以恒定的流量通过颗粒物过滤器进入仪器反应室，一氧化碳选择性吸收以4.7μm为中心波段的红外光，在一定的浓度范围内，红外光吸光度与一氧化碳浓度成正比(遵循朗伯-比尔定律)。

如果红外线分析仪带有分光系统，可将红外光分为单色光，则称为分散型红外分析仪。不带分光系统的红外线分析仪，称为非分散型红外分析仪。

非分散红外分析可采用窄带滤光片或气体滤波，即非分散红外吸收法和气体滤波相关红外吸收法两种方法。

非分散红外吸收法与气体滤波相关红外吸收法的工作原理相同，都是基于一氧化碳对一定波长红外光的选择性吸收。气体滤波相关红外吸收法是非分散红外法的一种改进，其工作原理是在有其他干扰气体存在下，比较样品气中被测气体红外吸收光谱的精细结构，比较时使用高浓度的被测气体作为红外光的滤光器。

2. 仪器设备

一氧化碳自动测量系统由进样管路、颗粒物过滤器和一氧化碳测定仪组成，如图10-10所示。

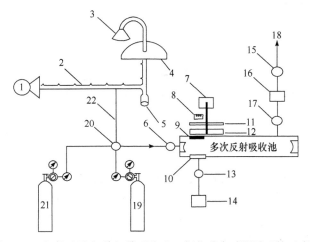

图 10-10 气体滤波相关红外吸收法一氧化碳自动测量系统示意图

1. 风机；2. 多支管；3. 进气口；4. 房顶；5. 除湿装置；6. 颗粒物过滤器；7. 马达；8. 红外光源；9. 带通滤波器；10. 红外检测器；11. 截光器；12. 相关轮；13. 放大器；14. 数据输出；15. 泵；16. 流量控制器；17. 流量计；18. 排空口；19. 标准气体；20. 四通阀；21. 零气；22. 进样管路

进样管路应为不与一氧化碳发生化学反应的聚四氟乙烯、氟化聚乙烯丙烯、不锈钢或硼硅酸盐玻璃等材质。

颗粒物过滤器安装在采样总管与仪器进样口之间。滤膜材质为聚四氟乙烯，孔径≤5μm。

过滤器除滤膜外的其他部分应为不与一氧化碳发生化学反应的聚四氟乙烯、氟化聚乙烯丙烯、不锈钢或硼硅酸盐玻璃等材质。

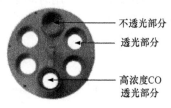

图 10-11　相关轮图

—— 不透光部分
—— 透光部分
—— 高浓度 CO
　　透光部分

气体滤波相关红外吸收法一氧化碳测定仪中的相关轮由不透光部分、充入纯 N_2 透光部分和充入高浓度 CO 透光部分组成(图 10-11)。在马达带动下相关轮不同部分以一定频率交替通过由红外光源发射的红外光。当红外线通过 CO 透光部分时，相当于参比光束，通过纯 N_2 透光部分时，相当于样品光束。在此过程中，窄带带通滤波器将波长限制在 CO 分子吸收光谱峰值。此时对吸收池来说，从时间上分割为交替的样品光束和参比光束，可以获得一交变信号；而对干扰气体来讲，样品光束和参比光束是相同的，可相互抵消，从而将水蒸气、CO_2 的干扰减至最低范围内。相关轮后设有一个多次反射吸收池，红外光多次反射后光程变长，从而保证有足够的灵敏度。红外光由反射镜反射到红外检测器，将光信号转变成电信号，经前置放大器送入电子信息处理系统进行信号处理后，由显示、记录仪表指示和记录测定结果。

3. 分析步骤

仪器运行过程中需要进行零点检查、量程检查和线性检查。如果检查结果不合格，须对仪器进行校准，必要时对仪器进行维修。

将零气通入仪器，读数稳定后，调整仪器输出值等于零。再将浓度为量程 80% 的标准气体通入仪器，读数稳定后，调整仪器输出值等于标准气体浓度值。然后，再次通入零气清洗气路，当仪器输出值等于零后，即可进行样品测定。

将样品空气通入仪器，进行自动测定并记录一氧化碳的体积浓度。

一氧化碳的质量浓度按照下列公式计算：

$$\rho = \frac{28}{V_m} \times \varphi$$

式中，ρ 为一氧化碳质量浓度，mg/m^3；28 为一氧化碳摩尔质量，g/mol；V_m 为一氧化碳摩尔体积，标准状态下为 22.4L/mol，参比状态下为 24.5L/mol；φ 为一氧化碳体积浓度，$\mu mol/mol$。

4. 干扰及消除

水蒸气的红外吸收峰在 $3\mu m$ 和 $6\mu m$ 附近，会对测定产生干扰，可通过除湿装置和窄带滤光器去除干扰。

CO_2 的红外吸收峰在 $4.3\mu m$ 附近，其对一氧化碳的测定干扰很小。当环境空气中二氧化碳浓度为 $610mg/m^3$ 时，产生的干扰只相当于 $0.2mg/m^3$ 的一氧化碳，如有必要可用碱石灰去除。

一般情况下，环境空气中的碳氢化合物对一氧化碳测定无干扰。当环境空气中甲烷浓度为 $326 mg/m^3$ 时，产生的干扰相当于 $0.6 mg/m^3$ 的一氧化碳。

5. 检出限和测定下限

当使用仪器量程为 $0\sim50\mu mol/mol$ 时，本方法的检出限为 $0.07mg/m^3$，测定下限为 $0.28mg/m^3$。

6. 注意事项

颗粒物过滤器的滤膜支架每半年至少清洁一次；滤膜一般每 2 周更换一次，颗粒物浓度较高地区或浓度较高时段，应视滤膜实际污染情况加大更换频次。

采样支管每月应进行气密性检查，每半年清洗一次，必要时更换。

更换采样系统部件和滤膜后，应以正常流量采集至少 10min 样品空气，进行饱和吸附处理，期间产生的测定数据不作为有效数据。

(五) 气相色谱法挥发性有机物测定仪

1. 原理

环境空气或标准气体以恒定流速进入采样系统，经低温或捕集阱等方式对挥发性有机物进行富集，通过热解吸等方式经气相色谱分离，并由氢火焰离子化检测器或质谱检测器(MSD)进行检测，得到挥发性有机物各组分的浓度。

2. 监测系统组成及要求

监测系统由样品采集单元、质控单元、气源单元、分析单元、数据采集和传输单元以及其他辅助设备等组成。

(1) 样品采集单元。样品采集单元主要由采样管路、采样泵和流量控制单元组成。

样品采集单元可采用采样总管，也可直接采用满足要求的独立管路。采用多支路采样总管时，挥发性有机物的采样支管应位于采样总管的最前部。采样管路应尽量短以减少对目标化合物的吸附。

采样管路、阀门及连接部件的制作材料，应选用不释放干扰物质且不与目标化合物发生化学反应的材料，如聚四氟乙烯、硼硅酸盐玻璃或不锈钢等。

采样管路应加装加热装置，加热温度一般控制在 30～50℃，避免采样管路内壁结露。

应安装孔径≤5μm 的聚四氟乙烯滤膜，以去除空气中的颗粒物。

应以稳定流速进行采样，每小时累积采样时间应不少于 30min。

(2) 质控单元。质控单元主要由零气、标准气及稀释系统等组成，用于对分析仪器进行校准及日核查。

质控单元应具有自动核查功能，实现对挥发性有机物组分的定期自动核查，且频次可设置。

质控单元应具备自动校准功能，火焰离子化检测器应采用外标法校准，质谱检测器应采用内标法校准。

(3) 气源单元。气源单元主要由气源和管路等组成，用于提供系统运行所需的载气、燃气和助燃气等。

根据监测系统使用需要，配备高纯氮气、氦气、氢气、空气等气源。气源进入分析单元前需加装除烃装置。气密性需满足规范要求。

(4) 分析单元。分析单元主要由富集模块、柱温箱、色谱柱、检测器等组成，用于对采集的环境空气中的挥发性有机物组分进行富集和分离，并对挥发性有机物组分进行准确定性和定量。

富集模块对待测挥发性有机物组分进行浓缩，同时在线去除水、CO_2 等干扰，并能实现快速热解析。

气相色谱能实现目标化合物的有效分离。

检测器对目标化合物响应良好、稳定。配备氢火焰离子化检测器后应能判断工作状态，并具有熄火自动点火功能。配备质谱检测器后应具有全扫描/选择离子扫描、自动/手动调谐、谱库检索等功能。

(5) 数据采集和传输单元。数据采集和传输单元用于采集、处理和存储监测数据，并能按指令传输监测数据和仪器设备工作状态信息。

数据采集和传输单元能够对监测数据实时采集、存储计算，能输出 1h 分辨率的数据，具有网络接入功能，定时传输数据和图表。能够实时显示各目标化合物监测数据和工作状态参数等。能够记录存储半年以上的数据，具有历史数据查询、导出功能。停电后，能自动存数据。

(六) 长光程差分吸收光谱仪

差分吸收光谱(differential optical absorption spectroscopy，DOAS)技术，最初由 Platt 和 Noxon 等在 20 世纪 70 年代提出。

1. 原理

DOAS 分析仪是基于光学原理而设计的开放式光程连续自动监测仪器(图 10-12)。其工作原理为发射单元内的高压氙灯光源向远距离的接受单元发出一束强平行光(波长范围在 180～700nm 的紫外-可见光)，光线在大气中传输时，在其光程(测量光路)中的 SO_2、NO_x、O_3 等气体分子会在不同波段对光产生特征吸收，光束到达接受单元经聚焦后通过光缆送入分光光度计内部。光度计中的旋转光栅将接受的光束按每 40nm 波长宽度为一段进行连续的逐段分光展开。每次分光展开的光束，经旋转切光轮上的狭缝不断按 0.04nm 的间隔对每个 40nm 波段进行扫描，由光电检测器检测信号，最终可同时得到多种分子各自特征吸收光谱，通过对特征吸收光谱的鉴别和朗伯-比尔定律进行计算机差分拟合计算得到整个光程内各种气态物质的平均浓度。

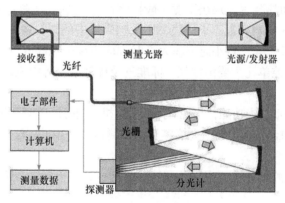

图 10-12　DOAS 分析仪示意图

与其他光谱分析仪相同，朗伯-比尔定律是 DOAS 分析仪的理论基础。DOAS 技术通过对测定气体分子的窄带吸收特性来鉴别气体成分，并根据窄带吸收强度来推演微量气体的浓度，因此 DOAS 具有一些传统光学监测方法无法比拟的优点：一套 DOAS 系统的监测范围很广，所测得的气体浓度是沿几百米到几公里长的光路上的气体浓度的均值，因而可以消除某些比较集中的污染排放源对测量的干扰，测量结果更具代表性；该方法是非接触性测量，可避免一些传统方法的误差源的影响，如采样器壁的吸附损失等；测量周期短、响应快，且可以用一台仪器同时监测多种不同气体的质量浓度。

2. 仪器设备

DOAS 分析仪是由高压氙灯、发射单元、接受单元、光纤、差分分光光度计、探测器、计算机等组成。根据光源与检测系统位置不同有同轴反射式、两端式和合体式等三种类型。

3. 干扰及消除

该方法对自然光强的变化及影响能见度的雨、雾、雪、尘的干扰在一定程度内可自动修正。

4. 检出限和测定下限

本方法的检出限与光程长度有关。当光程为 500m，平均时间为 1min 时，最低检出浓度：SO_2 为 $1\mu g/m^3$、NO_2 为 $1\mu g/m^3$、O_3 为 $3\mu g/m^3$；测量范围：SO_2 为 $0\sim2000\mu g/m^3$、NO_2 为 $0\sim2000\mu g/m^3$、O_3 为 $0\sim1000\mu g/m^3$。

5. 注意事项

至少每季度进行 1 次光波长的校准。至少每半年进行 1 次跨度检查，当发现跨度漂移超过仪器调节控制限时，须及时校准仪器。至少每年进行 1 次多点校准。

(七) β 射线吸收法颗粒物测定仪

1. 原理

β 射线吸收法的原理是基于物质对 β 射线的吸收作用。用低能量 β 射线照射待测物质，β 射线会与物质内电子发生撞击或引发散射而被吸收，其强度衰减程度仅与所透过的物质质量有关，而与物质的物理、化学性质无关。

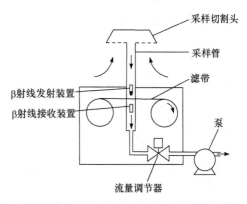

环境空气由采样泵以恒定的流量吸入，经过大粒子切割器将大颗粒物分离，经过滤带过滤后排出。颗粒物阻留在滤带上，β 射线通过滤带时，能量发生衰减，通过对衰减量的测定计算出颗粒物的质量(图 10-13)。

图 10-13　β 射线吸收法颗粒物测定仪工作原理

设同等强度的 β 射线穿过清洁滤带和采尘滤带后的强度分别为 N_0 和 N_1，则二者关系为

$$N_1 = N_0^{-K \cdot \Delta m}$$

上式经变换可写成

$$\Delta m = \frac{1}{K} \ln \frac{N_0}{N_1}$$

式中，Δm 为阻留在滤带上颗粒物的单位面积质量，mg/cm^2；K 为单位质量吸收系数(校准系数)，cm^2/mg；N_0 为测定周期初始测得的 β 射线量；N_1 为测定周期阻留颗粒物后测得的 β 射线量。

2. 仪器设备

滤带(膜)：可选用玻璃纤维材质、石英材质等无机材质或聚氯乙烯、聚丙烯、聚四氟乙烯、混合纤维素等有机材质。滤带(膜)应边缘平整、厚薄均匀、无毛刺、无污染，不得有针孔或任何破损，对空气流动的阻力低。在规定膜面流速下，PM_{10} 采样滤带(膜)要求对 $0.3\mu m$ 颗粒物的截留效率≥99%，$PM_{2.5}$ 采样滤带(膜)要求对 $0.3\mu m$ 颗粒物的截留效率≥99.7%。

零膜片：由惰性材料(如聚碳酸酯、铝、金等)制成，同清洁的滤带具有基本相同的面积质量。

标准膜：由惰性材料(如聚碳酸酯、铝、金等)制成，分为两种，一种标称值为实际面积质量，另一种标称值为膜片实际面积质量减去零膜片面积质量的差值。

β 射线仪测量装置：应包括切割器、进样管、密封装置、滤带支架、β 射线测量系统、流量控制装置、泵、流速计或流量计等。

天平：分度值不超过 0.01mg。

3. 分析步骤

根据所测颗粒物粒径大小选择合适的切割器。当测定 PM$_{10}$ 和 PM$_{2.5}$ 时，切割器性能指标应符合关于切割器捕集效率的几何标准差要求。

仪器运行期间应定期进行标准膜(自动或手动)检查，检查周期不得超过半年。若检查结果与标准膜的标称值误差不在±2%范围内，应对仪器进行校准。标准膜检查不合格时须进行仪器校准或维修。

零点校准：校准时泵停止工作，避免空气和颗粒物进入采样装置。选定量程，安装滤带或零膜片，按仪器说明书要求进行零点校准。

质量校准：可选择校准膜片法或实际样品称量法确定校准系数 K。

样品的测定：仪器稳定后开始测定。

实际状态下的颗粒物浓度按下式计算：

$$\rho = \frac{\Delta m \cdot S}{t \cdot Q} \times 10^6$$

式中，ρ 为实际状态下环境空气中颗粒物的浓度，μg/m^3；Δm 为阻留在滤带上颗粒物的单位面积质量，mg/cm^2；S 为阻留在滤带上颗粒物的面积，cm^2；t 为采样时间，min；Q 为实际状况下的采样流量，L/min。

4. 干扰和消除

β 射线电子流的空间分布不规则或采样系统磨损导致的颗粒物截留不均匀等因素，会导致测定误差。

颗粒物放射性对 β 射线的影响很小。部分仪器可以通过检测氡气 α 放射值，减去其产生的 β 射线影响。

湿度对颗粒物的测定有一定影响，可采取动态加热方式减少湿度的影响，但同时需要控制加热功率和加热温度以减少挥发性有机物的损失。一般在进样管配置动态加热装置，加热温度范围一般设置在 40～50℃。

5. 检出限和测定下限

当使用仪器量程为 0～1000μg/m^3 时，该方法的检出限为 1μg/m^3，测定下限为 4μg/m^3。

6. 注意事项

使用的 β 射线源应符合放射性安全标准，仪器报废后应按照有关规定处置放射源。

应根据通过采样后滤带 β 射线量不小于空白滤带的 25%或仪器规定的颗粒物沉积量上限值等确定走带速度。

(八) 锥形微量振荡天平法颗粒物测定仪

锥形微量振荡天平(tapered element oscillating microbalance, TEOM)法是基于锥形元件振荡微量天平原理的颗粒物浓度测量方法。

1. 原理

在质量传感器的中间位置安装一个振荡空心锥形管。锥形管一端固定，另一端可以自由振荡。在空心锥形管振荡端(自由端)顶部安装一张可更换的滤膜，空心锥形管振荡频率取决于锥形管特性和它的质量(图 10-14)。

当样品空气通过切割器以恒定的流量经过通过滤膜时，其中的颗粒物沉积在滤膜上，滤膜质量的改变导致振荡频率变化，通过测量振荡频率的变化计算出沉积在滤膜上的颗粒物的质量，再根据采样流量计算出颗粒物质量浓度。

颗粒物质量与振荡频率之间的关系可由下式表示：

$$\Delta m = K\left[\left(\frac{1}{f_1}\right)^2 - \left(\frac{1}{f_0}\right)^2\right]$$

式中，Δm 为阻留在滤膜上颗粒物的质量；K 为弹性系数；f_0 为初始频率；f_1 为最终频率。

2. 干扰和消除

该方法对空气湿度的变化比较敏感，为降低湿度的影响，对样品空气和振荡天平室一般进行 50℃加热，在恒温下工作，因此会损失一部分不稳定的半挥发性物质。

在湿度较大的雨天容易出现负值，可安装滤膜动态测量系统加以补偿。

3. 检出限和测定下限

当使用仪器量程为 0~1000mg/m³ 时，本方法的检出限为 0.1μg/m³，测定下限为 0.4μg/m³。

六、气象观测仪器

大气污染状况与气象条件有着密切关系。因此，空气质量连续自动监测在进行污染物质监测的同时，往往还要进行气象观测，其观测项目有风向、风速、温度、湿度、气压、太阳辐射、雨量等。为取得所监测地区的主要气象数据，一般大气污染自动监测系统的各监测子站内都安装有气象参数观测仪。

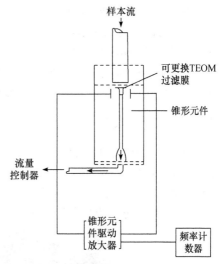

图 10-14　锥形微量振荡天平法颗粒物测定仪工作原理

七、系统日常运行维护要求

(一) 基本要求

环境空气质量自动监测仪器应全年 365d(闰年 366d)连续运行，停运超过 3d 以上，须报负责该点位管理的主管部门备案，并采取有效措施及时恢复运行。需要主动停运的，须提前报负责该点位管理的主管部门批准。

在日常运行中因仪器故障需要临时使用备用监测仪器开展监测，或因设备报废需要更新监测仪器的，须于仪器更换后 1 周内报负责该点位管理的主管部门备案。

监测仪器主要技术参数应与仪器说明书要求和系统安装验收时的设置值保持一致。如确需对主要技术参数进行调整，应开展参数调整实验和仪器性能测试，记录测试结果并编制参数调整测试报告。主要技术参数调整，须报负责该点位管理的主管部门批准。

系统的维护管理包括日常维护和故障检修两种情况。

(二) 系统日常维护

系统日常维护包括监测子站日常巡检(每周至少巡检一次)、监测仪器设备日常维护、中心计算机室日常检查、质量保证实验室日常检查和系统支持实验室日常检查。

日常巡检检查内容包括：检查站房内温度、相对湿度等是否在规定范围内；检查采样装置、校准设备、分析仪器、数据采集和传输设备工作是否正常；检查标气消耗情况、标气钢瓶阀门是否漏气；检查标准物质有效期；检查各种运维工具、仪器耗材、备件是否完好齐全等；检查数据采集、传输与网络通信是否正常。

每次巡检维护均要有记录，并定期存档。

(三) 系统故障检修

对于出现故障的仪器设备应进行针对性的检查和维修。

根据仪器制造商提供的维修手册要求，开展故障判断和检修。对于在现场能够明确的诊断，并且可以通过简单更换备件解决的故障，应及时检修并尽快恢复正常运行。对于不能在现场完成故障检修的仪器，应送至系统支持实验室进行检查和维修，并及时采用备用仪器开展监测。每次故障检修完成后，应对仪器进行校准和性能测试，测试合格后，方可投入使用。每次故障检修完成后，应对检修、校准和测试情况进行记录并存档。

八、空气自动监测车

相对于固定站，将监测系统安装到车辆上，可以在任意场所进行监测，这样的监测装置称为空气自动监测车(图 10-15)。目前我国部分重点城市装备了空气自动监测车。空气自动监测车装备有采样系统、污染物自动监测仪器、气象参数观测仪器、计算机数据处理系统及其他辅助设备，它是一种流动监测站，也是大气环境自动监测系统的补充，以便及时掌握污染情况，采取有效措施。

图 10-15　空气自动监测车外观

和固定子站一样，自动监测车采用的监测方法主要也是干法监测技术。我国生产的空气自动监测车装备的监测仪器有 SO_2 自动监测仪、NO_x 自动监测仪、O_3 自动监测仪、CO 自动监测仪、颗粒物监测仪等。监测车内的采样管由车顶伸出，下部装有轴流式风机，以将气样抽进采样管供给各监测仪器；测量风向、风速、温度、湿度的小型气象仪；用于进行程序控制，数据处理的电子计算机及结果显示、记录、打印仪器；辅助设备有标准气源及载气源、稳压电源、风机、配电系统等。

第二节　烟气排放连续自动监测系统

烟气排放连续自动监测是指对企业固定污染源排放的污染物浓度和排放率进行连续地、实时地跟踪测定，每个固定污染源的测定时间不得小于总运行时间的 75%，每小时测定时间不得低于 45min。

烟气排放连续监测系统(continuous emission monitoring systems，CEMS)是指连续监测固定

污染源颗粒物和(或)气态污染物排放浓度和排放量所需要的全部设备。

一、固定污染源 CEMS 的组成

CEMS 由颗粒物监测单元和(或)气态污染物 SO₂ 和(或)NOₓ 监测单元和(或)非甲烷总烃监测单元、烟气参数监测单元、数据采集与处理单元组成，如图 10-16 所示。

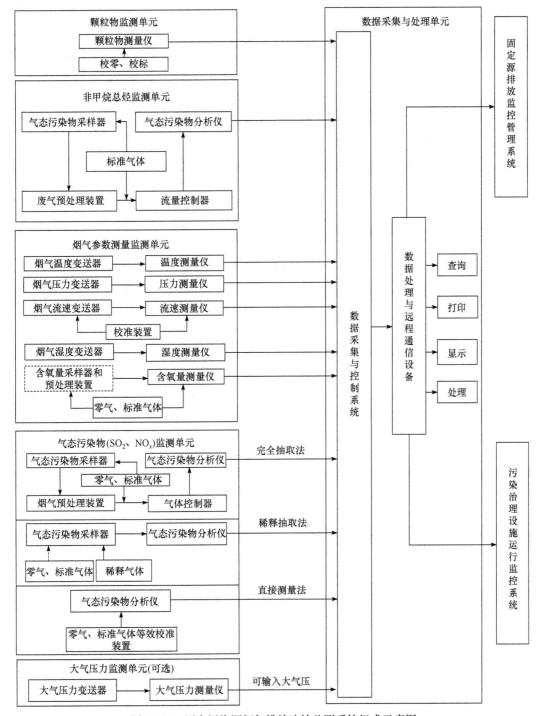

图 10-16 固定污染源烟气排放连续监测系统组成示意图

气态污染物监测单元目前可分为三类:

完全抽气法:将经过过滤、加热、保温($\geq 120℃$)、除湿(快速冷凝或脱水管除湿)的烟气送入仪器中测量烟气中污染物的原始浓度。

稀释抽气法:将经过过滤的烟气与稀释气体按一定的比例混合,典型的稀释比为 $1:100$,稀释后的烟气送入仪器中测量。

直接测量法:无须抽气而直接将测量探头插入烟道或直接由光源发射一束光穿过或部分穿过烟道进行测量。

CEMS 系统应当实现测量烟气中颗粒物浓度、气态污染物 SO_2 和(或)NO_x 浓度、非甲烷总烃浓度、烟气参数(温度、压力、流速或流量、湿度、含氧量等),同时计算烟气中污染物排放速率和排放量,显示、记录和打印各种数据和参数,形成相关图表,并通过数据、图文等方式传输至管理部门。

对于氮氧化物监测单元,NO_2 可以直接测量,也可通过转化炉转化为 NO 后一并测量,但不允许只监测烟气中的 NO。NO_2 转换为 NO 的效率应不低于 96%。

对于非甲烷总烃监测单元,使用催化氧化技术氧化除甲烷外的气态有机化合物的装置,其转化效率应不低于 96%。

二、固定污染源 CEMS 的结构

CEMS 系统结构主要包括样品采集和传输装置、预处理设备、分析仪器、数据采集和传输设备以及其他辅助设备等。依据 CEMS 测量方式和原理的不同,CEMS 由上述全部或部分结构组成。

(一) 样品采集和传输装置

样品采集和传输装置主要包括采样探头、样品传输管线、流量控制设备和采样泵等。采样装置的材料和安装应不影响仪器测量。一般采用抽取测量方式的 CEMS 均具备样品采集和传输装置。

(二) 预处理设备

预处理设备主要包括样品过滤设备和除湿冷凝设备等。预处理设备的材料和安装应不影响仪器测量。部分采用抽取测量方式的 CEMS 具备预处理设备。

(三) 分析仪器

分析仪器用于对采集的污染源烟气样品进行测量分析。

(四) 数据采集和传输设备

数据采集和传输设备用于采集、处理和存储监测数据,并能按中心计算机指令传输监测数据和设备工作状态信息。

(五) 辅助设备

采用抽取测量方式的 CEMS,其辅助设备主要包括尾气排放装置、反吹净化及其控制装置、稀释零空气预处理装置以及冷凝液排放装置等。采用直接测量方式的 CEMS,其辅助设备主要包括气幕保护装置和标气流动等效校准装置等。测量非甲烷总烃的 CEMS 还应包括氢气源。

三、固定污染源 CEMS 的功能要求

(一) 样品采集和传输装置要求

(1) 样品采集装置应具备加热、保温和反吹净化功能。其加热应该均匀、稳定，温度应保证在 120℃以上，且应高于烟气露点温度 20℃以上，其实际温度值应能够在机柜或系统软件中显示查询。

(2) 样品采集装置的材质应选用耐高温、防腐蚀和不吸附、不与待测污染物发生反应的材料，应不影响待测污染物的正常测量。

(3) 气态污染物样品采集装置应具备颗粒物过滤功能。其采样设备的前端或后端应具备便于更换或清洗的颗粒物过滤器，过滤器滤料的材质应不吸附和不与气态污染物发生反应，过滤器应至少能过滤 5μm 粒径以上的颗粒物。

(4) 样品传输管线应长度适中。当使用伴热管线时应具备稳定、均匀加热和保温的功能；其设置加热温度一般在 120℃以上，且应高于烟气露点温度 20℃以上，其实际温度值应能够在机柜或系统软件中显示查询。

(5) 样品传输管线内包覆的气体传输管应至少为两根，一根用于样品气体的采集传输，另一根用于标准气体的全系统校准；CEMS 样品采集和传输装置应具备完成 CEMS 全系统校准的功能要求。

(6) 样品传输管线应使用不吸附和不与气态污染物发生反应的材料。

(7) 采样泵应具备克服烟道负压的足够抽气能力，并且保障采样流量准确可靠、相对稳定。

(8) 采用抽取测量方式的颗粒物 CEMS，其抽取采样装置应具备自动跟踪烟气流速变化调节采样流量的等速跟踪采样功能，等速跟踪吸引误差应不超过±8%。

(二) 预处理设备要求

(1) CEMS 预处理设备及其部件应方便清理和更换，材质应使用不吸附和不与气态污染物发生反应的材料。

(2) CEMS 除湿设备的设置温度应保持在 4℃左右(设备出口烟气露点温度应≤4℃)，正常波动在±2℃以内，其实际温度数值应能够在机柜或系统软件中显示查询。

(3) 除湿系统脱水率应不小于 90%，出口露点不高于 4℃，组分丢失率不大于 5%。除湿设备除湿过程产生的冷凝液应采用自动方式通过冷凝液收集和排放装置及时、顺畅排出。对于能在湿式方式下测定气体浓度的分析仪，除湿系统是不必要的，但必须同时测定含湿量，并把待测气体浓度由湿基转换成干基。

(4) 为防止颗粒物污染气态污染物分析仪，在气体样品进入分析仪之前可设置精细过滤器；过滤器滤料应使用不吸附和不与气态污染物发生反应的疏水材料，过滤器应至少能过滤 0.5～2μm 粒径以上的颗粒物。

(三) 辅助设备要求

(1) CEMS 排气管路应规范敷设，不应随意放置，防止排放尾气污染周围环境。

(2) 当室外环境温度低于 0℃时，CEMS 尾气排放管应配套加热或伴热装置，确保排放尾气中的水分不冷凝、累积或结冰，造成尾气排放管堵塞和排气不畅。

(3) CEMS 应配备定期反吹装置，用以定期对样品采集装置等其他测量部件进行反吹，避免出现颗粒物等累积造成的堵塞状况。

(4) CEMS 应具有防止外部光学镜头和插入烟囱或烟道内的反射或测量光学镜头被烟气污染的净化系统(气幕保护系统)；净化系统应能克服烟气压力，保持光学镜头的清洁；净化系统使用的净化气体应经过适当预处理确保其不影响测量结果。

(5) 具备除湿冷凝设备的 CEMS，其除湿过程产生的冷凝液应通过冷凝液排放装置及时、顺畅排出。

(6) 具备稀释采样系统的 CEMS，其稀释零空气必须配备完备的气体预处理系统，主要包括气体的过滤、除水、除油、除烃、除二氧化硫和氮氧化物等环节。

(7) CEMS 机柜内部气体管路以及电路、数据传输线路等应规范敷设，同类管路应尽可能集中汇总设置；不同类型、作用、方向的管路应采用明确标识加以区分；各种走线应安全合理，便于查找维护维修。

(8) CEMS 机柜内应具备良好的散热装置，确保机柜内的温度符合仪器正常工作温度；应配备照明设备，便于日常维护和检查。

(9) 非甲烷总烃监测系统的氢气纯度至少达到 99.99%，氢气源连接管路应使用不锈钢材质，一旦检测到氢气有泄漏时，应能自动切断气源。

(四) 校准功能要求

(1) CEMS 应能用手动和(或)自动方式进行零点和量程校准。

(2) 采用抽取测量方式的气态污染物 CEMS，应具备固定的和便于操作的标准气体全系统校准功能；即能够完成样品采集和传输装置、预处理设备和分析仪器的全系统校准。

(3) 采用直接测量方式的气态污染物 CEMS，应具备稳定可靠和便于操作的标准气体流动等效校准功能；即能够通过内置或外置的校准池，完成对系统的等效校准。

(五) 数据采集和传输设备要求

(1) 应显示和记录超出其零点以下和量程以上至少 10%的数据值。当测量结果超过零点以下和量程以上 10%时，数据记录存储其最小或最大值。

(2) 应具备显示、设置系统时间和时间标签功能，数据为设置时段的平均值。

(3) 能够显示实时数据，具备查询历史数据的功能，并能以报表或报告形式输出。

(4) 具备数字信号输出功能。

(5) 具有中文数据采集、记录、处理和控制软件。

(6) 仪器断电后，能自动保存数据；恢复供电后系统可自动启动，恢复运行状态并正常开始工作。

四、固定污染源烟气 CEMS 的安装和验收

原则上要求一个固定污染源安装一套 CEMS。若一个固定污染源排气先通过多个烟道或管道后进入该固定污染源的总排气管时，应尽可能将 CEMS 安装在总排气管上，但如果想便于用参比方法校准颗粒物 CEMS 和烟气流速连续监测系统，也可在每个烟道或管道上安装相同的监测系统。

(一) 安装位置要求

固定污染源烟气 CEMS 应安装在能准确可靠地连续监测固定污染源烟气排放状况的有代表性的位置上。一般要求：

(1) 位于固定污染源排放控制设备的下游和比对监测断面上游。

(2) 不受环境光线和电磁辐射的影响。

(3) 烟道振动幅度尽可能小。

(4) 安装位置应尽量避开烟气中水滴和水雾的干扰，如不能避开，应选用能够适用的检测探头及仪器。

(5) 安装位置不漏风。

(6) 安装 CEMS 的工作区域应设置一个防水低压配电箱，内设漏电保护器、不少于 2 个 10A 插座，保证监测设备所需电力。

(7) 应合理布置采样平台与采样孔。

(二) 采样平台与采样孔要求

(1) 采样平台应有足够的工作空间(图 10-17)，安全且便于操作，必须牢固并有符合要求的安全措施。采样或监测平台长度应≥2m，宽度应≥2m 或不小于采样枪长度外延 1m，周围设置 1.2m 以上的安全防护栏，有牢固并符合要求的安全措施，便于日常维护(清洁光学镜头、检查和调整光路准直、检测仪器性能和更换部件等)和比对监测。

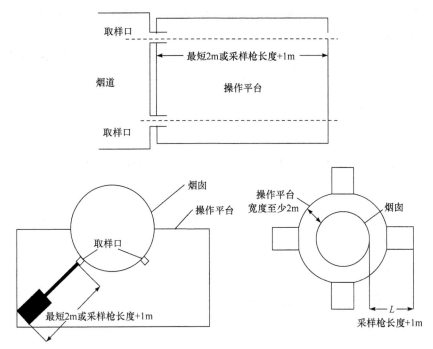

图 10-17　采样平台与采样孔示意图

(2) 采样或监测平台应易于人员和监测仪器到达，当采样平台设置在离地面高度≥2m 的位置时，应有通往平台的斜梯，宽度应≥0.9m；当采样平台设置在离地面高度≥20m 的位置时，应有通往平台的升降梯。

(3) 当 CEMS 安装在矩形烟道时，若烟道截面的高度＞4m，则不宜在烟道顶层开设参比方法采样孔；若烟道截面的宽度＞4m，则应在烟道两侧开设参比方法采样孔，并设置多层采样平台。

(4) 在 CEMS 监测断面下游应预留参比方法采样孔，采样孔位置和数目按照上节的要求确定。现有污染源参比方法采样孔内径应不低于 80mm，新建或改建污染源参比方法采样孔内径应不低于 90mm。在互不影响测量的前提下，参比方法采样孔应尽可能靠近 CEMS 监测断面。当烟道为正压烟道或有毒气时，应采用带闸板阀的密封采样孔。

(5) 测定位置应避开烟道弯头和断面急剧变化的部位。对于圆形烟道，颗粒物和流速 CEMS 应设置在距弯头、阀门、变径管下游方向≥4 倍烟道直径，以及距上述部件上游方向≥2 倍烟道直径处；气态污染物 CEMS，应设置在距弯头、阀门、变径管下游方向≥2 倍烟道直径，以及距上述部件上游方向≥0.5 倍烟道直径处。对于矩形烟道，应以当量直径计。

(三) 系统安装施工及验收

CEMS 安装施工应符合国家标准的规定。施工单位应熟悉 CEMS 的原理、结构、性能，编制施工方案、施工技术流程图、设备技术文件、设计图样、监测设备及配件货物清单交接明细表、施工安全细则等有关文件。

CEMS 在安装、初调和至少正常连续运行 168h 后，在技术验收前对 CEMS 进行技术性能指标的调试检测。调试检测周期为 72h，在调试检测期间，不允许计划外的检修和调节仪器。调试检测的技术指标包括零点漂移、量程漂移、置信区间、允许区间、线性相关系数、示值误差、系统响应时间、准确度等。

CEMS 在完成安装、调试检测并和主管部门联网后，应进行技术验收，包括 CEMS 技术指标验收和联网验收。

CEMS 技术指标验收包括零点漂移、量程漂移、示值误差、系统响应时间和准确度验收。联网验收由通信及数据传输验收、现场数据比对验收和联网稳定性验收三部分组成。

五、烟气参数及污染物的测定

(一) 烟气温度测定

由烟气 CEMS 配置的热电偶或热电阻温度传感器连续测定，温度的示值偏差不大于±3℃。

(二) 烟气含湿量测定

有非分散红外测定仪、湿度传感器连续测定烟气含湿量或由烟气 CEMS 配置的氧传感装置连续测定烟气除湿前后氧的含量，计算烟气含湿量。

(三) 烟气成分测定

连续测定二氧化硫、氮氧化物、非甲烷总烃浓度及氧含量，所采用方法见上节内容。

(四) 烟气压力测定

由 CEMS 配置的皮托管和微压传感器连续测定烟气的动压和静压。

(五) 烟气流速和流量的测定

1. 皮托管法
同上节内容。

2. 热传感器法

基于热从一个加热体传输到流动的气体。由两个热传感器组成，一个加热，一个不加热，即速度传感器加热，温度传感器不加热。当流动的烟气使加热传感器变冷时，增加通过传感器的电流，使保持恒温，增加的电流相当于传感器热损失，未加热的传感器用于补偿烟气温度的变化。增加的电流越多，烟气流速越高。

3. 超声波法

烟气 CEMS 配置的超声波流速测量系统安装在烟道壁两侧，通过测量超声波顺气流方向和逆气流方向传播的时间，计算气流的流速。

六、日常运行管理要求

(一) 总体要求

CEMS 运维单位应根据国家标准和 CEMS 使用说明书的要求编制仪器运行管理规程，确定系统运行操作人员和管理维护人员的工作职责。运维人员应当熟练掌握烟气排放连续监测仪器设备的原理、使用和维护方法。CEMS 日常运行管理应包括日常的巡检、维护保养、校准和校验等内容。

(二) 日常巡检

CEMS 运维单位应根据国家标准和仪器使用说明中的相关要求制订巡检规程，并严格按照规程开展日常巡检工作并做好记录。日常巡检记录应包括检查项目、检查日期、被检项目的运行状态等内容，每次巡检应记录并归档。CEMS 日常巡检时间间隔不超过 7d。

(三) 日常维护保养

应根据 CEMS 说明书的要求对 CEMS 系统保养内容、保养周期或耗材更换周期等做出明确规定，每次保养情况应记录并归档。每次进行备件或材料更换时，更换的备件或材料的品名、规格、数量等应记录并归档。如更换有证标准物质或标准样品，还需记录新标准物质或标准样品的来源、有效期和浓度等信息。对日常巡检或维护保养中发现的故障或问题，系统管理维护人员应及时处理并记录。

(四) 校准和校验

应根据国家标准中规定的方法和周期制订 CEMS 系统的日常校准和校验操作规程。校准和校验记录应及时归档。

(五) 常见故障分析及排除

当 CEMS 发生故障时，系统管理维护人员应及时处理并记录。维修处理过程中，要注意以下几点：

(1) CEMS 需要停用、拆除或者更换的，应当事先报经主管部门批准。

(2) 运行单位发现故障或接到故障通知，应在 4h 内赶到现场进行处理。

(3) 对于一些容易诊断的故障，如电磁阀控制失灵、膜裂损、气路堵塞、数据采集仪死机等，可携带工具或者备件到现场进行针对性维修，此类故障维修时间不应超过 8h。

(4) 仪器经过维修后，在正常使用和运行之前应确保维修内容全部完成，性能通过检测程序，按本标准对仪器进行校准检查。若监测仪器进行了更换，在正常使用和运行之前应对系统进行重新调试和验收。

(5) 若数据存储/控制仪发生故障，应在 12h 内修复或更换，并保证已采集的数据不丢失。

(6) 监测设备因故障不能正常采集、传输数据时，应及时向主管部门报告。

七、日常运行质量保证

CEMS 日常运行质量保证是保障 CEMS 正常稳定运行、持续提供有质量保证监测数据的必要手段。当 CEMS 不能满足技术指标而失控时，应及时采取纠正措施，并应缩短下一次校准、维护和校验的间隔时间。CEMS 应该定期校准、定期维护和定期校验。

(一) 气态污染物 CEMS 和颗粒物 CEMS 质量保证措施

(1) 定期校准：不超过 15d 用零气和高浓度标准气体或校准装置校准一次系统零点和量程，此期间的零点和量程漂移应符合标准的要求。

(2) 定期维护：不超过 3 个月更换一次采样探头滤料，不超过 3 个月更换一次净化稀释空气的除湿、滤尘等的材料。不超过 3 个月清洗一次隔离烟气与光学探头的玻璃视窗，检查一次系统光路的准直情况。

(3) 定期校验：有自动校准功能的测试单元每 6 个月至少做一次校验，没有自动校准功能的测试单元每 3 个月至少做一次校验；校验用参比方法和 CEMS 同时段数据进行比对。

(二) 非甲烷总烃 CEMS 质量保证措施

(1) 定期校准：具有自动校准功能的每 24h，无自动校准功能的每 7 天至少自动校准一次仪器零点和量程，同时测试并记录零点漂移和量程漂移。

(2) 定期维护：至少 1 个月检查一次燃烧气连接管路的气密性；定期检查氢气源氢气压力；每半年检查一次零气发生器中的活性炭和 NO 氧化剂；每 1 个月检查一次过滤器、采样管路的结灰等。

(3) 定期校验：至少每 3 个月做一次校验；校验用参比方法和 CEMS 同时段数据进行比对。

(三) 烟气流速连续测量系统质量保证措施

(1) 定期校准：具有自动校准功能的系统，应不超过 24h 自动检查一次系统零点和(或)量程。手动校准的系统，不超过 3 个月从烟道或管道取出测速探头，人工清除沉积在上面的烟尘并用校准装置校正系统的零点和(或)量程。

(2) 定期维护：定期检查流速探头的积灰和腐蚀情况、反吹泵和管路的工作状态。

(3) 定期校验：有自动校准功能的测试单元每 6 个月至少做一次校验，没有自动校准功能的测试单元每 3 个月至少做一次校验；校验用参比方法和 CEMS 同时段数据进行比对。

思考题和习题

1. 简要说明大气污染自动监测系统的组成及各部分的功能。
2. 比较大气污染自动连续监测系统中子站与常规监测中采样点布设的基本方法的异同。
3. 试分析中心计算机室中计算机与子站环境微机之间的关系。

4. 自动监测技术主要类型有哪些？各自的特点是什么？

5. 在大气污染自动监测子站内，一般装备哪几种污染组分自动监测仪？说明其工作原理和运行方式。

6. 比较紫外脉冲荧光法和电导法监测 SO_2 的异同点。

7. 说明化学发光法测定 NO_x 的基本原理及装置。

8. 说明化学发光法测定 NO_x 时 O_3 为何要现场制备。

9. 说明非色散红外吸收法测定 CO 时干扰气体的去除方法及原理。

10. 说明长光程差分吸收光谱仪的基本原理。

11. 说明烟气排放自动连续监测系统的组成及功能。

12. 烟气中可吸入颗粒物可用 β 射线法测定，也可用光散射浓度计测定，对于同一样品它们的测定结果相同吗？为什么？

13. 说明烟气排放自动连续监测系统的日常质量保证在监测中的作用及实现手段。

第十一章 实 验 部 分

实验一 大气中氮氧化物的测定

一、实验目的

(1) 理解用盐酸萘乙二胺分光光度法测定大气中氮氧化物的原理和方法。

(2) 掌握大气样品的采集方法。

二、实验原理

盐酸萘乙二胺分光光度法测定大气中氮氧化物的实验过程如下：首先把一定体积的被测大气样品用采样泵抽入装有三氧化铬的双球玻璃管，其中的 NO 被三氧化铬氧化成 NO_2。NO_2 溶解于水，被吸收液所吸收，转化成 HNO_2(实验测定转换系数为 0.76)。生成的 HNO_2 与吸收液中的对氨基苯磺酸、盐酸萘乙二胺发生显色反应，生成玫瑰红色的偶氮化合物。该偶氮化合物在 540nm 处形成最大吸收峰，可通过可见光分光光度法测定。有关反应过程如下：

氧化： $NO \xrightarrow{CrO_3} NO_2$

吸收： $2NO_2 + H_2O \longrightarrow HNO_2 + HNO_3$(转换系数0.76)

显色：

$$HO_3S-\!\!\!\bigcirc\!\!\!-NH_2 + HNO_2 + HAc \xrightarrow{重氮化} \left[HO_3S-\!\!\!\bigcirc\!\!\!-\overset{+}{N}\!\equiv\!N\right]Ac^- + 2H_2O$$

$$\left[HO_3S-\!\!\!\bigcirc\!\!\!-\overset{+}{N}\!\equiv\!N\right]Ac^- + \text{萘}-NHCH_2CH_2NH_2 \cdot 2HCl \xrightarrow{偶联}$$

$$HO_3S-\!\!\!\bigcirc\!\!\!-N\!=\!N-\text{萘}-NHCH_2CH_2NH_2 + HAc + 2HCl$$

本方法的检出限为 $0.05\mu g/5mL$(按与吸光度 0.01 相对应的亚硝酸根含量计)。

三、仪器

多孔玻板吸收管、双球玻璃管、大气采样器(流量范围 0~1L/min)、1mL 吸量管、10mL 规格比色管、可见分光光度计。

四、试剂配制

1. 吸收液

(1) 吸收原液：称取 5.0g 对氨基苯磺酸，加入含有 50mL 冰乙酸的 900mL 重蒸馏水中。

待完全溶解后，加入 0.05g 盐酸萘乙二胺，使其溶解，然后用重蒸馏水稀释至 1000mL，混合均匀得到吸收原液。将吸收原液储存于棕色瓶中，用聚四氟乙烯生胶带密封瓶口，在冰箱中可保存 2 个月。

(2) 实验用吸收液：按 4 份吸收原液和 1 份水的比例混合配制得到实验用吸收液。

2. 标准储备液

称取 0.5000g 亚硝酸钠($NaNO_2$，预先在干燥器内放置 24h 以上)溶解于蒸馏水中，定量转移至 1000mL 容量瓶中，用蒸馏水稀释至标线，摇匀，得到浓度为 $100\mu g/mL$(NO_2^-)的标准储备液。将储备液转移至干燥的棕色瓶中，在冰箱中可稳定放置 3 个月。

3. 标准溶液

吸取 5.00mL 标准储备液，用蒸馏水稀释定容至 100mL，得 $5\mu g/mL$(NO_2^-)标准溶液。

4. 三氧化铬-石英砂氧化剂

取 20～40 目的石英砂，用 1:2 盐酸溶液浸泡一夜后，用蒸馏水洗至中性，烘干。将三氧化铬与石英砂按 1:20 的质量比混合，加少量蒸馏水调匀，置烘箱中于 105℃温度下烘干，得松散干燥的三氧化铬-石英砂氧化剂。

五、实验步骤

1. 采样

将松散的三氧化铬-石英砂氧化剂装入双球玻璃管，双球玻璃管两端用脱脂棉塞好。与此同时，取 5mL 吸收液注入多孔玻板吸收管。在采样现场按下列连接次序组装采样装置：

双球玻璃管—多孔玻板吸收管—滤水阱—大气采样器

将大气采样器安装在支架上，调整大气采样器支架高度使进气口高度与呼吸带高度相当。开启大气采样器，把流量控制在 0.2～0.3L/min 进行采样，同时记录温度、压力、采样时间、采样地点等参数。当吸收液呈明显的玫瑰红色时带回实验室按标准曲线法进行定量测定。

2. 标准曲线制作

取 6 支洗干净的 10mL 规格的比色管，按表 11-1 配制系列标准溶液。待显色反应完全后，用 1cm 比色皿，以试剂空白作参比，在 540nm 处测定吸光度。在坐标纸上绘制标准曲线，或建立吸光度 A 与 NO_2^- 含量 m 之间的回归方程，要求线性相关系数 $r \geq 0.999$。

表 11-1　系列标准溶液的配制及回归方程的建立

比色管编号	0	1	2	3	4	5
$5\mu g/mL$ NO_2^- 溶液/mL	0	0.10	0.20	0.30	0.40	0.50
吸收液定容/mL	5.00					
放置时间/min	15					
NO_2^- 含量 m/μg						
吸光度 A						
回归方程 A-m						
线性相关系数 r						

3. 采样液测定

将带回实验室的采样吸收液(简称采样液)转移到另一洗干净的 10mL 规格比色管中。在同等仪器条件下测定采样液的吸光度。假定吸光度为 A_x，通过查标准曲线或代入回归方程确定采样液中 NO_2^- 的含量(近似地可看作 NO_2 的含量)，假定采样液中 NO_2 的含量为 m_x。

4. 结果计算

1) 采样气体体积换算

假定采样点气温为 $T_1(K)$，压力为 $p_1(Pa)$，采样气体体积(由采样流量×采样时间计算得到)为 $V_1(L)$，按下列公式将采样气体体积换算成标准状态($p_0=101325Pa$，$T_0=273.15K$)下的采样体积 $V_n(L)$：

$$V_n = \frac{p_1 T_0}{p_0 T_1} V_1$$

2) 氮氧化物浓度计算

按下列公式计算采样点空气中氮氧化物的体积质量浓度：

$$氮氧化物浓度(以NO_2计, mg/m^3) = \frac{m_x}{0.76 V_n}$$

式中，m_x 为采样液中 NO_2 的质量，μg；V_n 为标准状态下的采样体积，L。

六、思考题

(1) 双球玻璃管中石英砂的作用是什么？为什么氧化管变成绿色就失效了？

(2) 为什么要将采样气体体积换算成标准状态下的体积？

(3) 可见分光光度法的定量依据是什么？

实验二　大气中二氧化硫的测定

一、实验目的

(1) 掌握实验用有关溶液的配制及浓度标定的方法和原理。

(2) 理解盐酸副玫瑰苯胺分光光度法测定大气中二氧化硫的原理。

(3) 掌握大气采样器及吸收液收集大气样品的实验技术。

二、实验原理

空气中的二氧化硫被甲醛缓冲溶液吸收后，生成稳定的羟甲基磺酸化合物。该化合物在碱性条件下加热分解，释放出二氧化硫。二氧化硫与盐酸副玫瑰苯胺作用生成紫红色化合物，可用分光光度法测定。有关反应如下：

$$SO_2 + HCHO \longrightarrow HOCH_2SO_3H$$
(羟甲基磺酸)

$$HCl \cdot H_2H \text{—} \underset{\underset{\underset{NH_2 \cdot HCl}{|}}{|}}{\overset{\overset{\overset{Cl}{|}}{C}}{}} \text{—} NH_2 \cdot HCl + HOCH_2SO_3H \longrightarrow$$

(盐酸副玫瑰苯胺)

$$H_2N \text{—} \overset{\overset{|}{C}}{} \text{—} NH_2 + H_2O + 3HCl$$

(紫红色化合物)

本方法的检出限为 0.2μg/10mL(按与吸光度 0.01 相对应的 SO_2 含量计)。

三、仪器

多孔玻板吸收管、50mL 酸式滴定管、10mL 移液管、250mL 碘量瓶、10mL 比色管、可见光分光光度计、恒温水浴锅、大气采样器。

四、试剂配制

1. 吸收液

(1) 吸收原液：称取 0.36g 环己二胺四乙酸(CDTA)和 2.0g 邻苯二甲酸氢钾混合溶解于 20mL 的 0.1mol/L NaOH 溶液中。在此混合溶液中加入 5.5mL 36%～38%甲醛，用水稀释至 100mL，储存于冰箱中，可保存 10 年。

(2) 实验用吸收液：取吸收原液用蒸馏水稀释 100 倍后，作为实验用吸收液。

2. 氨磺酸钠溶液

称取 0.6g 氨磺酸(H_2NSO_3H)、6.0g NaOH，加水溶解并稀释至 100mL，得 0.6%氨磺酸钠溶液。

3. PRA 溶液

称取 0.125g PRA ($C_{19}H_{18}N_3Cl \cdot 3HCl$)，用 1mol/L 盐酸溶解并稀释至 50mL，得 0.25% PRA 储液。取该储备液 20mL，加入 85%浓磷酸 30mL、浓盐酸 10mL，用水稀释至 100mL，搅拌混匀，得 0.05% PRA 溶液，放置过夜后使用。此溶液应避光密封保存，可使用 9 个月。

4. KIO_3 标准溶液

称取 3.567g KIO_3 基准物质(105～110℃干燥 2h)溶解于蒸馏水，定量转移至 1000mL 容量瓶中，用蒸馏水稀释至标线，摇匀，得浓度为 0.01667mol/L KIO_3 标准溶液。

5. $Na_2S_2O_3$ 溶液

称取 6.3g $Na_2S_2O_3 \cdot 5H_2O$，用蒸馏水溶解。加 0.1g Na_2CO_3 于该溶液中，用蒸馏水定容至 500mL。按表 11-2 对所配制的 $Na_2S_2O_3$ 溶液进行标定。注意在滴定过程中，先用硫代硫酸钠滴定到溶液呈淡黄色，然后加淀粉指示剂，使溶液呈蓝色，继续用硫代硫酸钠滴定到溶液呈无色即为终点。记录相关数据，三次平行测定的净体积相对平均偏差应小于0.2%。

表 11-2　Na₂S₂O₃ 溶液的标定过程及数据记录

编号		1	2	3
0.01667mol/L KIO₃标准溶液/mL		10.00		
冷蒸馏水/mL		70		
KI(s)/g		1.2		
冰醋酸/mL		10		
盖塞、混匀、置暗处/min		5		
0.5%淀粉/mL		1		
Na₂S₂O₃ 滴定	初读数/mL			
	终读数/mL			
	净体积/mL			
	平均体积 V/mL			

在 Na₂S₂O₃ 标定过程中，首先一定量的碘酸钾在酸性条件下与碘化钾发生反应，析出定量的单质碘，析出的碘被硫代硫酸钠定量滴定。有关反应离子方程如下：

$$IO_3^- + 5I^- + 6H^+ = 3I_2 + 3H_2O$$

$$I_2 + 2S_2O_3^{2-} = 2I^- + S_4O_6^{2-}$$

根据上述反应，可以写出如下标定过程的"等物质的量关系"：

$$(cV)_{KIO_3} = n(IO_3^-) = n(3I_2) = \frac{1}{3}n(I_2) = \frac{1}{3}n(2S_2O_3^{2-}) = \frac{1}{6}n(Na_2S_2O_3) = \frac{1}{6}(cV)_{Na_2S_2O_3}$$

由此得到计算硫代硫酸钠浓度的如下公式：

$$c(Na_2S_2O_3)/(mol/L) = \frac{6(cV)_{KIO_3}}{V(Na_2S_2O_3)}$$

6. CDTA-2Na 溶液

称取 1.8g 环己二胺四乙酸二钠(CDTA-2Na)，溶解于 6.5mL 1.5mol/L NaOH 溶液中，用蒸馏水稀释至 100mL，得 0.05mol/L CDTA-2Na 溶液。

7. I₂ 溶液

称取 12.7g 碘(I₂)于烧杯中，加入 40g 碘化钾和 25mL 蒸馏水，搅拌至完全溶解，用水稀释至 1000mL，得浓度近似为 0.05mol/L 的 I₂ 溶液。

8. SO₂ 溶液

称取 0.2g Na₂SO₃，溶解于 200mL 0.05% CDTA-2Na 溶液中，此为待标定 SO₂ 溶液。按表 11-3 对所配制的待标定 SO₂ 溶液进行滴定。注意在滴定过程中，先用硫代硫酸钠滴定到溶液呈淡黄色，然后加淀粉指示剂，使溶液呈蓝色，继续用硫代硫酸钠滴定到溶液呈无色即为终点。记录相关数据，二次平行测定的净体积相对偏差应小于0.2%。

表 11-3 待标定 SO₂ 溶液的滴定过程及数据记录

编号		1	2
待标定 SO₂ 溶液/mL		20.00	
冷蒸馏水/mL		60	
0.05 mol/L I₂ 溶液/mL		10.00	
冰醋酸/mL		1	
盖塞、混匀、置暗处/min		5	
0.5%淀粉/mL		1	
Na₂S₂O₃ 滴定	初读数/mL		
	终读数/mL		
	净体积/mL		
	平均体积 V_1/mL		

以 0.05% CDTA-2Na 溶液代替待标定 SO₂ 溶液，按表 11-4 进行空白滴定。

表 11-4 空白滴定过程及数据记录

编号		1	2
0.05% CDTA-2Na /mL		20.00	
冷蒸馏水/mL		60	
0.05 mol/L I₂ 溶液/mL		10.00	
冰醋酸/mL		1	
盖塞、混匀、置暗处/min		5	
0.5%淀粉/mL		1	
Na₂S₂O₃ 滴定	初读数/mL		
	终读数/mL		
	净体积/mL		
	平均体积 V_2/mL		

在待标定 SO₂ 溶液的滴定过程中，首先在酸性条件下，SO_3^{2-} 与过量的碘发生反应，剩余的碘用硫代硫酸钠滴定。有关反应如下：

$$I_2 + SO_3^{2-} + H_2O \Longrightarrow SO_4^{2-} + 2I^- + 2H^+$$

$$I_2 + 2S_2O_3^{2-} \Longrightarrow 2I^- + S_4O_6^{2-}$$

根据上述反应，可列出如下"等物质的量关系"：

$$n(I_2) = n(SO_3^{2-}) + n(2S_2O_3^{2-}) = n(SO_2) + \frac{1}{2}n(S_2O_3^{2-}) = n(SO_2) + \frac{1}{2}cV_1 \tag{1}$$

在空白滴定中，碘溶液被硫代硫酸钠直接滴定。反应如下：

$$I_2 + 2S_2O_3^{2-} \Longrightarrow 2I^- + S_4O_6^{2-}$$

根据上述反应，可列出如下"等物质的量关系"：

$$n(\text{I}_2)=n(2\text{S}_2\text{O}_3^{2-})=\frac{1}{2}n(\text{S}_2\text{O}_3^{2-})=\frac{1}{2}cV_2 \tag{2}$$

根据待标定 SO_2 溶液的滴定过程以及空白滴定过程，在上述式(1)、式(2)中，等式左边碘的物质量 $n(\text{I}_2)$ 相等，因此有如下关系：

$$n(\text{SO}_2)=\frac{1}{2}c(V_2-V_1)$$

最后，根据待标定溶液体积，可按下式计算 SO_2 溶液的标定结果：

$$\text{SO}_2\text{浓度}(\mu\text{g/mL})=\frac{\frac{1}{2}c(V_2-V_1)\times 64.06}{20.00}\times 1000$$

式中，c 为 $Na_2S_2O_3$ 标准溶液的浓度。

9. SO_2 标准溶液

根据上述 SO_2 溶液的标定结果，定量吸取 SO_2 溶液，将其稀释成浓度为 $1\mu\text{g/mL}$ 的标准溶液。

五、实验步骤

1. 采样

取 5mL 吸收液注入多孔玻板吸收管。在采样现场按下列连接次序组装采样装置：

多孔玻板吸收管—滤水阱—抽气泵

将大气采样器安装在支架上，调整支架高度使进气口高度与呼吸带高度相当。开启抽气泵，把流量控制在 0.4L/min 进行采样。同时记录温度、压力、采样时间、采样地点等参数。当吸收液呈明显的紫红色时结束采样，带回实验室按标准曲线法进行定量测定。

2. 标准曲线制作

取 7 支洗干净的 10mL 规格比色管，按表 11-5 配制系列标准溶液。待显色反应完全后，用开口 1cm^2 比色皿，以试剂空白作参比，在 577nm 处测定吸光度，在坐标纸上绘制标准曲线，或通过建立吸光度 A 与 SO_2 含量 m 之间的回归方程，要求线性相关系数($r\geqslant 0.999$)。

表 11-5　系列标准溶液配制和回归方程的建立

比色管编号	0	1	2	3	4	5	6
1μg/mL SO₂标准溶液/mL	0.00	0.50	1.00	2.00	5.00	8.00	10.00
吸收液定容/mL	10.00						
0.6%氨磺酸钠/mL	0.50						
1.5mol/L NaOH/mL	0.50						
0.05% PRA/mL	1.00						
SO₂含量 m/μg							
吸光度 A							
恒温显色时间/min	参见表 11-6						

当加入 0.05%PRA 后，应立即混匀并放入恒温水浴中进行显色，显色温度与室温之差应不超过 3℃。显色温度和时间可根据不同季节参照表 11-6 进行。

表 11-6　显色温度与时间

显色温度/℃	10	15	20	25	30
显色时间/min	40	25	20	15	5
稳定时间/min	35	25	20	15	10

3. 采样液测定

将带回实验室的采样吸收液(简称采样液)转移到另一干净的 10mL 规格比色管中，并用吸收液定容至 10mL。在与绘制标准曲线相同的条件下显色并测定吸光度。假定吸光度为 A_x，通过查标准曲线或代入回归方程确定采样液中 SO_2 的含量，假定采样液中 SO_2 的含量为 m_x。

4. 结果计算

1) 采样气体体积换算

假定采样点气温为 $T_1(K)$，压力为 $p_1(Pa)$，采样气体体积(由采样流量×采样时间计算得到)为 $V_1(L)$，按下列公式将采样气体体积换算成标准状态(p_0=101325Pa，T_0=273.15K)下的采样体积 $V_n(L)$：

$$V_n = \frac{p_1 T_0}{p_0 T_1} V_1$$

2) 二氧化硫浓度计算

按下列公式计算采样点空气中二氧化硫的体积质量浓度：

$$二氧化硫体积质量浓度(mg/m^3) = \frac{m_x}{V_n}$$

式中，m_x 为采样液中 SO_2 的含量，μg；V_n 为标准状态下的采样体积，L。

六、思考题

(1) 实验中为什么要用冷蒸馏水配制硫代硫酸钠溶液？

(2) 在二氧化硫标定实验中，为什么要进行空白滴定？

(3) 大气污染物浓度除了用体积质量浓度表示外，还可以用什么浓度表示？这两种浓度各有什么特点？

实验三　大气中苯、甲苯、二甲苯的测定

一、实验目的

(1) 掌握气相色谱法的分离和检测原理。

(2) 了解大气中苯系化合物(苯、甲苯、二甲苯等)的测定方法。

二、实验原理

大气中苯、甲苯和二甲苯等苯系化合物主要来自于化工、炼油、炼焦等工业过程所产生的

废水和废弃物。苯、甲苯和二甲苯都是无色、有芳香味、易挥发、易燃的液体。它们微溶于水，易溶于乙醚、乙醇、氯仿和二硫化碳等有机溶剂，在空气中以蒸气状态存在。它们的主要理化性质见表 11-7。

表 11-7　苯、甲苯和二甲苯的主要理化性质

化合物	分子量	密度/(g/mL)	熔点/℃	沸点/℃
苯	78.11	0.879(20℃)	5.5	80.1
甲苯	92.15	0.866(25℃)	94.5	110.6
邻二甲苯	106.16	0.890(20℃)	−27.1	144.4
间二甲苯	106.16	0.864(20℃)	−27.4	139.1
对二甲苯	106.16	0.861(20℃)	−13.2	138.3

　　色谱分析法是基于不同的待测组分在两相(流动相和固定相)间分配系数的不同先进行分离，然后进行检测的一类仪器分析方法。气相色谱法以气体(载气)作为流动相，载气携带欲分离组分通过固定相(色谱柱)。由于不同的待测组分具有不同的性质(如沸点、溶解度、挥发性、吸附能力等的差异)，与固定相作用的程度也有所不同，因而在两相间的分配系数不同。经过多次分配，不同待测组分在固定相中停留时间有所不同，最后依次流出色谱柱实现分离。分离后，随载气依次通过检测器，检测器能够将待测组分转变为电信号，而电信号的大小与被测组分的浓度成正比。气相色谱法适用于对低沸点、易挥发、热稳定性高的有机化合物进行定性和定量分析。

　　对于苯系化合物，目前广泛采用气相色谱法进行测定。首先将空气中的苯、甲苯、二甲苯富集在活性炭吸附管上，然后用二硫化碳洗脱。经聚乙二醇 6000 色谱柱分离后，以氢焰离子化检测器检测。根据保留时间定性，峰高或峰面积定量。

三、仪器和试剂

　　1. 仪器

　　(1) 活性炭吸附管：用长 150mm，内径 3.5～4.0mm，外径约 6mm 的玻璃管，装入 100mg 经处理的活性炭，两端用少量玻璃棉固定，再将管的两端套上塑料帽密封备用。此管放于干燥器中可保存 5d。

　　(2) 空气采样器：流量范围 0.2～1.0L/min。使用时，用皂膜流量计校准采样器在采样前和采样后的流量，流量误差应小于 5%。

　　(3) 气相色谱仪：具氢火焰离子化检测器。

　　(4) 容量瓶、微量注射器(100μL、10μL)、具塞刻度试管(2mL)。

　　2. 试剂

　　(1) 活性炭：GH-1 型椰子壳活性炭，20～40 目，用于装活性炭采样管。在装管前，先将活性炭于 300～350℃下，通氮气吹洗 3～4h。

　　(2) 苯、甲苯、二甲苯：色谱纯。

　　(3) 二硫化碳：分析纯，需经处理后再重蒸馏。处理方法：取二硫化碳，用 5%甲醛浓硫酸溶液反复提取，直至硫酸溶液无色为止；用水洗二硫化碳至中性，再用无水硫酸钠干燥；重

蒸馏，储于冰箱中密封备用。

(4) 色谱固定液：聚乙二醇 6000。

(5) 色谱柱担体：6201 担体，60～80 目。

(6) 标准溶液：于 3 个 50mL 容量瓶中，各加入少量二硫化碳。用 10μL 微量注射器准确量取一定量的苯、甲苯、二甲苯(20℃时 1μL 苯重 0.8787mg，1μL 甲苯重 0.866mg，1μL 邻、间、对二甲苯分别重 0.8802mg、0.8642mg、0.8611mg)分别注入容量瓶中，加二硫化碳至标线，配成一定浓度的标准储备液。临用时，取一定量的标准储备液，用二硫化碳逐级稀释成浓度为 5～200μg/mL 的苯、甲苯、二甲苯混合标准溶液。

3. 测定条件

分析时应根据气相色谱仪的型号和性能，设定能分析苯、甲苯、二甲苯的最佳测试条件，以下条件仅供参考。

色谱柱：柱长 2m、内径 4mm 不锈钢柱，内装聚乙二醇 6000 固定液和 6201 担体；柱温 90℃；检测室温度 150℃；气化室温度 150℃；载气(N₂)流量 50mL/min。

四、实验步骤

1. 采样

采样时取下活性炭采样管两端的塑料密封帽，将采样管的出气口一端通过乳胶管垂直接到空气采样器上，以 0.5L/min 流量采气 10L。采样后，将采样管的两端套上塑料帽。记录采样时的温度和大气压力。

2. 标准曲线制作

分别准确量取 1.0μL 浓度为 5.0～200μg/mL 四种浓度的苯、甲苯、二甲苯混合标准溶液，另取纯二硫化碳作为零浓度溶液，在气相色谱仪最佳测试条件下进样分析，得到各个浓度点的色谱峰和保留时间。每个浓度混合标准溶液重复测定三次，计算峰高或峰面积的平均值。以苯、甲苯、二甲苯的浓度(μg/mL)为横坐标，平均峰高或峰面积为纵坐标，分别绘制苯、甲苯、二甲苯的标准曲线，并计算回归方程的斜率。以斜率的倒数作为样品测定的计算因子 BS[μg/(mL·mm)]。

3. 样品测定

取出采样管内两端的玻璃棉，将采样后的活性炭全部倒入具塞刻度试管中。加 1.0mL 二硫化碳，塞紧管塞，放置 1h，并不时振摇进行洗脱。取 1.0μL 二硫化碳洗脱液，按绘制标准曲线的操作步骤进样测定。每个样品重复测定三次，用保留时间确认苯、甲苯、二甲苯的色谱峰，测量其峰高或峰面积，得峰高或峰面积的平均值。

在样品测定的同时，取未采样的活性炭采样管，按相同步骤作试剂空白测定，得空白溶液峰高或峰面积的平均值。

4. 结果计算

当洗脱溶剂二硫化碳的体积为 1mL，洗脱效率为 100%时，空气样品中待测组分 i(苯、甲苯或二甲苯)的浓度可通过下式进行计算：

$$c_i = \frac{(h_i - h_0) \cdot B_s}{V_n}$$

式中，c_i 为空气中苯、甲苯或二甲苯浓度，mg/m³；h_i 为样品溶液中苯、甲苯或二甲苯的峰高平均值，mm；h_0 为试剂空白溶液峰高的平均值，mm；B_s 为用标准溶液绘制标准曲线得到的苯、甲苯或二甲苯的计算因子，$\mu g/(mL \cdot mm)$；V_n为换算成标准状态下的采样体积，L。

五、思考题

(1) 气相色谱法的分析对象有什么特点？
(2) 简述气相色谱仪的基本组成部分及各部分的功能。
(3) 简述气相色谱法定性定量分析的依据。
(4) 请列出洗脱剂二硫化碳体积为 $V/(mL)$，洗脱效率为 E_i 时，待测组分浓度 c_i 的计算公式。

实验四　大气中总悬浮颗粒物的测定

一、实验目的

(1) 掌握大气中总悬浮颗粒物的测定原理和测定方法。
(2) 掌握干燥平衡、天平称量、采样等操作技术。
(3) 熟悉颗粒物采样器、分析天平、恒温恒湿箱等的使用方法。

二、实验原理

将粒径范围为 0.01～100μm 的大气颗粒物统称为总悬浮颗粒物。本实验通过中流量采样，滤膜捕集重量法测定大气中总悬浮颗粒物的浓度。其原理是：通过中流量采样器抽取一定体积的空气，使之通过已恒量的滤膜，则空气中的悬浮颗粒物被阻留在滤膜上；根据采样前后滤膜质量之差及采样气体体积(标准状态下)，即可计算总悬浮颗粒物的体积质量浓度。

三、仪器和材料

(1) 中流量采样器：流量 0.05～0.15m³/min。
(2) 恒温恒湿箱：箱内空气温度范围要求在 15～30℃连续可调，控温精度±1℃。
(3) 分析天平：感量 0.1mg。
(4) 超细玻璃纤维滤膜：直径 8～10cm。
(5) 干燥器、气压计、温度计、镊子、滤膜袋等。

四、实验步骤

1. 流量校准
在采样前，用孔口流量计对采样器进行流量校准。
2. 采样
每张滤膜使用前均需用光照检查，不得使用有针孔或有任何缺陷的滤膜采样。迅速称量在恒温恒湿箱内已平衡 24h 的滤膜，读数准确至 0.1mg，记下滤膜的编号和质量(表 11-8)。将其平展地放在光滑洁净的纸袋中，储存于盒内备用。天平要放置在平衡室内，平衡室温度保持在 20～25℃，温度变化应小于±3℃，相对湿度小于 50%，湿度变化小于 5%。

表 11-8 总悬浮物颗粒物采样及称量记录

月、日	滤膜编号	起始时间	结束时间	温度/K	气压/kPa	流量 /(m³/min)	采样前滤膜 质量/g	采样后滤膜 质量/g

在采样点将已恒量的滤膜用小镊子取出，毛面向上，平放在采样夹的网托上，拧紧采样夹，按照规定的流量采样。对于老式仪器，要随时手动校准流量，同时记录温度、气压和采样时间。采样完毕后，用镊子小心取下滤膜，使滤膜毛面朝内，以采样有效面积的长边为中线对叠好，放回滤膜袋并储于盒内。

3. 称量

将采样后的滤膜在恒温恒湿箱内平衡 24h，迅速称量，记录采样后滤膜的质量。

4. 结果计算

根据重量法的原理，大气中总悬浮颗粒物浓度可以通过下式计算：

$$TSP(mg/m^3) = \frac{(W_1 - W_2) \times 10^3}{V_n}$$

式中，W_1、W_2 为采样前、后滤膜的质量，g；V_n 为标准状态下的采样体积，m³。

五、注意事项

(1) 实验前，要把所用滤膜经过 X 光看片机检查有无缺损。

(2) 在天平室称取滤膜的质量时，称量时间要尽量短。采样前、后滤膜的称量条件要尽可能一致。

(3) 要经常检查采样头是否漏气。当滤膜上颗粒物与四周白边的界线逐渐模糊时，应更换面板密封垫。

六、思考题

(1) 大气污染物浓度分布有何特点？

(2) 采样点如何选择？采样器入口高度有何要求？

实验五 可吸入颗粒物中总碳的测定

一、实验目的

(1) 学习可吸入颗粒物的采集方法。

(2) 了解元素分析仪的基本结构和功能。

(3) 掌握以元素分析仪测定可吸入颗粒物总碳的方法和原理。

二、实验原理

可吸入颗粒物是指空气动力学直径小于等于 10μm 的大气颗粒物。因其粒径小，可通过呼吸道进入人体肺部，故称为可吸入颗粒物，也称为 PM_{10}。PM_{10} 的化学组成依地点、季节的不同而变化。就碳而言，颗粒物中的碳可以以有机态(如正构烷烃、各种苯系化合物等)的形式存在，也可以以无机态(如碳酸盐)的形式存在。

元素分析仪可用于有机样品中 C、H、N、S、O 等元素的分析研究和常规测试工作，适用于不同形式的样品和各种化合物中含量范围非常宽的这几种元素的定量测定。元素分析仪广泛采用动态燃烧法，有多种模式可供选择。以 CHN 模式为例，含 C、H、N 元素的待测样品，首先在填充氧化铜催化剂的氧化管内，在通氧气的情况下高温(950℃)燃烧生成相应的氧化物 CO_2、H_2O、NO_x 等。这些氧化物由载气(He)带入并通过一根加热至 500℃ 的充填线状铜的还原管，其中 NO_x 被还原成 N_2。混合气体(含 CO_2、H_2O 和 N_2)中的 CO_2 和 H_2O 通过两根 U 型吸附柱被吸附分离，而 N_2 直接通过热导检测器被检测。分别加热两根 U 型吸附柱，解吸出 CO_2 和 H_2O，依次通过热导检测器被检测。依据色谱峰面积与待测元素含量成正比的关系，进行定量检测。

根据元素分析仪的工作原理，选择合适的氧化管温度、还原管温度和吸附柱解吸温度，就能实现可吸入颗粒物中总碳的测定。

三、仪器和材料

(1) 大流量采样器：采气流量 $0.8\sim1.4m^3/min$，$10\mu m$ 切割器，经过流量校准装置校准。

(2) 分析天平：感量 0.1mg。

(3) 元素分析仪(CHN 模式)

(4) 恒温恒湿箱、干燥器、气压计、温度计、镊子。

(5) 超细玻璃纤维滤膜、滤膜袋。

(6) 乙酰苯胺(优级纯)。

四、实验步骤

1. 采样

采集大气中的可吸入颗粒物(同实验四总悬浮颗粒物测定)，并记录有关参数(表 11-9)。

表 11-9　可吸入颗粒物采样及称量记录

月、日	滤膜编号	起始时间	结束时间	温度/K	气压/kPa	流量/(m³/min)	采样前滤膜质量/g	采样后滤膜质量/g

2. 总碳测定

仪器条件设定(按 CHN 模式)：氧化管 950℃，还原管 500℃，CO_2 吸附柱解吸温度 100℃。

标准曲线绘制：通过乙酰苯胺标准物质的测定，建立绝对质量 $Y(C)$ 与峰面积 x 的如下关系方程。此为一次校准。

$$Y(C) = a + bx + cx^2 + dx^3 + ex^4$$

在当日实验条件下，通过标准物质乙酰苯胺的测定，与理论值比较确定校准系数。此为二次校准。

试样制备：根据四分法将采集到的可吸入颗粒物样品制成分析试样。

试样测定：在与二次校准相同的实验条件下，称取 $1\sim3mg$ 试样，测定试样中总碳的含量。将测定结果乘以校准系数，作为试样中总碳的质量分数浓度。

3. 结果计算

1) 可吸入颗粒物浓度

根据重量法的原理，大气中可吸入颗粒物 PM_{10} 的浓度可通过下式计算：

$$IP(mg/m^3) = \frac{(W_1 - W_2) \times 10^3}{V_n}$$

式中，W_1、W_2 为采样前、后滤膜的质量，g；V_n 为标准状态下的采样体积，m^3。

2) 总碳浓度

$$TC(mg/m^3) = \frac{(W_1 - W_2) \times 10^3}{V_n} \times w$$

式中，w 为元素分析仪测定的总碳质量分数浓度。

五、思考题

(1) 什么是颗粒物的空气动力学直径？
(2) 大气中 PM_{10} 有哪些主要的来源？
(3) 如何通过元素分析法测定有机碳和无机碳的含量？

实验六 可吸入颗粒物中水溶性阴离子的测定

一、实验目的

(1) 学习样品预处理的方法。
(2) 熟悉离子色谱仪的基本结构和功能。
(3) 掌握离子色谱仪定性定量分析方法。

二、实验原理

水溶性离子 SO_4^{2-}、NO_3^-、Cl^-、F^-、NH_4^+、K^+、Na^+、Ca^{2+}、Mg^{2+} 等在空气颗粒物中占有较大比例，是大气颗粒物的主要化学成分。常用离子色谱法分析大气颗粒物中的水溶性离子成分。

离子色谱仪以离子为分析对象，待测离子在高压恒流泵的作用下由淋洗液(流动相)带入色谱柱，由于离子特性的差异，在色谱柱中离子交换速度不同，导致经过色谱柱的迁移速度也不同，从而实现分离。分离后的离子由电导检测器检测。在色谱图上，根据保留时间对待测离子定性，根据峰面积或峰高确定待测离子含量。

三、仪器和材料

(1) 大流量采样器：10μm 切割器，经过流量校准装置校准。
(2) 分析天平：感量 0.1mg。
(3) 恒温恒湿箱。
(4) 干燥器、气压计、温度计、镊子、微量进样器(100μL)。
(5) 超声波清洗器。
(6) 离子色谱仪。

(7) 滤膜：超细玻璃纤维滤膜、石英滤膜或有机滤膜。

(8) 超纯水：电阻率≥18.0MΩ。

(9) 优级纯试剂：NaF、KCl、$NaBr$、K_2SO_4、$NaNO_2$、$NaNO_3$、$NaHCO_3$、Na_2CO_3。

四、仪器分析条件

离子色谱仪可参考如下操作条件进行样品测定，具体应根据所使用仪器型号进行设定。

分析柱：Ionpac AS11-HC 分离柱。

抑制器：ASRS，直径 4 mm。

检测器：电导检测器。

淋洗液：30mmol/L KOH 溶液，流量 1mL/min。

进样量：20μL。

五、试剂配制

1. 缓冲溶液

称取 16.8g $NaHCO_3$ 和 74.2g Na_2CO_3 溶解于纯水中，并用超纯水稀释至 1000mL。该缓冲溶液中 $NaHCO_3$ 浓度为 100mmol/L，Na_2CO_3 浓度为 350mmol/L。

2. 标准储备液

按表 11-10 选择试剂配制 7 种浓度均为 1.00mg/L 的 1000mL 阴离子标准储备液，确定需要称取的各种试剂的质量，也可直接购买国家主管部门批准的附有证书的标准溶液。

表 11-10 六种阴离子储备液的配制过程

阴离子	F^-	Cl^-	Br^-	SO_4^{2-}	NO_2^-	NO_3^-
试剂选择(GR)	NaF	KCl	NaBr	K_2SO_4	$NaNO_2$	$NaNO_3$
干燥条件	105℃烘 2h，干燥器保存				干燥器干燥 24h 以上	
称量/g						
缓冲溶液/mL	10	10	10	10	10	10
稀释、定容/mL	1000	1000	1000	1000	1000	1000
阴离子浓度/(mg/L)	1.00	1.00	1.00	1.00	1.00	1.00

3. 混合标准使用液

按表 11-11 量取一定体积的阴离子储备液，混合配制成 100mL 标准使用液，确定混合标准溶液中各阴离子的浓度。

表 11-11 六种阴离子混合标准使用液的配制过程

阴离子标准储备液	F^-	Cl^-	Br^-	SO_4^{2-}	NO_2^-	NO_3^-
量取体积/mL	2.00	3.00	5.00	25.00	5.00	1.00
缓冲溶液/mL	5					
稀释、定容/mL	100					
阴离子浓度/(μg/L)						

六、实验步骤

1. 采样

采集大气中的可吸入颗粒物(同实验四总悬浮颗粒物测定)，并记录有关参数。

2. 样品预处理

离子色谱法测定滤膜中水溶性离子成分最常用的前处理方法是用纯水直接浸提。利用超声波振荡提取不仅可提高离子在水中的溶解度，同时具有提取时间短、常温操作等优点。将采集到 PM_{10} 的滤膜剪取 1/4 片(相当 1/4 颗粒物总质量)，剪碎，置于 15mL 具塞离心管中，加超纯水 10mL。于超声波浴下提取 20min，将提取液移入 50mL 烧杯中。再向具塞离心管中加超纯水 10mL，以相同步骤提取。每个样品重复提取 2～3 次，将提取液合并，摇匀。吸取适量的提取液，经 0.45μm 亲水微孔滤膜过滤后备用。以同样方法处理空白滤膜，得到空白溶液。

3. 标准曲线绘制

按表 11-12 配制系列标准溶液。在选定的离子色谱仪分析条件下，对系列标准溶液进行测定，确定各阴离子的保留时间和峰面积。将系列标准溶液测定结果填入表 11-13，建立各阴离子峰面积与浓度之间的回归方程。

表 11-12　系列标准溶液的配制

阴离子混合标准使用液/mL	2.00	4.00	6.00	8.00	10.00
缓冲溶液/mL	1				
稀释、定容/mL	100				

表 11-13　系列标准溶液测定结果及回归方程的建立

F⁻	保留时间/min					
	浓度/(μg/L)					
	峰面积					
	回归方程					
	相关系数					
Cl⁻	保留时间/min					
	浓度/(μg/L)					
	峰面积					
	回归方程					
	相关系数					
Br⁻	保留时间/min					
	浓度/(μg/L)					
	峰面积					
	回归方程					
	相关系数					

续表

SO₄²⁻	保留时间/min					
	浓度/(μg/L)					
	峰面积					
	回归方程					
	相关系数					
NO₂⁻	保留时间/min					
	浓度/(μg/L)					
	峰面积					
	回归方程					
	相关系数					
NO₃⁻	保留时间/min					
	浓度/(μg/L)					
	峰面积					
	回归方程					
	相关系数					

4. 样品测定

在同等仪器条件下测定样品浸提液和空白溶液。根据色谱峰保留时间定性，以浸提液峰面积的测定值减去空白溶液峰面积的测定值，然后代入回归方程确定浸提液中阴离子的浓度。有关空白溶液和浸提液的测定结果填入表 11-14。

表 11-14　空白溶液和浸提液测定结果

实验溶液	待测离子	F⁻	Cl⁻	Br⁻	SO₄²⁻	NO₂⁻	NO₃⁻
空白溶液	保留时间/min						
	峰面积						
浸提液	保留时间/min						
	峰面积						
	阴离子浓度/(μg/L)						

5. 结果计算

根据样品预处理过程和浸提液阴离子浓度测定结果，可吸入颗粒物中阴离子浓度可按下式计算：

$$阴离子浓度(\mu g/m^3) = \frac{浸提液阴离子浓度 \times 浸提液体积 \times 10^{-3} \times 4}{V_n}$$

式中，V_n 为标准状态下的采样气体体积。

七、思考题

(1) 什么是空白实验? 空白实验有何作用?

(2) 根据实验过程, 填写表 11-10 中各种化学试剂需要称量的质量。

(3) 离子色谱仪的核心部件是什么? 其工作原理是什么?

实验七　可吸入颗粒物中铅、铜的测定

一、实验目的

(1) 学习微波消解法进行样品预处理的方法。

(2) 熟悉原子吸收分光光度计的基本结构和功能。

(3) 掌握原子吸收分光光度法的定量分析方法。

二、实验原理

原子吸收光谱法是基于待测元素的原子蒸气对特征谱线的吸收而建立起来的一种光谱分析方法。试样溶液在高温(火焰或电加热)下产生原子蒸气, 当元素灯(空心阴极灯)产生的特征谱线通过原子蒸气时, 原子就会从特征谱线产生的辐射场中吸收能量, 产生共振吸收。在锐线光源条件下, 原子蒸气对特征谱线的吸收符合朗伯-比尔定律, 其数学表达式可以表示为

$$A = Kbc$$

式中, A 为吸光度; K 为吸光系数(与元素性质、仪器条件有关); b 为吸收光程(与仪器条件有关); c 为试样溶液浓度。

在实验条件一定时, 吸光度与试样溶液浓度成正比。根据这一原理就可实现金属元素的定量分析。在原子吸收分光光度法中, 最常用的定量分析方法是标准曲线法。该法适用于基体组成比较简单的试样测定。对于基体组成比较复杂的试样通常采用标准加入法进行定量分析。

标准曲线法实验过程如下, 首先在一定浓度范围内配制一系列含有待测组分的不同浓度的标准溶液, 在最佳实验条件下用原子吸收分光光度计测定它们的吸光度, 然后在坐标纸上以标准溶液待测组分的浓度为横坐标, 以吸光度为纵坐标作图, 理论上可以得到一条通过原点的直线, 称为标准曲线。再在同等条件下测定试样溶液的吸光度, 根据测定结果, 在标准曲线上就可以查到与之相对应待测元素的浓度。标准曲线也可以通过最小二乘法所建立的一元线性回归方程来表示。将待测溶液的吸光度代入回归方程, 也可以确定待测元素的浓度。

三、仪器和材料

(1) 大流量采样器: 10μm 切割器, 经过流量校准装置校准。

(2) 分析天平: 感量 0.1mg。

(3) 干燥器、气压计、温度计、镊子。

(4) 恒温恒湿箱。

(5) 微波消解仪。

(6) 原子吸收分光光度计。

(7) 滤膜: 超细石英玻璃纤维滤膜或有机滤膜。

(8) 试剂: 盐酸、硝酸、氢氟酸、30%H_2O_2、金属铜、金属铅, 均为优级纯。

四、仪器分析条件

按表 11-15 设定原子吸收分光光度计的测定参数，在仪器预热半小时后进行测定。

表 11-15 原子吸收分光光度计测定条件

元素	波长/nm	灯电流/mA	狭缝宽度/nm	空气流量/(L/min)	乙炔流量/(L/min)
Pb	283.3	4	0.4	6.4	1.6
Cu	324.7	3	0.2	6.4	1.6

五、试剂配制

1. 铅标准储备液

称取 1.0000g 优级纯的金属铅，加入 1∶1 HNO_3 溶液 20mL，加热使之溶解。冷却后定量转移至 1000mL 容量瓶中，用蒸馏水定容至标线，摇匀，得浓度为 1.000mg/mL 的铅标准储备液。

2. 铜标准储备液

称取 1.0000g 优级纯的金属铜，溶于少量硝酸中，于水浴上蒸干。加入 5mL 的 1mol/L 盐酸，再次蒸干。加入含 8mL 浓盐酸的蒸馏水将残渣溶解，定量转移至 1000mL 容量瓶中。用蒸馏水稀释至 1000mL，摇匀，得浓度为 1.000mg/mL 的铜标准储备液。

3. 标准使用液

分别移取 25.00mL 铅或铜的标准储备液，转移至 500mL 容量瓶中，用蒸馏水稀释定容至 500mL，摇匀，得浓度为 50.00μg/mL 的铅或铜的标准使用液。

六、实验步骤

1. 采样

采集大气中的可吸入颗粒物(同实验四总悬浮颗粒物测定)，并记录有关参数。

2. 样品预处理

将称量后的采样滤膜样品剪碎，放入 50mL 白瓷坩埚中，加入 10mL 浓 HNO_3 和 30% H_2O_2 的混合溶液(V/V=1∶1)，浸泡过夜。移入锥形瓶，微火加热至沸腾(锥形瓶上放置漏斗)，保持 10min。冷却后加入 5mL 的 30% H_2O_2，加热至微干，冷却。加入 6mL 浓 HNO_3 和 4mL HF，再沸腾 10min。冷却后转移至消解罐中，微波消解 10min。将消解后的消化液转入坩埚，加热近干后，再加 5mL 浓 HNO_3，保持微沸 10min。冷却后将溶液定量转移至 50mL 聚丙烯容量瓶，用 5mL 的 1% HNO_3 冲洗坩埚，将洗涤液并入消化液中。用去离子水定容，得试样溶液。以同样方法处理空白滤膜，得到空白溶液。

3. 标准曲线绘制

按表 11-16 配制系列标准溶液。在上述原子吸收分光光度计分析条件下，测定系列标准溶液的吸光度。将测定结果填入表 11-17，分别建立吸光度与待测元素浓度之间的回归方程。

表 11-16 系列标准溶液的配制

铅标准使用液/mL	0.5	1.0	1.5	2.0	4.0
铜标准使用液/mL	0.5	1.0	1.5	2.0	4.0
稀释、定容/mL	50				

表 11-17 系列标准溶液测定结果和回归方程建立

	浓度 $c/(\mu g/mL)$					
Pb	吸光度 A					
	回归方程					
	相关系数					
	浓度 $c/(\mu g/mL)$					
Cu	吸光度 A					
	回归方程					
	相关系数					

4. 样品测定

在与测定系列标准溶液相同的仪器条件下,测定试样溶液和空白溶液的吸光度,把测定结果填入表 11-18。将试样溶液的吸光度测定值减去空白溶液的吸光度值后,代入回归方程计算试样溶液中重金属离子的浓度。

表 11-18 空白溶液和试样溶液测定结果

实验溶液	待测重金属元素	Pb	Cu
空白溶液	吸光度		
试样溶液	吸光度		
	重金属元素浓度/($\mu g/mL$)		

5. 结果计算

根据样品预处理过程和试样溶液重金属离子浓度的测定结果,可吸入颗粒物中铅、铜含量可按下式计算:

$$金属含量(\mu g/m^3) = \frac{试样溶液重金属离子浓度 \times 50}{V_n}$$

式中,V_n 为标准状态下的采样气体体积,m^3。

七、思考题

(1) 为什么要在一定浓度范围内配制系列标准溶液?

(2) 原子吸收分光光度计由哪几部分组成?各部分有何作用?

(3) 一种分析方法的优劣一般可从哪几方面去衡量?

实验八　可吸入颗粒物中多环芳烃的测定

一、实验目的

(1) 学习溶剂萃取法分离与浓缩待测组分的方法。

(2) 熟悉高效液相色谱仪的基本结构和功能。

(3) 掌握高效液相色谱法的定性、定量分析方法。

二、实验原理

高效液相色谱法是分离和测定大气可吸入颗粒物中多环芳烃的主要方法之一。该法对某些 PAHs 具有较高的分辨率和灵敏度，柱后馏分便于收集进行光谱鉴定。高效液相色谱法以液体为流动相，采用粒径很小(一般小于 10μm)的高效固定相柱色谱分离技术。在高压输液系统的作用下，试样溶液被流动相载入装有固定相的色谱柱，在柱内各成分被分离后，进入检测器进行检测。以保留时间定性，以色谱峰高或峰面积定量。

三、仪器和材料

(1) 大流量采样器：10μm 切割器，经过流量校准装置校准。

(2) 分析天平：感量 0.1mg。

(3) 干燥器、气压计、温度计、镊子。

(4) 恒温恒湿箱。

(5) 索氏提取器。

(6) K-D 浓缩器。

(7) 高效液相色谱仪：配紫外检测器。

(8) 色谱柱：C_{18} 反相柱。

(9) 超细玻璃纤维滤膜。

(10) 标准物质：荧蒽、苯并[b]荧蒽、苯并[k]荧蒽、苯并[a]芘、苯并[g,h,i]苝、茚并[1,2,3-c,d]芘。

(11) 其他试剂：甲醇(色谱纯)、二次蒸馏水等。

四、色谱分析条件

高效液相色谱法(HPLC)的分析条件应根据所用仪器的型号和性能而定，以下参数仅供参考。流动相：二次蒸馏水∶甲醇=95∶5；流量 0.5mL/min；柱温 30℃；进样量 5～10μL；检测器工作波长 254nm。

五、实验步骤

1. 采样

采集大气中的可吸入颗粒物(同实验四总悬浮颗粒物测定)，并记录有关参数。

2. 样品预处理

1) PAHs 萃取

将采样后的滤膜折叠后(毛面朝里)，小心放入索氏提取器的提取管中。在圆底烧瓶中加入 40mL 环己烷，并加入 2～3 粒沸石。将圆底烧瓶置于水浴中(水面要达到圆底烧瓶高度的 2/3)，连接提取装置。打开冷凝水阀门，加热使水浴温度达到(98±1)℃，连续回流 8h。

2) PAHs 分离和浓缩

称取含水量 10%的氟罗里土 6g，制成环己烷浆液，装入内径为 10mm 的层析柱。将环己烷提取液通过层析柱。取 10～20mL 环己烷分 3 次洗涤索氏提取器，洗涤液一起通过层析柱。

用 75～100mL 三氯甲烷/丙酮(V/V=8：1～4：1)洗脱液浸泡层析柱 40～60min，再用该洗脱液 50～60mL 以 2mL/min 的流量洗脱层析柱。将全部洗脱液转移至 K-D 浓缩器，在水浴(60～70℃)上浓缩至 0.3～0.5mL，供 HPLC 分析。

3. PAHs 测定

待基线稳定后，按以上色谱分析条件测定标样，得到 PAHs 标样色谱图。在相同仪器条件下分析样品浓缩液，得到样品色谱图。根据色谱图提供的信息填写表 11-19。比较标样色谱图和样品浓缩液色谱图，以保留时间定性，根据峰高按外标法计算样品中各种 PAHs 的浓度。

表 11-19　标样和样品浓缩液分析结果

	PAHs	荧蒽	苯并[b]荧蒽	苯并[k]荧蒽	苯并[a]芘	苯并[g,h,i]苝	茚并[1,2,3-c,d]芘
标样	保留时间/min						
	峰高/mm						
样品浓缩液	保留时间/min						
	峰高/mm						

4. 结果计算

根据外标法定量分析原理，大气颗粒物中某种 PAHs 组分的浓度可按下式计算：

$$\text{PAHs组分浓度}(\mu g/m^3)=\frac{A_0\times H\times V_t}{V_i\times V_n}$$

式中，A_0 为标样 PAHs 组分浓度×标样进样体积/标样峰高，$\mu g/mm$；H 为样品浓缩液中 PAHs 组分峰高，mm；V_t 为样品浓缩液体积，μL；V_i 为样品浓缩液进样体积，μL；V_n 为标准状态下的采样气体体积，m^3。

六、思考题

(1) 简述高效液相色谱分离待测组分的原理。

(2) 什么是色谱分析的内标法和外标法？它们各有什么优点？

(3) 本实验为什么要严格控制进样体积？

参 考 文 献

陈玲, 赵建夫. 2004. 环境监测. 北京: 化学工业出版社.

郝吉明, 马广大, 王书肖. 2010. 大气污染控制工程. 3 版. 北京: 高等教育出版社.

李虎. 2008. 环境自动连续监测技术. 北京: 化学工业出版社.

刘刚, 盛国英, 傅家谟, 等. 2000. 茂名市大气中挥发性有机物研究. 环境科学研究, 13(4): 10-13.

刘刚, 盛国英, 傅家谟, 等. 2000. 香港大气中有毒挥发性有机物研究. 环境化学, 19(1): 61-66.

刘刚, 滕卫林, 杨忠乔. 2007. 杭州市大气 $PM_{2.5}$ 中部分元素的分布. 环境与健康杂志, 24(11): 890-892.

刘刚, 姚祁芳. 2009. 颗粒物碳同位素分析方法初步研究. 环境与健康杂志, 26(9): 827-828.

刘刚, 虞爱旭, 吴龙. 2004. 用吸附管采集分析室内空气中挥发性有机物. 中国公共卫生, 20(7): 819-820.

刘刚, 虞爱旭, 吴龙. 2005. 杭州市部分居室室内空气中烷烃、醇、酮的分布. 环境与健康杂志, 22(5): 361-364.

刘刚, 张旭贤, 滕卫林, 等. 2007. 杭州市大气细颗粒物中碳的同位素组成. 科学通报, 52(16): 1935-1937.

刘刚, 钟天翔, 滕卫林, 等. 2006. 室内空气中卤代烃、酯和醛检测. 中国公共卫生, 22(1): 124-125.

刘怡, 唐燕, 许涛, 等. 2006. 离子色谱法同时测定降水中的常见阴离子. 华南农业大学学报, 27(4): 106-108.

孙成. 2003. 环境监测实验. 北京: 科学出版社.

孙尔康, 张剑荣. 2009. 仪器分析实验. 南京: 南京大学出版社.

唐孝炎, 张远航, 邵敏. 2006. 大气环境化学. 2 版. 北京: 高等教育出版社.

王平, 王文斌, 吴翔. 2005. 特定环境下大气颗粒物中酞酸酯的分析与研究. 中国环境监测, 21(4): 7-9.

王玮, 陈建华, 李红, 等. 2005. 北京市交通路口大气颗粒物污染特征研究(Ⅱ): 大气颗粒物中非烃类化合物污染特征. 环境科学研究, 18(2): 39-42, 47.

奚旦立, 孙裕生, 刘秀英. 2004. 环境监测. 3 版. 北京: 高等教育出版社.

徐刚, 李心清, 黄荣生, 等. 2007. 贵阳市区大气降水中有机酸的研究. 地球与环境, 35(1): 46-50.

曾凡刚. 2003. 大气环境监测. 北京: 化学工业出版社.

翟崇治, 鲍雷. 2013. 环境空气自动监测技术. 重庆: 西南师范大学出版社.

张泽, 孙宏, 郭祥峰. 1996. 大气总悬浮颗粒中有机碳的测定. 中国环境监测, 12(4): 16-18.

朱媛媛, 田靖, 时庭锐, 等. 2010. 天津市空气颗粒物中酞酸酯的分布特征. 中国环境监测, 26(3): 7-10.

Huang L, Brook J R, Zhang W, et al. 2006. Stable isotope measurements of carbon fractions (OC/EC) in airborne particulate: A new dimension for source characterization and apportionment. Atmospheric Environment, 40(15): 2690-2705.

Keshtkar H, Ashbaugh L L. 2007. Size distribution of polycyclic aromatic hydrocarbon particulate emission factors from agricultural burning. Atmospheric Environment, 41(13): 2729-2739.

Shih S I, Lee W J, Lin L F, et al. 2008. Significance of biomass open burning on the levels of polychlorinated dibenzo-*p*-dioxins and dibenzofurans in the ambient air. Journal of Hazardous Materials, 153(1-2): 276-284.